구조 構造

구조물은 왜 무너지지 않는가

STRUCTURES

OR WHY THINGS DON'T FALL DOWN

J. E. Gorden 저
영국, 레딩대학교
반상철 역

여러 가지 측면에서 인간의 오만함에서 비롯된 많은 실패와 희생들 사이에는, 대단히 상식적인 문제점들과 영향력에 대해 우리가 외면한 것이었기 때문이라고 판단할 수 있으며, 그러한 결함과 실수는 우리가 그것을 알아내기 위해 시도한 여러 가지를 통해 많은 것을 감지할 수 있게 되었다. 통상적이고 소극적인 생각만으로 그 자체를 잘 알게 되고 더 많이 인식하게 됨에 따라 친근감과 신뢰성이 낮아지게 되는 것은, 그들이 그 실체를 보고 알게되고, 이용을 하게 됐음을 알려줄 때가 되어야 그 결과물의 전체적인 특성들을 알게 된다는 점이다. 그러나 피상적인 좁은 시야를 가진 것에 만족하고, 별 성과 없는 호기심으로 자신을 스스로 괴롭히는 투기꾼은 그래서 여전히 마치 그가 더 많이 물어보고, 알게 된 것 같지만 오히려 덜 알게 되는 것뿐이라는 것이다.

– 사뮤엘 존슨 Samuel John

(*The Idler*, 1758년 11월 25일, 토요일에...)

Contents

List of Plates
참고 목록

1. 샐리스버리 성당에 있는 곡면 조적 기둥
2. 크랙의 끝에 응력이 집중된 모습
   (리처드 샤플린 박사 제공)
3. 원통형 풍선에 생긴 ‘동맥류’
4. 주요도로 벽 구조의 분할(줄리안 빈센트 박사 제공)
5. 티린스에 있는 코벨볼트
6. 티린스에 있는 세미-코벨 뒷문
7. 케임브리지에 있는 클레어 브릿지
   (아드리안 호릿지 교수 제공)
8. 아테네의 올림피아 제우스 신전
9. 긴팔원숭이와 고릴라 화석
10. 메이든헤드 철교
11. 메나이 현수교(토목학회 제공)
12. 세버언 현수교(영국철강협회 제공)
13. 케임브리지의 킹스칼리지 예배당
14. H.M.S. 빅토리(H.M.S. 빅토리 뮤지엄 제공)
15. 아메리칸 구각교
16. 브리타니아 브릿지(토목공학회 제공)
17, 18. 비오넷 드레스(니더콧 부인과 보그잡지 제공)
19. 와그너 텐션경기장(페어리 주식회사 제공)
20. 타코마 내로우 브릿지(토목공학회 제공)
21. 포츠머스 블록제작 기계
    (크라운 출간, 사이언스 뮤지엄, 런던)
22. 왓슨 증기요트(G.L. 왓슨 주식회사 제공)
23. 파르테논 신전
24. 미케네, 라이온 게이트

Foreword
서문

나는 구조에 관한 기초지침 도서를 쓰기 위한
이 시도가 대단히 무모한 행동이란 것을
절실하게 깨닫고 있다.
실제로 그 일은 종종 '기초적인 것'이라고 알려진
그 구조적 개념을 선별해서 설명한다는 것이
얼마나 어려운 일인지를 깨닫기 시작한 것은,
그 과제에서 수학적인 부분을 제거했을 때 뿐이었다.
이 '기초적인 것'이란 '기본적', '핵심적인' 등을
의미하는 것으로 생각한다.
여기에서 일부 생략되고 과하게 단순화시킨 것은
의도한 것이기도 했으나 그것 중 일부는 내가 무지해서
그리고 문제에 대한 이해력 부족 탓이라고 할 것이다.

이 책이 이 전의 *강한 재료에 대한 새로운 과학*에서
더욱 그런 면이 더 많거나 적은 속편이라고 할지라도
책 내용 자체의 정의를 따져보면
전체적으로 하나의 별개의 책으로 읽히게 될 것이다.
이러한 이유로 이 책의 전면부에서는
불가피하게 많은 부분의 반복내용이 보인다.

나는 사실에 근거한 정보와 제안에 대해
그리고 자극을 주고 논쟁에 불을 붙여준
위대한 많은 사람에게 감사하고자 한다.
그러한 생활 속에서, 레딩대학교의 동료들은
기꺼이 도움을 주었다.

W.D. Biggs 박사(건설기술학과 교수),
Richard Chaplin 박사, Giorgio Jeronimidis 박사,
Julian Vincent와 Henry Blyth 박사,
그리고 철학과의 Anthny Flew 교수 등은
마지막 장에서 유용한 제안을 해 주었다.
브룩병원의 뇌 신경상담사인 John Bartlett씨에게도
감사를 드린다.
웨스트인디 대학교의 T.P.Hughes 교수는
로켓과 그 외 여러 분야에서 도움을 주셨다.
비서인 Jean Collins 여사는 어려움이 있을 때마다
큰 도움이 되었다. 보그의 Nethercot 여사는
의상제작에 관해 친절함을 보여주셨다.
Gerald Leach씨는 펭귄사의 여러 편집구성원들과 함께
인내심과 협조를 아끼지 않으셨다.

죽음 가운데에서, 나는 케임브리지 트리니티 칼리지의
Mark Pryor 박사에게 큰 신세를 졌다.
특히 거의 30년 넘는 동안 계속된 생태 기계에 관해서
해 온 논의는 더욱 감사했다.
최근 들어, 분명하게 해야겠다는 이유로,
나는 한때 할리카르나서스의 시민이었던
헤로도토스에게
어떤 겸손한 절제감을 느끼게 되었다.

Acknowledgements

머리말

우리는 여러 작가가 인용을 허락해 준 것에 감사해야 함을 알고 있다. 펀치출판사에서 출간한 더글러스 잉글리시의 시에 대해, 윌리엄 블랙우드사에서 출간한 Weston Martyr의 *The Southseaman* 에서 인용한 것들에 대해, 와트&선 출판의 Rudyard Kipling의 *The Ship that Found Herself* 와 런던 및 베이싱스토크의 고(故) Banbridge 여사와 멕밀란사의 실무진들의 업적을 인용한 것 등등이 그것이다. 또한, H.L.Cox의 저서 *The Design of Structures of Least Weight*에서도 인용하였다. 신판 영어성경(1970년)은 옥스퍼드와 케임브리지 대학출판사에서 친절하게 허락해주었다.

우리는 또한 인용문의 리스트에서 언급된 모든 사람에게 큰 고마움을 전한다. 그들은 기꺼이 도표들을 제공해 주고 그것들을 재정리하도록 허락해주었다.

우리는 많은 사람과 기관, 단체로부터 인용문과 도표 등등으로 큰 도움과 혜택을 받았다.
만약 어떤 경우에, 우리가 얻은 것들에 대해 적절히 알려주는 데에 부족한 점이 있다면, 심심한 사과를 드린다.

Translators' Epilogues

역자후기

오늘로 이 책 뒷 페이지를 번역하면서 드디어 마무리하게 되었다.
먼저 나에게 이런 훌륭한 책을 번역할 기회가 주어 진 것에 깊은 감참과...
그 보다 더 깊은 감사의 마음을 갖게 되었다.

책의 내용은 저자의 서문과 뒷 표지에 소개된 것처럼 이 시대에
건축이 어떻게 되어야 하며, 건축가가 얼마나 많은 것을 알아야 하고,
고려해야 하는 가에 대한 깊이 있는 연구와 설명이 소개되어 있다.
번역 중에 알게 되었지만, 왜 이 책이 아마존의 베스트셀러 목록에서
오래 머물러 있었던 가를 번역 중에 느끼고 또 깨닫게 되었다.

근래 우리의 건축이 어느 지점에 서 있는지를 알기가 어렵다.
세계 최고 높이의 건물을 짓는 대단한 능력을 가진,
그러나 삼풍백화점에서 성수대교의 악몽이 아득한데...
여전히 요즘도 아파트 공사장은 수시로 무너지고 화재참변에
잘 놀라지지도 않는 현실은 어찌할 것인가?
이런 부실한 기반은 외면하고...
프리츠커상을 이제 우리도 받아야 한다느니...

이 책을 통해서 우리가 가르치고 배우는 건축이 그 깊이,
즉 그 바탕이 되는 원리와 원칙을 외면하고 결과만 시행한 결과가
오늘날 우리의 건축이 질적인 성장을 하지 못하는 큰 원인이 될 수 있다는
점을 뼈져리게 느끼는 계기가 되었다.
많은 것들을 생각하게 해주고, 왜 선진국 건축인들이 이러한 책을 쓰고
읽는지를, 이 책을 통해 우리의 건축인들이 각성하는 계기가 되었으면
하는 바람이 정말 크다.
학문의 궁극적 재미는 할수록 더 알아야 하고,
해야 하는 것들이 많음을 알게 된다고 하는데...
마지막 번역을 끝내면서 울컥하기도 하고,
벅차기도 했던 마음이 오래 기억되길 다짐해보고...

무엇보다 이 훌륭한 책을 써 내 주신 저자에게 정말 감사하고,
나에게 이 책을 만나게 해 준 시공문화사 김기현 대표께
고마운 마음을 전한다.

2022년 7월 옮긴이 반상철

STRUCTURES

OR WHY THINGS DON'T FALL DOWN

writter by J.E. GORDON

Chapter 1

우리 삶 속에서의 구조

또는
기술자들과 소통하는 법

사람들이 동쪽으로 여행하여, 시나이 땅의 평원에 와서 정착했다. 그들은 서로에게 말하기를, '어서 와서, 우리가 벽돌을 만들고 빵을 굽시다' : 그들은 돌과 같이 단단한 벽돌을 굽고, 역청으로 모르타르처럼 단단히 만들었다. 그들은 또 말하기를, '어서 오시오, 우리가 도시를 만들고 하늘에 닿을 만큼 높은 탑을 쌓읍시다. 그리고 그것들에 이름을 붙입시다. : 그리고는 이 땅 전부에 전파합시다.' 그때 주님이 사람들이 만들어 놓은 그 도시와 탑들을 보시기 위해 내려오셔서 말씀하시기를 '여기에 있는 사람들은 하나의 언어를 가진 한 민족이 있고, 지금 그들은 이러한 것들을 행하기 위해 시작하고 있다. : 그렇지만 그들이 하려고 마음속에 가진 것이 아무것도 없다면 그들은 그 목표에 도달할 수 없을 것이다. 이리로 오거라, 우리가 그리로 내려갈 수 있도록 내버려 두고 그들의 말들을 서로 섞을 수 있게 해라, 그러면 그들은 서로 무슨 말을 하는지 이해할 수 없게 될 것이다.' 그리하여서 주님은 그들을 온 세상으로 널리 퍼져나가게 하셨고, 그래서 도시를 만드는 일도 못 하게 하셨다. 그것은 주님이 온 세상의 언어로 말을 하도록 하셨기 때문에 바벨(Babel 또는 바빌론 Babylon)이라고 불리게 된 것이다.
– 창세기 11. 2-9 (신판 영어성경)

구조란 '하중을 견디기 위한 자재와 재료의 조합'으로 정의되어 왔다. 그리고 구조에 관한 연구는 과학에서 전통적으로 다루어지는 분야 중의 하나이다. 어떤 기술적 구조시스템이 문제가 생기면, 사람들은 심각하게 받아들일 것이고, 기술자들은 환경조건을 포함해서 구조의 움직임을 자세히 조사하게 된다. 그러나 불행하게도, 그런 문제에 관해 일반인들에게 말하려고 할 때는, 그들에게 낯선 언어로 말해주는 동안에 이미 어느 부분이 심각하게 문제를 일으키고 있고, 우리 중 몇몇은 구조와 그들이 하중의 이동방법을 공부한다는 것이 이해되기도 어렵고, 상관없는 것 같고, 실제 대단히 지겹게 느껴지게 된다.

그러나 구조는 많은 면에서 우리가 무시할 수 없을 정도로 우리 생활 속에 있다고 할 수 있다. 결국, 모든 동식물과 전 세계 모든 인간은 중단 없이 더 크게 아니면 더 적게 기계적인 힘을 지속해서 유지해야 한다. 그래서 특히 모든 것이 한 종류 또는 더 이상의 구조형태를 갖게 되는 것이다. 우리가 구조에 대해 말할 때, 왜 건축물과 다리는 무너지는가? 왜 기계장치와 비행기는 고장이 나는가? 등에 대한 것뿐 아니라 벌레들은 어떻게 그런 모양을 띠게 되었으며 박쥐들은 날개를 찢기지 않고 장미 가시 사이를 날 수 있는지에 대한 의문을 가져야 할 것이다. 힘줄은 어떻게 작용하며, 우리는 왜 요통을 겪는가? 익룡은 어떻게 몸무게를 그렇게 적게 할 수 있었는가? 새들이 날개를 갖게 된 이유는? 동맥은 어떻게 작동하며, 장애가 있는 어린이들을 위해 우리가 무엇을 할 수 있는가? 항해하는 배들이 각각이 위치하고 있는 방향에 삭구(배의 로프나 쇠사슬)를 설치하는 이유는? 오디세이의 활은 그 현이 왜 그렇게 강한가? 고대인들은 왜 밤에 마차 바퀴를 빼놓았을까? 그리스인들은 어떻게 투석기를 작동했을까? 갈대는 왜 바람에 흔들리며 판테온은 어찌 그리 아름다울까? 전문가는 자연의 구조를 보고 배울 수 있을까? 의사, 생물학자, 예술가와 인류학 전문가들은 공학자들로부터 무엇을 배울 수 있을까?

그러한 것들이 밝혀졌을 때, 왜 구조물들이 작동하고 왜 그것들이 파괴되는지에 대한 실제적인 이유를 이해하기 위한 갈등은 더욱더 어려운 큰 문제가 되고 있었고 우리가 기대했던 그것보다 더 오랫동안 지속하였다. 그것은 어떤 매우 유용하고 지적인 행동을 하는 경우에 이러한 몇 가지 의문들에 관한 답과 우리가 알고 있는 것과의 차이를 충분히 메워줄 수 있을 것이라는 점을 알게 된 것은 실제로 아주 최근의 일이다. 자연스럽게 보이는 것으로는, 직소 퍼즐의 조각이 점점 더 많이 결합될수록 전체적인 그림판이 더 명확해지는 것과 같다. 즉, 총괄적인 문제는 훨씬 얕은 지식의 전문가가 되는 데에는 그렇게 공부를 많이 하지 않아도 된다는 점과 함께 오히려 보통의 사람들이 보상과 종합 이익의 넓은 범주와 관련된 것들을 더 많이 발견할 수도 있다는 것이다.

이 책은 자연에서, 기술력에서 그리고 일상생활에서 보이는 구조적인 요소들에 대한 현대적 관점을 기술하고 있다. 우리는 여러 가지의 필수 하중 요소들을 강력하게 하고 유지할 수 있게 할 필요성과 함께 사람을 포함하는 모든 종류의 창조물과 장치들의 발전에 영향을 미치게 하는 방법들을 논의하게 될 것이다.

생명체의 구조 The living structure

생물체의 구조는 인공 구조물이 나오기 전 오랫동안 존재 해왔다. 지구에 생명체가 있기 전에, 거기에는 어떤 종류의 목적을 가진 것들이 존재하지 않았다. 오직 산과 모래 언덕 그리고 바위만 있었다. 매우 단순하고 원초적인 삶의 존재라 하더라도 비 생물체와는 별개로 분리되고 정리되어야 할 필요성을 가진 하나의 적절한 평형감과 자체 생존을 위한 화학적 반응을 하고 있다. 자연은 창조된 생명체를 가지고 있으며 각 개체적 특성이 있고, 그것을 유지하기 위해 일종의 저장고를 고안할 필요가 있게 되었다. 이 얇은 필름 또는 막膜은 적어도 최소한의 기계적 강도를 가지고 있어야 하고, 생존 조건을 유지하고 외부의 힘에 저항할 수 있도록 해야 한다.

만약에, 가능성이 보인다면, 생명체의 가장 최초 형태인 것 중 몇몇은 물에 떠다니는 작은 물방울로 구성되어 있는 것들일 것이고, 그것은 매우 연약하고 단순한 방어막을 가지고 있으며, 아마 다른 액체 간 왕래할 정도의 표면장력 이상은 아닐 것이다. 점차 생존해 있는 생명체들은 복합적인 모습을 띠고 있으므로, 생명체는 더욱더 생존경쟁이 심해질 것이고, 연약하고 구球형이며 움직임이 적은 동물들은 손해를 보게 될 것이다. 피부 표면은 더욱 거칠어지고 여러 가지 운동 수단은 더욱 곤란해졌다. 더욱 커지고 다세포로 진화된 동물들은 물어뜯을 수 있게 되고 빠르게 수영할 수 있게 되었다. 생존이란 쫓기고 쫓아가는, 먹히고 먹는 일이 되었다. 아리스토텔레스는 이것을 allelophagia(상호 살육)이라고 했으며, 다아윈은 자연스러운 선택이라고 칭했다. 사례에서 보면, 유전에서의 진보는 더 강한 생물학적 자원과 더욱 영리해진 생존구조들이 개발된 데에 따른 것이라고 할 수 있다.

아주 더 오랜 초기의 동물들은 대부분 연한 재료들로 만들어졌다. 왜냐하면, 그들은 여러 가지 방식으로 스스로를 움직이고 늘이기 위해 더 빨리 만들었을 뿐 아니라 연한 구조체가 보통(우리가 보는 것처럼) 강하지만 단단한 것들은 성장과 재생산에 관련해서 온갖 어려움이 존재하기 때문이다. 여성들이 알고 있는 것처럼, 출생이라는 힘든 일은 고도의 변형과 넓고 크게 퍼지는 기능들을 포함하고 있다. 동시에, 일반적으로 자연구조와 닮아 있는, 개념의 점진적 발전으로부터 인한 척추동물의 진보는 소프트한 것에서 하드한 것까지의 경이로움을 갖게 하고, 그 견고한 발전과정은 아기가 태어난 이후에도 계속된다.

자연이 단단한 재료의 사용을 오히려 어쩔 수 없이 수용해온 것이라는 인상을 받게 된다. 그렇지만, 동물들이 더 커지고 물 밖으로 나와서 육지에 있게 되었으며, 그들 대부분은 진화되고 단단한 골격과 이빨 그리고 경우에 따라서는 뿔과 갑옷을 걸치게까지 되었다. 그러나 동물들은 결코 많은 현대의 기계처럼 압도적이고 튼튼한 장치가 될 수는 없었다. 그 골격이 대개 유지되지만, 우리가 볼 수 있을 만큼 전체에 비해 작은 브분인 소프트한 부분은, 종종 그 골격의 하중을 제한하기 위한 유용한 방법으로 사용되고 그것은 골격이 부서지지 않고 지속성을 유지하도록 보호해주는 역할을 하게 된다.

반면 대부분 생물의 몸체는 유연한 재질이 주로 사용되어 만들어진다. 이러한 것이 항상 식물에만 해당하는 것은 아니다. 더 작고 더 어린 식물일수록 보통 부드럽지만, 그 식물이 식용으로 될 수도 없고 적으로부터 보호되지도 않는다. 하지만, 그것이 크게 성장할 때까지는 자체적으로 보호되기도 하고, 그렇게 함으로써, 태양과 비를 공평하게 나누어 갖는 것보다는 더 많이 얻기 위한 가능성을 얻게 하는 것이다. 특히, 나무들은 넓게 펼쳐져 있는 유용한 태양의 에너지를 얻기 위해 놀랄 만큼 멀리 뻗어 나가는 모습을 볼 수 있고 마찬가지로 바람에 저항하기 위해 곧게 서게 되는 등의 매우 가성비 높은 방식으로 되어 있다. 아주 높은 나무는 110m가 높게 뻗쳐있고 생명체로서 가장 크고 생명력이 있는 존재가 되었다. 그렇지만 한 그루의 나무가 이 높이의 1/10 정도라고 하면 그 주요 구조부는 가볍고 단단해야 한다. 이처럼 우리는 나중에 전문가가 되기 위해 많은 중요한 자료들을 융합하게 될 것이다.

강도와 유연성 및 단단함에 관한 이와 같은 여러 의문은 의약과 동물학, 식물학 등과 관련성이 있음이 분명해 보인다. 그러나 오랫동안 의사와 생물학자들은 상당한 성과가 있었지만 그것들이 가진 감성적인 능력을 갖추고 있다는 점에서 그러한 생각에 거부감을 느끼고 있었다. 물론 부분적으로는 체질의 문제일 수도 있고 소통의 문제일 수도 있으며 아마 그 전문가인 엔지니어의 계산적 개념에 대한 비호감이나 두려움이 문제가 될 수도 있을 것이다. 간단히 말하면 매우 자주 생물학자들은 그 문제들의 구조적인 양상에 대해 아주 심도 있는 연구를 할 것을 고려하지 않는 경향이 있다. 그러나 그렇다고 추정할 수 있는 이유는 사실상 없고, 반면에 자연이 화학적인 면과 기계적 경향을 제어하고 있다는 점, 그리고 구조적인 접근방식이 자연 그대로를 지향한다는 측면에서 매우 교묘한 방식을 사용하고 있다고 할 수 있다.

기술적인 구조체

놀랄만한 것들이 많지만, 별 것 아닌 것도 많다.
인간보다 더 야생적인 것들 ......
겨울바람을 일으킨 사람이 놀라운 일을 낳으며,
놀라운 일에 관한 탑을 쌓아가는 파도의 흐름을 통해,
바다의 쓰레기들을 가로 지르고 :

지치지 않는,
무한한 존재에 싫증이 난 사람은 --
해마다 가장 오래된 신인 대지와,
그 땅을 일구려고 가고 오는 무리들,
자유롭게 날아다니는 새 떼들,
야생의 짐승들, 바닷속의 족속들,
경이로움 속에 얽어진 그물 속에 있는,
그 ***예민한 존재****가 된다.*
- 소포클레스, *안티고네*(440 B.C. ; F.L.Lucas의 번역)

벤자민 프랭클린(1706-90)은 사람을 '도구를 만드는 동물'로 정의하였다. 사실 우등한 다른 동물들도 원시적인 도구를 만들고 사용했고, 문명화되지 못한 여러 인간보다 더 좋은 주거를 만들기도 했다. 인간의 기술이 멸종된 동물의 능력을 월등하게 추월하게 되었다고 말해 온 인간 개발의 정확한 순간을 찾아내는 것은 그렇게 쉬운 것은 아니다. 특히 만약 초기 인간이 수목이었다면 우리가 생각한 것보다 더 나중에 그렇게 되었을 것이다.

그러나 원시 인간들에서 막대기와 돌 사이에서 시간이나 기술적 성취와 같은 것의 차이는 더 고등한 동물들이 사용했던 도구들보다 더 우월하지는 않았을 것이고, 신석기시대의 정교하고 미적으로 탁월한 인조도구들은 대단한 성과라고 할 수 있다. 초기 철기문화는 불과 얼마 안 된 시기까지도 낯선 곳에서 생존하고 있었으며 그들이 사용한 많은 도구는 박물관에서 볼 수 있고 놀라움을 주고 있다. 철제가 가진 혜택 없이 강력한 구조를 만들기 위해서는 인장력의 분배와 방향성에 대한 직각력 즉 감각이 요구되며 그것은 항상 현대의 기술자들에 게만 있는 것은 절대 아니다. 즉 철제의 사용은 그것이 매우 쉽게 단단해지고 제조된다는 것이며, 이는 어떤 직관 때문에 얻어지기도 하고 기술력에 의한 판단 때문에 되기도 한다. 파이버 글라스 즉 유리섬유와 여타 인공화합물의 발명 덕분에 우리는 때때로 철제가 배제된 일종의 섬유 구조물을 사용하게 되었다. 이러한 것들은 폴리네시안과 에스키모들에 의해 발전된 것이다. 결과적으로 우리는 눈에 보이는 인장력 시스템에 대해 부적절한 생각을 하고 있었다는 점과 함께 원초적 기술력에 대한 존경심을 한층 깨닫게 된 것이다.

사실상—대략 기원전 2,000년에서 1,000년 사이인—문명화된 세계에서 철제기술이 소개되었고, 그때까지는 규모가 큰 구조나 매우 특이한 인공적인 구조를 만들지 못했다. 왜냐하면, 철이 귀했고 비쌌으며 제작이 쉽지 않았다. 절단 도구로서 그리고 무기로서, 확장을 위해, 갑옷의 효과를 높이는 데에 철제의 사용이 확장되었다. 그러나 그때까지도 하중 지지용 인공물의 대부분은 벽돌이나 통나무 그리고 가죽, 로프, 섬유 등이 사용되고 있었다.

오랫동안 합성구조를 사용해오면서, 방앗간 건설자, 마차 제작자, 배 제조자, 그리고 삭구 제작자 등은 매우 높은 수준의 기술력이 요구되었다. 물론 그들도 체계적으로 정리된 훈련과정이 없는 사람들에게 우려된 것 같은 맹점을 가지고 있고 실수를 하기도 한다. 전체적으로 보면, 증기기관과 기계가 출현한 것은 숙련도를 떨어뜨리게 되었고, 철과 콘크리트 같은 규격화 되고 견고한 자재의 '진보된 기술력'에 의해 통상 사용되던 재료의 활용 범위가 제한되게 되었다.

초기 몇몇 개 엔진의 압력은 우리의 혈압보다도 그리 높지 않았지만,

가죽과 같은 재료가 고온의 증기에 지탱하는 것이 어려웠기 때문에, 기술자들은 거품 주머니와 막膜 그리고 탄력성을 가진 튜브 등을 통해 배출하는 증기발전을 고안해 낼 수 없었다. 그래서 기술자는 기계적인 의미에서 금속자재의 진화를 요구받게 되었다. 어떤 동물이 좀 더 단순하게 그리고 더 적은 무게로 해내는 동작과 같은 것을 말한다.* 그 기술자는 바퀴, 스프링, 연결축, 그리고 실린더 내의 피스톤 운동 등으로 효율성을 얻게 되었다.

이러한 다소 서투른 장치는 원래 재료상의 한계로 인해 그 기술자가 겪어야 하는 일이라고 하더라도, 기술자는 단지 적절하고 우월해 보이는 것 같은 기술에 접근하는 방법을 보기 위해 찾아오는 것이다. 이전에 그는 철제 톱니바퀴와 축의 틀에 박힌 방식에 갇혀 있었지만, 기술력에 많은 변화를 가져왔다. 더구나 재료와 기술에 관한 이러한 입장은 일상 속으로 쓸려 사라지게 되었다. 오래지 않아서, 칵테일 파티에서 미국 과학자의 미모 부인이 '사람들이 목재나 통나무 없이도 비행기를 만들게 된다고 실지로 말하지 않았어요? 난 당신을 믿을 수 없고 당신이 날 놀렸어요'라고 말했다.

이러한 시각을 확장할 수 있으려면 목적이 정당해야 하고 발전을 위한 편견과 병적 열정에 기반하는 것을 멀리하는 방법이 이 책에서 논의하고자 하는 문제 중의 하나이다.

우리는 균형 잡힌 시각을 가질 필요가 있다. 전통적 기술범주에서의 구조체는 벽돌, 석재, 콘크리트 그리고 알루미늄 등으로 만들어졌고 이는 매우 성공적이고 명확하게 나타났다. 우리는 그 자체의 본래 목적과 더 확장된 관련 요소들에서 우리가 배울 수 있는 것이 무엇인가 등에 대해 신중하게 다루어야 할 필요가 있다. 그러나 우리가 기억해야 할 것은, 예를 들어, 공기가 채워진 타이어와 같이 지상 교통 방면의 변화와 같은 것들이 내연기관의 엔진보다도 더 중요한 발명품이라는 것이다. 그러나 우리는 타이어에 관해 기술을 배우는 학생들에게 가르쳐주지 않는 경우가 종종 있다. 그리고 카펫 하부에 있는 유동성을 가진 구조물들에 대해 전체적인 운영 관련 내용을 다 습득하기 위해 기술학교에서 별도로 배우는 경향이 있었다. 우리가 넓은 도로에서 생기는 문제를 찾으러 올 때 우리는 경직된 많은 양적 이유를 들어서 아마 찾을 수는 있을 것이다. 거기에는 정신적인 영감이란 측면으로부터 부분적으로 생물학적 실체로 잘 변신할 수 있는 모

* 피스톤과 풀무를 비교할 것

델들에 기반해서 전통적인 기술 일부를 재구축하려는 노력의 일환이 있는 것이다.

이러한 문제들에서 얻을 수 있는 시각이 무엇이든 간에 우리는 모든 분야의 기술은 연결되어 있어야 하고, 강화하고 변환하는 문제들을 가지고 더 크게 또는 작게 확장되고, 해야 한다는 사실을 외면할 수는 없다. 그리고 우리는 이러한 방향으로 가는 우리의 실수가 거의 힘들게 하지 않고 비싸지도 않으며 누군가를 죽게 하거나 다치게 하지 않음을 다행으로 생각해야 한다. 전기적인 문제들에 대한 관심 사항은 전기적, 전자적인 장치들에서 잘못되는 것의 많은 부분이 원래 기계적인 결함에 의한 것임을 상기하는 것이다.

구조물은 만들어지고 파괴될 수도 있으며, 이는 중요한 사항이고 때때로 극적으로 나타나기도 한다. 그러나 전통적인 기술이란 면에서, 과거에 파괴했던 구조의 견고함과 기울어짐이 실제로는 더욱 중요하다. 집, 바닥, 탁자가 떨리거나 흔들리는 것은 허용되지 않는다. 그리고 우리는 현미경이나 카메라 같은 시각적인 장치가 렌즈의 질에 좌우되는 것이 아니라 그것이 눈에 잡히는 정확성과 견고성에 따라 달라진다는 점을 고려해야 한다. 이러한 종류의 실패는 너무 자주 발생하는 것이다.

구조와 미 Structures and Aesthetics

내가 천국에서 혼자되기 위한 장소를 발견할 수 있을까?
나는 내 마음을 말하고 싶은데..
천국은 나의 바람이라고
모든 숲의 나무는 층층나무처럼 무성하고,
하얀 막대와 같은 불빛은 갈대처럼 흔들리네.
10월에는 울창한 붉은 층층나무 덤불이 :
깃발 갈대가 남-서 바람을 따라 흐르네 :
섬광 같은 흰 불빛이 돌풍 속에 있는 것처럼 번쩍이고 :
모든 것이 천국 하나를 위해 있는 것임을 알려주는 것 같네.
– George Meredith, *Love in the Valley*

요즘은, 우리가 좋아하든 싫어하든, 진보된 기술 중 어느 하나거나 다른 것이라는 것에 집착하게 되고 그것을 안전하게 그리고 효과적으로 작동할 수 있도록 하게 된다. 즉 여기에는 구조이론에 학문적으로 적합한 다른 여러 요인을 포함하고 있다. 그러나 사람은 안전성과 효율성 하나만으로는 살 수 없다. 그리고 우리는 가시적으로, 세계는 점점 비관적인 곳으로 되어 가고 있다는 사실에 직면해 있다. 그것은 아마도 따분하고 공개된 장소에 널리 퍼지는 것과 같은 '적극적인 누추함'으로 표현되는 것 같은 상황 전개가 그렇게 많지는 않다는 것이다. 현대인들의 작업성과를 보면서 기쁜 마음이 되거나 더 좋아진 또는 더 행복해진 느낌을 갖게 되는 것은 아주 드문 일이다.

그러나 18세기의 인공 구조물의 대부분은, 그것이 대단히 소박하고 하찮은 것일지라도, 많은 우리에게 최소한의 즐거움을 그리고 때로는 비교할 수 없는 아름다움을 주곤 해왔다. 18세기에 살았던 사람들—모든 사람—에게 확산시킨 것은 오늘날 우리의 대다수가 했던 것보다 더 풍요롭게 살았다는 것이다. 이는 오늘날 우리가 주거와 가구 등에 지출한 가격에 반영되었다. 한층 창조적이고 자기 확신을 가진 사회에서는 조상들의 건물이나 주거와 같은 것들에 대해 그리 강렬한 향수를 갖고 있지 않음을 보여주고 있다.

이와 같이 적용된 기술의 정교하고 또 논란의 여지를 가진 이론들을 발전시키고 있는 그 대상과 시대에 있지 않다고 하더라도, 그 의문점이 전체적으로 무시될 수는 없는 것이다. 우리가 말한 것과 같이, 거의 모든 인공 구조물들은 한 가지 또는 다른 종류의 구조로 되어 있고, 대부분의 인공물이 감성적이고 미적인 효과를 만들어 가는 것에 우선권을 주지는 않더라도, 그것이 어떤 감성적으로 중립적인 상태로서의 대상이 될 수는 없다는 것을 실감하는 것은 대단히 중요한 일이다. 이는 그 매개체가 되는 것이 말이건 글이건 그림이건 또는 기술적인 디자인이 되었건 다 사실이라는 것이다. 우리가 그렇게 의미를 부여하건 말건 간에, 우리가 디자인해서 만든 모든 개개의 대상들은 좋건 나쁘건 간에, 명백한 합리적 목적들을 초과하고 능가하는 일종의 주관적 영향을 갖게 될 것이다.

나는 우리가 커뮤니케이션의 또 다른 문제에 대응하게 되리라 생각한다. 대부분 엔지니어는 전혀 미적인 훈련이 안 되어 있는데, 엔지니어링 학교의 교육방향에서는 그것을 하찮은 문제로 무시해 버렸다. 어떤 경우에도, 여러 다양한 강의계획서에 충분할 만큼의 시간이란 주어지지 않는 법이다. 현대의 건축가들은 나에게 전반적인 사회적 목표들로부터 그 건축물들의 강도와 같은 소소한 문제들을 고려하기까지의 모든 것을 하기에는 너무 시간의 여유가 없다는 점을 매우 명확하게 보여주었다. 실제로, 미적인 문제를 다루는 것도 여유가 없었고, 그런 가운데 건축주들은 아마 많이 흥미를 갖기 어려웠을 것이다. 다시 말해, 가구 디자이너들은 정규 교육과정에서, 책이 놓여서 하중이 가해졌을 때 그 선반의 뒤틀림 정도를 산정해내는 방법을 배우지 못했다. 그래서 그 생산품의 구조에서 보이는 것을 보고 대부분은 그것은 별로 놀랄만한 일이 아니게 된 것이다.

탄력성 이론, 또는 무너지게 되는 이유

또는 실로암에서 망루가 무너져 치어 죽은 열여덟 사람이
예루살렘에 거주한 다른 모든 사람보다 죄가 더 있는 줄 아느냐
– 누가복음 13.4

여러 사람—특히 영국 사람들—은 이론을 좋아하지 않고, 보통은 이론 지상주의자들에 대해 별로 고려하지 않는다. 이는 강도와 탄력성에 관한 의문점에 특별히 적용해 보면 알 수 있다. 실제로 화학이나 의학과 같은 분야에서 모험하지 않으려고 하는 많은 사람은, 어떤 사람들에게는 삶을 의존하게 되는 하나의 구조물을 생산하는 것에 대해 경쟁심을 스스로 느끼게 된다. 그러한 압박을 받게 되면, 그들은 대형 교량이나 항공기가 그것들보다는 조금 더 우위에 있다고 인정하게 된다. 그러나 일상 속에서의 통상적인 구조물에서는 가장 하찮은 문제점일 뿐이라고 분명하게 표현한다.

이것은 통상적인 가림막 구조 같은 것이 수년간의 연구가 요구되는 문제로 제기되지 않는다는 것이다. 그러나 그 전체적인 목표가 별 관심없는 사람들에 대한 하찮은 것으로 희석되고, 흔히 보고 알 수 있는 것 같이 그렇게 단순하지 않다는 것 또한 사실이다. 엔지니어들이 너무 자주 전문가로만 불리는 것은, 변호사나 장의사처럼 동시에 '실행에 옮기는 일을 하는' 사람들로서 구조물 건립을 해내는 사람이라는 점 때문일 것이다.

그럼에도 불구하고, 수 세기 동안 실행해 온 사람들은—적어도 건설이라는 확실한 분야에서—자기 자신의 노선을 고수해왔다고 할 수 있다. 여러분이 성당에 가서 보면 여러분은 그것을 만들어 낸 사람들의 기술 면에서나 정성과 노력에 깊은 감동을 받게 될 것이다. 이 건축물들은 크기와 높이에서만 거대한 것이 아니다. 그것 중 일부는 그 구조체 재료의 단순하고 무거운 재질이 가진 느낌에서 벗어나게 하고 예술작품이나 시적 감흥을 주는 대상으로 높여 주기도 한다.

중세의 석조 건물이 교회와 성당을 건설하는 방식에 대한 엄청난 정보를 주고 있다는 점이 분명함을 알게 해 준다는 면에서 그리고 그것들이 종종 대단히 성공적이고 놀랄만한 성과로 나타났다는 점에서 의미가 있다. 그러나 여러분이 그 석조기술자에게 그것이 어떻게 이루어지게 된 것인지 무슨 이유로 그것이 세워지게 된 것인지를 물어볼 기회를 얻게 된다면, 나는 그 기술자가 '그 건물은 신의 손으로 이루어지게 됐으며—항상 베풀어주시듯이, 우리가 그것을 만들었을 때, 우리 기술의 전통적인 규범과 신비로움을 고집스럽게 추구해왔다고 할 것이라고 생각한다.

자연스럽게, 우리가 보고 경외를 가졌던 건물들은 살아남았다. 그것들의 '신비로움'과 기술・경험에도 불구하고, 중세의 석조 건물은 결코 늘 성공적이지는 않았다. 더욱 더 야심을 가지고 행했던 노력의 상당한 성과물들은 건물이 완공되자마자 심지어 공사 중에도 파괴되었다. 그러나, 이러한 재난 상황은 하느님이 정의롭지 못함을 벌하신 것이거나 회개에 대해 벌을 내리신 것으로 간주하곤 했으며, 기술적인 면을 별거 아니라고 무시한 결과라고 하였다. 실로암Siloam의 탑*에 관해 재조명하는 데에 필요하였으므로...

아마도 훌륭한 작업가 정신의 도덕적인 징표에 너무 많은 압박을 받았기 때문에, 나이든 건설기술자나 목수와 선박기술자들은 과학적인 면에 대한 것과 하나의 구조체가 하중을 전달하게 되는 원인과 같은 것에 대해서는 아무것도 생각할 수 없었을 것이다. 자크 헤이먼 교수는 교회 사원을 짓는 석공들이 어떠한 비율로 할 것인지 간에 현대적인 방식으로 생각하고 설계하지 않았다는 점을 결론적으로 보여주었다. 중세의 공예기술자들이 이룬 여러 개의 성과에도 불구하고, 그것들의 '규칙적인 면'과 '신비로운 면'들에 대한 이론적인 기반은 요리책에서 볼 수 있는 그러한 면들과 크게 다르다고 할 수 없다. 이러한 사람들이 했던 것들은 전부터 만들어져 왔던 것들과 대단히 닮아 있는 점이 많다는 것이다.

* 머레이Gilbert Murray의 *그리스 종교의 다섯 단계(Five Stages of Greek Religion*, O.U.P., 1930)라는 책에서 이러한 주제에 대한 이교도의 관점에 대한 흥미로운 논의가 있다. 다시 말해서, 구조와 연계된 전반적인 정령신앙의 문제는 연구할 가치가 크다.

9장에서 볼 수 있겠지만, 조적공사라는 것은 오히려 예외적인 사례라고 할 수 있으며, 거기에는 어떤 특별한 이유가 있다. 단순한 경험과 전통적인 비례에 따라서 작은 성당에서부터 대형 사원에 이르기까지 안전하고 실용적으로 스케일을 키울 수 있다는 점이 그것이다. 다른 종류의 구조물을 위해서는 이러한 방법으로 하는 것이 어렵고 매우 불안전하다. 건물이 점점 대규모화 된다고 해도, 매우 오랜 시간 동안 가장 거대한 배의 규모가 거의 일정하게 남아 있는 이유가 그것이다. 기술적으로 훌륭한 구조물의 안정성을 예측하는 과학적인 방법이 오랫동안 찾아지지 않았으므로 새롭고 또는 매우 다른 장치를 만들려고 시도하는 것들은 단순히 너무 그럴듯해서 다행히 재앙으로 마무리되지는 않았다.

그러므로, 세대를 거치면서, 사람들은 이성적인 접근방식에서 벗어나 강도의 문제로 머리를 돌리게 되었다. 그렇지만, 만약 여러분의 은밀한 마음속에, 문제를 남겨두는 습관을 갖는다면, 여러분은 중요한 것이 무엇인지 확실하게 알아야 할 것이고, 정신적인 면에서의 결과는 별로 행복하지 않을 것이다. 전반적인 문제는 잔인함과 미신과 같은 것의 토양을 만드는 것이 될 것이다. 한 척의 배가 샴페인 한 병을 가지고 있는 귀부인에게 세례를 받았을 때, 또는 기초 석이 탐욕스러운 시장에 의해 놓여졌을 때, 등과 같은 행사들은 어떤 대단히 불쾌한 희생적인 의식을 치른 과거의 흔적이다.

중세시대를 지나는 동안 교회는 그러한 대부분의 무의미함을 억제했으나, 어떤 종류의 과학적인 접근방식도 그것을 고양시키는 데에 충분치는 못했다. 그러한 태도에서 완벽하게 벗어나기 위해서—또는 과학의 법칙들을 매개체로 해서 신이 이루어 간다는 점을 받아들이기 위해서—완벽한 생각의 전환이 필요하며, 그러한 정신적인 면의 노력을 오늘날 이해한다는 것은 매우 어렵다. 과학적 용어가 거의 존재하지도 않을 때 지적인 원칙을 가지고 있는 대단히 예외적인 상상력의 결합이라고 칭할 수 있을 것이다.

그것이 전환을 맞았을 때, 노련한 공예기술자들은 그 도전을 절대 수용하지 않았으며, 구조물에 대한 심도 있는 연구를 통한 실효성 있는 출발이 심문에 의한 박해와 반계몽주의 때문에 된 것이라는 점을 반영한 것이다. 1633년에, 갈릴레오(1564-1642)는 혁신적인 우주원리의 발견 때문에 교회에서 버림받았다. 그것은 종교 측과 민간 행정청에 이르는 여러 곳의 기반에 위협이 되는 것으로 간주된 것이다. 그가 매우 굳건하게 천문학에 열중하였고, 그의 유명한 취소사건이 있고 난 뒤에,* 그가 프로렌스 근처의 아르체트리에 있는 저택에서 은퇴할 수 있도록 허락된 것은 아마 다행이라고 할 수 있을 것이다. 거기에 살면서, 사실상 가택연금이었고, 존재로서 물질의 강함을 연구했고, 내가 생각하기에 그것이 그가 생각할 수 있었던 가장 안전하고 파괴를 최소한으로 하는 주제였던 것 같다.

그 일이 일어났을 때, 물질의 강함에 대해 우리에게 알려주기 위한 갈릴레오 스스로 헌신한 성과는 매우 분명한 것이었다고 할 수 있다. 비록 그가 그 주제를 다루기 시작했을 때는 거의 70이 다 되었지만, 그는 대단한 일을 해냈으며 당시에 여전히 범죄자 신세여서 마음속에서 그것을 키우고 있어야 했다. 그러나 유럽의 여러 지역에서 능력자로 참여하기를 허락받았고, 그의 위대한 명성은 그가 착수해서 이룩한 어떤 주제에 대한 것에 대해 특권과 공익성을 부여받기에 이르렀다.

그가 남긴 많은 현존하는 문서 중에는 구조에 관한 것도 여러 편이 있다. 프랑스에서 일하고 있던 메르센과의 협력은 특히 많은 성과를 얻었다. 메르센(Marin Mersenne 1588-1648)은 제수윗의 사제였지만, 그 이전에는 아마 아무도 철제 와이어의 강도에 관한 연구를 주목하지 않았었다. 마리오뜨(Edmé Mariotte, 1620-84)이라는 젊은 청년 역시 사제였으며 포도주 산지인 디종 근처에 있는 세인트 마틴-수-벵의 수도원장이었다. 그는 생의 대부분을 인장과 구부림에 있어서 지반 공학의 법칙과 철로 된 봉의 강도에 관해 힘을 쏟았다. 루이 14세 치하에서 그는 프랑스 과학원을 설립하여 교회와 국가를 위해 이바지하였다. 이 시대 사람 중 누구도 주목하지 않았던 건설기술자이며 선박기술의 전문가였다.

마리오뜨 시대까지는 하중에 관련된 재료와 구조의 작용이라는 전체적인 주제가 탄성의 과학이라고 불리기 시작했다.—그 이유는 다음 장에서 분명하게 볼 수 있다.—그리고 우리는 이 명칭을 이 책 전반에 걸쳐 여러 차례 사용하게 될 것이다. 그 주제가 약 150년 전에 수학과 더불어 폭넓게 알려지게 된 이래 나는 실제로 탄성에 관해 쓰인 읽을 수 없을 만큼 많은 책과 이해하기 어려운 책들이 있음에 두려움을 가질 정도였고, 여러 세

* 그가 대지는 태양의 주위를 돈다는 것을 부인하도록 강요받았을 때, 브루노Giordano Bruno는 1600년에 이교도라는 이유로 화형에 처했다.

대에 걸쳐 학생들은 재료와 구조에 대한 강의에서 지루함에 치를 떨면서 견뎌왔다. 내 생각에는 그 신기하고도 의미는 별로인데 복잡하기만 한 이것이 너무 지나쳐서 요점을 벗어나기도 했다고 생각한다. 탄성이 점점 높아질수록 수학적인 문제가 많아지고 매우 어려워지는 것은 사실이다. 그러나 이러한 종류의 이론은 대개 아마 성공적인 공학 디자이너들에게만 드물게 사용되고 있었을 것이다. 아주 많은 평범한 목적에 부합함에 대해 실제로 필요한 것은 그 사람의 마음을 그 문제에 던질 수 있는 똑똑한 사람들에 의해서 대단히 쉽게 이해될 수 있었다.

거리에 다니는 사람이나, 업무 중인 사람은 이론적인 지식이 없어도 그에게 실제로 필요한 것을 생각하게 된다. 기술의 명인은 어느 곳에 가치를 부여하게 되는지 예측할 수 있다. 반면에 더 높은 수준의 수학이 아니면 불가능할 뿐 아니라, 만약 여러분이 할 수 있었다면 애매하게 부드덕한 것으로 변질되었을지도 모른다. 나에게는 당신과 나를 좋아하는 평범한 사람들이라면 어떤 중간층의 사람들—그리고 내가 더욱 흥미를 갖기를 희망하는 사람들과—지식의 상태가 통하는 사람들과 놀랄 만큼 함께 지낼 수도 있을 것처럼 보인다.

동시에, 우리가 바빌로니아—바벨탑 시기에 발생한 것으로 예상하는—에서 기원된 그 수학적인 문제를 전체적으로 간파할 수는 없다. 수학은 과학자와 공학자들에게는 중요한 수단이 되며, 수학 전공자에게는 하나의 종교이지만, 보통사람들에게는 큰 장애물이다. 그러나 우리는 모두 우리의 삶 모든 순간에서 실제로 수학을 사용하고 있다. 테니스를 치거나 계단을 내려갈 때 우리는 깊이 생각하지 않고도 우리 머릿속의 아날로그 컴퓨터를 작동시켜서 여러 가지 다른 방정식들을 실제로 쉽고 빠르게 해결하고 있다. 우리가 수학에 관한 어려운 점을 발견하는 것은 도그마의 취향이나 가학증, 이해하기 어려운 꼬인 문제 들을 가지고 교사들에 의해 제시된 주제에 대한 공식화되고 상징적인 표현이라고 할 수 있다.

최상의 파트를 위해서, 어떤 '수학적인' 논쟁이 실제로 요구되는 곳은 어디에서든지 나는 가장 단순한 종류의 그래프와 다이어그램을 사용하고자 할 것이다. 그러나, 우리는 약간의 산술적이고 대단히 기초적인 대수학적인 것이 필요한데,—우리가 수학자들에게는 무례하다고 할 수 있는—이러한 것들은 결국 단순하고 강력하며 편리한 사고의 방식이라고 할 수 있다. 수학에 대한 알레르기를 가진 채로 여러분이 태어난다 해도, 그리고 그렇게 생각되어도, 절대 그것에 대해 놀라게 되지는 않는다. 그러나, 우리가 그것을 건너뛰어야 한다면, 그에 관한 이야기에 대해 너무 많은 것을 놓치지 않고도 아주 실속 있는 방식으로 이 책에서 그러한 논쟁에 순응하는 것이 여전히 가능하게 될 것이다.

한 가지 덧붙일 수 있는 점은, 구조물은 자재로 인해 만들어지고 우리는 구조와 재료에 관해 언급하게 될 것이지만, 사실 재료와 구조 사이에는 명확하게 구분되는 경계선이 없다고 할 수 있다. 철제는 의심할 여지 없는 하나의 재료이며 포트 브리지는 말할 필요 없는 하나의 구조물이지만, 철근콘크리트와 목재 그리고 인간의 육체는 그 모두가 복합적인 구조물로 되어 있고, 재료이거나 구조 중 하나로 인식될 수 있다. 자기 마음대로 말의 의미를 바꿔버리는 사람처럼, 우리가 이 책에서 '재료material' 라는 용어를 사용할 때, 그것이 우리가 원하는 의미로 이해될 것인가에 대한 우려가 있다. 그것은 다른 사람들이 '재료'라는 것이, 또 다른 파티에서 또 하나의 다른 여자에 의해 나에게 또 다른 가정을 가져다준다는 것과 항상 같은 뜻을 가진 것은 아니라는 것이다.

'당신이 하는 일이 무엇인지 말씀하시오.'

'나는 재료의 전문가입니다.'

'모든 그러한 옷감 재료를 다루는 일을 한다는 것이 얼마나 즐거운가!'

Chapter 2

구조물이 하중을 전달하는 이유

또는
고체의 탄력

*작용과 반작용은 같고, 반대라고 했던 뉴턴과 함께 출발해 봅시다.
이것은 매번 밀어낼 때마다 같은 힘으로 반대편에서 밀어 옴으로
써 합체되고 균형을 이루게 된다. 어떻게 미는지는 문제가 안 된다.
예를 들면, '고정' 하중이란 어떤 종류의 정지된 무게를 말한다.
200 파운드인 내가 바닥에 서 있다면, 그때 내 발바닥이 바닥으로
아래를 향해 밀게 되고 그것은 200파운드의 하향 압축이 일어난다.
이것이 거리의 거래작용이다. 동시에 바닥은 200파운드의 상향 추
력으로 밀어내게 된다는 것이다. 이것도 같은 작용으로 설명된다.
바닥이 노후 되어 200파운드의 추력을 발휘하지 못하게 되면, 바닥
으로 떨어지게 된다. 그러나, 기적적으로, 바닥이 내 다리보다 더
큰 201파운드의 힘을 만들어 낸다면, 그때의 결과도 여전히 놀라운
일이라고 할 수 있다.
왜냐하면, 내가 공중에 떠 있어야 하기 때문이다.
강한 재료에 대한 새로운 과학
– 또는 당신이 바닥 아래로 추락하지 않는 이유 (2장 참조)*

우리는 어떻게 그것이 철이나 돌 또는 통나무나 플라스틱 같은 어떤 무생물 고체가 기계적인 힘에 전체가 저항할 수 있을까—혹은 그 자체의 무게를 지속할 수 있을까—에 대한 의문에서 출발하였다. 근본적으로, 이것은 '왜 우리는 바닥 아래로 주저앉지 않는가'의 문제이며, 그 답은 절대 확실하지 않다. 그것은 구조에 관한 연구 전체의 뿌리에서 찾을 수 있을 것이며 학술적으로도 어렵다. 그 이벤트에서, 갈릴레오에게도 너무 어렵다는 것을 증명했고, 그 문제의 어떤 실질적인 이해를 성취할 수 있는 신뢰감은 심

술쟁이 사나이 로버트 후크(1635-1702) 덕분이라고 할 수 있다.

첫 번째 단계에서, 후크는 재료 또는 구조가 하중에 저항하게 되면, 같은 반대 방향의 힘으로 밀어낼 뿐이라는 것을 밝혀냈다. 우리의 다리를 통해 바닥을 누르면, 바닥은 발을 향해 밀어 올린다는 것이다. 성당이 기초 위를 내리누르면, 기초는 성당을 받쳐 올리게 된다. 이것은 뉴턴의 운동 3법칙에 담겨 있는데, 작용과 반작용은 같은 반대의 조건이라는 것을 기억하게 해 준다.

다시 말해서, 힘이란 없어질 수가 없는 것이다. 항상 그리고 무엇이든지 매번 발생하는 힘이란 구조 전반을 통해 모든 지점에서 같은 반대의 힘으로 균형과 반작용을 갖게 되어야 한다는 것이다. 이것은 어떤 구조물에서도 진리이지만, 그러나 아무리 작고 단순하더라도 또는 아무리 크고 복잡하더라도 그것은 마찬가지이다. 바닥이나 성당에서뿐 아니라 교량, 항공기, 풍선, 가구, 호랑이, 사자, 양배추와 지렁이까지 모든 것에서 다 진리라고 할 수 있다.

이러한 조건이 충족되지 않는다면, 그것은 모든 힘이 서로 평형이나 균형을 이루지 못한 것이라고 말할 수 있으며, 그때 그 구조물은 파괴되거나 그 외 전체적인 사건들이 마치 로켓처럼 튀어 나가서 다른 외부 공간 어딘가로 사라질 것이다. 이러한 나중의 결과는 공학을 전공하는 학생들의 시험 답안에 빈번하게 담겨 있다.

가장 간단한 종류의 구조의 모멘트에 대해 생각해보자. 우리가 벽돌과 같은 것을 한 줄의 선을 사용해서 나무줄기와 같은 지지대에 매달았다고 생각해보자.(그림 1) 뉴턴의 사과 무게와 같이, 벽돌의 무게는 지구 중력

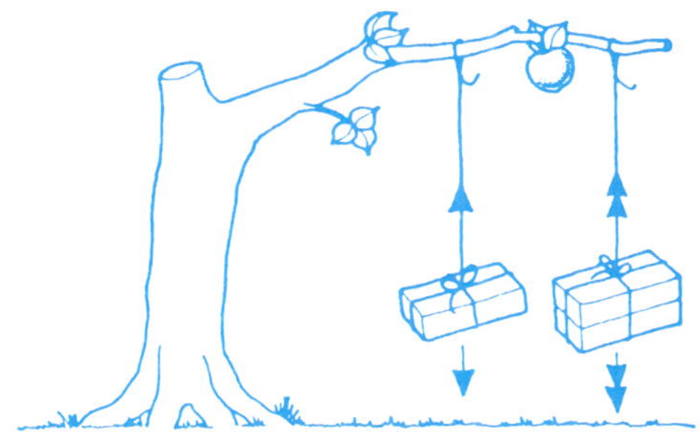

[그림 1] 아래로 향하고 있는 벽돌의 무게는 같은 반대의 밀어 올리는 것과 줄의 인장력에 의해서 지지가 되는 것이다.

장의 영향 때문에 계속해서 아래를 향해 움직일 것이다. 벽돌이 떨어지지 않으면, 그때는 같은 반대의 상향으로의 힘 또는 줄의 당기는 힘이 지속적으로 가해짐으로써 공중에서 그 자리를 지속하고 있는 것이 확인된다. 줄이 너무 약하면, 벽돌의 무게와 같은 상향으로의 힘을 만들어 낼 수 없어서, 그 줄은 끊어지게 되고 벽돌은 뉴턴의 사과처럼 땅에 떨어지게 되는 것이다.

그러나, 그 줄이 강한 것이어서 벽돌을 하나가 아니고 두 개도 매달 수 있게 되면, 그 줄은 두 개의 벽돌을 지지하기에 충분한 상향의 힘만큼 두 배로 제작되어야 할 것이다. 물론 다른 어떤 하중의 가변성을 고려해야 한다. 더구나, 그 하중은 벽돌과 같은 '죽은(고정된)'이 되는 것이 아니고, 풍압과 같은 다른 요인들에 의해 힘이 증가할 수 있으므로 같은 반작용의 힘으로 저항하게 되어야 한다.

나무에 매달려 있는 벽돌의 사례에서 하중은 줄에서, 다시 말하면 당기는 면에서 인장력에 의해 지지가 된다. 건축물과 같은 많은 구조물에서, 하중은 미는 힘에 따라 압축력이 전달된다. 이 두 가지 사례에서 일반적인 원리는 같다. 그래서 어떤 구조적 시스템이 자체적인 작용을 한다면, 말하자면, 하중이 아무 일도 일어나지 않고 안정된 방식으로 지지가 된다면, 그 때 그것에 적용되었던 힘에 정확히 같고 반대 방향인 것이 밀거나 당기는 작용을 하게 되어야 한다. 그것은, 정확한 양만큼을 가지고 그것에 반대로 밀고 당기는 것을 함으로써 그 문지방에 도달하기 위한 일이 일어나는 모든 밀고 당기기 작용에 저항해야 한다는 것이다.

이것은 모두 매우 잘되고 있고 그래서 일반적으로 구조물에서 하중이 왜 밀거나 당기게 되는지를 알기가 매우 쉽다. 어려움이란 그 구조물이 왜 하중에 대해 반대로 밀거나 당겨야 하는지 아는 것이다. 그런 일이 일어난 것 때문에, 아주 어린 아이들은 때때로 그 문제에 대해 어렴풋이 알아차리게 된다.

'고양이 꼬리를 잡아당기지 마라, 얘야'
'나는 안 당겨요 엄마, 고양이가 당기는 거예요.'

고양이 꼬리의 사례는 그 반응은 어린이의 근육에 대해 고양이의 당기는 근육의 힘이 작용하는 생생한 생물학적 활동을 제공해 준다. 그렇지만 물론 이러한 종류의 왕성한 근육 반응이 아주 자주 작동하는 것도 아니고 꼭 필요하지도 않다.

고양이 꼬리가 부착된 것으로서 일어난 일이라면, 고양이가 아니라 벽과 같은 무생물이다. 그 경우에 벽은 '잡아당기는' 작용을 하게 되고, 어린이의 당기는 것에 저항하는 작용이 자동차에 의해 활발하게 생기거나 벽이 어린이에게나 고양이 꼬리에나 별 차이를 만들지 못하게 함으로써 수동적으로 생기게 된다.(그림 2, 3)

벽이나 줄처럼 움직임이 적거나 수동적인 것—또는 뼈나 철제 거더 또는 성당 건물—과 같은 것은 필요로 하는 커다란 반작용 응력을 어떻게 만들어 내는가?

[그림 2] 고양이 꼬리를 당기지 마라. 얘야'
'엄마, 내가 당기는 게 아니라 고양이가 당기는 거예요.
[그림 3] 고양이가 당기거나 가만히 있거나 어떤 차이도 일어나지 않는다

후크의 법칙 – 또는 고체의 탄력성

*스프링의 힘은 인장*과 그것에 관한 것들과 같은 비례 속에 있다.*
즉, 하나의 힘이 늘어나거나 구부러져서 하나의 공간이 되면,
두 개가 구부러지면 두 개이고 세 개는 세 개가 된다….
그래서 이것을 배상의 방식 또는 탄력적인 움직임의 과정에
기반한 자연의 법칙이라고 한다.
– 로버트 후크Robert Hooke

* 후크의 시대에서 '인장'은 라틴어의 *'tensio'* 와 같은 뜻을 가진 '확장'으로 불리는 것을 의미했다.

1676년경에 후크는 고체는 하중 또는 그것에 등을 밀려서 생기는 다른 기계적인 하중에 대항한다는 것뿐 아니라 또한 다음과 같다는 것을 확실히 보았다.

01. 모든 종류의 고체는 기계적인 외부 힘이 작용할 때,—자체적으로 늘어나거나 축소해서—그 형상이 변화한다.

[그림 4, 5] 모든 재료와 구조물은 하중을 받으면 아주 다양하게 늘어나게 되면서 변형된다. 탄성의 과학은 힘과 구부러짐 사이의 상호작용에 관한 것이다. 나뭇가지의 재질이 상부면 근처에서 늘어나고 압축을 받거나 또는 원숭이의 무게에 의해서 하부면 주변이 축소되기도 한다.

02. 고체가 등을 밀어낼 수 있게 되는 것이 이러한 형태의 변형이라고 할 수 있다.

그래서 우리가 줄의 끝에 벽돌을 달아 놓으면, 줄이 점점 늘어나고, 줄이 벽돌을 상향으로 잡아당길 수 있도록 이렇게 늘어나서 땅에 떨어지는 것을 막게 된다. 모든 재료와 구조물은 하중이 가해졌을 때, 아주 크고 다양하게 늘어나게 되더라도, 변형이 일어난다.(그림 4, 5)

어떤 특정한 그리고 모든 구조물이 하중에 반응해서 변형되는 것은 완전히 정상적임을 깨닫는 것이 중요하다. 만약 이러한 변형이 구조적인 목적을 위해서 보다 너무 큰 것이 아니라면, 그것이 어떤 방법상의 '잘못된 것'이 아니라 오히려 구조물이 작용할 수 없는 것 이외에 기본적인 특성 때문이다. *탄성의 과학은 재료와 구조 면에서 힘과 변형 상이의 상호작용에 관한 것이다.*

모든 종류의 고체가 하중이나 다른 기계적인 힘이 작용했을 때 약간 확장되는 형상으로 변한다고 하더라도, 실제로 발생하는 변형은 매우 광범위하고 다양하다. 식물이나 고무 조각 같은 것에서는 변형이 매우 크게 그리고 쉽게 잘 일어나는 것이 보이는데, 그러나 금속이나 콘크리트 또는 뼈와 같이 단단한 재질에 하중이 가해질 때 변형은 실제 매우 적게 발생하기도 한다. 그러한 움직임은 너무 적어서 맨눈으로는 종종 볼 수가 없다 하더라도, 우리가 그것을 측정하기 위해서는 특별한 적용방안이 필요하지만, 그것들은 확실하고 분명하게 존재하고 있다. 우리가 성당의 종탑에 오르게 될 때, 사람의 무게가 추가됨에 따라, 아주 아주 조금씩, 더 짧아지게 되지만, 실제로도 더 짧아지게 된다. 실제적으로는, 조적조는 우리가 생각한 것보다 훨씬 유연성을 가지고 있는데, 사람이 샐스버리 사원의 종탑을 지지하는 네 개의 중요한 기둥에 의해서 알 수 있는 것처럼, 그것들은 모두 눈에 띄게 많이 휘어져 있다.(참고 1 참조)

후크는 오늘날까지도, 다른 사람들이 쫓아가기에도 어려운 그의 추론에 훨씬 중요한 단계를 만들었다. 그는 어떤 구조물이 우리가 말했었던 방식에서 하중을 받아서 변형될 때, 내부적으로, 전체적인 부분에서 오늘날 알려진 바와 같이, 명확한 스케일로 줄어들게 하고 분자 스케일로 줄이는 비례에 따라 자체적으로 늘어나고 수축되고 하면서 만들어진 재료가 된다. 그래서, 우리가—힘이라고 말해지는—하나의 스틱이나 철제 스프링을 변형시킬 때, 그 재료를 만드는 원자나 분자는 그 재질이 전체적으로 늘어나거나 압축되면서, 훨씬 더 멀리 분리되거나 서로서로 인접해서 뭉개지기도 한다.

우리가 또한 오늘날 알고 있는 것과 마찬가지로, 원자가 서로서로 결합하고, 그 고체들이 서로 합쳐지고 하는 화학적 접착은 실제로 매우 강하고 단단한 것으로 만들어 준다. 그래서 전체로서의 재질이 늘어나거나 압축되는 경우에는 이것이 아주 작은 확장이라도 변형되는 것에 강력하게 저항하는 연장 또는 압축되는 수백만 번의 화학적 결합 때문에 이루어지게 될 수 있다. 그래서 이러한 결합은 필요한 만큼의 커다란 반작용의 힘을 만들어 낸다.(그림 6)

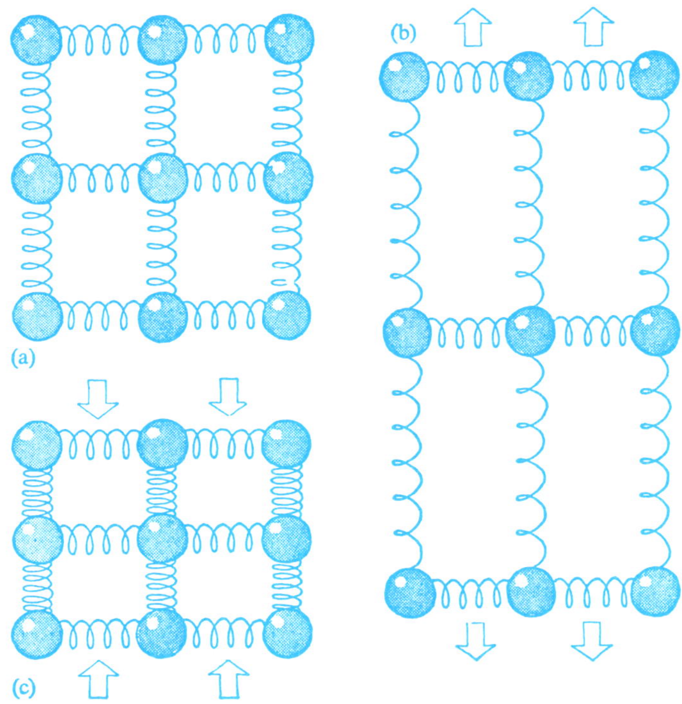

[그림 6] 기계적인 변형이 일어난 것에 따른 원자 상호 간 결합의 왜곡을 단순화한 모형
(a) 중립적이고, 느슨하거나 변형이 없는 상태
(b) 인장, 원자 분리가 일어난 재질의 변형으로 재질이 길어진 상태
(c) 압축, 원자의 상호 인접으로 재질의 변형에 따라 재질이 더 짧아진 상태

후크가 화학적 결합에 관해 자세한 것을 전혀 몰랐고 원자와 분자에 관해서도 몰랐다 하더라도, 그는 이러한 종류의 것들이 재료의 미세한 구조 안에서 일어나는 것에 대해 완벽하게 이해하고 있었다. 그래서 고체에서 힘과 변형 사이의 정밀한 상관관계의 특징이 무엇인지를 결정해 내게 되었다.

그는 여러 가지 재질로 만들어진, 그리고 스프링, 와이어, 빔과 같은 여러 가지의 기하학적 형태를 가진 다양한 대상들을 시험했다. 그것들의 무게들을 매달아 보면서 변형된 결과치를 측정하고, 제시된 구조물에서의 변형은 보통 하중에 비례하고 있음을 보여주었다. 말하자면, 200파운드의 하중은 100파운드의 하중에 의한 변형보다 2배의 변형이 일어나는 요인이 '계속해서' 된다는 것이다.

더 나아가, 후크의 측정치에서의 정확성 내에서—그렇게 좋은 것은 아니지만—이러한 고체들 대부분은 변형의 원인이 된 하중이 제거되면 원래의 형상으로 회복된다는 것이다. 실제로 그는 어떤 형태의 영구적인 변형의 요인이 없이 무한정 이러한 종류의 구조물이 하중이 가해지고 제거되는 것에 따라 지속한다고 하였다. 그러한 행태는 '탄성 회복적'이라고 불리며 일상적인 것이 되었다. 그 단어는 종종 고무밴드와 속옷과 관련이 있다. 그러나 철, 돌, 벽돌과 목재, 뼈 및 힘줄과 같은 생물학적 재질에 적용될 가능성도 있다. 우연히, 예를 들어 모기의 '핑하는 날아가는 소리'는 날개에 작동하는 회복력을 가진 스프링의 높은 탄성적 행태를 보여준다.

그러나, 진흙이나 가소성 플라스틱 등과 같은 몇 가지 고체나 고체와 가까운 것들은 하중이 제거되었을 때도, 완전히 회복되지 않고 왜곡된 상태가 남아 있는 경우가 있다. 이러한 종류의 행태를 '가소성적'이라고 한다. 이 단어는 재떨이가 보통 어떤 재질로 만들어져야 하는지를 제한하지 않는다. 그러나 또한 진흙과 연한 금속을 적용하는 것도 해당된다. 그러한 가소성 재질은 버터, 죽, 밀가루(당밀) 같은 것들에도 감추어져 있다. 더 나아가, 후크가 '탄성적인 것'이 될 것으로 생각했던 많은 재질은 더 정확한 현대적 방식으로 시험한 결과 불완전하다고 밝혀졌다.

그렇지만, 폭넓게 일반화된 것으로서, 후크의 관찰은 사실로 남겨져서 여전히 탄성에 대한 현대과학의 기초자료로 활용되고 있다. 오늘날, 가늠자를 가지고 보면, 대부분 재료와 구조물들은, 기계, 교량 및 건축물뿐 아니라 나무, 동물, 바위, 산 등 세상에 존재하는 그 자체가 스프링이 쉽고 충분한 것으로 여겨지는 것처럼—아마 보이지 않는 곳에서 확실하게—매우 많이 작용하고 있다. 그러나 그의 일지에서 보면, 대단한 정신적인 노력과 많은 의문점을 가지고 거기에 많은 노력을 투자했음은 분명하다.

그가 일련의 사적 논의에서 크리스토퍼 렌 경에게 그의 아이디어를 제안하고자 한 후에, 후크는 1679년에 '잠재성의 회복 혹은 스프링'이라는 이름의 논문에서 그의 실험내용을 출간하였다. 이 논문은 '그래서 장력이다'('늘어나는 것, 그것이 힘')이란 유명한 내용을 포함하고 있다. 이 원칙은 수백 년 동안 '후크의 법칙'으로 알려져 오고 있다.

어떻게 탄성은 수렁에 빠지게 되었는가

그러나 뉴턴의 적을 만드는 것은 피할 수 없게 되었다.
옳든 그르든, 뉴턴에 대해서는 감당키 어려운 상황이 되었다.
– 마가렛 에스피나쎄, *로버트 후크*(하이네만, 1956)

현시대에는 후크의 법칙이 엔지니어들에게 매우 크게 이바지하고 있지만, 그 공식에 있어서 후크는 원래 그것의 실제적인 사용이 오히려 제한되기를 기대했었다. 후크는 실제로 하중이 가해졌을 경우에,—스프링, 교량, 나무—등과 같은 완전한 구조물의 굴절에 관해 언급했었다.

우리가 하나의 모멘트에 대해 생각한다면, 구조물의 굴절은 그 크기와 기하학적 형상 때문에 영향을 받으며 또한 제작된 재질의 종류에 따라서도 영향을 받는다. 재료는 그 본질적인 견고성 면에서 매우 다양하다. 고무나 근육과 같은 것은 우리의 손가락으로 다룰 수 있을 만큼 적은 힘에도 쉽게 변형을 일으킨다. 목재나 뼈, 돌 그리고 대부분 금속과 같은 다른 재질들은 아주 상당히 단단하다. 그리고 완전히 '견고한 것'은 없을 수 있지만, 사파이어나 다이아몬드 같은 몇 가지 고체들은 실제로 매우 단단하다.

우리는 철제와 고무 등으로 만든 보통의 배관공 세척기와 같은 같은 모양과 크기를 가진 것들을 만들어 낼 수 있다. 금속 세척기가 고무보다는 훨씬 더 단단하다는 것은 확실한 사실이다.(실제로 3만 배 단단하다.) 다시 말해, 금속과 같은 같은 재질로 얇은 나선형 스프링 또는 두껍고 무거운 거더를 제작한다면, 그때 스프링은 자연히 거더 보다 훨씬 더 유연하게 될 것이다. 우리는 생물학에서처럼, 엔지니어링에서도 이러한 효과들을 구분하고 양을 정할 수 있다. 우리는 모든 시대를 통해서 이러한 다양한 변화를 전파하게 되고 그 전체적인 것들을 분류하는 확실한 방식이 필요하다.

그러한 앞으로의 출발을 한 이후에 후크 사후 120년이 될 때까지 부각해 온 이러한 어려움을 해결할 아무런 과학적인 방법이 없었다는 것은 놀라운 일이다. 사실, 18세기에를 통틀어서 놀랄 만큼 미미한 실제적인 진보가 탄성력의 연구에서 이루어졌다. 이러한 진보의 부진 이유는 복잡한 의문이 있는 것은 아니고, 일반적으로 17세기의 과학자들이 그들의 과학을 기술의 진보로 짜인 것으로 본 것이라고 말할 수 있다. 과학이 가진 목적의 미래상은 대부분 역사 속에서 새로운 것이라고 하면서—18세기의 많은 과학자는 철학자들이 비행기 안에서 작업하는 것과 같이—그들 자신에 대해 생각했고 그것은 제조 생산업과 상업과 같은 하찮은 문제들보다 우월하다고 생각했다. 물론 이것은 과학에 대한 그리스인들의 관점과 반대였다. 후크의 법칙은 기술적인 디테일에 크게 흥미를 갖지 못하는 점잖은 철학자들에게 매우 적합한 어떤 상식적인 분야에서의 현상이 폭넓게 철학적인 확장성을 제공했다.

그러나 이러한 모든 것을 가지고, 우리는 뉴턴(1642-1727) 자신의 개인적 영향력 또는 뉴턴과 후크 사이에 존재하는 적대감의 후폭풍에서 벗어날 수가 없다. 지적인 측면에서, 후크는 아마 뉴턴과 같이 거의 할 수 없었고 그래서 그는 확실히 훨씬 무의미하고 헛된 것이기 까지 했지만, 다른 측면에서 보면 그들은 전체적으로 상이한 기질과 관심 분야를 가진 사람들이다. 근본적으로 그들 두 사람이 매우 순수하고 신중한 배경을 가지고 있다고 하더라도, 찰스 2세와 개인적으로 친구라고 하더라도 뉴턴이 후크에 반해서 어떤 속물이었다는 것은 아니다.

뉴턴과는 달리 후크는 탄성력과 스프링, 시계, 건축물 그리고 현미경이나 벌레의 해부 등에 관한 엄청 많고 매우 실질적인 문제들에 종사했던 일종의 세속적인 인간이었다. 오늘날에도 여전히 활용되는 후크의 발명은 자동차 트랜스미션에 사용되는 유니버설 조인트. 그리고 카메라에 쓰이는 조리개 막 등이 있다. 양초의 촛농과 같은 후크의 마차 램프는, 그 불빛이 스프링의 삽입으로 광학의 중심을 유지하게 했던 것으로 1920년대에서만 사용되고 사라졌다. 그러한 램프는 현관 바깥에서는 여전히 볼 수 있다. 더 나아가, 후크의 개인적인 인생은 그의 친구 사뮤엘 펩스에게 죄를 지었다. 모든 여자 하인은 그에게 정중해야 했을 뿐 아니라 수년 동안 그의 매력적인 조카와 '모든 것이 완벽할 정도로 친밀하게'* 살았다.

우주에 대한 뉴턴의 미래상은 후크보다 더 확대되어져 있었지만, 과학에서 그의 관심은 덜 실용적이었다. 사실, 더 적은 큰 인물의 그것처럼, 그것은 종종 반-실용적인 것으로 묘사될 수도 있었다. 뉴턴이 조폐국의 전문가이고 그 일을 잘 해냈던 것이 사실이지만, 그 직책을 받아들이고 과학을 적용하겠다는 의욕을 가지고 했거나, 그리고 그 당시에, 이것이 더 높은 급료에 관한 언급 없이, 삼위일체의 교제보다 더 높은 사회적 지위를 부여하는 '정부 산하의 자리'였다는 것이 사실임에도 이에 따라서 많은 것을 해내는 일은 적었던 것으로 보인다.

그러나 뉴턴의 시기에 대단한 업적은 짐승의 숫자와 같은 황당한 이론상의 문제들에 관해 그가 추측했던 그 자신의 호기심이 넘쳤던 세상에서 소모되었다. 나는 그가 육체적인 죄악으로 많은 시간이나 관심이 있었다고 생각지 않는다.

간단히 말해서, 뉴턴은 하나의 사람으로서 후크를 혐오하고, 땅에 떨어져서 탄성을 갖게 되는 것을 포함해서 그가 버텨왔던 모든 것을 부정하는 것으로 잘 구축됐다. 뉴턴은 후크 사후 25년 동안 더 사는 행운을 가졌고, 그래서 이 시간을 후크에 대한 기억에 모욕을 줄 수 있는 좋은 기회를 얻었으며, 적용되었던 과학의 중요성에 이바지하는 일이 생기게 되었다. 그때까지, 뉴턴은 과학 세계에서는 거의 신적인 입지를 가졌기 때문에, 그리고 이러한 모든 것이 그 시대의 사회적이고 지적인 경향을 강화하는 흐름이 있었기 때문에, 구조물과 같은 주제들은 뉴턴 사후까지도 여러 해 동안 대중성이라는 면에서 강하게 하기 어려움을 겪게 되었다.

그래서 18세기를 통해서 그 상황은 구조가 작용하는 방식이 후크에 의해서 폭넓게 적용되는 방법으로 설명되어져 오는 동안에, 그의 작업은 그렇게 많이 뒷받침되거나 업적을 만들지 못했으며, 그래서 그 주제는 상세한 실질적인 산정방식이 거의 불가능한 정도의 상황에 머물러있게 되었다.

이러한 상황 여건이 지속되는 한에 있어서 엔지니어링에서 이론적 탄력성의 유용성은 제한되게 되었다. 18세기 프랑스의 엔지니어들은 이러한 것을 인식했으나 그것을 후회하고 그것들에 유리한 것으로 그 이론과 같은 것들의 사용을 하도록 해서 만들어진 구조물(아주 자주 무너져 내렸던)을

* 후크 자신이 쓴 구절로, 그녀의 이름은 그레이스였다.

건설하는 일에 주력했다. 그러한 것을 알게 된 영국 엔지니어들은 보통 '이론적인 것'에 무관심했고 그들은 경험 법칙에 따른 '실용적인' 방법에 따라서 생긴 산업혁명의 구조를 만들게 되었다. 이러한 구조들은 아마도 거의 무너졌지만 그렇게 많이, 자주 일어나지는 않았다.

Chapter 3

응력과 변형의 발명

또는
수학자 코시 남작과 영계수의 해석

수학적 계산이 없이,
공포의 장면이 없이
삶이 이루어질 수 있는가?
- 시드니 스미스 목사, 젊은 숙녀에게 보내는 편지, 1835. 7. 22

뉴턴과 18세기의 편견과는 별도로 탄성 과학이 오랫동안 고수했던 주요한 원인은 그것을 연구했던 몇몇 과학자들이—후크가 했었던 것처럼—재질의 내부에 있는 어떤 주어진 지점에 존재한다는 것을 볼 수 있다고 할 수 있는 힘과 확장성에 대한 분석에 의해서 보다는 오히려 전체로서 구조물을 고려함으로써 힘과 굴절을 다루려고 했던 것이다. 18세기 전체를 통해서, 그리고 19세기에 들어서, 레오나드 오일러(1707-83)와 토마스 영(1773-1829)와 같은 매우 뛰어난 사람들은 지금 우리에게 아주 직면한 문제처럼 보이는 것들을 해결하기 위해서 그들이 시도한 것에서 매우 신뢰할 수 없는 지적인 왜곡이 되어 있는 것에 대해 현대의 엔지니어들에게 알려질 수 있도록 하는 것을 이루어 냈다.

재료의 내부에 있는 특별한 지점에서의 탄성적 상황의 개념은 응력과 변형의 개념이라고 할 수 있다. 이러한 아이디어는 1822년에 프랑스 과학 아카데미의 보고서에서 아우구스틴 코시(1789-1857)에 의해 하나의 일반화된 형태에서 첫 번째로 제기되었다. 이 보고서는 아마 후크 이래로 탄성의 역사에서 가장 중요한 이벤트였다고 할 수 있을 것이다. 이 이후에, 과학은 몇몇 별난 철학자들을 위한 행복한 사냥터라기보다는 엔지니어를 위한 실용적인 도구가 되겠다는 약속을 확인해 주었다. 그의 이 무렵에 그려진 그의 초상화로부터, 코시는 건방진 젊은이로 보이기도 했으나, 그는 대단한 능력을 갖춘 하나의 공인된 수학자로서는 의심의 여지가 없었다.

결국, 19세기의 영국 엔지니어는 코시가 그 주제에 대해 말했던 것을 지겹도록 읽고 나서야 그들은 응력과 변형의 기초적인 개념이 실제로 이해하기 매우 쉬웠을 뿐 아니라 예전에 그들이 구조에 관한 전반적인 연구에 대한 이해가 매우 간단한 것이었음을 발견하였다. 현대에 와서 이러한 아이디어는 어떤 사람*에게는 이해될 수도 있고, 그래서 '응력과 변형'이 언급될 때 때때로 문외한들에 의해서 생겨나는 당황하고 분개하기까지 하는 태도를 설명하기가 어렵기도 하다. 나는 응력과 변형의 전반적인 아이디어에 의해 매우 혼란스러워져서 대학을 뛰쳐 나와서 혼자 숨어버린 사람으로, 예전에는 동물학에서 멋지고 새로운 평가를 받은 연구하는 학생이었다. 나는 여전히 그렇게 했던 이유를 알지 못한다.

응력 – 변형에 의해 흐트러지게 되지 않는 것

그 일이 발생하였을 때, 갈릴레오 자신은 응력에 관한 생각으로 아주 정신이 없었다. *그가* 아세트리에서 말년에 *그가* 쓴 *'두 가지의 새로운 과학Two New Sciences'*이라는 책에서, 그는 다른 것들은 같이 존재하는데, 인장에서 당겨진 로드는 단면의 면적에 비례하는 강도를 갖는다는 점을 매우 명쾌하게 설명했다. 그래서, 2㎠의 단면을 가진 로드가 1,000㎏의 당기는 힘에 부러진다면, 그때 4㎠의 단면을 가진 것은 그것을 부러뜨리기 위해서 2,000㎏의 당기는 힘이 필요하다는 것이다. 파손 면의 면적에 따라서 절단하중을 나누는데 거의 200년을 필요로 하였다. 우리가 현재 같은 재질로 만들어져서 모든 유사한 로드에 적용되는 '파괴 응력' (이 경우에는 500㎏/㎠)이라고 부르는 것에 도달하기 위한 것은 거의 믿을 수 있다.

코시는 이러한 응력에 관한 생각은 재료가 절단될 때를 예측할 뿐 아니라 훨씬 더 일반적인 방식으로 고체 내부의 어느 지점에서 일어나는 상태를 나타내주는 것을 알게 되었다. 다른 말로 하면 고체에서의 '응력'은

* 예외로, 확실하게, 옥스퍼드 사전에서. 물론 그 단어는 사람의 정신상태 그리고 그것들이 마치 같은 것을 의미하는 것처럼 통상적인 대화체로 사용된다. 물리학에서는 그 두 단어의 의미가 매우 명확하고 뚜렷하다.

액체 또는 기체에서의 '압력'과 같은 것이다. 그것은 재질을 만들어 주는 원자와 분자가 외부의 힘에 따라서 서로 밀고 당기면서 그것이 얼마나 단단한가를 알려주는 측정치라고 할 수 있다.

그래서, '이 금속 조각에 있는 어느 지점에서의 응력이 500kg/㎠'라는 말이 내 차의 타이어 공기압이 2kg/㎠ 또는 28lb/inch^2'(p.s.i.)'고 말하는 것보다 더 불편하거나 이상하지는 않다. 그러나, 압축과 응력의 개념이 아주 밀접하게 비교되는 것이라고 할지라도, 어떤 액체 안에 모든 3방향에서 압력이 작용한다는 것을 마음속에 담아야 한다. 반면에 우리는 고체에 있는 응력이 종종 하나의 방향성이나 1차원적인 문제가 되기도 한다. 그렇지 않다면, 어떤 면에서는, 우리가 그 존재에 대해 고려하게 될 것이다.

수치상으로, 재료에 있는 하나의 주어진 지점에 있는 어떤 방향에서의 응력은, 힘이 작용하는* 곳에서의 면적에 의해 나누어진, 그 지점에 있는 방향에서 작용하는 단순히 힘 또는 하중이다. 우리가 어떤 지점 에서의 응력을 보면,

$$\text{응력} = S = \frac{\text{면적}}{\text{하중}} = \frac{P}{A}$$

P = 하중 또는 힘이고 A는 힘 P가 작용하는 것으로 고려될 수 있는 면적이다.

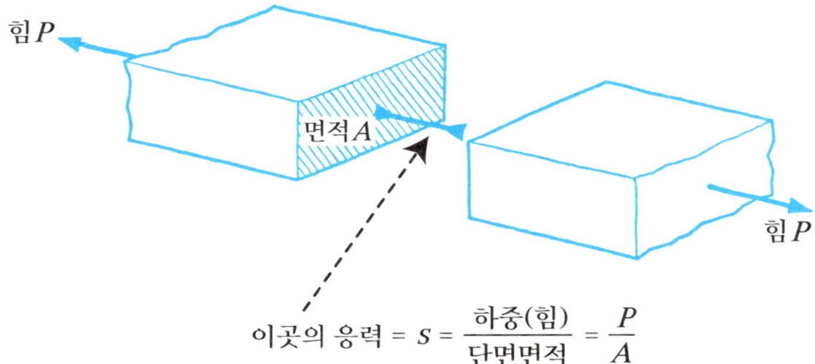

[그림 1] 인장을 받고 있는 바에서의 응력 (압축응력은 정확하게 닮았다)

벽돌로 돌아간다는 것은, 우리가 마지막 장인 줄로부터 매달림에서 남아 있어야 한다. 벽돌 무게가 5kg이고 줄 단면적이 2㎟라면, 그때 벽돌은

5kg의 힘으로 그 줄을 당기게 되고 그래서 줄에서의 응력은 다음과 같이 된다.

$$s = \frac{\text{하중}}{\text{면적}} = \frac{P}{A} = \frac{5\text{kg힘}}{2\text{mm}^2} = 2.5\text{kg힘/mm}^2$$

또는, 우리가 그것을 선호하면, 250kgf/㎠.

응력의 단위 Units of stress

이것은 응력 단위의 난처한 문제들을 만들어 낸다. 응력은 면적의 단위로 나누어진 힘의 단위로 표현될 수 있다. 그리고 그것이 빈번하게 사용되는 것이 된다. 혼돈의 양적인 축소를 위해서 우리는 이 책에서 다음의 단위들을 사용하게 될 것이다.

제곱미터 당 메가뉴턴 : MN/㎡

* 이것은 SI 단위이다. 대부분의 사람들이 알고 있듯이, 이 SI(System International) 법칙은 뉴턴을 힘의 단위로 하게 하였다.
* 1·0 뉴턴 = 0·102 ㎏ f = 0·225 lb f (대략 사과 한 개의 무게)
* 1 메가뉴턴 = 100만 뉴턴, 이것은 정확이 100톤의 힘이다.

제곱 인치 당 파운드(힘) : p.s.i

* 이것은 영어권 국가들에서 전통적으로 사용되어 오는 단위이며, 여전히 엔지니어들에게 많이 사용되고 미국에서 특히 그렇다. 그것은 또한 일반적으로 매우 많은 자료와 참고문헌에서 사용되고 있다.

제곱 센티미터 당 킬로그램 : kgf/㎠(kg/㎠)

* 이것은 공산주의 국가들을 포함한 대륙의 국가들에서 많이 사용된다.

* 하나의 '점'은 '면적'을 얼마나 가질 수 있는가? 속도의 유사성을 고려한다. 즉 우리가 보통 어떤 주어진 순간(매우 간단한)에 스피드에 관심을 기울인다고 해도, 거리에 따라 생기는 빠른 속도는 시간의 길이(예를 들면, miles/hr.)에 따라 이루어진다.

전환에 대해서

1 MN/㎡ = 10·2 kgf/㎠ = 146 p.s.i.
1 p.s.i. = 0·00685 MN/㎡ = 0·07 kgf/㎠
1 kgf/㎠ = 0·098 MN/㎡ = 14·2 p.s.i.

그래서 줄(현)의 한 조각에서의 응력은, 우리가 250kg/㎠,이 24·5MN/㎡ 또는 3,600p.s.i.와 같다. 응력의 산정은 보통 아주 정확한 일이 되기 어려우므로, 매우 정확한 전환 요소들에 관해 그렇게 많이 곤란해하지는 않게 된다.

액체에서의 압력과 같이, 재료에 있어서 응력이 하나의 ***중심점***에 존재하는 조건이라는 것을 이해하는 것이 중요하다는 점은 되짚어 볼 만한 것이다. 그것이 p.s.i.이나 ㎠ 또는 ㎡와 같은 어떤 특별한 단면적과 특별히 관련되는 것은 아니다.

변형 – 이것은 응력과 같지 않다.

응력과 같은 것은 우리에게 얼마나 단단한지를 알려준다.—그것은, 얼마나 힘을 가지고 있는지이며—하나의 고체에 있는 어느 지점에서 원자들은 서로 잡아당기며, 그래서 변형은 우리에게 그것들이 얼마나 멀리 잡아당기게 되었는지를 알려준다.—그것은, 어떤 비율로 각 원자가 늘어난 사이에 접착 부분이 있는지를 알려준다.

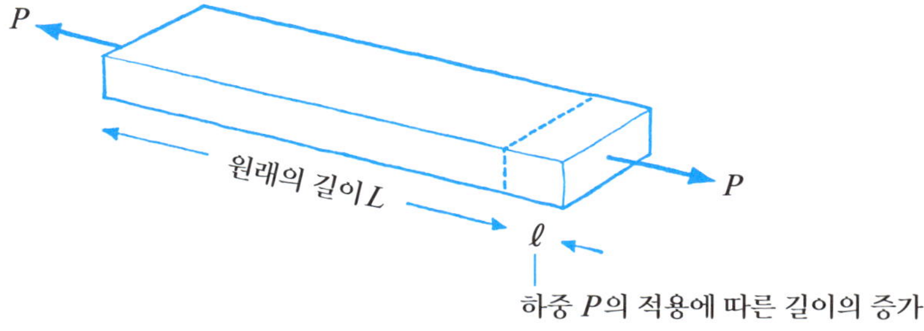

$$\text{변형} = \frac{\text{길이의 증가}}{\text{원래 길이}} = \frac{\ell}{L} = e$$

[그림 2] 인장을 받는 바에서의 변형 (압축 변형은 정확히 수치화 된다.)

그래서, 원래 길이 L을 가지고 있는 로드가 그곳에 힘이 가해져서 전체 길이가 ℓ만큼 늘어나는 요인이 되었다면, 그때 그 변형 정도 또는 길이의 변화 비율에 따라 로드의 변형률은 e가 된다고 말할 수 있다.

$$e = \frac{\ell}{L}$$

원래의 줄로 복귀하기 위해서, 원래 줄의 길이가 2m(200cm)이고, 벽돌의 하중에 의해서 1cm의 길이로 늘어나게 되었다면, 줄의 변형률은,

$$e = \frac{\ell}{L} = \frac{1}{200} = 0.005 \text{ 또는 } 0.5\%$$

공학적 변형은 보통 매우 작고, 그래서 엔지니어들은 아주 빈번하게 %로 변형을 표기한다. 그것은 0과 십진법으로 표기해서 혼동될 기회를 줄여준다.

응력과 마찬가지로, 변형도 어떤 특별한 길이 또는 단면 또는 재료의 형상에 상관관계가 없는 편이다. 그것은 또한 어떤 지점에서의 상황인 것이다.

다시, 우리가 하나의 길이를 다른 길이로 나눔으로써 생기는 변형을 계산한 이래로—다시 말하면 원래의 길이에 따라 늘어난다면—변형은 영국 또는 다른 어느 곳에서도, 단위를 갖지 않은, SI, 숫자로 된 비례가 된다. 이러한 모든 것은 인장에서는 물론이고 압축에서 매우 많이 적용된다.

영계수 – 또는 이 재료가 얼마나 단단한가?

우리가 말했던 것처럼, 교육을 받은 것이라 해도, 그 원래의 형태에서 후크의 법칙은 재료의 특성과 구조물의 활동 사이에서 어떤 불분명하고 불명예스러운 혼란의 결과라고 할 수 있다. 이러한 혼란스러운 생각은 응력과 변형에 대한 개념의 부족으로 주로 발생했다고 할 수 있으나, 우리는 또한 마음속에 재료시험과 연결된 과거에 존재했던 어려움을 마음속에 품어야 한다.

[그림 3] 표본적인 장력 시험체

오늘날, 우리가 재료를 시험할 때—구조물과는 구분되어진—우리는 일반적으로 그것에서 '시험체(시험체 조각)' 라고 불리는 것을 만들게 된다. 실험재의 형상은 매우 대단한 것으로 보이지만 보통은 수평의 막대이며, 그것으로 측정이 이루어지며, 그것들이 시험기계에 접합되게 하려고 좀 두꺼운 끝부분을 갖도록 하였다. 원래의 금속 시험체는 종종 [그림 3]처럼 보인다.

시험기계는 그 크기와 디자인에서 다양성을 잘 갖추고 있지만, 근본적으로는 그것들은 모두 인장 또는 압축에서 측정된 하중을 적용하기 위한 기계장치들이다.

시험체의 막대에 있는 응력은 단면의 면적에 따라 각 단계에서 기계의 계기판에 저장된 하중을 나눔으로써 거의 얻어지게 된다. 하중이 가해진 상태에서 시험체의 막대가 연장되는 것—그러므로 해서 재료에서의 변형—은 보통 신장계伸張計라고 부르는 민감한 장치 때문에 측정된다.
신장계는 시험막대에 있는 두 지점에 고정되어 있다.

이러한 종류의 장비를 가지고는 일반적으로 그곳에 가해지는 하중에 따라 증가하는 재료의 시험체에서 발생하는 응력과 변형을 측정하기는 아주 쉽다. 응력과 변형 사이의 관계는 우리가 '응력-변형 다이어그램'으로

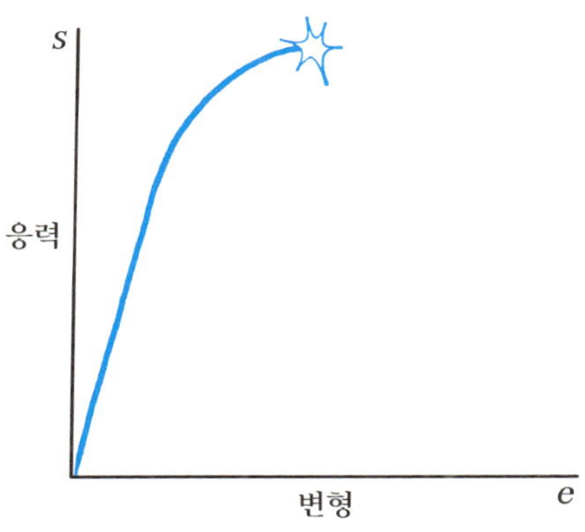

[그림 4] 전형적인 '응력-변형 다이어그램'

부르는 변형에 대한 응력의 구성 그래프에 의해 주어진 재료에 대한 것이다. 이 응력-변형 다이어그램은 그림 4.에서 볼 수 있으며, 주어진 재료의 매우 특징적인 결과이며, 그 형상은 보통 사용되면서 나타나는 시험체의 크기에 따라 영향을 받지는 않는다.

우리가 금속과 다른 많은 공통적인 고체들에 대한 응력-변형 다이어그램을 구성하고자 할 때 우리는 최소한 적당한 정도의 응력을, 그래프가 직선을 보여주고 있다는 것을 발견하기 쉽다. 이것이 그렇다면 우리는 '후크의 법칙에 따르는' 또는 때때로 '후크의 성격을 가진 재질'을 가진 것과

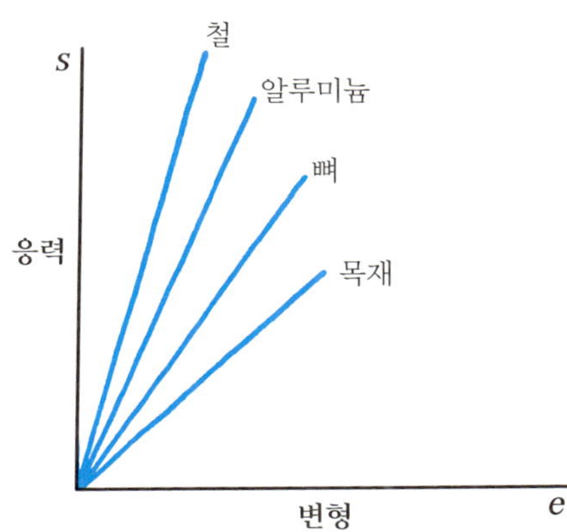

[그림 5] 응력-변형 다이어그램의 경사 직선부분은 각각 상이한 재료의 특징이다. 탄성영계수 E는 이 경사도를 보여준다.

같은 *재료*에 대해 말하게 된다.

그러나 우리가 또한 발견한 것은, 그 그래프의 *경사진* 직선이 서로 다른 재료에 따라 매우 다양하게 나타난다는 것이다.(그림 5) 이것이 응력-변형 다이어그램의 경사가 주어진 응력 조건에서 재료의 변형이 얼마나 탄력적으로 측정되는지를 명확히 보여준다. 다시 말하면 그것은 탄성적 경직도의 측정치 또는 주어진 고체의 무른 정도이다.

후크의 법칙을 준수하는 어떤 재료에 대해서는, 그래프의 경사도나 변형에 대한 응력의 비율이 불변의 지속성을 가지게 될 것이다. 그래서 어떤 특별한 재료에서는,

$$\frac{\text{응력}}{\text{변형}} = \frac{s}{e} = E\text{로 표기하는 탄성력의 영계수}$$
$$= \text{재료에 대한 불변성}$$

영계수는 때때로 '탄성 계수'라고 부르며, *E*로 표기하는데, 원래의 기술적인 대화를 할 때는 아주 자주 '경직도'로 언급되곤 한다. 그런데, '계수'라는 단어는 라틴어로 '소규모 측정치'를 부른다.

우리가 기억하고 있는 줄은 벽돌 무게에 의해 0.5% 또는 0.005 정도 변형이 일어나고, 24.5 MN/㎡ 또는 3,600 p.s.i.의 응력을 가지게 된다. 그러므로 줄의 영계수는,

$$\frac{\text{응력}}{\text{변형}} = \frac{24.5}{0.005} = 4{,}900\ \text{MN/㎡}$$
$$= 720{,}000\ \text{p.s.i.}$$

경직도의 단위 또는 영계수

우리가 파괴 때문에 응력을 나누게 되기 때문에, 단위도 없이, 수치로 말하게 되며, 영계수는 하나의 응력으로서 같은 치수들을 갖는 것이 되고 응력 단위로 표현되며, 그것은 MN/㎡, p.s.i 또는 kgf/㎠ 등이 있다. 그러나, 영계수는 재료의 길이(말하자면, 100%의 변형이 있는 응력)가 2배가 되는 응력으로 간주되기 때문에—만약 그 재료가 먼저 부러지지 않는다면—그 숫자들은 종종 더 큰 것을 포함하게 되고, 사람들은 그러한 것들을 시각화하기가 어렵다는 것을 알게 될 것이다.

영계수의 실용적 가치에 관하여

[표 1]에서는 통상적인 생물학적 그리고 기술적인 많은 재료의 영계수가 보여지고 있다. 알을 품은 메뚜기의 표피(그것은 생물학적 재질을 위한, 아랫부분, 그러나 아주 예외적인 아래는 아니고 : 수놈 메뚜기와 수태하지 않은 암놈 메뚜기의 표피는 훨씬 더 딱딱하다)에서 비롯된 것으로 영계수는 다이아몬드까지 모든 방향으로 올라가도록 배열되어 있다. 그 경직도의 범위는 1에서 약 6백만까지 여러 가지인 것으로 나타나게 된다. 우리는 이러한 것을 8장에서 논의하게 될 것이다.

[표 1] 여러 가지 고체의 개략적인 영계수

재질 및 재료	영계수(*E*)	
	p.s.i.	MN/m²
알을 품은 메뚜기의 연성 표피*	30	0.2
고무	1,000	7
계란의 표피 막	1,100	8
사람 연골	3,500	24
사람 힘줄	80,000	600
벽판	200,000	1,400
강화되지 않은 플라스틱, 폴리에틸렌, 나일론	200,000	1,400
합판	1,000,000	7,000
목재(표면을 따라서)	2,000,000	14,000
신선한 뼈	3,000,000	21,000
마그네슘 금속	6,000,000	42,000
유리(원래의)	10,000,000	70,000
알루미늄 합금	10,000,000	70,000
주석과 동	17,000,000	120,000
금속과 강철	30,000,000	210,000
알루미늄 산화물(사파이어)	60,000,000	420,000
다이아몬드	170,000,000	1,200,000

* 레딩대학교의 동물학과 줄리안 빈센트 박사를 존중해서 ...

양호한 많은 공통적으로 연성인 특성을 가진 생물학적 재질들이 이 표에서는 나타나지 않고 있음을 주의해야 한다. 이것은 그것들의 탄성적인 행태가 후크의 법칙에 따르지 않기 때문이고, 개략적으로나마, 그래서 그것은 우리가 그것에 대해 언급해왔던 용어들에서, 영계수가 어떤 정도의 비율인지를 정의하기가 실제로 불가능하다. 우리는 이러한 종류의 탄성력으로 나중에 회복할 것이다.

영계수는 현재 매우 기본적인 개념으로 간주되고 있다. 즉, 공학과 재료과학 전반에 걸쳐 전파되어 있으며 생물학에도 관여되기 시작했다. 그러나 엔지니어의 마음속을 움직이는 계기가 된 것은 19세기 첫 번째 반의 전반에 걸쳐 이루어졌다고 하겠다. 이것은 부분적으로 급경사 보존 때문이었고 그리고 또 부분적으로 응력과 변형의 어떤 실행 가능한 개념에 뒤늦게 도달했기 때문이었다.

이러한 주어진 개념과 함께, 몇 가지는 영계수보다 더 단순하고 더 명확하기도 했다. 그것들을 제외하고, 전반적인 일은 불가능할 만큼 어려웠다. 이집트 상형문자의 해독에서 중요한 부분으로 역할을 했고, 그의 시대에 가장 뛰어난 두뇌를 가진 사람 중의 하나였던 영은 확실히 매우 심각한 지적인 갈등이 있었다.

1800년경에 *그가* 이루었던 것은, *그가* 우리가 해왔던 것과는 매우 다른 경로를 통해서 문제에 접근해야 했다. 그래서 그것은, 그 자체의 무게가 주어진 상황에서 더 짧아질 것으로 예측되는 재료의 기둥이 어떻게 될지에 대해서, 그는 우리가 지금 '특수한 계수'라고 부르는 것이 무엇인지에 의해 그 문제를 고려했다. 그가 만든 계수에 대한 영 자신이 정한 정의는 1807년에 출간되었는데, 다음과 같다. 어떤 재질의 탄성에 대한 계수는 같은 재질에게는 기초에 가해지는 압축을 감당할 수 있게 하는 하나의 기둥과 같은 것이다. 그것은 그 재료의 길이에 따라 가해지는 압력의 정도가 정해지는 무게가 그 길이를 감소시키게 한다.*

그 이후에, 이집트의 상형문자는 간단해 보이게 된 것이다. 그것은 그와 동시대의 사람들에 의해 영에 대해 말하기를 '그의 말은 친근하게 사용되지는 못했고, *그가* 펼친 아이디어는 *그가* 함께하기를 반대했던 사람들과는 거의 같지 않았다. 그러므로 그는 지식의 교류라는 면에서는 내가 알고 있었던 어떤 사람들보다 더 안 좋게 평가되었다.' 동시에 우리는 영이 아이디어와 씨름하고 있었고 응력과 변형의 개념이 없이는 거의 표현할 수가 없었음을 깨달아야 한다. 그것은 15-20년 후에 까지도 사용되지 못했다는 것이다. 영계수(E =응력/변형)의 현대적 정의는 1826년에 정립되었는

* 과학이 그것들이 가진 지배력에 의해 많은 존경을 받고 있다 하더라도 그래서 여러분의 연구도 존중되고 그것이 많은 배움을 준다. 단기적으로는 이해되기가 어렵다.(영에 대한 존경의 글)

데—영이 죽은 후 3년 후에—프랑스 공학도인 나비에르(1785-1836)에 의해 된 것이다. 응력과 변형의 발명가로서 코시는 마침내 프랑스 정부로부터 남작이 되었다. 그는 그럴만한 자격이 있었다.

강도 Strength

구조물의 강도와 재료의 강도 사이에 혼동은 피해야 할 필요성이 있다. *구조물*의 강도는 그 구조를 파괴할 수 있는 단순한 *하중*(파운드 또는 뉴턴 또는 kg의 힘으로 나타내는)이다. 이 그림은 '파괴하중'으로 알려져 있고, 그래서 자연스럽게 어떤 개별적이고 특수한 구조에만 적용된다.

재료의 강도는 재료 자체의 일부분을 파괴하는 데에 필요한 응력(p.s.i. 또는 MN/㎡ 또는 kgf/㎠ 등)을 말한다. 그것은 일반적으로 주어진 고체의 모든 표본에서 같게 되어 있다. 우리는 대부분 재료의 인장강도에 관심을 기울이게 된다. 그것은 때때로 '최대의 인장 응력' 또는 U.T.S.으로 불리기도 한다. 이것은 보통 시험기계에서 파괴 소형 시험 조각에 의해 결정된다. 자연히, 많은 강도 계산의 목표는 재료의 강도를 알게 됨으로써 구조 강도를 예측하는 데에 있다.

양질의 많은 재료의 인장강도는 [표 2] 에서 볼 수 있다. 견고성에서와 마찬가지로, 생물학적 그리고 공학적 고체에서 강도의 범주는 실제 매우 넓다는 것을 볼 수 있다. 예를 들면, 근육의 연약함과 힘줄의 견고함 사이의 대조를 보면 뚜렷이 보이고, 그래서 이것이 근육 단면과 그에 상당하는 힘줄은 매우 차이가 있음을 설명해 주고 있다. 그래서 종아리의 두껍고 때로는 두툼한 근육은 그 인장력을 발꿈치뼈로 전달하고, 펜처럼 가늘지만, 그 기능을 하기에 아주 적절하게 되어진, 그 아킬레스와 발꿈치뼈 힘줄에 의해서, 우리는 걷고 점프도 할 수 있는 것이다. 다시 말해서, 우리는 그 약한 재료에 강한 철근으로 충분히 보강하지 않는다면, 왜 엔지니어가 콘크리트에 인장력을 가하는 것이 현명치 못한 것인지를 알 수 있다.

강한 금속은 전체적으로 보면, 강한 비금속보다 더 강하다. 그러나, 거의 모든 금속은 대부분의 생물학적 재료(철은 7.8의 특별한 중력이 있고, 대부분의 동물성 조직은 약 1.1 정도이다.)보다 상당히 조밀하다. 그래서, 무게에 대한 강도 면에서, 금속은 식물, 동물과 비교할 때 그다지 인상적이지 않다.

[표 2] 여러 가지 고체의 개략적인 인장 응력

재질 및 재료	인장강도	
	p.s.i.	MN/㎡
*금속이 아닌 것		
근육 섬유 (죽지 않은 신선한 것)	15	0.1
방광 벽 (〃)	34	0.2
복부 벽 (〃)	62	0.4
장 (〃)	70	0.5
동맥 (〃)	240	1.7
연골 (〃)	430	3.0
시멘트와 콘크리트	600	4.1
벽돌 (기본형)	800	5.5
신선한 피부	1,500	10.3
햇볕에 태운 가죽	6,000	41.1
신선한 힘줄	12,000	82
마로 짠 로프	12,000	82
목재 (자연 건조) – 세로 성장선 따라 제재한 것	15,000	103
– 가로 제재한 것	500	3.5
신선한 뼈	16,000	110
유리 (기본형)	5,000–25,000	35–175
인간의 모발	28,000	192
거미줄	35,000	240
도기	5,000–50,000	35–350
실크	50,000	350
면 섬유	50,000	350
장선 (동물내장으로 짠 줄)	50,000	350
아마 섬유	100,000	700
화이버글라스 플라스틱	50,000–150,000	350–1,050
탄소-섬유 플라스틱	50,000–150,000	350–1,050
나일론 줄	150,000	1,050

재질 및 재료	인장강도	
	p.s.i.	MN/㎡
*금속		
철제		
철제 피아노 선 (매우 약함)	450,000	3,100
고장력 가공 철제	225,000	1,550
상업용 연한 철제	60,000	400
연철		
전통 제조법 재료	15,000-40,000	100-300
주철		
전통 제조법 재료 (매우 약함)	10,000-20,000	70-140
현대적 제조	20,000-40,000	140-300
기타 금속		
알루미늄 - 주물형	10,000	70
- 연철 합금	20,000-80,000	140-600
구리	20,000	140
황동	18,000-60,000	120-400
청동	15,000-80,000	100-600
마그네슘 합금	30,000-40,000	200-300
티타늄 합금	100,000-200,000	700-1,400

우리는 현재 이 장에서 거론되고 있는 것을 산정했다.

$$\text{응력} = \frac{\text{하중}}{\text{면적}}$$

그것은 어떤 고체 내부에 있는 한 지점에서 얼마나 *단단한*(말하자면 얼마나 많은 힘이 있는지) 원자들이 하중에 의해서 잡아당기고 서로 밀어내는지를 나타낸다.

$$\text{변형} = \frac{\text{하중으로 늘어난 길이}}{\text{원래의 길이}}$$

그것은 어떤 고체 내부에 있는 한 지점에서 얼마나 *멀리* 있는 원자들이 끌어당기고 서로 밀어내는지를 보여준다.
응력은 변형과 같은 것이 아니다.

강도. 재료의 강도에 따라서 우리는 보통 파괴하는 데에 요구되는 강도를 의미한다.

$$영계수 = \frac{응력}{변형} = E$$

그것은 얼마나 견고한지 또는 얼마나 무른 재료인지를 보여준다.
강도는 견고함과 같은 것이 아니다.

강한 재질의 새로운 과학 The New Science of Strong Materials에서 인용한 것은, '비스킷은 단단하나 약하고, 철은 단단하고 강하며, 나일론은 유연하고(영계수가 낮고) 강하며, 딸기 젤리는 유연하고(영계수가 낮고) 약하다. 두 가지의 특성들은 함께 여러분이 두 개의 모습으로 할 수 있는 것과 같이 하나의 고체로 묘사된다.'

여러분이 전에 느껴왔던 사례에서 이러한 점에 대한 어떤 의심과 혼란에 대해 추적해 보면, 그렇게 오래되지 않아서, 그것을 아는 데에 어떤 편안함을 느끼게 된다. 그리고 정부에 조언을 제안하는 것과 같이 대단히 예산이 많이 드는 프로젝트와 연결된 응력과 변형 그리고 강도와 견고성 사이의 기본적인 차이점으로 인해 실제로 다 부서진 위엄과 세계적 명성도 무너진 두 명의 과학자들을 설명하고자 하는 데에 나는 온 저녁을 케임브리지에서 다 보냈다. 나는 여전히 내가 얼마나 성공적인 것과 멀리 있는지 확실치가 않다.

Chapter 4

안전을 위한 디자인

또는
여러분은 강도의 측정치를 실제 신뢰하는가?

음악을 크고 길게 감상하면서,
나는 하늘에 돔을 건설할 것이고,
햇빛이 비치는 돔! 얼음의 동굴!
그리고 귀로 들었던 사람 모두는 거기서 그것들을 봐야 한다.
그리고 모두 울어야 한다. 정신을 차리자! 정신 차리자!
– S. T. 콜러리지, *큐블라 칸*

자연스럽게 응력과 변형에 관한 이러한 모든 비즈니스는 끝을 위한 수단일 뿐이다. 즉, 한 종류나 다른 종류의 더 안전하고 더 효과적인 구조물과 장치를 디자인할 수 있도록 하기 위한 그리고 그러한 것들이 어떻게 작동하는지 더 잘 이해하기 위해서인 것이다.

확실히 자연은 지겹지가 않다. 들에 있는 백합은 애써 일하지 않고, 계산하지도 않는다. 그렇지만 그것들은 아마 훌륭한 구조체이고, 그래서 실제로 자연은 일반적으로 인간보다 더 훌륭한 엔지니어라고 할 수 있다. 하나를 위해서 자연은 더 많이 인내심을 갖고, 또 다른 것을 위해서, 그 디자인 과정에 관한 실행 방식이 매우 상이하다.

살아 있는 창조물에서 각 부분의 넓고 일반적인 배열과 배치는 RNA-DNA 구조체계에 의해 성장하는 동안 조절된다. 그것이 윌킨스, 크릭 및 왓슨이 발견한 그 유명한 '이중나선구조'*인 것이다. 그러나, 각각의 식물과 동물은, 한번 전체적인 정리가 완성되면, 구조상의 디테일에 관한 허용범위의 좋은 대상이 된다. 두께뿐 아니라 하중전달 요소의 복합체가 결정된

* 예를 들어, 1968년에 제임스 왓슨과 바이덴펠트 그리고 니콜슨에 의해 쓰여진 *이중나선 The Double Helix*를 봐라.

다. 그것을 실제로 만든 것을 사용함에 따라서 그리고 살아 있는 동안 저항해야 하는 힘에 따라서 상당한 확장이 이루어지도록 하기 위한 것이다.* 그래서 살아 있는 구조체의 비례는 그 강도를 고려하여 적합화 하는 경향이 있다. 자연은 수학적으로 디자인하는 사람보다 오히려 더 실용적이다. 그리고 결국 나쁜 디자인은 항상 좋은 디자인에 덮이게 되는 것이다.

불행하게도, 이러한 디자인방식은 아직은 인간적인 엔지니어에게 유용하지 않다. 그래서 그들은 예측 작업 또는 계산 아니면 매우 자주 그 두 가지의 결합된 것을 이용하려고 한다. 안전과 경제를 위해서 하나의 엔지니어링 구조물에서 얼마나 많은 부품이 그것들 사이에서 하중을 분배하고 있는지를 예측하고, 그렇게 되게 하려고 얼마나 두껍게 또는 얇게 할 것인지를 결정할 수 있게 되기를 매우 열망한다. 다시 말해서, 우리는 일반적으로 구조에 하중이 가해졌을 때 무엇이 굴절되는지 예측하여 알기를 원하게 된다. 왜냐하면, 그것은 너무 약해지기 때문에 너무 유연성이 많아서 구조에 안 좋은 결과를 낳기 때문이다.

프랑스적인 이론 대 영국적인 실용주의

예전에 강도와 경도에 대한 기초 개념이 알려지고 이해됐는데, 상당히 많은 수학자가 2차원과 3차원에서 작용하는 탄성 체계를 분석하기 위해서 자체적으로 기술력을 장착하였다. 그리고 그들은 하중이 가해진 경우 구조물에 대한 여러 다양한 형태의 변화 움직임을 조사하기 위해서 이러한 방법들을 사용하기 시작했다. 19세기 전반 동안, 이러한 이론적 성향의 탄성 학자들 대부분은 프랑스인들이었다. 매우 가능성이 있는 일이라 해도, 프랑스인적인 기질 † 에 딱 맞는 독특한 점이 탄성에 대한 어떤 것이 있었다. 이러한 연구에 대한 실질적인 장려책이 직간접적으로 이렇게 되도록 하였는데, 이는 1794년에 설립된 나폴레옹 1세 시기의 에콜 데 폴리테크닉

* 그 과정은 또한 역으로 작용한다. 즉, 우주인의 뼈는 칼슘이 빠져나가서 우주에서 무중력 상태를 겪으면 더 쇠약해진다.

† 탄성력에 대해 차이점을 얻어 보고자 하는 거의 유일한 여인이 프랑스 마담 소피 제르맹(1776-1831)이었다. 이 시기 동안 아주 높은 고등교육을 받고 이론으로 무장된 엔지니어 중 두 사람이 마르크 부르넬 경(1769-1849)과 그의 아들인 이삼바드 킹덤 부르넬(1806-59)로서 프랑스 태생이었다는 점도 관련성을 높여 준다.

에서 비롯되었다고 할 수 있다.

이러한 작업들은 매우 추상적이고 수학적이었기 때문에 1850년경까지는 대부분의 실무종사 엔지니어들에게 이해되지도 못했고 받아들여지지 못했다. 이것은 특히 영국과 미국의 사례에서 볼 수 있었다. 이 나라들의 실용주의 성향의 사람들은 '단지 이론만 주장하는'보다 훨씬 더 우위에 있는 것으로 여겼다. 그리고 그 외에, 한 명의 영국인이 항상 3명의 프랑스인을 이겨버리고 있었다. 아일랜드 엔지니어 중에, 토마스 텔포드(1757–1834)는 우리가 여전히 놀라움을 갖는 그가 만든 대단한 교량들이 그것과 관련을 맺고 있다.

그는 수학 공부에 대해 매우 혐오감을 느끼고 있었고, 그래서 결코 그 자신이 기하학적 요소들로 만들어 내는 일을 하지 않았다. 놀랄만한 사실은 그의 사무실에 있는 초보자로서 젊은 친구를 그에게 추천하기 되었을 때, 그래서 수학에 있어서 그가 스스로를 특징지을 수 있게 될 것이라고 하는 우리의 추천 의도를 발견하고, 그는 망설이지 않고 그 상황에 그를 적응시키는 것보다 오히려 못하게 함으로써 얻어지는 것이 있다고 달할 만큼의 이러한 독특성을 가지고 있었다.

그러나 텔포드는 실제 넬슨 장군 만큼이나 위대한 사람인데, 그는 어떤 매력적인 겸손함으로 그의 자신감을 고조시켰다. 메나이 현수[참고 11 참조]를 위한 무거운 체인이 많은 군중이 보는 가운데에서 성공적으로 게양설치되었을 때, 텔포드는 관람자들을 열광하게 하고 그의 성공에 감사를 표하는 것*으로부터 벗어나야 한다는 것을 발견했다.

모든 엔지니어가 텔포드처럼 내적 겸손함을 가지고 있지는 않고, 이 당시에 앵글로-색슨 사람들의 태도는 종종 그저 그런 정도여서, 지적인 게으름뿐 아니라 거만하기까지 하였다. 강도 산정의 신뢰성에 대한 의심 같은 것은 옳지 않은 일이었다. 우리는 텔포드와 그의 동료들이 목표로 했던 것이 셀 수 있는 접근방식이 아니었고,—마치 그들이 최소한 그들 재질에 작용하는 힘이 어떤 것인가를 알려고 하는 어떤 다른 사람만큼 걱정했던

* 전체적으로 수학을 무시하는 영국적인 전통은 많은 뛰어난 엔지니어에 의해서 현세기에도 대단하게 연속되고 있다. 결국, 저명한 헨리 로이스 경이 '세계 최고의 자동차'를 만들어 내게 된 것과 같은 결과를 낳게 된 것이다.

것처럼—오히려 이러한 모습에 도달하기 위한 수단이었다는 것이다. 그들은 이론가들은 그들의 가정을 부인하기 위한 그들의 방법들이 가진 우아함 때문에 너무 자주 눈이 멀어 있는 사람들이라 느꼈다. 그래서 잘못된 통계에 대한 확고한 답을 만들어냈다. 다시 말하자면, 그들은 수학자들의 오만함이, 실제적인 경험 때문에 단련된 것처럼 보이는, 실용주의자들의 오만함보다 더욱 위험하다는 두려움을 가지고 있었다.

슈르드 북부지구 자문기술자들이 깨닫기를, 모든 성공한 엔지니어들이 해온 것처럼, 우리가 상황을 수학적으로 해석할 때, 우리가 조사하기를 원하는 것의 인공적인 작업 모델을 우리 스스로의 힘으로 만들어야 한다는 것이다. 우리는 대수학적인 것과 유사한 것들이나 모델이 우리의 이해도를 넓히고 우리에게 유용한 예측을 할 수 있게 해 주도록 하는 것에 충분히 밀접한 실제적인 것을 닮은 방식으로 이루어지기를 희망하게 된다.

물리학이나 천문학과 같은 많이 알려지고 선호하는 주제는 가상의 모델과 실제 사이의 일치성이 너무 정확해서 어떤 사람들은 자연을 일종의 신성한 수학자라는 존재로 여기는 경향도 있다. 그러나 매력적인 이 원칙은 지구의 수학자들에게 있는 것이고, 커다란 경계심을 가지고 수학적인 유사성을 사용하기에 적합한 어떤 현상들이 있다. 공중에 나는 독수리의 가는 길, 바위 위의 뱀이 가는 길, 바다를 헤치고 가는 배의 길 그리고 젊은 여인과 함께 가는 남자의 길 등은 분석적으로 예측하기가 어렵다. 사람들은 때때로 수학자들이 전에 어떻게 결혼을 하려고 했는지가 의심스럽다. 솔로몬 왕이 그의 사원을 지은 이후로, 그는 아마 배와 독수리가 최소한의 공통적이라고 할 수 있는 좋은 조건을 가진 하중 조건을 가진 구조방식을 덧붙여 왔을 것이다.

이와 같은 것들과의 문제는 발생하기 쉬운 많은 실제적 조건들이 너무 복잡해서 충분히 하나의 수학적인 모델로 표현할 수가 없다. 거기에는 구조물에서 종종 가능한 실패의 모습을 띤 여러 가지의 대안이 있다. 자연스럽게 그 구조는 이러한 방식의 어느 것도 가장 약한 것으로 되도록 해서 부서지는 것이다. 즉 그것은 아무도 생각해내지 못하고 통계만 내는 것들이 너무 자주 있다는 것이다.

재료와 구조에 대한 전래의 불신에 대해 깊고 직관적인 올바른 인식은 엔지니어가 할 수 있는 가장 가치 있는 업적 중의 하나이다. 순수하게 지적으로 질적인 면은 실제로 이것을 위해 대체되지 않는다. 네이비어

Navier 같은 폴리테크니션에 의한 최상의 '첨단'이론에 기반하여 디자인 교량이 때로는 무너지기도 한다. 내가 알고 있는 한, 텔포드가 그의 오랜 전문적 삶의 과정에서 건설해 놓은 수 백 개의 교량과 여타의 공학적 작업은 심각한 문제점들을 가지고 있다. 그래서, 프랑스의 구조이론이 두드러진 활약을 할 때의 그 기간에, 대륙에 있는 철도와 교량 중 상당한 비율이 고등수학에 대한 존중심이 거의 없는 단호하고 과묵한 영국과 스코틀랜드 엔지니어에 의해서 건설되었다.

안전성의 요소들과 무시되는 요소들

동시에, 1850년 후에는 영국과 미국의 엔지니어들조차 대형 교량 같은 중요한 구조물의 강도에 대해 산정을 하기 시작했다. 그들은 그날의 방법에 따라서 가장 가능성 있는 인장 응력을 계산했고, 그래서 그들은 이러한 응력이 재료의 공인된 '인장강도' 보다 덜 하다는 것을 알게 되었다. 아주 확실하게 하려고, 그들은 최상으로 산정된 작업 응력이 아주 더 적어지도록 하였고—3 내지 4배 또는 7, 8배까지 더 적게—이것은 어떤 단순하고, 부드러우며, 평행한 줄기로 된 시험체*를 파괴함으로써 결정된 것과 같은 재료의 강도 산정치 보다 더 적어진 것이다. 이것을 '안전 요소의 적용'이라고 한다. 안전 요소를 줄임으로써 무게와 비용을 절약해 보려는 시도는 단순히 너무 그럴듯해서 재난으로까지 이끌지는 못하게 될 것이다.

사고라는 것은 '불완전한 재질' 때문에 발생하기가 매우 쉽다. 그리고 그들 중 몇몇은 그렇게 되기도 한다. 물론, 금속은 서로 다른 재료 사이에 강도가 제각각이고, 거기에는 항상 구조물 속에 시공되는 빈약한 재질에 의한 위험성이 있다. 그러나, 금속과 철은 보통 단지 몇 퍼센트 정도의 강도 차이로 다양하며, 3 또는 4가지, 7 내지 8개의 요소와 같은 것에 의한 것은 매우 매우 드문 일이다. 실질적으로 이론적인 것과 실제적인 강도 사이에 이러한 것과 같이 항상 불일치가 나타나는 것은 몇 가지 다른 원인이 있다. 즉 구조물에서 어떤 잘 모르는 장소에서 그 실제적인 응력은 산정된 응력보다 아주 많이 높게 나타나고, 그래서 그 '안전성의 요소'는 때때로 '무

* 18세기만큼의 높은 안전성을 가진 요소들은 최소한 1910년 즈음의 늦은 때에 증기 기관차를 위한 연결축을 설계하는 데에 사용되었다.

시되는 요소'로 거론되기도 한다.

19세기의 엔지니어들은 보통 단조 아이언 또는 연철로 만든 보일러, 빔, 선박과 같은 인장 응력이 주가 되는 것들을 제작했다. 그것은 '안전한' 재료라는 존재의 평판을 가진 어떤 정의감을 가지고 한 일이다. 무지함이라는 커다란 요소가 강도 산정에 적용되었을 때, 사실은 사고들이 매우 빈번하게 계속 발생하였음에도 불구하고, 그러한 구조물은 종종 매우 만족감으로 전환되었다.

문제는 선박에서 일어나는 횟수가 증가했다는 점이다. 속도와 밝기에 대한 요구는 배의 성능과 선주들을 어려움에 빠뜨리게 되었는데, 이는 최상으로 산정된 응력이 매우 안전하고 안정적으로 보이게 된다 해도 바다에서 둘로 조각이 나는 경향이 있었기 때문이었다. 예를 들면, 1901년에, 아주 새로운 터빈 구축함인 H.M.S. *코브라Cobra*함은 세계에서 가장 빠른 배 중의 하나였는데, 화창한 보통 날씨에서 북해를 항해 중 갑자기 둘로 쪼개져서 침몰했다. 36명의 생명이 사라졌다. 후에 군사 법정이나 해군본부 조사위원회에서도 그 사건의 기술적인 원인을 밝혀내지 못했다.

그래서, 1903년에, 해군본부는 거친 날씨에서 'H.M.S. *Wolf*'라는 유사한 구축함을 가지고 여러 차례 시험한 것들을 만들어서 발간했다. 여기에서는 실제 상황 조건에서 표면에서 만들어진 변형의 측정을 통해 추정되는 응력은 배가 건조되기 전에 설계자에 의해 산정된 것보다 적게 나타났다. 두 개의 응력 조합이 선박이 건조되었을 때부터 알려졌던 철의 '강도'에 비해 훨씬 낮았다. 이때 안전성의 요소는 5 및 6개 정도가 있었고, 이러한 실험은 단지 적당히 일깨워주는 역할에 불과했다.

응력의 집중 – 또는 크랙이 시작되는 방식

이러한 종류의 문제들을 이해하기 위한 가장 전제적인 단계는 이루어졌다고 할 수 있고, 전체 크기의 구조물에 대해 아주 비용이 많이 드는 실질적인 실험에 의한 것이 아니라 이론적인 분석에 의한 것이다. 1913년에, 나중에 케임브리지에서 공학 교수를 했던 C.E.잉그리스 교수는 '멀리 떨어져 있고 무능한 학장'과는 아주 반대인 사람인데, *해양건축 연구소의 보고서*를 출간했다. 그의 결론과 적용방안은 선박의 강도를 훨씬 능가하는 정도로 확장되었다.

잉그리스가 탄성에 대해 언급한 것에는 샐스버리 경이 정치인들에 관해 말하려고 생각했던 것이 매우 많이 있는데, 그것은 다시 말해서 작은 스케일의 지도만 사용했던 것이 큰 실수였다는 것이다. 거의 한 세기 동안 탄성 전문가들은 폭넓고 일반적인 또는 나폴레옹식의 어법에 있는 응력의 분포를 계획하는 내용을 가지고 있었다. 잉그리스는 이러한 접근방식이 재료와 구조가 유연한 표면을 갖게 되어 갑작스러운 모양의 변화가 없을 때만 역할을 한다는 것을 보여주었다.

구멍과 크랙 및 예리한 모서리 등과 같은 기하학적으로 불규칙한 것들은 예전에는 무시되었던 것으로 국부 응력이 증가하곤 했고—종종 아주 작은 면적만 가지고 있는 것으로—실제로는 매우 극적이었다. 그래서 구멍과 홈은 재료의 파괴 응력보다 훨씬 더 높게하기 위해서 바로 인접한 부분에 응력을 발생시켰다. 주변 인접부에서 생기는 응력의 일반적인 수준이 보통의 산정치 보다 낮을 때, 그 구조는 완벽하게 안전한 것으로 보인다.

물론 이러한 사실은, 초콜릿 면에 홈을 낸 사람에 대해서 그리고 우표 인장과 다른 종류의 종이에 구멍을 뚫은 사람들 등에게는 일상화된 방식이라고 할 수 있다. 의상제작자는 옷을 재단하기 전에 옷감의 가장자리에 '자국'을 내서 자르게 된다. 그러나 신중한 엔지니어는 이러한 파손 현상에는 관심을 보이지 않는다. 그것은 '적절한' 기술에 속하는 것으로 신중하게 고려되지도 않는다.

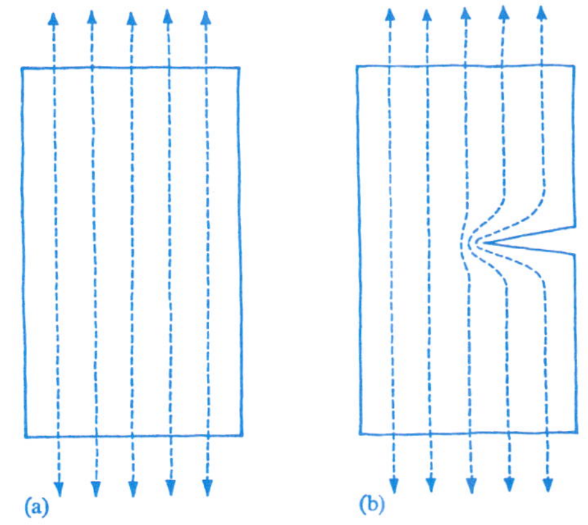

[그림 1] 크랙이 없는 (a)와 크랙이 있는 (b)에 인장부분에 균등하게 하중이 가해진 바에 나타나는 응력 궤도

다른 면에서 연속성을 가진 고체에 있는 구멍이나 크랙 또는 오목하게 들어간 부분은 국부적 응력 증가가 원인이 되는 것으로 쉽게 설명된다. [그림 1]의 (a)는 재질이 부드럽고 일정한 바 또는 플레이트를 보여주며, 일정한 인장 응력 s에 따라 정리된다. 재료를 지나가는 선들은 '응력 궤도'라고 불리는 것들을 나타내고 있고, 말하자면, 하나의 분자에서 다음 분자로 응력이 전달되는 전형적인 경로라고 할 수 있다. 물론 이러한 경우에는, 평행 직선과 일정한 공간이 된다.

우리는 지금 재료를 절단하거나 크랙을 내거나 구멍을 만듦으로써 이러한 많은 응력 궤도를 방해하게 된다면, 그때 그 궤도가 나타내는 힘은 몇몇 방향에서 균형을 이루고 반응하게 되어야 한다. 실제로 일어나는 것은 기대했던 것보다 더 많거나 적으며, 그 힘은 벌어진 틈 주변으로 모이게 되고, 그들이 그렇게 하는 것만큼, 응력 궤도는 주로 구멍의 모양에 따라서 어느 단계까지 함께 모이게 된다.(그림 1b) 예를 들어, 길게 갈라진 크랙의 경우에는, 크랙의 끝부분 주변에 모여 있는 것은 매우 심각한 것이다. 그래서 이러한 직접 관여된 영역에서는, 단위 면적 당 더 많은 힘이 있게 되고 따라서 국부 응력은 높아진다.(참고 2)

잉글리스는 후크의 법칙을 준수하는 고체에 생긴 타원형의 끝부분에서 발생하는 응력의 증가 정도를 산정할 수 있었다.* 그가 계산한 산정치가 다른 형태들의 개구부에 충분한 정확성을 가지고 적용한 타원의 구멍에 대해서만 확실한 사실로 확인된다. 그래서 그것들은 증기 구멍, 출입문, 배와 비행기의 승강구 그리고 유사한 구조 등에 대해서 뿐 아니라 모든 종류의 다른 재료와 설비에 생긴 크랙과 홈 그리고 구멍 등—예를 들면 이빨 사이를 메우는 것—에 대해 적용하였다.

잉글리스가 말했던 간단한 수학적인 면에서, 우리가 이격되어 적용된 응력 s를 필요로 하게 되는 한 조각의 재료를 갖는다면, 우리가 절곡이나 크랙을 만들거나 또는 그 내부에 길이 또는 깊이 L을 가진 어떤 것들이 요각(凹角)이 되게 한다면, 그리고 이러한 크랙이나 요각 등이 어떤 반경 r의 끝부분에 생기게 된다면, 그때 그 끝부분이나 인접부에 있는 응력은 더 이상 s가 아니고 다음의 식에 의한 것처럼 증가하게 된다.

* 실제로 인장을 받는 플레이트에 원형의 구멍에 의한 영향은 1898년 독일에서 키르쉬에 의해 산정되었으며 1910년에는 러시아의 콜로소프에 의해 산정되었다. 그러나 내가 아는 한, 이러한 것에 대한 약간의 인식이 영국 조선소 단체의 결과로 이어졌다.

$$s\left(1+2\sqrt{\frac{L}{r}}\right)$$

반원의 절곡홈이나 둥근 구멍(반경 $r = L$일 때)에 대해서 응력은 $3s$의 수치값을 갖게 된다. 그러나 출입문과 승강문과 같은 개구부는 종종 예리한 코너를 갖게 되고, r은 작고 L은 크며, 그리고 그 코너에서의 응력은 매우 높을 것이다. 그것은 배를 둘로 조각낼 만큼 매우 높다.

울프호의 실험에서, 정밀 신장-신축계, 또는 변형계측기 등은 여러 부분의 위치에서 배의 플레이트에 고정된다. 이러한 수단들을 통해서 철 플레이트의 늘어난 정도와 또는 탄성적 이동 등에 대한 것들을 읽어내게 된다. 이러한 변형으로부터—그리고 그 응력에서—철에서는 쉽게 산정된다. 신장계의 어느 곳에서도 일어나지 않았던 것처럼 그것은 승강구 또는 다른 개구부의 코너에 인접해서 자리 잡게 된다. 이러한 것이 일어났다면 선박이 포틀랜드 경주에서 뱃머리가 바다에 잠기게 되었을 때 매우 놀랄 만한 수치가 거의 확실하게 얻어질 수 있을 것이다.

우리가 승강구로부터 크랙에까지 되돌아봤을 때 그 상황은 더 악화하기까지 되었는데, 크랙은 종종 cm에서 m에까지 길어졌지만, 크랙 끝부분의 반경은 분자 단위의 치수를 보인다.—cm의 백만분의 1보다도 더 적은—그래서 $\sqrt{L/r}$ 은 매우 큰 것이다. 그래서 크랙 끝부분에 있는 응력은 재료의 다른 곳에 있는 응력보다 100배 또는 1,000배 이상이 될 것이다.

잉글리스의 결과치가 전체적으로 그 액면가에서 얻어지게 되는 것이라면 그것은 아주 안전한 인장 구조물을 만드는 것이 거의 가능하지 않을 것이다. 사실 실제로 인장재로 사용되는 재료는 금속, 목재, 로프, 파이버글라스, 천 그리고 생물학 재질로 된 것 등으로 '거친' 특성이 있고, 다음 장에서 그 각각을 알 수 있게 된다. 그것은 응력집중의 영향에 대해 다소간 민감하게 방어하는 것 등을 포함하고 있다. 그러나 최상의 품질과 가장 거칠고 튼튼한 것 재료들조차도, 이러한 방어가 단지 상대적일 뿐이고, 그래서 모든 인장 구조물은 약간의 확장에도 민감하게 된다.

그러나 '깨지기 쉬운 고체'는 유리와 돌, 콘크리트와 같은 공학적인 곳에서 사용되며 이러한 방어 능력은 갖추고 있지 않다. 다시 말해서 그것들은 잉글리스의 산정식에서 만들어진 그 가정조건에 매우 밀접하게 일치하고 있다. 더구나 우리는 이러한 재료들을 약하게 하기 위해서 인위적으로 응력을 높이는 홈을 만들 필요가 없다. 자연은 이미 이것을 자유롭게 해내고 있고, 실제 고체는 우리가 자연을 벗어나 구조물을 만들기 시작하기 전에도, 거의 항상 모든 종류의 작은 구멍과 크랙 그리고 스크래치 등으로 가득 차 있었다.

이러한 이유로 상당한 인장 응력을 받을 것으로 보이는 조건에서 연약한 고체들을 사용하고자 하는 것은 경솔한 짓이다. 물론 그것들은 조적조와 도로에서 매우 폭넓게 이용된다. 그리고 그것들이 있을 수 있는 최소한의 곳은 압축을 받는 곳이다. 창문과 같이 우리가 확실히 인장이 많이 가해질 것이 예상되는 데 피할 수 없는 곳은, 인장 응력을 실제 매우 적게 되도록 유지하고 안정성을 가진 여러 요소를 사용할 수 있도록 주의를 기울여야 한다.

응력집중에 대해 말하자면 우리는 약화된 효과는 구멍과 크랙 그리고 재료의 결핍 등이 원인이라는 것을 간과하지 말고 인지해야 한다. 이러한 것이 예상치 못한 견고함의 국부적 증가를 야기시키게 되면, 재료의 첨가 때문에 응력집중의 원인이 되기도 한다. 그래서 우리가 낡은 옷에 새로운 헝겊 조각을 붙이거나 군함의 얇은 측면부에 두꺼운 플레이트 피복을 입힌다면, 그것 때문에 안 좋은 현상이 나타날 수도 있다는 것이다.*

이러한 것의 원인은, 이것이 응력 궤도가 딱딱한 헝겊과 같이 변형도가 너무 적은 면적에 따라서 많이 바뀌게 된다. 이것은 마치 구멍과 같은 변형도가 매우 큰 것의 면적에 따라 달라지는 것과 같다. 말하자면, 어느 것이든, 탄성적으로 구조물의 남은 부분이 그 단계를 벗어나게 되어 응력집중의 원인이 되고 그럼으로써 위험해 지기도 한다는 것이다.

우리가 초과된 재질을 첨부함으로써 어떤 것을 '강하게' 하려고 할 때 우리는 실제적으로 그것이 더 약화되지 않도록 주의를 기울여야 한다. 감독관은 가셋과 그물망 등을 추가해서 '강화된' 선박과 다른 구조물들에 대해 압력을 가하도록 하려는 보험사와 정부 부처에 의해서 종사하고 있는데, 내 경험상으로는, 그들이 막으려고 애썼던 많은 사고에 대해 때때로 책임을 지기도 한다.

자연은 대체로 이러한 응력집중과 함께 다른 종류의 것들을 피하는

* '국부적 강도는 전반적인 약화를 초래한다'(로버트 세핑스 경(1767-1840), 해군 조사관으로 1813-32 복무)

데에 아주 좋은 것이라고 할 수 있다. 그러나, 사람들은 응력집중이 정형외과적으로 중요하게 취급되어야 한다고 생각한다. 특히 외과 의사들이 상대적으로 유연성을 가진 뼈에 단단한 금속제 보철을 고정시키는 수술을 할 경우에 그렇다.

***주의**: 잉글리스의 공식(p.65)에서 *L*은 표면에서 내부로 진행되는 크랙의 길이를 말하고, 다시 말하면 내부 크랙의 길이의 반 정도 된다.

Chapter 5

변형 에너지와 현대의 파괴역학

활과 투석기 그리고 캥거루에 있어서의 경로 이탈에서 보면

현명치 못한 사람은 이것을 잘 생각하지 않고,
바보는 그것을 이해하지 못한다.
- 찬송가(Paslm) 92장

우리가 지난 장에서 말했던 것처럼, 폭넓고 일반화된 또는 학문적인 방식으로 대부분 구조의 종류들에 있는 응력의 분포와 확장을 계산하는 방법을 발견한 것은 19세기 수학자들의 대단한 업적이라고 할 수 있다. 그러나, 많은 실무종사 엔지니어들은 잉글리스가 그들 마음속 저편에 의심의 씨를 심기 전에는 이러한 종류의 계산식으로 나타낸 것은 그리 오래되지 않았다. 탄성 자체의 수학적 방식을 사용해서, 그는 확실하게 안전한 구조물에서, 작고 예측하지 못한 굴절이나 불규칙성을 가진 존재는 인증된 재료의 파괴 응력보다 더 큰 국부적인 응력 증가의 요인이 될 수도 있고 그래서 구조물이 초기에 파괴되는 원인이 되는 것으로 예상하는 것이 무엇인지를 찾아냈다.

사실, 잉글리스 공식(p.65)을 사용해 보면, 그것은 만약 당신이 포트 철교의 거더에 상당히 단단하고 아주 날카로운 핀을 가지고, 스크래치를 낸다면, 그 결과로 나타나는 응력집중 현상은 그 교량이 붕괴되어서 바다로 추락해버리는 원인이 되기에 충분하다고 할 것이다. 그들이 핀으로 스크래치가 나게 되었을 때 교량이 파괴되어 주저앉을 뿐 아니라 기계, 배, 항공기 같은 모든 실용적인 구조물들은 구멍, 크랙, 흠집과 같은 것에 의해 생기는 응력집중으로 정신을 못 차리는 상황이 될 것이다. 실제 일상에서는 거의 위험성이 나타나지는 않지만…. 사실상 그것들은 보통의 경우에는 전혀 해를 입지 않는다. 그러나 모든 시간을 통해서, 구조물은 파괴되게 되며, 그 경우에서 매우 심각한 사고가 일어나기도 한다.

잉글리스의 통계에 내포된 것들이 50에서 60년 정도 전에 엔지니어들을 깨우치게 하기 시작했을 때, 그들이 익숙하게 사용해 왔던 금속의 '연성'을 부여함으로 인해 전체적인 문제를 해결하곤 했다. 연철 대부분은 [그림 9]에서 볼 수 있는 것과 같은 형상으로 응력-변형곡선을 가지고 있다. 그리고 그것은 크랙 끝부분에 과도한 응력이 가해진 금속은 플라스틱과 같은 종류의 방식으로 간단히 흐르게 해 주고 그래서 심각한 응력 과다에서 자체적으로 벗어나게 한다. 그래서 효과적으로는, 응력집중이 줄고 안전성이 확보되기 위해서 크랙의 예리한 끝부분을 '둥글게 하는 것'이 고려될 수 있다.

많은 공식적인 설명서와 마찬가지로, 이것은 실제로 전체적인 이야기와 그 존재가 아주 멀리 떨어져 있다고 하더라도, 최소한 부분적으로는 그 존재의 장점이 있는 것이 사실이다. 많은 사례에서 응력집중 현상은 금속의 연성에 의해서는 절대로 복원되지 않고, 실제로, 국부적 응력은 실험실에 있는 작은 표본을 통해서 그리고 인쇄 테이블과 참고 자료집을 종합해서 결정한 것으로서는 재료의 '파괴 응력'을 일반적으로 받아들이는 것보다 훨씬 더 높은 수준으로 남겨두는 것이 매우 빈번하다.

그러나 수년 동안, 구조물의 강도를 산정하는 이미 만들어진 방법으로 인간의 신념을 위협하는 것과 같은 당황스러운 예측들은 바람직한 결과를 얻지 못했다. 내가 학생이었을 때, 잉글리스의 이름은 거의 들어본 적이 없고 이러한 의문과 어려움은 점잖은 엔지니어링 사회에서는 언급되지 않았다. 실질적으로, 이러한 태도는 안전성에 대한 분별 있게 선택된 요소를 줬기 때문에, 부분적으로는 옳다고 할 수 있다. 강도 산정에 대한 전통적인 접근방식은—그것은 사실상 응력집중을 무시한 것으로—매우 재래식의 금속 구조물의 강도를 예측하는 데에 의존하고 있다. 사실 그것이 오늘날 정부와 보험회사에서 적용되는 거의 모든 안전규정의 기초가 되었다.

그러나, 최상의 엔지니어링 그룹 내에서조차, 문제는 때때로 발생되기 마련이다. 예를 들면, 1928년에, 56,551톤급 화이트 스타 노선의 ***마제스틱***호는 당시 세계에서 가장 크고 첨단선박이었는데 추가로 탑승객용 리프트를 설치했다. 날카로운 코너를 가진 직사각형 구멍을 뚫는 과정에서 배의 갑판 여러 곳을 관통해서 뚫었다. 뉴욕과 사우스햄튼 사이 어느 곳에서,

배가 3,000명 정도를 싣고 운행할 때, 리프트로 뚫어진 곳 중의 하나로부터 크랙이 시작되어서 레일을 따라 진행되어, 수 피트 길이로 선박 측면을 따라 내려갔는데, 요행히 현창으로 까지 진행되기 전에 멈추었다. 그 선박은 사우스햄튼에 무사히 도착했고 탑승객과 언론에는 아무 언급을 해 주지 않았다. 터무니없는 동시 발생에 따라, 매우 많은 같은 일들이 세계에서 두 번째로 큰 선박인 미국의 대서양 횡단선 리바이어선에서 동시에 발생했다. 그 배가 항구로 다시 돌아왔을 때 공개를 피했다. 크랙이 조금 더 진행되었더라면, 이 배는 실제로 바다에 쪼개져서 가라앉았을 것이고, 인명 피해가 심각했을 것이다.

선박이나 교량 및 석유 채굴시설과 같은 대형 구조물에서 이러한 종류의 실제 놀랄만한 사고는 지난 전쟁 중과 그 이후에 흔하게 발생했고, 근래에 그것들이 줄지 않고 더 많아졌고 빈번해졌다. 여러 해를 지나면서—생활과 자산에 큰 비용을 들이면서—힘들게 나타난 것이 그것이며, 후크와 영 및 나비에르에 의해, 그리고 19세기 수학의 성과로서 다듬어진 탄성력의 전통적인 모습이 매우 유용하고 확실히 부정되거나 퇴출당하지 않더라도, 그것이 사실상 그 자체로 구조물로서의 실패—특히 대형의 것—에 대한 충분한 확신을 가진 것으로 예측하기에는 충분치 않다.

에너지의 개념을 통한 구조물로의 접근 방법

나는 네가 했던 그 낯선 것을 보았는데,
그렇지만 항상 너는 스스로를 숨겼다.
나는 네가 미는 것을 느꼈고, 네가 부르는 것도 들으면서,
나는 너 자신을 전혀 알 수 없었다.
– R.L. 스티븐슨, *어린이는 시의 정원이다.*

아주 최근까지 탄성력은 응력과 변형 그리고 강도와 경도의 측면에서, 말하자면, 근본적으로는 힘과 거리의 측면에서, 연구되고 학습되었다. 이것은 여태까지 우리가 심사숙고 해왔던 방식이다. 그리고 실제로 나는 우리 대부분이 이 방식에 있는 주제에 관해서 생각하기가 가장 쉽다는 것을 발견했다. 그러나, 사람이 자연과 기술에 대해 알면 알수록 에너지라는 면에서 점점 더 그것을 보게 된다. 그러한 사고방식은 아주 잘 알 수 있고, 그래서 재료의 강도와 구조물의 행태에 대해, 그리고 '파괴역학'이라는 유행하는 과학적 내용에 대한 현대적 접근방식의 기반이 된다고 할 수 있다. 사물을 보는 이러한 방식은 우리에게 하나의 커다란 거래방식을 알려주며, 공학적으로 구조물이 왜 파괴되는지에 관한 것뿐 아니라, 예를 들어서, 역사와 생물학에서 다른 모든 종류의 것들이 계속해서 그러한 것들이 진행되고 있는 것에 관해서 알려준다.

그러므로, 에너지에 대한 전반적인 생각은 그 단어가 종종 일상회화로 사용되는 방식에 의해서 많은 사람의 마음속에서 혼돈을 일으키고 있다는 것은 유감이다. '응력'과 '변형'처럼, '에너지'는 인간의 존재에 있어서 어떤 상황을 언급하는 데에 사용된다. 즉 이러한 상황에서 어떤 일을 하고 다른 사람을 힘들게 하는 일을 수행함으로써 자칫 지나치게 생각되어지는 경향을 가진 것으로 묘사된다. 이 단어의 사용은 우리가 현재 관심을 기울이고 있는 것으로, 실제로 정확하고, 객관적이며, 물리적으로 양적인 측면 등과 미약하게나마 연결되어 있을 뿐이다.

우리가 다루고 있는 에너지의 과학적인 면은 공식적으로 '어떤 일을 해내는 능력의 용량'으로 정의되며, '거리에 대한 힘의 곱셈으로' 된 수치이다. 그래서, 여러분이 5피트의 높이까지 10파운드 무게를 올리면, 50피트-파운드의 일을 해야 할 것이다. 이는 추가되는 50피트-파운드의 결과물이 '잠재 에너지'라고 하는 것으로서 하중에 축적되게 될 것이기 때문이다. 이 잠재 에너지는 얼마 동안 시스템 안에 잠겨 있게 되지만, 그 하중을 다시 내려가게 하는 허용함으로써 풀리게 된다. 그렇게 함에 있어서 그 풀린 에너지는 50피트-파운드의 가치를 가진 유용한 일을 수행하는 데에 쓰이게 되고, 그 예로는 시계라는 기계를 작동시키거나 연못의 얼음을 깨는 일 등이 될 것이다.

에너지는 잠재 에너지, 열에너지, 화학 에너지, 전기 에너지 등등 여러 가지 형태의 매우 다양한 것 속에서 존재하고 있다. 우리 재료의 세계에서는, 모든 단순한 일 또는 어떤 종류의 이벤트들은 한 가지가 많은 형태를 가진 다른 것으로 되는 것에서 비롯된 에너지의 전환을 포함하고 있다. 물리적인 측면에서의 그것은 어떤 것에 관해서 '일어나는 일' 또는 '이벤트'와 같은 것이다. 에너지의 그와 같은 변형은 단지 어떤 밀접한 관계를 맺고 정의된 규칙에 따라서만 일어나게 된다. 그것의 주된 내용은 여러분이 아무렇게나 어떤 것을 해낼 수는 없다는 것이다. 에너지는 창조되거나 파괴되지 않는 것이고, 그래서 물리적 처리를 전후해서 나타나는 전체 에너지의 양은 변화하지 않게 될 것이다. 이 원리를 '에너지 보존 법칙'이라고 부른다.

그래서 에너지는 과학의 우주 전체적인 현상으로 간주할 수 있고, 그래서 우리는 종종 매우 유익한 일종의 통계과정에 의해서 나타나는 다양한 변형을 통해서 그것을 따라갈 수 있게 된다. 이렇게 하려고, 우리는 올바른 단위를 사용해야 할 필요성이 있다. 그리고 오히려 예측되기로는, 전통적인 에너지 단위는 매우 많고 혼란스럽게 되어 있다. 기계기술자는 피트-파운드를 사용하고, 물리학자는 에르그erg와 전기 볼트volt를, 화학자와 영양사 들은 칼로리를 사용하는 경향을 보인다. 그러나 우리의 가스는 열therms로 계산하고 전기는 kw/hour로 산정한다. 당연히, 모든 이러한 것들은 상호 전환이 가능하지만, 현대에 와서 에너지의 SI 단위를 사용하는 좋은 예가 있다. 그것은 줄Joule인데, 1뉴턴이 1m를 통과하는 작용을 할 때 행해지는 일이다.*

우리가 아주 정밀한 방법으로 그것들을 측정할 수 있다고 하더라도, 많은 사람은 에너지를 힘이나 거리에 대해 말하는 것보다 이해하기 훨씬 어려운 것이라는 생각을 알게 된다. 스티븐슨의 시에서 말하는 바람과 같이, 우리는 그 효과를 통해 이해할 뿐이다. 이러한 이유가 가능하므로 에너지의 개념은 과학계로는 뒤늦게 진입했고, 1807년에 토마스 영에 의해서 현대적인 모습으로 소개되었다. 에너지 보존은 19세기 매우 늦은 때까지 전체적으로 받아들여지지 않아서, 그것은 실제 아인슈타인 이래로 그리고 일체화된 개념으로서, 그리고 기본적인 실체로서의 엄청난 에너지의 중요성이 충분히 판단된 이래로 겨우 인정되었다.

물론 거기에는 대단한 많은 방법들, 화학적인, 전기적인, 열적인 등등이 그것이 요구될 때까지 에너지를 축적하고 있었다. 우리가 기계적인 방식을 사용하고자 한다면, 그때 우리는 우리가 언급해왔던 방법을 사용하게 될 것이다. 말하자면 하중의 증가에 따른 잠재 에너지가 그것이다. 그러나, 이 방식은 다소 서툰 에너지 저장 방식이라고 할 수 있고, 실제로 스프링 에너지 같은 변형에너지는 일반적으로 훨씬 유용성이 있고, 그것은 생물학과 엔지니어링 분야에서 더 많고 폭넓은 적용이 이루어지고 있다.

에너지가 감아 올려진 스프링에 축적된 것은 분명하다. 그렇지만, 후

* 1 Joule(1J) = 10^7ergs = 0.734피트-파운드 = 0.239 칼로리. 1줄은 대략 보통의 사과가 보통의 테이블에서 떨어졌다면 바닥을 때리는 에너지라고 할 수 있다.

크가 지적한 바와 같이, 우리가 알고 있는 스프링은 하중을 받았을 대 어떤 특별한 고체의 움직임 사례일 뿐이다. 그래서 응력을 받는 모든 탄성 재질은 변형에너지를 포함하고 있으며, 그 응력이 인장이건 압축이건 간에 큰 차이를 보이지는 않는다.

후크의 법칙에 충실히 순응한다면, 재료에 있는 응력은 0에서 출발해서 재료가 충분히 늘어났을 때 최대치를 갖게 된다.

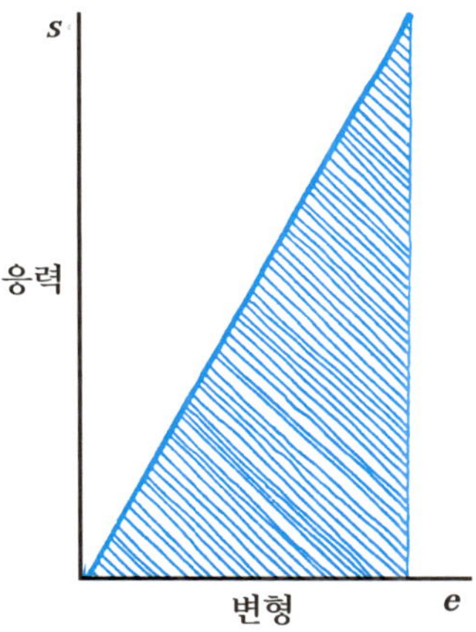

[그림 1] 변형에너지 = 응력-변형 곡선에서의 면적 = $\frac{1}{2}se$

그 변형에너지는 재료의 단위 체적 당으로 나타내며, 응력-변형 다이어그램(그림 1)에 의해 어두운 면적 부분이 이에 해당된다. 그것은,

$$\frac{1}{2} \times \textbf{응력} \times \textbf{변형} = \frac{1}{2}se$$

자동차, 스키어와 캥거루

우리는 모두 자동차의 스프링에서 변형에너지에 친숙하다. 스프링이 없는 자동차에서는 바퀴가 굴곡을 통과할 때마다 잠재적이고 움직이는 에너지(활동 에너지)의 난폭한 교류를 경험하게 된다. 이러한 에너지 변화는 탑승자와 자동차에 모두 안 좋다. 오래 전에 어떤 천재가 스프링을 발명했다. 그것은 덜컹거리는 것으로부터 자동차와 승객에게 부드러운 탑승감과 보호를 하기 위한 변형에너지로서 일시적으로 저장되는 잠재 에너지를 변화시킬 수 있도록 하는 단순한 에너지 저장고라고 할 수 있다.

요즘의 엔지니어들은 자동차 서스펜션의 향상을 위해 많은 시간과 노력을 기울이고 있으며, 그들이 그것에 대해 매우 잘 알고 있었다는 것은 의심할 바가 없다. 그러나, 도로를 다니는 승용차와 화물차에게는 주목적이 결국은 부드러운 노면을 제공해달라는 것이다. 차의 서스펜션은 단지 더 작거나 부분적으로 남아 있는 굴곡면 조차도 평평하게 가도록 하는 것이다. 거친 지역을 실제로 빠르게 통과해야 하는 차에 서스펜션을 설계하는 문제는 매우 어려운 일이다. 그러한 상황에 대처하기 위한 충분한 에너지를 축적하기 위해서 철제 스프링은 매우 커져야 하고 무거워져야 하며 그래서 전체적인 프로젝트가 실행 불가한 것임을 증명하는 매우 많은 '스프링 없는 하중'을 자체적으로 구성하기도 한다.

지금 스키어의 상황을 생각해보라. 눈이 덮여 있음에도 불구하고, 대부분의 스키 슬로프는 정상적인 면이라기보다는 굴곡이 넓고 많다. 전형적인 코스는 자동차가 미끄러지지 않고 갈 수 있게 하려고 모래처럼 약간 효과상 스키를 탈 수 없는 것으로 포장되어 있다. 차가 스키어의 스피드로 달려 내려가려고 시도를 하면 그 스피드는 50m.p.h. 정도의 자살 수준의 속도가 된다. 왜냐하면, 서스펜션이란 것이 그 정도의 충격을 흡수하기에는 매우 부적절하기 때문이다. 그렇지만, 물론, 이것은 스키어의 몸이 그렇게 된다는 것은 맞는 것이다. 사실, 이 에너지의 많은 부분이 우리 다리의 힘줄에 의해 흡수되며, 아마 1파운드보다 좀 적은 하중을 얻는 것과 같을 것이다.* 그래서, 우리가 사고 없이 스키를 빠르게 타거나 다른 운동을 통

* 인체의 산소 소비는 어떤 다른 인간 활동보다 언덕을 내려가는 스키를 타는 동안에는 더 높아지며, 많은 에너지 또한 근육에서 나오게 된다. 그러나, 근육에 의해 흡수되는 에너지 대부분은 원상회복이 어려우며, 그래서 힘줄의 탄성 변형에너지는 선호되는 것을 의심할 여지가 없다.

한 성과를 얻고자 한다면, 우리의 힘줄은 믿을 수 있을 만큼 저장할 수 있게 해야 하고 그래서 너무 많은 양의 에너지에 대해서는 포기할 수 있어야 한다. 여기에서는 그것들이 무엇을 위해 있는지를 알려준다.

[표 3] 다양한 고체 재질의 개략적인 변형에너지 저장용량

재질	변형작용	응력 작용		변형에너지 저장량	밀도	저장 에너지
	%	p.s.i.	MN/㎡	Joules x 10^6/㎥	kg/㎥	Joules/kg
고대의 금속	0-0.3	10,000	70	0.01	7,800	1.3
현대의 스프링 강철	0.3	100,000	700	1.0	7,800	130
황동	0.3	60,000	400	0.6	8,700	70
주목	0.9	18,000	120	0.5	600	900
힘줄	8.0	10,000	70	2.8	1,100	2,500
뿔	4.0	13,000	90	1.8	1,200	1,500
고무	300.0	1,000	7	10.0	1,200	8,000

다양한 재질의 변형에너지 저장용량에 대한 대략적인 내용은 [표 3]에 나와 있다. 자연 재료와 금속의 상대적 효율성은 엔지니어에게는 놀랄만한 것으로 다가오며, 그래서 몇 가지 빛은 힘줄과 철에 대한 그림에 의해서 스키어와 다른 동물들의 활동을 위해 비춰준다. 그것은 단위 하중 당 변형에너지의 저장용량이 현대의 철제 스프링에서보다 힘줄이 약 20배는 더 높은 것으로 보이게 될 것이다. 저장된 변형에너지를 위한 장치로써 고려된다고 하더라도, 스키어들은 대부분의 기계보다 더 효율성이 있다. 그러나 훈련받은 운동선수조차도 언덕에 있는 사슴이나 박쥐 또는 나무 위의 원숭이 등과 경쟁이 되지 못할 것이다. 체중의 비율이 사람과 비교된 이러한 동물들에 있는 힘줄에 이기지 못한다는 것을 아는 것은 흥미로운 일이다. 캥거루와 같은 동물은 통통 튀는 것으로 전진한다. 발을 디딜 때마다, 에너지는 움직이는 사람의 힘줄에 저장된다. 그리고 나는 캥거루 힘줄의 변형에너지에서의 특징은 예외적으로 좋다는 말을 호주의 동료한테서 들었다. 그렇지만 불행하게도 나는 어떤 정확한 수치도 인용할 수 없었다. 그러나 그것은 어떤 사람이 더욱 효율적인 형태를 가지고 점핑스틱을 되살리려고 한다면, 캥거루 힘줄, 실제는 어떤 형태의 힘줄로부터 참고한 스프링을 만들기로 하는 것은 좋은 선택이라고 할 수 있다. 거친 바닥 면에 불편하게 착륙하는 것이 가능하도록 설계된 경비행기는 자주 하부구조에 변

형에너지가 철제 스프링보다 더 우수한 고무줄로 이어진 스프링을 장착하고 있다. 그것은 또한 내구성은 좀 낮지만, 힘줄보다도 더 낫다.

자동차와 비행기, 동물의 서스펜션에서의 역할에 더해져서, 변형에너지는 모든 종류의 구조물의 강도와 파손에 더 중요한 부분으로 역할을 하고 있다. 그러나, 우리가 파괴역학의 문제를 간과하기 전에 그것은 논의에서 약간의 시간을 소비할 가치가 있는데 그것은 변형에너지의 또 다른 적용 대상으로 활과 발사 총과 같은 무기에도 있다는 것이다.

화살

나는 너에게 신성한 오디세우스의 위대한 활을 줄 것이고,
그래서 누구든 아주 쉽게 손으로 활을 당길 수 있을 것이며,
12개의 화살을 발사하게 될 것이다.
나는 그와 함께 떠나가고 이 집을 버리게 될 것이다.
이 집은 나의 신혼집이고,
너무 아름답고 맑은 공기로 가득 찬 곳이었으며,
나는 영원히 꿈속에서 기억할 것으로 생각한다.
– 페넬로페, 호머의 시에서, *오디세이 21 Odyssey XXI*

그 활은 사람의 근육에 있는 에너지를 저장해서 미사일 무기 같은 것을 발사하도록 하는 가장 효과적인 방법의 하나다. 크레시(1346)와 에이긴코트(1415)에서 많이 실행되었던 영국형 긴 활은 거의 대부분 주목으로 만들어졌다. 그것은 주목 통나무가 오늘날처럼 상업적으로 가치가 있었던 것이 아니었기 때문이며, 최근까지 과학적인 연구는 거의 없었다. 그러나, 고대 무기를 연구해왔던 나의 동료 헨리 브리스 박사는 주목Taxus baccata이 다른 통나무들과는 다른 적합한 크기의 형태를 가지고 있어서 변형에너지를 저장하는 데에 특별히 적용될 수 있었던 것임을 확인했다. 그래서 주목은 아나 실제로는 활을 만드는 데에 다른 나무보다 더 우수했던 것 같다.

대중의 믿음과는 반대로, 영국제 긴 활은 교회 마당이나 아무 곳에서 자란 영국산 주목으로 만들어진 것이 아니었다. 대부분의 영국제 활은 스페인제 주목으로 만들어졌고, 스페인 와인을 선적할 때마다 스페인 활판 디딤대의 수입위탁을 법적으로 의무화했다. 사실상 주목은 스페인뿐 아니라 온 지중해 지역에서 잘 자라는 것이었다. 예를 들면 오늘날에도 폼페이의 폐허 유적지에서도 자라고 있다. 이런데도, 사람들은 중세 또는 고대 시기 동안 스페인 또는 지중해 국가들에서 주목의 사용에 대해 거의 들은 적이 없었다. 그것들의 사용은 영국이나 프랑스에 국한되었고 확대해 봐도 독일이나 저개발국에서 사용되었다. 영국의 약탈은 대개 브루고뉴 지방 주변에서 멈춰서 알프스 또는 피레네산맥의 남쪽으로는 거의 퍼져나가지 않았다.

이러한 사실이 처음 볼 때는 놀랄만한 일이지만, 헨리 브리스가 지적한 대로, 그것의 특별한 구조 때문에, 주목의 공학적 자산가치는 다른 통나무의 것보다 온도의 증가에 따라 더욱 빠르게 소멸되어 갔다. 주목으로 된 활은 기온이 35°C가 넘으면 유용하게 사용할 수가 없다. 하나의 무기로서 차가운 날씨로 아주 잘 한정된 모습을 갖고 있어서 지중해의 여름에는 사용할 수가 없었다. 그래서, 주목이 활로 사용되었다고 하더라도 지중해 국가에서는 활로 사용될 수가 없었다.

이러한 이유로 해서 우리가 '합성' 화살로 부르는 것이 이 나라들에서 개발되었다. 그러한 활은 활의 두꺼운 부분 중심에 있는 목재의 중심부로서 가벼운 응력만을 받았다. 이러한 심재에 건조 힘줄로 만들어진 인장 면과 뿔로 만들어진 압축 면을 부착하였다. 이 재료들은 둘 다 주목보다 에너지 축적이 더 우수했다. 더 나아가 그들은 더운 날씨에 주목 보다 훨씬 공학적 특성을 유지하고 있었다. 결국, 동물은 37°C에서 정상적으로 활동한다는 것이다. 실제적으로, 힘줄은 55°C 이하에서는 부패하지 않는다. 이에 반해서, 건조 힘줄은 습기가 있는 날씨에 느슨해지고 활동이 둔해진다.

이러한 종류의 합성 활은 터키와 그 외의 곳에서 비교적 근래까지도 사용되었다. 애버딘 경(1784-1860)은 1813년에 비엔나의 의회를 여행하는 중에, 합성 활로 보이는 것으로 무장한 타타르 군대가 사용한 것에 대해 글을 썼다. 타타르군이 동부 유럽을 관통해서 지배했던 나폴레옹 군에 맞서 싸울 때 사용했다는 것이다. 합성 활이 영국의 긴 활보다 훨씬 더 많이 선호되었다는 확실한 증거가 있다. 그러나, 그 긴 활은 제작하기에는 근본적으로 더 값싸고 간단한 무기지만, 합성 활은 많은 정밀한 과정이 있어서 비용이 많이 들었을 것으로 예상한다. 그리스 활은 합성 활이었고, 필록테테스의 활과 같은 오디세우스의 활은 매우 특수한 작업이었을 것이다.

우리를 불행한 페넬로페에게 다시 데리고 가서 오디세우스의 활에 줄을 달아매서 그녀의 동료들과 장비를 설치하는 일을 했다. 우리가 모두 아는 것과 같이, 기술적인 생각을 하고 있던 유리마커스 조차도, 이것은 그것 중 어느 것의 강도도 넘어서게 한 것으로 밝혀졌다. '그리고 현재 유리마커스는 활을 다루고 있는데, 그 활은 불의 열기 옆에서 그리고 앞에서 달구어지고 있었고, 그가 줄을 매지 않을 때조차도, 그리고 그의 위대한 마음속으로부터 그는 용감하게 고통을 견뎌냈다.' 고 기록되어 있다. 그렇지만 결국은 왜 힘들게 하는가? 왜 그 동료들과 또는 오디세우스와 또는 어떤 다른 사람들은 좀 더 긴 현들을 사용하지 않았을까?

이것에 대한 답은 '매우 훌륭한 과학적인 이유로'인데 그것은 다음과 같다. 한 사람이 하나의 화살에 담을 수 있는 에너지는 인체의 특성에 따라 제한된다. 실제로도, 사람이 화살을 0.6m(24인치) 정도 뒤로 당기려면, 힘이 센 사람조차도 약 350뉴턴(80파운드)보다 더 많은 힘으로 그 현을 당길 수가 없다. 활용 가능한 근육의 에너지는 대개 0.6m×350 뉴턴, 또는 약 210 Joules 정도가 되어야 한다. 그래서 우리는 가능하면 활에 있는 변형에너지만큼을 축적하고자 하는 것이다.

우리는 활이 초기에 실질적으로 응력이 없는 것이어서 그 현이 거의 느슨해진 것으로 생각했다면, 그때 그 궁수는 초기에 거의 0이었던 것을 잡아당김으로써 화살을 당기기 시작하게 될 것이고, 그래서 그는 현이 최대한 늘어났을 때 그가 가장 세게 당김으로써 일을 마무리하게 된다. 이것은 [그림 2]에서 다이어그램으로 표현되어 있다. 그러한 경우에, 활에 가해진 에너지는 삼각형 ABC의 면적에 해당되며, 그것은 가용 에너지의 1/2인 105 Joules 이상으로 될 수는 없다.

실제에 있어서 영국식 긴 활에 저장된 것으로 산정된 에너지는 이 그림보다는 약간 더 적다. 그러나, 호머는 특히 오디세우스의 활은 ***파린토노스***(*palintonos* : 상반된 것들이 서로 반대 방향으로 끌어당기는 것 : 역자 주)라고 하였는데, 그것은 '후면 쪽으로 구부러지거나 늘어나는 것'이라고도 하였다. 다시 말해서 활은 원래 반대 또는 '잘못된' 방향으로 휘어진다는 것으로, 그것이 늘어나기 전에 상당한 힘이 적용된다는 것이다.

활이 이러한 방식으로 팽팽하게 되었을 때 궁수는 지능적인 설계에 따라서, 더 이상 최초의 조건인 0의 응력과 변형으로 활을 당기지 않게 된다. 그것은 현재 [그림 4] 에서 힘-늘어난 길이의 다이어그램에서 보는 것처럼 계획이 가능해졌다.

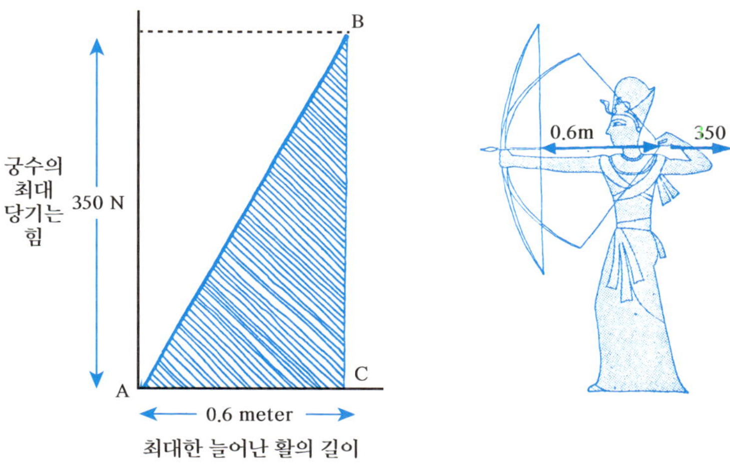

[그림 2] 활에 저장된 에너지 = $\frac{1}{2}$ x 0.6 x 350 = 105 Joules*

[그림 3] 활줄 매는 그리스인 (화병에 그려진 그림)

* 물론, 그림 2와 3은 개략의 계획도이다. 일반적으로 힘-당김의 다이어그램은 직선으로 되지는 않지만 같은 원리가 적용된다.

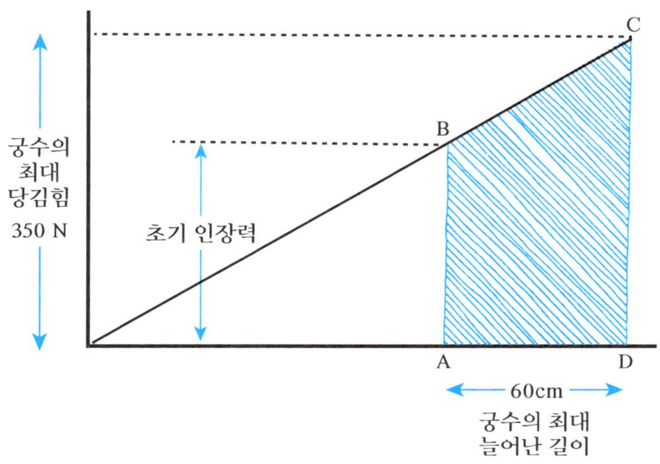

[그림 4] 왜 활은 '후면방향으로 늘어나는 것'이거나 *파린토노스(palintonos)* 인가를 보여준다. 활에 저장되는 에너지는 지금 ABCD부분의 면적이며 약 170 Joules 정도가 된다.

그 다이어그램에서 ABCD부분의 면적은 현재 전체 이용할 수 있는 에너지에서 매우 높은 비율을 보이고 있고 아마 그것의 80% 정도에 달하는 것으로 보인다. 그래서 ***파린토노스***가 없는 활이 약 105 Joules 정도 만 있는 데에 반해서, 그것은 약 170 Joules의 에너지가 활에 축적되어 있을 수 있을 가능성이 있다. 이것이 궁수를 위해서는 매우 대단한 발전임이 확실하고 이는 페네로페를 위해 가지고 있었던 어떤 이점들과 매우 다른 것이다.

사실 모든 활은 많건 적건 프리스트레스가 있고, 감각적인 면에서 어떤 종류의 노력이 그것을 매는 데에 필요하기도 하다. 그러나, 긴 활은 '자립형 활'이기 때문에, 통나무의 제재목을 얇게 한 널판으로 만들었고 그래서 대부분이 직선으로 되어서, 이 경우의 효율성은 작았다. 그것은 합성 활이 가진 최상의 초기 형상 때문에 정리하기가 훨씬 더 쉬웠고, 이러한 것들은 우리가 '큐피드의 활'(그림 5)의 형태를 가진 것에서 비롯된 매우 특징 있는 형태를 갖게 된다.

재질에 따라서, 뿔과 힘줄의 변형에너지 저장고는 주목의 저장고보다 더 우수하고, 합성 활은 목재로 된 활보다 더 짧고 더 가볍게 만들 수 있게 되었다. 이것은 우리가 목재로 된 활을 하나의 '기다란' 활이라고 말하는 이유이다. 합성 활은 말안장에서도 사용될 수 있도록 적당히 작게 만들

수 있게 되었고, 그것은 실제로 마치 파르티아인과 타타르인 들이 했던 것과 같은 것이었다. 파르티아인의 활은 로마의 추격자들에게 했었던 것과 같이 기마병들이 뒤돌아서 발사할 수 있을 만큼 다루기 쉽게 되어 있어서, '파르티안식 사격'이라는 문구에서 비롯된 것이었다.

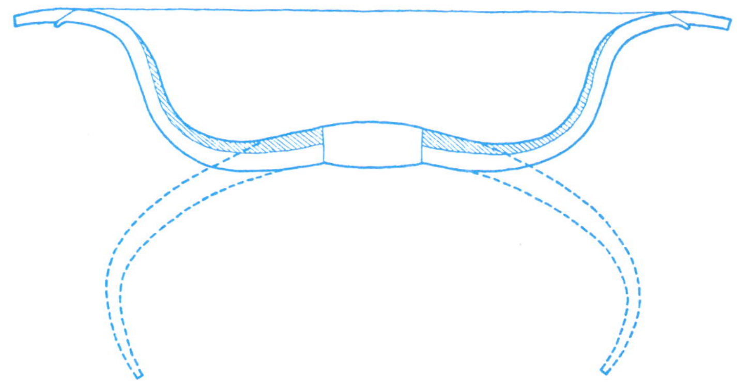

[그림 5] 합성 활, 평소 활과 시위를 당긴 상태

투석기 Catapults

고전주의 시대 그리스의 가장 위대한 시기는 B.C. 404년 아테네가 멸망했을 때 끝 무렵이었고, 그 4세기 동안에 그리스의 민주 정부는 몰락하고 독재 또는 '전제주의자'들에 의해 지위를 빼앗기게 되었다. 그 변화는 더 효율적인 군사력, 정치적, 경제적인 면을 보이는 것 같았다. 해변과 해상에서 복지의 기술은 변화를 가져왔고, 그래서 새로운 통치자들은 더 현대화되고 더 기계화된 무기가 필요하다고 생각하게 되었다. 더구나, 급상승하고 번성한 국가들의 절대적인 최고 기술자들에 따라서, 독재자들은 비용을 기꺼이 지불할 수 있었다.

개발은 그리스의 시실리에서 시작되었다. 디오니시오는 정부 기관에서 근무하는 보잘것없는 직원 정도의 존재에서 시러큐스의 군주로 성장한 뛰어난 인물이었다. B.C. 405년부터 367년까지 지속된 그의 통치 기간의 대부분 동안, 그는 자신의 국가를 유럽을 주도하는 국가로 만들었다. 그의 군사 프로그램의 일부로서 아마 최초로 군사 무기에 관한 정부 연구실험 기관을 설립하였다. 그래서 이 기관의 설립을 위해 최고의 수학자들과 그리스 전체에서 온 최고의 공예기술자들을 채용하였다.

디오니시오의 전문성을 확인해 주는 출발점은 전통적인 합성 활이었다. 사람이 활을 일종의 대목으로 덮어씌우고 기계적인 전동장치 또는 레버에 의해서 그 현을 당기도록 정비한다면, 그때 그 활 자체는 훨씬 단단하게 만들어질 수 있고 많은 에너지만큼이나 몇 배 만큼 많이 저장되고 분배되어질 수 있다. 그래서 우리는 십자 활까지 도달하게 되고, 그 발사체는 대개 갑옷*과 같이 어떤 두꺼운 것들을 관통할 수 있게 되었다. 그 십자 활은, 단지 몇 개의 다양성을 가지고, 현시대에까지 사용되면서 남아 있다. 그것은 오늘날 울스터에서 사용되고 있다고 알려져 있다. 그러나, 무기로서 그것은 호기심을 갖게 하는데, 실제로 결정적인 군사적인 역할은 절대 하지 못했던 것으로 보인다.

더구나, 그 십자 활은 근본적으로 목숨 보전 또는 개인 무기이고, 선박의 본체나 고정 요새 등에 치명적인 피해를 줄 수 있는 무기로서의 필요성이 결코 보이지 않았다. 시러큐스인들이 십자 활형의 투석기를 확대하고, 총 발사대 같은, 적절히 높은 곳에 설치했다 하더라도, 이러한 것을 개발하는 어떤 물리적인 한계가 있었고, 그래서 활 형식의 투석기로는 육중하게 쌓아 올린 요새를 파손시킬 만큼의 강력한 능력이 부족한 것으로 보였다.†

그러므로 다음 단계는 활 형식의 구조를 포기하고, 모형 항공기의 운항에 사용되는 고무줄 다발과 매우 닮은, 힘줄의 비틀림 다발‡을 만들어서 변형에너지를 축적하는 것이었다. 그런 모든 끈의 다발에서, 힘줄 재질 전체는, 그 다발의 비틀림에 따라서 인장력에 따라 늘어나게 되며, 그래서

* 다른 한편으로는 십자 활의 발사율이 쏜 활의 발사율과 결합이 잘 안 된다. 예를 들어, 영국식 긴 활은 1분에 14개의 화살을 쏘는데, 일제히 집단으로 사용될 때, 매우 위협적인 연기와 미사일같은 발사효과를 갖는다. 약 600만발의 화살이 아긴코트에서 발사된 것으로 계산되었다.

† 최근에 키프러스의 쿠클리아에서 그동안 아무것도 그것에 대해 알려지지 않았던, 15세기 동안에 사용되었던 군사용 투석기의 존재를 알려주는 흔적이 발견되었다. 어쨌든, 디오니시우스는 그 문제에 대한 첫 번째 '과학적' 접근이었던 것 같다.

‡ 이것은 아마도 고대 선박에서 사용되었던 '스페인형 권양기'에서 차용한 것으로 보인다. 11장 222쪽 참조.

실제로 에너지 저장장치와 같은 매우 효율적인 것이 된다.

힘줄로 된 로프의 다발이 무기로 사용되는 것은 여러 가지 방법이 있다. 그러나 오래전에 가장 최고였던 것은 그리스인에게는 *파린토논* 그리고 로마인에게는 *바리스타*라고 알려진 장치였다. 이러한 매우 치명적인 발사체에는, 두 개의 수직 힘줄 스프링이 있고, 그 각각은 고정된 팔과 레버에 의해 비틀어져 있으며, 캡스턴바(그림 6)와 같은 무거운 것을 끌어올리는 장치가 있었다. 이 두 개의 팔 끝부분은 육중한 활줄로 결합되어 있고, 그래서 전체의 장치는 활의 이용 이후에 훨씬 많은 작업이 가능하게 되었다. 실제로 그것은 그 사실로부터 비롯된 그리스식 명칭이 붙어졌고, 준비 자세에서는, 합성 활의 팔처럼, 두 개의 팔이 앞을 지향하고, 활처럼 같은 방식으로(강력한 윈치에 의해서) 투석기를 매달았다. 종종 둥근 돌로 되어있는 발사체는 무기를 작동시킬 필요가 있을 경우 권양기로 끌어올려 지도록 해서 한 바퀴 돌려 내리게 했는데, 그 끌어당기는 힘이 100톤 정도로 높았다.

로마인들은 그리스의 투석기를 모방했고, 줄리어스 시저 치하에서 포병장교였던 비트루비우스가 오늘날 우리가 흥미롭게 읽을 수 있도록 *바*

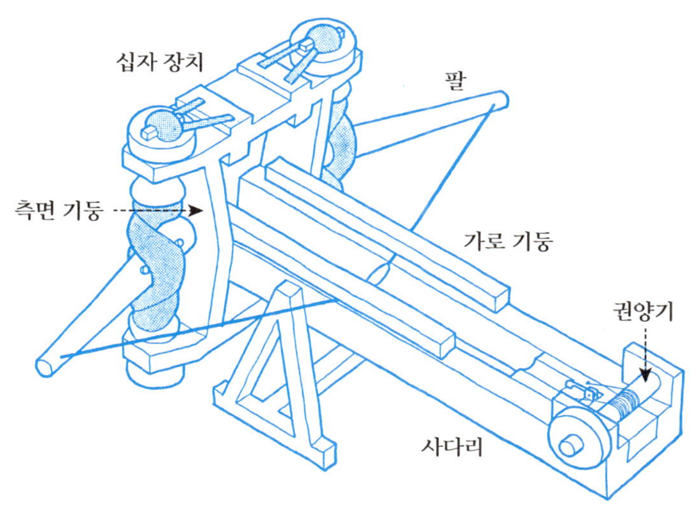

[그림 6] 원래 사용되었던 그리스 투석기로 보이는 장치의 스케치

*리스타*에 대한 교본을 남겨주었다. 이러한 무기는 하나의 투석 무게가 5파운드(2kg)에서 360파운드(150kg) 정도까지의 크기로 만들어졌다. 모든 크기의 효과적인 범위는 약 1/4마일 또는 400m 정도였다. 로마형 공격용 석궁의 표준 크기는 1개가 90파운드(40kg) 무게의 투석이었다.

마지막으로 B.C.146년의 드라마틱한 카르타고 공략에서, 로마인들은 도시의 성벽 반대편에 얕은 산호초로 채워 넣었고 투석기로 방어막을 깨뜨리기도 하였다. 고고학자들은 그 지역에서부터 각 무게가 90파운드(40kg)인 6,000개 이상의 투석을 찾아냈다.

배에 쌓아 놓은 투석기는 이 섬에 맹렬한 공격을 하며 상륙했던 동안에 고대도시 브리튼의 해변을 차지하기 위해 줄리어스 시저와 클라우디오 둘 다 사용했었다. 그 투석기는 실제로는 결코 위협적인 함대함의 전투 무기가 되지는 못했다. 그것은 *바리스타*가 한 발의 공격으로 배를 침몰시킬 만큼 컸지만 너무 느려서 움직이는 함선을 맞출 확률이 낮았던 것으로 보인다.

투석기는 때때로 물을 뿜는 미사일이 되기도 하지만, 화염은 일반적으로 사람이 꽉 찬 간단한 배에서는 매우 쉽게 끌 수 있었다. B.C.184년 독사로 가득한 적군의 깨지기 쉬운 항아리들을 맞추는 등의 놀라운 솜씨로 해전에 승리하였다. 그러나 이러한 선도적 승리가 다음에 따라 오지는 못했다. 전체적으로 봤을 때, 투석기는 해전에서는 성공적인 무기가 되지 못했다.

그럼에도 불구하고, *파린토논* 또는 *바리스타*는 지상전에서 가장 효과적인 장치였다. 그것을 제작하고 유지관리 하는 일이 매우 정밀하고 힘든 일이라고 해도, 로마의 포병 장교들과 N.C.O.들은 매우 경쟁력을 갖춘 사람들이었다. 로마 제국과 로마의 기술을 배경으로 한 그러한 무기들은 그다지 실용적이지 못했고 잊혔다.* 중세의 포위 공격 전쟁은 육중한 투석기 또는 'trebuchet: 투석용 무기'의 사용이 줄었다.

이것은 무게를 올려서 생긴 잠재 에너지를 사용한 추와 같은 장치였

* 1940년 침략전쟁 동안 두 가지 방식의 로마 *바리스타*가 영국에 있는 홈 가드에 의해 사용되기 위해 제작되었다. 이러한 무기들은 독일 탱크에 대항하는 가솔린 폭탄을 만드는 계획이었다. 그러나 이러한 투석기의 양쪽 범위가 고전적인 형태의 범위의 1/4 정도에 불과했기 때문에, 그 고안자들은 비트루비우스의 책을 충분히 주의 깊게 읽지 않았던 것 같다.

다. 대형 투석기조차 약 10피트(3m)를 통과하는 데에 1톤(10,000 뉴턴) 이상을 상승시키는 것을 포함하는 것 같지는 않다. 그래서 가장 커다란 잠재 에너지는 아마 30,000 Joules를 초과하지 못하는 정도를 저장하게 되었다. 같은 양의 변형에너지는 강섬유 줄에 10 또는 12kg 정도 저장될 수 있다. 그래서 대형 투석장치조차도 아마 *파린토논*의 에너지를 1/10 정도 감당할 수 있을 것이다. 더 나아가, 에너지 전환의 효율성은 훨씬 낮아지게 된 것으로 보인다. 가장 우수한 투석장치는 아마도 단단한 성벽 위로 큰 돌을 발사함으로써 자체적으로 해를 끼치게 하기도 하였다. 육중한 *조적조*에 대한 공격은 비효율성을 보였다.

에너지 전환의 기계장치로 간주되는, 활과 *파린노톤*은 단순한 원리로 작동하게 된다. 즉, 그것은 일반적으로 에너지 교환 기계장치가 얼마나 효율적인지를 포함하게 되는 것을 깨닫게 한다. 대형 투석장치와 같은 조잡한 기계에서는, 무기가 발사될 때 이용되는 에너지 대부분이 그 장치의 육중한 레버와 발사 팔을 가속하고 궁극적으로는 꼭 필요한 정지 또는 제동시스템에서 소모된다.

활과 *파린토논*에서는, 화살줄이 처음으로 튕겼을 때, 축적되었던 변형에너지 중 일부가 미사일이나 활동 에너지와 직접적으로 연계된다. 그러나, 더 많은 유용한 에너지가 활 또는 투석기의 팔을 가속시키는 것으로 활용되었다. 거기에는 투석장치만큼 많은 활동에너지 같은 것이 일시

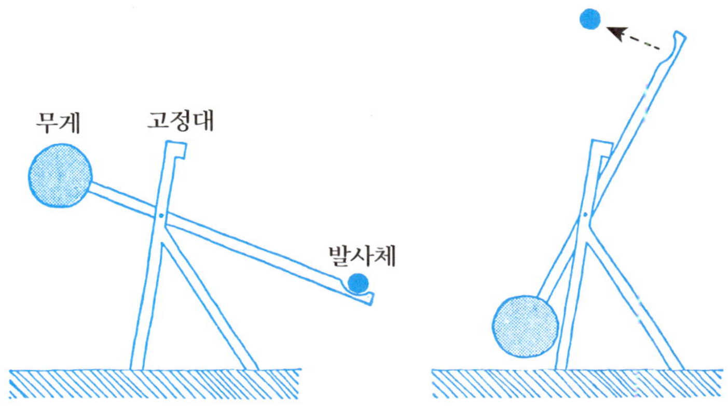

[그림 7] 투석장치와 중세 대형 투석기 – 가장 비효율적인 발명품

적으로 저장된다. 이러한 경우에, 던지는 메커니즘(기계장치)을 가진 과정이라고 하더라도, 움직이는 팔은 고정된 제동장치에 의해서가 아니라 단단하게 긴장시킨 활줄 자체의 힘으로 서서히 내려오게 된다. 이것은 그 줄에 인장력이 훨씬 높아지게 해서, 발사체에 더욱 단단히 밀어내게함으로써 목표 방향으로 스피드를 내게 해준다. 그래서, 팔에 축적되어진 많은 활동 에너지가 회복되게 된다.

활과 투석기에 관한 수학은 어려웠고 운동방정식에 대한 것을 기술

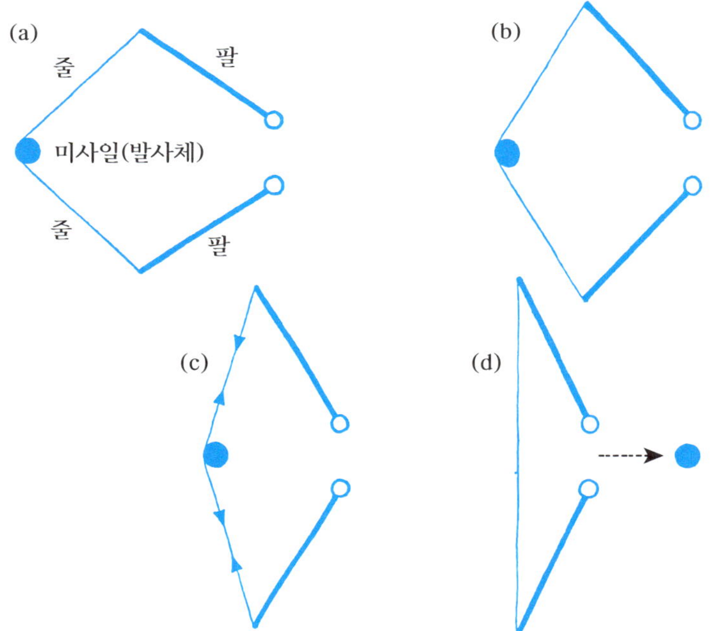

[그림 8] *파린토논* 또는 *바리스타* 기계작용의 다이어그램

(a) 발사 준비. 모든 에너지는 철근 스프링에 축적되어 있다.

(b) 발사 작동의 초기 단계. 무거운 팔이 가속을 하게 해서, 스프링으로부터 많은 에너지를 끌어올리게 된다.

(c) 발사 작동의 후반 단계. 무거운 팔이 줄에 인장력이 증가됨에 따라 감속이 되며, 그래서 그것들의 활동 에너지는 발사력으로 전환된다.

(d) 그 방향에서 발사체는, 그 시스템에 축적된 실질적인 모든 에너지를 저장하고 있다.

했을 때조차, 그들은 분석적으로 해결되지 못했다. 그러나 다행스럽게도, 나의 또 하나의 동료인 토니 프레트로프 박사는 컴퓨터로 전체적인 것들을 다룰 수 있는 문제에 대해서 많은 관심을 가졌다. 에너지 전환 과정이 이론적으로는 실제로 100%의 효율성을 갖게 되는 오히려 놀랄만한 일이 생겼다. 다시 말해서, 실질적으로 그 장치에 저장된 전체 변형에너지는 발사체의 활동에너지로 전환할 수 있게 되었다. 그러므로 일부 작은 에너지는 반작용을 만들어 내기 위해 또는 무기를 손상시키기 위해 버려지거나 뒤에 남겨졌다. 이러한 관점에서, 최소한, 활과 투석기는 총과 같은 발사무기로 커다란 발전을 하게 되었다.

내가 생각하기에, 이러한 사실에 대한 하나의 결과는, 대부분의 궁수에게, 최소한 실질적인 분야의 방법에서, 잘 알려져 있다. 이것은 결코, 절대로, 적절한 화살이나 다른 적정한 발사체 없이 활이나 투석기를 '발사'하는 일이 없어야 한다는 것이다. 이것이 시도된다면, 그때는 활이 부러졌거나 궁수가 상당한 부상을 입어서, 축적된 변형에너지가 제거되어 안전한 방법은 없어진 것이다.

복원 또는 탄력성

물에 젖은 종이와 흘러가는 바다,
빠르게 뒤를 좇아가는 바람이 일고
그리고 하얗고 살랑살랑한 배를 채우고
그리고 우뚝 서 있는 돛대가 휘어지는구나!
– 알랜 커닝햄, *물에 젖은 종이와 흘러가는 바다*

갈릴레오가 탄성력에 관한 작업을 하기 위해 1633년 아체트리어 정착하였을 때, 그가 스스로에게 품었던 첫 번째 의문 중의 하나가 '그것을 잡아당겼을 때 어떤 로프나 로드의 강도에 영향을 주는 요인들은 무엇일까? 하는 것이었다. 예를 들면, 그 강도가 로프의 길이에 따른 것일까? 기초적인 실험에서는 그것이 얼마나 긴 것인가에 영향받지 않고 안정적으로 잡아당김으로써 잘 제작된 로프를 파괴하는데 요구되는 힘과 하중이 어느 정도인지 알려준다. 이 결과는 우리가 상식이라고 생각했던 것이지만, 그 뉴스는 흘러가고 있는 어떤 시간이었고 사람은 여전히 기다란 줄은 짧은 줄보다 '더 강하다'는 것을 확신하는 많은 사람을 만나게 된다.

물론 이러한 사람들이 어리석기만 하지는 않은 것이, 그것 모두가 '더 강한' 것을 의미하는 것에 의존하기 때문이다. 어떤 긴 줄을 끊어지는 데 필요한 일정한 힘 또는 잡아당김은 실제로 짧은 줄을 끊으려고 할 때와 같다고 할 수 있다. 그러나 긴 줄은 끊어지기 전에 좀 더 늘어나게 될 것이고, 그러므로 그것을 끊을 때는 더 많은 에너지가 필요하며, 적용된 힘과 재료에 남겨진 응력은 같다고 할 수 있다. 약간 다른 방식에서 보면, 긴 줄은 하중이 주어지면 탄성적으로 늘어남에 따라서 생기는 예상 못 한 충격에 완충이 된다. 그래서 그 결과로 생긴 일시적인 힘과 응력은 줄어들게 된다. 다시 말하면 그것은 오히려 차의 서스펜션과 유사한 작용을 한다.

그래서 도로가 긴 길에서 덜컹덜컹하는 상황에서는 짧은 것보다 효과적으로 '더 강한' 것이 되기도 한다. 이것은 18세기 마차의 차체가 아주 긴 가죽끈에 의해서 차대로부터 빈번하게 매달려 가게 되는 이유이기도 하다. 그것은 18세기의 열악한 도로에 의해 생기는 충격에 저항하기 위해서는 짧은 것보다는 더 유리하다는 것을 말해준다. 다시 말하면, 앵커 케이블과 견인 로프는 일반적으로 고정하중에 의해서가 아니라 갑작스런 요동 때문에 파손되며, 그래서 대체로 가능하면 긴 것으로 계획하는 것이 더 좋은 것이다. 야간에 바다에서 견인할 때 또는 안개가 짙은 날씨에 대형 드라이 도크나 석유 설비를 처리해야 하는 사람은 각각의 예인선이 아마 거의 1마일짜리 철제 와이어에 의해서 견인하고 있다는 것을 마음속에 담아두곤 하였다. 그러므로 이러한 해양작업의 과정은 어마어마한 면적의 바다를 처리하고 조심성 없는 선원*을 놀라게 할 수 있다.

파손이 없이 어떤 하중이 주어진 상황에서 변형에너지와 탄성 굴절을 저장할 수 있는 이러한 것의 특질을 '복원'이라고 하며, 그것은 구조에서는 매우 중요한 특징이라고 할 수 있다. 복원은 '지속적인 손상의 원인이 되지 않고 어떤 구조물 내에 저장될 수 있는 변형에너지의 양'이라고 정의할 수 있을 것이다.

물론, 복원하기 위해서는, 와이어 케이블 같은 매우 긴 로프를 사용해야 할 필요가 없다. 기차의 완충기에서 사용되는 나선형 스프링이나 선박

* 실제로, 앵커 케이블과 견인 로프의 복원에 관한 많은 사례는 그것들에 처짐이 일어나게 하는 요인인 자체의 하중에 의해 나타나게 된다. 이것이 무거운 와이어나 체인보다 유기체로 된 로프를 선호하는 이유 중 하나이며 그것이 더 가볍기도 하다.

의 완충 부분 또는 영계수가 낮은 재질에서 사용되는 것과 같은 연성 재질의 보호판 패드와 같은 짧은 부재가 사용하기에 편리하다. 여기서 영계수가 낮은 재질은 완충장치로 묶어서 종종 사용되는 성형 고무나 플라스틱 등이 해당된다. 그러한 것들은 길이와 관련해서 수시로 더 많이 늘이거나 수축시킬 수 있고 단위 부피 당 더 많은 변형에너지를 저장할 수 있게 된다. 스키어와 동물들이 매달리는 탁월함은 부분적으로, 힘줄과 다른 조직의 비교적 낮은 계수와 높은 연성력 때문이다.

다른 한편으로는, 낮은 경도와 높은 연성은 에너지 흡수를 증가시키고, 그래서 한 번의 충격 때문에 구조물이 파괴되는 것을 더욱 어렵게 만들며, 그것은 너무 쉬워서 그 구조물을 목적에 너무 미치지 못하는 것으로 만들게 된다. 이것은 보통 어떤 구조물로 디자인될 수 있는 우려가 있어서 지나친 양의 복원을 제한하게 된다. 항공기와 건물, 각종 도구와 무기 등과 같은 것들은 그들의 역할을 하기 위해서 매우 견고하게 되어있다. 이러한 관점에서 대부분 구조물은 경도, 강도 및 복원력 들 사이에서 타협점을 찾아야 하며, 그래서 최상의 타협점은 디자이너가 심도 있는 기술을 가지게 하는 결정판이다.

그 최적의 조건은 여러 가지가 있을 것인데, 구조물의 형식과 등급 사이에서의 차이뿐 아니라 같은 구조물의 다른 부분에서의 차이점들도 있을 것이다. 이러한 관점에서 자연은 다른 생물학적 조직에서 넓은 범주의 탄성적 특징들이 배치되어 있다는 것 때문에 이득이 되는 존재이다. 단순하지만 흥미로운 사례들이 원조 거미줄에서 일어나고 있다. 거미줄은 파리가 거미줄에서 바둥거리는 데에서 발생되는 충격하중을 받고, 이러한 충격의 에너지는 그 줄의 복원과정에 의해서 흡수되게 되어있다. 긴 방사형의 실은 구조물의 주요한 하중전달 부분을 형성하는데, 재빠르게 그 파리를 잡아채는 일을 하는 데에는 짧은 원주를 가진 줄일수록 그 경도가 3배 정도가 된다.

자연스럽게, 변형에너지를 저장하고 로프나 거미줄 같은 인장 부재나 또는 철로 완충장치나 배의 보조기와 같은 압축 부재를 사용하는 것에 의해서 보다는 회복을 하는 많은 다른 방법이 있다. 탄성적으로 굴절된 것이 될 수 있는 구조물의 형상은 같은 영향을 많이 가지고 있다. 아마도 가장 일반적인 배열은 활이나 멋진 돛대와 같이 휨에 의해서 에너지를 흡수하도록 하는 것이다. 이것은 식물과 나무에서 그리고 대부분의 자동차 스프링에서 일어나는 일이다. 고품질의 칼은 그 끝이 손잡이에 닿을 만큼 휘어지게 된 후에 탄성에 의해 원위치로 회복되는 것을 기대할 수 있는 것이다.

인장 파괴의 원인으로서의 변형에너지

부러진 활과 같이 옆에서 시작하는 ...
– 찬송가 78

적정한 양의 회복력은 어떤 구조물에서든 필수적인 특질이고, 그렇지 않으면 충격에 의한 에너지를 흡수할 수가 없다. 어느 정도까지는, 더 탄력적인 구조일수록 더 좋다. 바이킹의 배, 미국 마차와 같은 매우 정교한 장치물들은 실제로 대단히 유연하고 회복력이 좋다. 그것들이 지나칠 정도로 과도한 하중을 싣지 않는 한 그러한 구조물들은 하중이 내려가게 되었을 때는 모든 것이 원래 상태로 호전되어 회복되게 될 것이다. 그러나 과적하는 일이 생기게 되면, 물론 그때는 조만간 파괴되게 되어있다.

지금 인장에 의해 어떤 부재가 파괴되는 것은 어떤 크랙이 부재를 가로질러서 넓게 퍼뜨려져서이다. 그렇지만, 새로운 크랙이 만들어진다는 것은—우리가 짧은 시간에 볼 수 있을 만큼—빠르게 에너지가 가해진다는 것이며 그래서 이 에너지는 다른 어떤 곳에서 생겨서 오게 된 것임이 틀림없다. 우리가 말했던 것처럼, 그것은 화살이 없이 '발사'함으로써 활을 부러뜨릴 가능성이 매우 큰 것과 같다. 활에 축적된 변형에너지가 더 화살에 있는 활동 에너지로 안전하게 만들어질 수 없게 되어 일어나는 것이다. 그래서 그것의 일부가 활 자체의 재질 속에서 크랙을 만들어 내는 작용을 하는 것이다. 다시 말해서 활은 스스로를 파괴할 수 있는 변형에너지가 자체적으로 사용된다는 것이다. 그러나 부러진 활은 모든 종류의 굴절 중의 특별한 사례일 뿐이다.

하중을 받는 모든 탄성 재질은 더 많거나 더 적은 변형에너지를 포함하고 있고, 이 변형에너지는 항상 우리가 '파손되었다'라고 칭하는 자체 파괴적인 과정 동안 잠재적으로 효력을 가지고 있다. 다른 말로는 축적된 변형에너지 또는 회복력은 구조를 관통하는 크랙을 크게 퍼지게 해서 파괴의 원인이 되게 하는 에너지의 가치에 지불하기 위해 사용되는 것이라고 할 것이다. 회복된 구조물에 있어서는 주변에 많은 변형에너지가 있고, 그래서 로마인들이 카르타고의 견고한 벽을 파괴할 때 사용했던 같은 종류의 에너지가 대형 급유선이 두 개로 붕괴될 수 있도록 했던 것과 매우 유사했다.

그 문제에 대한 현대적 시각에 따르자면, 우리가 인장력이 가해진 하중에 의해 구조물이 파괴되었을 때, 우리는 그 파괴가 재질에 있는 원자들 사이에 화학적인 결합에서 당기는 데에 적용되었던 하중의 작용에 의해 직접적인 원인이 있는 것으로 간주하는 경향이 있다. 말하자면, 그것은 그 화학적으로 교과서적인 것으로 우리를 믿게 해왔던 것 같은 인장 응력의 단순 작용의 결과가 아니다.* 구조물에서 하중 증가의 직접적인 결과는 단지 그 재질 내부에 축적되어 있던 더 많은 변형에너지를 촉발시켰던 것뿐이다. 그 구조물이 실제로 어떤 특별한 접속으로 파괴된 것인지 아닌지는 그것이 이 변형에너지가 새로운 크랙을 발생시키는 데에 파괴에너지로 개조될 가능성이 있는지에 따르게 되며 64,000달러의 차이를 주는 문제이다.

그러므로 현대의 파괴공학은 변형에너지가 파괴에너지로 전환되는 것이 얼마나, 언제, 어디서, 왜. 등등에 따라서 인지보다는 힘과 응력에 의해서 인가에 덜 관심을 두는 것 같다. 물론, 로프나 로드와 같은 단순 사례에서는 임계상의 파괴 응력에 대한 고전적인 개념은 보통 적정한 지침이 되지만, 교량, 선박 또는 고압 탱크와 같은 대형 또는 복잡한 구조물의 경우에는, 우리가 보아왔던 것처럼, 그것이 위험할 정도로 과다한 단순성을 가진 것임을 확인할 수 있다. 최근의 이론에서 밝혀진 것은 어떤 구조물이 갑작스러운 충격이든 지속된 하중이든 간에 이장 파괴는 다음과 같은 것에 의해 *주로* 발생한다.

1. 새로운 크랙이 만들어지기 위해 지불해야 하는 에너지에 따른 비용
2. 이러한 비용을 지불할 수 있게 될 만큼의 변형에너지양
3. 구조물에서 가장 좋지 않은 구멍이나 크랙 또는 결함 등의 크기와 모양

어떤 주어진 재료의 단면을 파괴하는 데에 필요한 에너지의 양은 다른 고체들 사이에 실제로 매우 다양하다는 사실은 쉽게 확인되는데, 그 예

* 원자들을 활발하게 잡아당기는 데에 필요한 '실제의' 또는 이론적인 최대한의 인장 응력은 사실 매우 높고, 원래의 인장 시험에 의해서 결정된 '실제적인' 강도보다 훨씬 높다. 3장에 있는 *강력한 재료에 대한 새로운 과학* 편을 참고하라.

로 망치로 먼저 유리병과 깡통을 내리치는 경우가 그렇다. 어떤 재료의 주어진 단면을 파괴시키기 위해 요구되는 에너지의 양은 그것의 '내구성'에 의해 정해진다. 그것은 현대에 와서 '파괴에너지' 또는 '파괴의 작용'으로 더 자주 불린다. 이 특성은 매우 상이하고 재료의 '인장력'과는 차별화되며, 그 고체를 파괴하는 데에 요구되는(에너지가 아닌) *응력*으로 정의된다. 재료의 내구성과 파괴작용은 구조물의 실제적인 강도에—특히 대형인 경우에—매우 큰 영향을 미치게 된다. 이러한 이유로 우리는 다양한 종류의 고체 파괴작용에 관해서 말하는 경우에는 약간의 시간만 사용해야 한다.

파괴에너지 또는 '파괴작용'

고체가 인장으로 파괴되었을 때 이래로, 최소한 하나의 크랙은 재료를 직선으로 가로질러서 두 부분으로 갈라지게 되어, 퍼지게 되어있는데, 파괴되기 전에는 있지도 않았던 최소한 2개의 새로운 표면이 생겨나게 된다. 이러한 방식으로 재료가 찢겨서 새로운 표면이 생기도록 분리되기 위해서는 이 전에 두 개의 표면이 같이 붙어 있었던 모든 화학적 결합이 절단되는 것이 필수적이다.

대부분 종류의 화학적 결합을 파괴하는 데에 필요한 에너지의 양은—적어도 화학 분야에서는—잘 알려져 있다. 그리고 우리가 기술력에 관심을 두고 있는 대부분의 구조적인 고체 물질에서는 그것이 확인되어, 어떤 한 면이나 단면*에서 모든 결합을 절단하는 데에 필요로 하는 전체적인 에너지가 매우 많아서 ㎡ 당 1 Joule 정도와는 완전히 차이가 날 정도로 넓다.

우리가 이해의 폭을 넓혀서 '부서지기 쉬운 고체'—돌과 벽돌, 유리 그리고 도기 등을 포함해서—라고 부르는 넓은 범주의 재료를 다룰 때는, 이것이 거의 모두 파괴의 요인이 되도록 만들어진 것이 틀림없는 에너지라고 할 수 있다. 실제로는, 1 J/㎡가 감성적으로는 오히려 작은 양의 에너지로 느껴진다. 아주 단순한 이론상으로는, 그것이 건강한 생각일 수 있는데, 인대의 1 kg에 저장되어 있는 변형에너지는 파괴된 유리표면의 2,500㎡ (1/2 에

* 이것은 '자유로운 표면 에너지'와 같은 것이라고 할 수 있으며, 그것은 액체와 고체의 표면장력과 밀접한 관련이 있고, 그것은 재료과학에 대한 논쟁으로 빈번하게 다루어지는 것이다. 예를 들면, 이것도 3장에 있는 ***'강력한 재료에 대한 새로운 과학'*** 편을 참고하라.

이커)를 만들기 위해 '지불'해야 하는 것으로, 그것은 중국 상점에서 황소의 효과로 산정한 것과 같다. 이것은 벽돌공이 작은 삽에 있는 가벼운 마개로 벽돌을 반으로 깔끔하게 쪼개도록 할 수 있는 이유이고 우리가 단지 접시와 큰 컵을 깨뜨리기 위해서 아주 작은 힘을 쓰는 것과 같은 이유이다.

당연히, 이것은 우리가 그것을 피하는 것이 가능하다면, 우리가 인장력이 가해진 곳에 적용하는 데에 '부서지기 쉬운 고체'를 사용하지 않는 이유이기도 하다. 이러한 재료들은 인장력이 낮기 때문에—사람들은 그것들이 깨지는 데에 힘이 적게 필요하다고 한다—처음에는 쉽게 부서지지 않는데, 그렇지만 파괴하는 데에 낮은 *에너지*만을 필요로 하기 때문이다.

실제로 인장에 사용된 그리고 비교적 안정성을 가지고 사용되었던 공학적이고 생물학적인 재료들은 모두 새로운 파괴표면을 만들어 내기 위해서 아주 훨씬 더 많은 에너지를 요구하게 된다. 다시 말해서, 그 '파괴작용'은 연약한 고체의 사례 보다 매우 더—엄청나게 더—높다. 실제적으로 강한 재료에 대해서는 파괴작용이 보통 J/㎡에서 J/㎡ 사이에서 일어난다. *그래서 연철 및 연강에서 파괴를 유발하는 데에 요구되는 에너지는, 이러한 재료의 고정인장강도가 그렇게 많이 다르지 않더라도, 유리와 도기의 동일한 단면을 파괴하는 데에 필요한 만큼보다 약 백만 배 정도 된다.* 이것은 표 2(54쪽)와 같은 '인장강도'의 표에서, 특별한 사용을 재료의 선택이 되게 되었을 때는 매우 잘못된 지침자료가 될 수도 있는 이유이다. 그것은 또한, 주로 힘과 응력에 기반한 고전적인 탄성이론 때문이기도 하며, 그것은 수백 년 넘도록 힘들게 진화해 왔던 것으로—그래서 여전히 학생들에

[표 4] 일반적인 고체들의 파괴와 인장강도의 작용에 대한 매우 개략적인 데이터

재료별	개략적인 파괴작용 J/㎡	개략적인 인장력(명목상의) MN/㎡
유리, 도기	1-10	170
시멘트, 벽돌, 돌	3-40	4
폴리에스테르와 에폭시 레진	100	50
나일론, 폴리테인	1,000	150-600
뼈, 이빨	1,000	200
목재	10,000	100
연철	100,000-1,000,000	400
인장력이 높은 철	10,000	1,000

게는 훨씬 더 힘든 것으로서—실제 그 자체로는 실제 재료와 구조물들의 움직임을 예측하는 데에는 부적절하다.

그러한 정밀한 메커니즘이 그로 인해서 '파괴작용'과 같은 단단한 재료들 속으로 흡수될 수 있는 그러한 많은 에너지가 종종 예민하고 복잡하다고 하더라도, 전체적인 원칙은 실제로 매우 간단하다. '깨지기 쉬운' 고체에서 그 작업은 화학적 결합이 파괴되는 데에 또는 새로운 파괴 면에 가깝게 진행되는 데에 필요한 것까지 파괴가 실질적으로 정해지는 동안에 이루어진다. 우리가 보아왔던 것처럼, 이러한 에너지는 작고 약 1 J/㎡ 정도밖에 안 되는 양이다. 단단한 재질에서는, 어떤 개별적인 결합의 강도와 에너지가 같게 남아 있다고 해도, 재료의 미세 구조는 파괴의 과정 동안에 훨씬 더 큰 깊이가 생기는 것을 저지하게 된다. 사실상 그것은 1cm 이상의 오목하게 깊이 파이는 것을 방해하는 역할을 한다. 즉 그것은 눈에 보이는 파괴 표면 하부에 약 5천만 개의 원자가 깊이를 갖게 된다는 것이다. 그래서 파괴작용을 저지하는 과정 동안에 이러한 원자 결합 중 1/50정도 만 파괴된다면—새로운 표면을 만드는데에 필요한 에너지—백만 배 정도 증가될 것이며, 우리가 보아왔던 것처럼 그것은 실제 발생되는 것에 관한 것이다. 이러한 방식에서 재료 내부에서 깊숙이 활동하는 분자들은 에너지를 흡수할

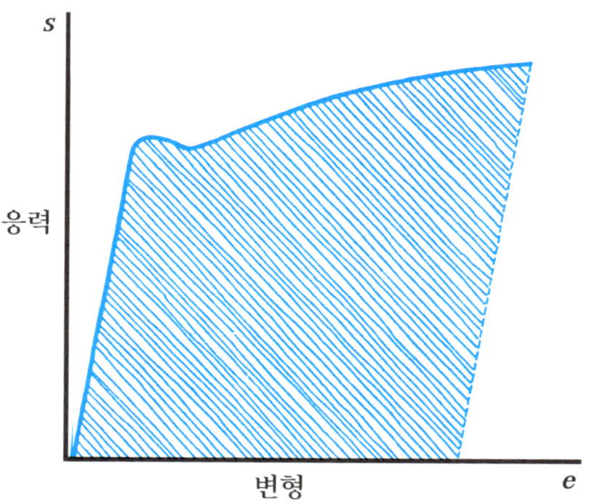

[그림 9] 연강과 같은 연성금속에 대한 전형적인 응력-변형 곡선. 해칭이 된 면은 금속의 파괴작용과 관련된 것이다.

수 있고 파괴에 저항하는 데에 그것들의 일부가 작동할 수도 있다.

연철의 파괴에 대한 고도의 작용은 우선적으로 이러한 재료들이 '연성이 있는' 것이라는 사실 때문이다. 이것은 인장력에서 당겨졌을 때, 응력-변형 곡선은 금속이 플라스틱과 같이(그림 9) 가소성을 보이면서 변형된 후에는, 어떤 매우 적당한 응력 조건에서는 후크의 법칙과 별개가 됨을 의미한다. 그와 같은 금속의 로드와 쉬트가 인장에서 손상되었을 때 그 재료는 당밀 또는 씹는 껌의 모양이 만들어진 후에는 그것이 손상되기 전에 뜯겨나간다. 이때 그 손상된 끝부분은 그때 점점 가늘어지거나 원추형이 될 것이고 [그림 10]처럼 될 것이다. 이러한 손상된 형태를 '네킹necking'이라고 부른다.

네킹과 연성 파괴의 유사한 형태는 금속에 있는 여러 겹의 많은 원자에 의해서 발생되고 수정들은 '탈구 메커니즘'이라고 부를 수 있는 것에 의해서 서로서로 밀려나게 될 수 있다. 탈구는 카드 뭉치처럼 여러 겹의 원자들이 서로서로 밀어내게 될 수 있을 뿐 아니라 대단히 많은 에너지를 또한 흡수하는 것이다. 수정에서 미끄러지고 밀려나고 늘어나는 이러한 모든 것들의 결과는 그 금속이 뒤틀려질 수 있고 그래서 많은 에너지가 빠져나가게 된다.

1934년에 제프리 테일러 경에 의해 최초로 가정된 탈구 메커니즘*은 지난 30년 넘게 강력한 학문적 연구의 주제가 되어 왔다. 그것은 예상을 뛰어넘을 정도로 예민하고 복잡한 문제들을 밝혀내 왔다. 금속 조각과 같은

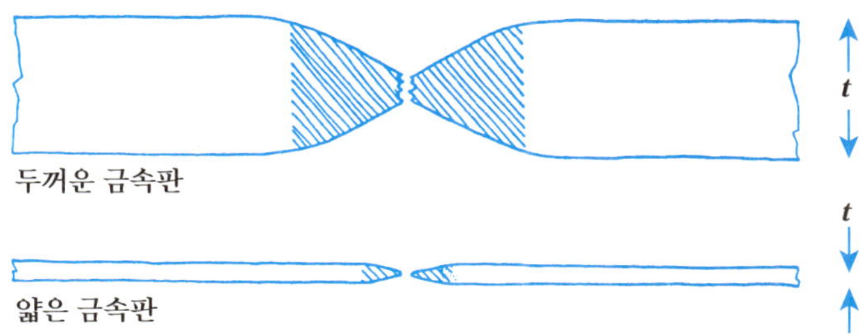

[그림 10] 파괴작용은 금속이 비례에 따라 가소성적으로 일그러지는 형태가 되게 한다. 상기 그림의 그림자 부분이 그것이며, 그래서 개략 와 같다. 그래서 얇은 금속쉬트의 파괴작용은 매우 낮게 나타난다.

매우 단순한 어떤 것의 내부에서 일어나는 것은 살아 있는 생물학적인 조직에서 일어나는 많은 기계공학적 작용과 같이 매우 명확한 것으로 보인다. 그러나 그러한 흥미로운 것은 이 똑똑한 메커니즘은, 자연이 아무것도 가지고 있지 않았기 때문일 뿐이라면, 의도되지 않은 것일 수도 있을 것이다. 자연은 결코 금속의 구조적인 활용을 만들지 않기 때문에, 어떤 방식으로든 금속성적인 상태에서 자연스럽게 일어나는 것은 거의 없다고 할 수 있다. 그렇지만 이러한 것은 아마도, 금속에서의 탈구작용이 엔지니어들에게는 매우 유익한 것이 되어 왔고 그래서 그것은 거의 대부분은 그러한 이익을 위해 발명되어 왔다. 그것들은 금속이 단단하다는 것의 결과이기도 할 뿐 아니라 그 금속 물질들을 연마하고 작동시키고 더 단단하게 할 수 있다는 것 때문이다.

인조 플라스틱과 섬유 화합물은 금속으로 만들어진 것과는 매우 다른 파괴공학의 다른 작용을 하지만 매우 효율적이다. 생물학적인 재료는 실제로 매우 교묘한 고도의 파괴작용을 일으키는 발전된 방법이다. 예를 들어, 통나무에서는 매우 효율적이어서, 목재의 파괴작용이 무게에 의해 일어나기 때문에 대부분의 철제보다 더 좋다.†

탄성 구조물에서 변형에너지는 파괴작용으로 어떻게 전환되는지를 논의해 보자. 허락한다면, 물건이 파괴되는 *실질적인* 이유는 무엇일까?

* 탈구공학의 기초적인 설명에 대해 '*강한 재료에 대한 새로운 과학The Science of Strong Materials*' 의 3장과 9장 참고, 좀 더 자세한 설명을 위해서는 알랜 코트렐 경의 '*사물의 공학적 특질The Mechanical Properties of Matter*' (John Wiley, 1964) 참고.

† '*강한 재료에 대한 새로운 과학The Science of Strong Materials*' 의 8장 참고

그리피스 – 또는 크랙과 응력집중에서 살아남는 방법

꼬리 축선에 있는 표피의 크랙은 세로 보다 가로가 너 낫다
– 루디아드 키플링, *물 위에 있는 빵*(1895)

우리가 이 장의 서두에서 말했던 것처럼, 모든 기술적인 구조물은 크랙과 스크래치, 구멍 그리고 기타 흠집들을 다 가지고 있다. 선박과 교량 및 항공기 날개 등은 모든 종류의 사고로 인한 함몰과 마모 등의 우려가 있으므로 우리는 안전함을 갖기 위해 그것들과 함께 버텨내야 할 방안을 모색해야 한다. 그러한 사실에도 불구하고 잉글리스에 따르면, 이러한 많은 결함에 따른 국부 응력이 재료의 공식적인 파괴 응력보다 상위에 잘 자리하고 있다고 한다.

큰 재난피해 없이 우리가 일반적으로 이러한 높은 응력을 갖추고 살아남게 되는 방법과 이유는 크랙에 관한 키플링의 방대한 이야기가 나온 지 25년 후에 A.A.그리피스(1893-1963)가 1920년에 출간한 논문에서 심오하게 다루어졌다. 그리피스가 1920년에는 한 사람의 젊은 청년으로만 여겨졌기 때문에, 실제 아무도 관심을 기울이지 않았다. 어떤 경우에서 힘과 응력보다는 오히려 에너지의 경로에 따라 전체적인 파괴의 문제에 접근한 것은 그 당시에는 새로운 것이었을 뿐 아니라 그때와 그 후 여러 해 동안에도 기존 공학적 사고의 풍조에서 매우 낯선 취급을 받았다. 현대에서조차도 너무 많은 엔지니어가 그리피스 이론의 모든 것에 대해 실제로 이해를 하지 못하고 있는 실정이다.

그리피스가 주장한 것은 이것이다. 에너지의 관점으로부터 봐라. 잉글리스의 응력집중은 단지 변형에너지를 파괴에너지로 변환시키기 위한 *메커니즘*(지퍼 잠그기와 같은)이며, 마치 전기모터와 같은 것은 전기 에너지를 공학적 작용으로 전환하는 간단한 메커니즘 또는 깡통 오프너가 근육 에너지를 사용해서 깡통을 가로질러 잘라내는 것과 같은 간단한 메커니즘이다. 이러한 메커니즘 중의 아무것도 그것에 적합한 종류의 에너지를 지속해서 공급하지 않으면 작동하지 않는다. 응력집중은 그러한 일에 매우 좋은 것이지만, 그것이 재료를 원자들이 분리되는 것을 계속 포획하려고 하려면, 그때 변형에너지를 지속해서 공급할 필요가 있다. 변형에너지의 공급이 고갈되면, 파괴 과정이 중단되게 된다.

지금 늘어나게 되어 양 끝단을 막아주는 탄성을 가진 재료를 고려해

보면, 현재까지는, 공학적 에너지가 들어오거나 나가는 것을 할 수 없다.

크랙이 이 늘어나는 연성을 가진 재료를 통해 전파된다면 그때 파괴에 필수적인 작용이 이루어지는 에너지를 위해 지불되어야 할 것이고 그 수단은 엄격하게 현금이 될 것이다. 편리성을 위해서, 우리가 견본이 하나의 재료 플레이트를 한 유닛으로 두껍게 되는 것을 고려한다면, 그때 그 에너지 가격은 *WL*이 될 것이고, 이때 *W*는 파괴작용이고 *L*은 크랙의 길이이다. 이것은 일종의 에너지 부채이고, 실제 신용도는 별로 없다고 하더라도 에너지 계산량의 차변측면의 항목이라고 할 수 있다. 이 부채는 직선으로 증가하거나 아니면 크랙의 길이 *L*의 첫 번째 힘과 같은 것이 된다.

이 에너지는 내부의 자원으로부터 즉각적으로 발견되어야 한다. 왜냐하면, 우리는 폐쇄된 시스템과 거래해야 하기 때문이며, 그것은 그 시스템 내에서 변형에너지가 약간의 완화됨에 의해서만 오게 된다. 다시 말하면, 표본에 있는 어느 곳에서도 그 응력이 사라지게 된다.

이것은 크랙이 응력을 받아서 약간 벌어지게 되어 발생하는 것이기 때문이며 그래서 크랙 표면 바로 뒤에 있는 재료는 느슨해지게 된다.(그림 11) 대충 말하자면, 두 개의 삼각형 면—다이어그램에서 어둡게 표현된

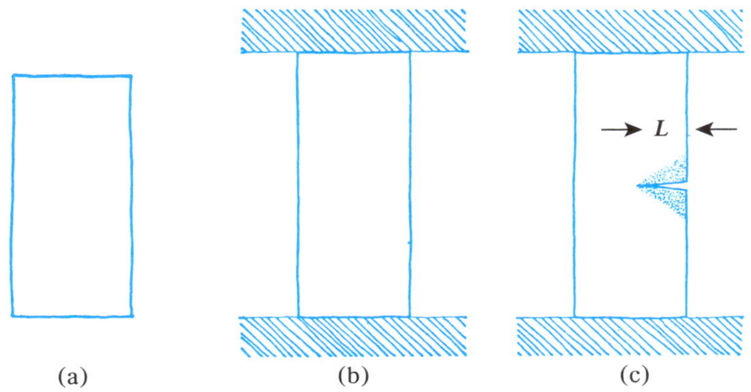

[그림 8] (a) 변형되지 않은 재료
(b) 재료의 변형과 고정적인 양단 막힘.
이 시스템으로 아무런 에너지가 들고 날지 않는다.
(c) 막힌 재료에 지금 크랙이 일어나고 있다.
삼각형의 점이 찍힌 부분은 느슨해지고 변형에너지가 포기된 상태여서, 그 크랙이 계속 더 전파되고 있다.

곳—은 변형에너지가 포기된 곳이다. 기대했던 것처럼, 크랙의 길이 L이 어떻게 되었든 간에, 이 삼각형 부분은 대략 같은 비율로 유지될 것이며, 그래서 그 면적도 L^2와 같은 크랙의 길이에 따른 면적도 증가할 것이다. 그래서 변형에너지의 해제는 L^2만큼 증가하게 될 것이다.

그리피스 원칙의 전체적인 핵심은, 크랙의 에너지 부채가 L만큼만 증가하는 동안, 그 에너지는 L^2만큼 증가가 보장된다는 것이다. 이것의 결론 내용은 [그림 12] 에서 도표로 볼 수 있다. [그림 12]에서 OA는 크랙이 확장됨에 따라 증가된 에너지 요구조건을 나타내고 있으며, 그것은 직선이다. OB는 크랙이 전파됨에 따라 에너지가 느슨하게 완화되는 것을 보여주며 타원형을 보인다. *순수한 에너지 균형*은 이 두 가지 효과를 합친 것이며 OC로 나타나고 있다.

X지점까지는 전체 시스템이 에너지를 소비하고, X지점을 넘어서면 에너지는 완화되게 된다. 명확한 크랙의 길이는 Lg처럼 표현되는데, 그것

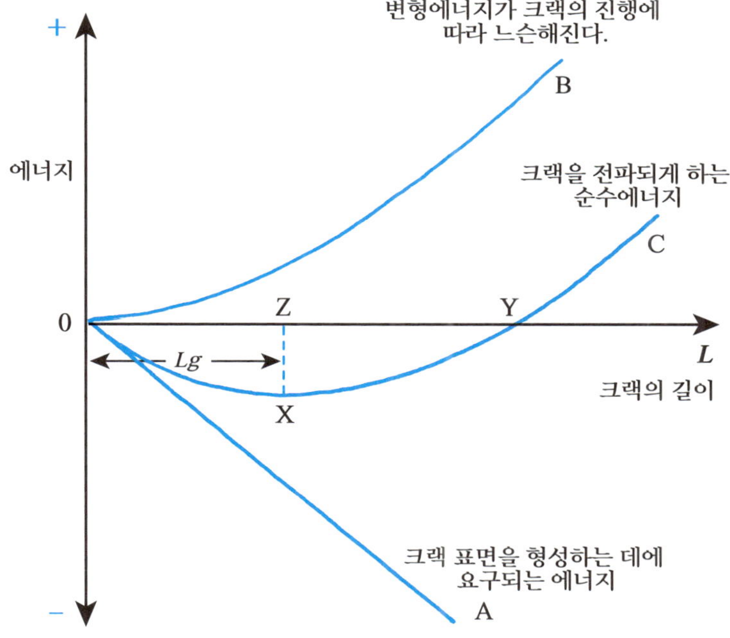

[그림 12] 그리피스의 에너지 완화 과정, 또는 문제가 발생되는 이유

은 '명확한 그리피스 크랙의 길이'로 불린다. 이것보다 더 작은 크랙은 안전하고 안정적이며 정상적으로는 확장되지 않게 될 것이다. Lg보다 더 긴 크랙은 자체적으로 전파되어서 매우 위험하다고 할 수 있다.*

그러한 크랙은 재료를 관통해서 계속해서 빠르게 퍼져나가서 어떤 '폭발적인' 시끄러운 그리고 실패를 경고하는 것이 되게 하는 것을 피할 수 없게 한다. 그 구조물은 적은 소리가 아니라 폭발하는 듯한 종말을 맞게 되고 붕괴에 이르게 되는 가능성이 매우 커지게 된다.

이러한 모든 것의 가장 중요한 결론은, 크랙의 끝단에 있는 국부 응력이 매우 높다고 하더라도,—그것이 재료의 '공식적인' 탄성력보다 훨씬 더 높다 하더라도—그 구조물은 여전히 안전하고 크랙이 없을 만큼 길고 그래서 한계상의 길이인 Lg보다 다른 개구부가 더 길어서 부러지지 않는다. 우리에게 주어진 이러한 원칙은 잉글리스의 응력집중에 관한 과도한 경고나 의기소침에 대한 우리의 주요 방어막이 된다. 이것은 구멍들과 크랙 및 스크래치 등이 그것들이 있는 것보다 훨씬 많이 위험하지는 않은 이유가 된다.

자연스럽게 우리는 Lg를 수치로 산정되는 것을 바라게 된다. 그것이 제대로 된 조건으로 밝혀지게 됨에 따라서, 이것은 우리가 기대하기에 적정한 옳은 답을 얻기보다는 훨씬 더 간단한 것임을 알게 된다. 그리피스가 거기에서 얻었던 것에 의한 수학적인 과정이 경미한 경고 정도로 여겨지게 되었다고 하더라도, 실제로 마무리된 결과치는 대단히 간단하고, 실제로 훌륭하게 단순한 것이었다.

* 그것은 아마도 가 다이어그램에서 OY와 일치하는 것으로 생각될 것이지만, 조금 더 고려해보면 이것이 그 경우와 같지 않다는 것을 보여주게 될 것이다. 에너지의 마이너스가 되는 양은 ZX이며, 그것은 크랙이 안정성이나 한계 에너지의 경계점을 나타내주고 있는 그 시스템 내로 공급되어야 한다.(사실, 이것이 진짜 '안정성의 핵심요소'이다.)

$$L_g = \frac{1}{\pi} \times \frac{\text{크랙 표면의 단위면적당 파괴작용}}{\text{재료의 단위 부피당 축적된 변형에너지}}$$

또는, 대수상으로 보면,

$$L_g = \frac{2WE^*}{\pi s^2}$$

여기에서 W = 각 표면에 대한 J/㎡에서 일어나는 파괴작용
E = Newtons/㎡ 에서의 영계수
s = Newtons/㎡에서 크랙(응력집중에 관한 설명이 없는 경우) 주변에 있는 재료에서의 평균 탄성응력
L_g = 미터로 산정된 크랙 길이의 한계
(주의 : 여기서 뉴턴Newtons은 메가뉴턴Meganewtons이 아님)

그래서 안전한 크랙의 길이는 단지 재료에 축적된 변형에너지의 작용에 대한 파괴작용의 수치상 비례에 따라 달라진다. 다른 말로 하면 '회복력'에 대한 반대의 비례로서 고려된다는 것이다. 일반적으로, 회복력이 더 높아지면 재료가 견뎌낼 수 있는 여유를 가질 수 있어서 크랙 길이가 더 짧아진다. 이것은 두 가지 방식의 것들을 가지고 있을 수 없다는 또 하나의 예이다.

우리가 보아왔던 것처럼, 고무는 많은 양의 변형에너지를 축적하고 있다. 그러나, 고무의 파괴작용은 매우 낮아서 늘어난 고무가 아주 짧아지게 되는 동안 한계점에 도달하는 크랙의 길이 L_g는 보통 1mm 정도가 된다. 이것은 우리가 핀으로 부풀어 올라 있는 풍선을 찌를 때면 그것이 매우 큰 소리를 내면서 폭발하게 되는 이유이다. 그래서, 고무가 매우 탄성 회복력이 있고 찢어지기 전까지 매우 길게 늘어날 수 있다고 하더라도, 그것이 찢어지게 됐을 때는, 유리와 매우 비슷하게 연약한 방식으로 손상되게 되는 모습을 볼 수 있다.

어떻게 회복력을 갖고 또한 튼튼하도록 할 수 있는 가의 문제에 대한

* 변형에너지 = $\frac{1}{2}es$ 이기 때문에, 그것이 $\frac{s^2}{2E}$ 로 기술되게 되고, 이때 $E = \frac{s}{e}$이다.

하나의 해결책은 천과 바구니 작업 그리고 목재 선박과 마차 등에 의해서 얻어진다. 이러한 것들에서 조인트는 다소간 느슨해지거나 유연해지게 하며 에너지는 그 마찰에 의해 흡수된다. 그 마찰력은 삐걱거리는 소리를 내는 모든 것에 해당된다. 그러나, 울타리와 새 둥지가 공격에 잘 저항할 수 있다고 하더라도, 사물에 대한 이러한 진행방식은 고무가 천과 줄의 결합에 의해서 과도하게 잘 부서지는 것을 보호하기 위해 만들어진 자동차 타이어의 경우를 제외하고는 현대의 엔지니어들에게 자주 이용되지는 않는다.

그것은 *Lg*가 응력 *s*의 증가에 따라서 매우 빠르게 짧아지게 되는 것이 보여지게 될 것이다. 그래서, 우리가 적정하게 높은 응력에서 적절하게 긴 크랙을 안전하게 수용할 수 있게 되기를 원한다면, 우리는 매우 단단한 재질에서, 바꿔 말하면 높은 *E*계수를 가진 것으로서, 파괴작용상 최상의 *W*값을 가질 수 있도록 할 필요가 있다. 그것은 연철이 높은 강도를 가진 것과 양호한 파괴작용으로 결합된 것이 또한 매우 저렴하기 때문이고, 그래서 폭넓게 사용되며 그래서 경제적으로나 정책적으로 매우 중요하게 다루어진다.

우리가 본 것처럼, 우리가 방금 묘사한 것은, 그리피스 방정식을 적용하는 데에 많은 방해 요인이 있다고 하더라도, 우리는 모든 디자인의 문제에 신이 계시처럼 답을 주는 것으로 간주하지 말아야 한다. 그것은 사실 매우 모호하고 쓸모없는 말로 가득한 것으로 사용되고 있다는 명백하게 다양한 구조적인 상황을 말한다.

예를 들면, 전체적으로 가짜의 '안전성의 요소'를 가지고 있는 것에 대해 혼란을 갖는 것 대신, 파괴됨이 없이 사전에 결정된 길이만큼의 크랙을 수용하는 구조물을 설계하려고 하는 단순한 노력을 오늘날 할 수 있다는 것이다. 그 크랙의 길이는 구조물의 규모와 또한 적정한 설비 그리고 검사 조건 등과 반드시 관련을 갖고 선택되어야 한다. 인생에서 관심을 갖는 곳은 그것이 어떤 '안전한' 크랙이라는 것이 지겹고 오히려 아둔한 검사자가 금요일 오후쯤에 침침한 조명에서 작업하고 있는 경우에도 눈에 보일 만큼 충분한 길이가 확인되어야 한다는 것임을 확실히 요구하는 것이다.

실제로 선박이나 교량과 같은 대형 구조물에서, 우리는 아마 안전성을 가지고 있는 적어도 1-2m 길이의 크랙으로 견뎌낼 수 있기를 바라게 된다. 우리가 1m 길이의 크랙이 대한 것을 계획하고자 한다는 것을 상상해보면, 그때는 철제의 파괴작용이 10^5 J/㎡ 정도로 좀 더 보존적인 가정조건을 만든다고 할 때, 우리는 그러한 크랙이 110 MN/㎡ 또는 15,000 p.s.i.의 응력까지 안정적으로 될 것이라는 점을 발견하게 된다. 그러나, 우리가 더 안전하게 작동하려고 하고 크랙이 2m 길이로 계획하게 되면, 그때는 그 응력을 80 MN/㎡ 또는 11,000 p.s.i. 정도로 줄여야 할 수도 있다.

실제로 11,000 p.s.i.는 대형 구조물이 종종 디자인되는 경우에 일종의 응력일 뿐이고, 연철에서는 이러한 응력이 5-6 정도 사이의 가치를 가지고 있는 안정성의 요소(강력하게 말하자면, '응력 요소'라고 불려지는 것)라고 할 수 있다. 이러한 작용이 실제로 이루어지는 어떤 일종의 방법상의 사례로서, 부두에서 정기적인 검사를 받게 되어있는 4,694척의 선박 중에 1,289척 또는 1/4 이상은 주요 선체 구조부 위에 심각한 크랙이 발견되었다. 물론 그 이후에 교정작업이 이루어졌다. 실제 바다에서 2번 파괴된 것이 여전히 너무 높은 것이긴 하지만 그 숫자상으로는 1/500 정도가 되고, 이는 상당히 적은 비율이라고 할 수 있다. 이러한 선박들이 더 높은 응력으로 설계되었다면, 또는 더 연약한 재질로 만들어졌다면, 대부분 사례에서 크랙은 배가 파괴되어서 바닷속으로 사라지기 전에는 확인되지 않을 수도 있다.

순수하고 단순한 그리피스 학설에 따르자면, 임계 길이 보다 크랙이 더 짧은 것은 전혀 늘어날 수가 없으며, 그러므로, 모든 크랙은 짧아 있는 존재의 상태로 시작해야 하므로 아무것도 파괴되지 않아야 한다. 물론 사실은, 모든 종류의 긍정적인 이유들이 야금 전문가와 재료과학자의 문제이기 때문에, 임계 길이를 가진 것보다 적은 상태의 크랙은 15장에서 볼 수 있을 것처럼 자체적으로 늘어나게 되어있다. 그러나, 매우 중요한 점은, 그러한 점을 찾는 데에 그리고 그 상황에 대한 무엇인가를 하는 데에 많은 시간이 소요된다는 점에 따라 일반적으로 이러한 것을 서서히 해나간다는 것이다.

불행한 것은 일이란 것이 항상 그러한 방식으로 실행되지는 않는다는 점이다. 최근까지 글래스고우 대학교의 해양건축과 교수로 있었던 J.F.C. 콘 교수는 그가 아침 식사를 하기 위해 아침에 그의 갤러리에 들어갔을 때, 그 층의 중간에 커다란 크랙을 발견하게 되었는데, 별로 놀라지 않고 큰 짐을 나르던 요리사의 이야기를 내게 해주었다.

그 요리사는 선임 선원에게 보냈고, 그는 와서 크랙을 보고는 주임 선원에게 요리사를 보냈다. 그 주임 선원은 크랙을 보고 선장에게 보냈다. 선장이 와서 확인하고는 '아! 실제로 그러네... 하고는 지금 내가 아침 식사하고 있지 않나?'라고 말했다는 것이다.

그러나 그 요리사는 과학적으로 생각을 고쳐 잡아서, 아침 식사를 준비했고, 크랙을 페인트로 표시하고 날짜와 시간을 페인트로 써놓았다. 다음번에 출항한 그 배는 험악한 날씨에 크랙이 몇 인치 정도 늘어났고 요리사는 새롭게 바뀐 상황을 표시해 놓았다. 똑똑한 사람이었던 그는 이것을 여러 차례 해 놓았다.

결국, 배는 두 동간이 나버렸고, 구조되어 항구로 인양된 반쪽에는 그 측면에 요리사가 페인트로 표시해 놓은 것들이 나타나게 되었다는 것이다. 이것에 대해 콘 교수는 부차적인 임계 길이를 가진 커다란 크랙의 진행상황을 알 수 있는 최상의 믿을 수 있는 것이라고 말했다.

'연한' 철제와 '고탄성' 철제

어떤 구조물이 파괴되거나 파괴될 위험성이 보일 때 엔지니어의 자연스러운 본능으로 어떤 '더 강한' 재료의 사용을 강조하게 된다. 즉, '고탄성' 철제로 알려진 경우에 그렇다. 대형 구조물에서는 이러한 것이 일반적으로 잘못된 것인데, 연철조차도 포함된 대부분의 강한 것은 실제 사용되고 있지 못하고 있기 때문이다. 왜냐하면, 우리가 보아왔던 것처럼, 구조물의 실패는 재료의 강도에 의한 것이 아니고 취약성을 가지고 볼 수 있어야 한다.

파괴작용의 측정치가 시험이 이루어진 방식에 따르는 것이라고 하더라도, 일관된 수치를 얻기는 매우 어렵다. 그러나 대부분 금속이 단단함은 탄성 강도가 증가함에 따라서 매우 크게 줄어드는 것은 의심할 여지가 없다. [그림 13]에서는 실내 온도에서 단순한 탄소에 존재하는 일종의 상관성을 보여주고 있다.

탄소함량을 증가시킴으로써 연철의 강도를 두 배로 만들기는 쉽지만, 비용이 많이 든다. 그러나, 우리가 그렇게 하면, 15와 같은 어떤 것의 요인에 의해서 파괴작용을 줄일 수 있다. 이러한 경우에 임계상의 크랙 길이는 *같은 응력*에서는 같은 비율로—1m에서 6cm까지—줄어들게 된다. 그러나, 아마도 운동의 목적으로, 우리가 응력을 두 배로 작용시키게 되면, 그 임계상의 크랙 길이는 $15 \times 2^2 = 60$의 지수로 줄어들게 될 것이다. 그래서 최초에는 안전한 크랙 길이가 1m였다면, 그것이 현재 1.5cm로 될 것이다.

그것은 대형 구조물에서는 아주 위험한 것이다.

볼트와 크랭크샤프트 같은 작은 구성 부재는 상황이 다르다. 그래서 크랙의 m길이를 고려한 디자인은 의미가 없다. 우리가 1cm라는 허용 크랙 길이를 만들어 놓으면, 그러한 크랙은 거의 40,000 p.s.i.(280 MN/㎡)의 응력까지 안전도를 높이게 되고, 고탄성 재료를 사용하게 되는 하나의 좋은 사례가 된다. 그래서, 전체적으로, 그리피스가 내린 하나의 결론은, 우리는 대형 구조물보다 소형 구조물에서 높은 강도의 금속과 높은 작동 응력을 더욱 안전하게 사용할 수 있다는 것이다. 안전성의 관점에서 받아들여지게 되는 것은 구조물이 커질수록 응력은 더 낮아진다는 것이다. 이것은 대형 선박과 교량의 규모에서 한계를 갖게 하는 요인 중 하나이다.

파괴작용과 탄성력 사이의 관련성은 [그림 13]에 있는 스케치에서 볼 수 있으며 단순히 상업적인 탄소강에 대해서 개략적으로 사실로 밝혀졌다. '합금'을 사용해서 강도와 단단함을 좀 더 좋게 결합할 수 있을 것인데, 이때 철은 탄소보다는 다른 물질들과 합쳐진 것이다. 그러나 이러한 것들

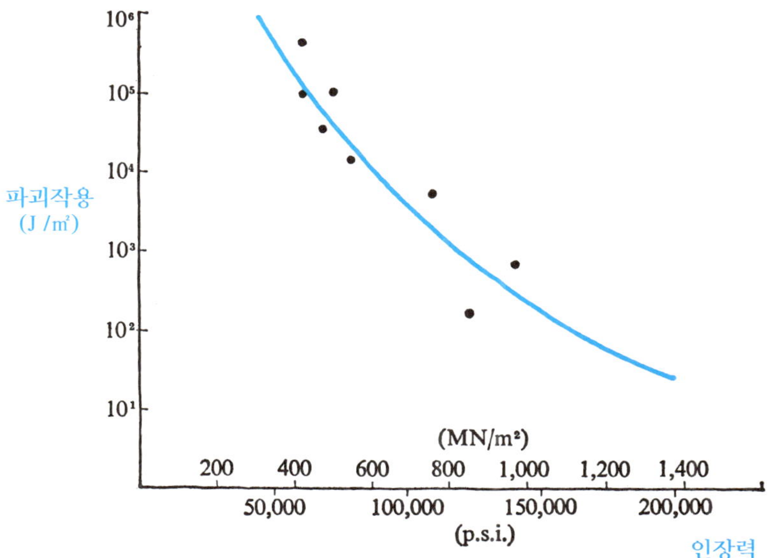

[그림 13] 단순한 탄소강에 대한 인장력과 파괴작용 사이의 개략적인 상관성
(W. D. 비그스 교수의 제공 자료)

은 일반적으로 대형 스케일의 구조물이므로 너무 가격이 높다. 이러한 이유로 모든 금속의 98%는 '연철'로 만들어졌다. 말하자면, 약 60,000에서 70,000 p.s.i. 또는 450 MN/㎡의 탄성력을 가진 유연하거나 연성의 금속이다.

뼈의 취성(깨지기 용이함)에 대하여

아이야, 너희는 아주 작구나,
그리고 너희의 뼈들도 아주 연약하구나;
너희가 크게 자라서 위엄 있는 사람이 되면,
너희는 진중하게 걸어갈 수 있게 될 것이다.
– R. L. 스티븐슨, *어린이의 아름다운 싯구절들의 정원*

그러나, 물론, 어린이의 뼈들이 아주 연약하지는 않다.* 그리고 스티븐슨은 약간 흥미로운 난센스가 있는 글을 썼다. 태아에서, 뼈는 콜라겐이나 연골로 시작되고, 그것은 강하고 견고하지만 그리 많이 딱딱하지는 않다.(영계수가 약 600 MN/㎡) 태아기 성장함에 따라 콜라겐은 오스테오네스라고 불리는 강한 무기물 섬유질에 의해서 강화되게 된다. 이러한 것들은 석회와 인에 의해서 주로 형성되고 대체로 $3Ca_3(PO_4)_2$. $Ca(OH)_2$와 같은 화학식을 가지고 있다. 충분히 강화된 뼈에서의 영계수는 약 20,000MN/㎡의 값에서 약 30배 정도 증가된다. 그러나, 우리의 뼈는 출생 후 상당한 시간이 지날 때까지 전체적으로 석회질이 되지는 않는다. 자연스럽게, 나이가 어린 아이들은 공학상으로 볼 때 취약하다고 할 수 있다. 그러나 전체적으로 그것들은 부러지기보다는 스키 슬로프에서 볼 수 있는 것처럼 휘어지는 경향을 보인다.

그렇지만, 모든 뼈는 연한 조직을 가진 것과 비교해서 상대적으로 연약한 편이며, 그것들이 깨지는 작용은 목재가 그렇게 되는 것보다는 덜한 것 같다. 이 깨지기 쉬운 조직은 거대한 동물이 수용할 수 있는 구조적 위험성을 제한하기도 한다. 우리가 이미 선박과 기계장비를 연결하는 것을 검토해 옴에 따라서, 한계점에 이른 그리피스 크랙의 길이는 상대적인 거

* 아주 젊은 사람들의 뼈가 매우 연약하게 되는 곳은 의학적인 조건이 있지만, 이러한 상황의 상태는 드물다. 정형외과 의사가 나에게 그 원인은 결코 이해할 수 없다고 말했다.

리가 아닌 하나의 절대적이다. 그것을 말하자면, 코끼리에 대한 것이나 쥐에 대한 것이나 마찬가지라는 것이다. 더 나아가 뼈의 강도와 견고함은 모든 동물에서 많이 유사한 모습을 보인다. 이러한 존재들은 상당히 안전한 것처럼 여겨질 수 있는 것은 가장 거대한 동물인 것처럼 보이고, 그것은 인간 또는 사자의 크기만 한 것 주변 어느 곳에 있다. 쥐나 고양이 또는 적당한 크기의 사람은 장난으로 테이블을 뛰어넘을 수 있지만, 코끼리가 그럴 수 있으리라는 것은 상당히 의문시되는 것과 같다. 실제로, 코끼리는 매우 조심스럽게 되어야 하는 것이, 양이나 개와 같이 담장을 넘어서 장난을 치거나 점프를 하는 것을 거의 보기 어렵다. 고래와 같이 아주 큰 동물은 바다에서만 지속해서 머물고 있다. 말은 흥미로운 사례로 등장하게 된다. 예측하건대 오리지날 소형 야생말은 뼈가 부러지는 경우가 흔치 않지만, 잘 지치지도 않고 사람을 싣고 다닐 만큼 충분히 크게 키운 현대의 불쌍한 말은 항상 다리가 부러질 것처럼 보인다.

나이 든 사람들이 특히 뼈가 잘 부러졌던 것은 모두 잘 알고 있다. 그래서 이것은 일반적으로 시대에 따라서 점진적으로 뼈가 부러지기 쉬워진 것으로 생각되었다. 이렇게 쉽게 잘 부러지는 것은 이러한 골절의 원인으로 일부 작용한 것임은 의심할 여지가 없지만, 그것이 항상 가장 중요한 요인인 것처럼 보이지는 않는다. 내가 알고 있는 한, 시대에 따른 뼈의 골절 작용의 변화에 대한 신뢰할만한 자료는 없는 것으로 보인다. 그러나 그 탄성력이 25세에서 75세 사이에 22% 정도만 감소되기 때문에, 매우 극적으로 감소되는 것처럼 보이지는 않는다. 스트레치클라이드 대학교의 J.P. 폴 교수는 내게 말하기를, 그의 연구에서 나이 든 사람은 근육에서 인장력에 대한 신경 조절능력이 점진적으로 상실되는 것이 중요한 요인으로 나타나게 되는 것 같다고 했다. 갑작스러운 경고는 대퇴골 연결부에 골절을 일으킬 만큼 커다란 근육 수축의 원인이 된다. 예를 들면, 환자가 어떤 외부적인 충격이 없이도 그럴 수 있다는 것이다. 이러한 일이 일어났을 때 환자는 자연히 바닥에 쓰러지게 된다.―아마 어떤 장애의 정점에 이르게 되어서―그래서 골절은 원망스러워 하게 되고, 잘못되어서, 근육 경련보다 더 심하게 되어 넘어지게 된다는 것이다. 유사한 골절이 어떤 아프리카 사슴이 사자에 의해 깜짝 놀라게 되었을 때 뒷다리에서 일어나는 현상으로 나타난다고 들었다. 그 발사체에서 더 단단하게 밀어내서 그 방향으로 스피드를 낼 수 있도록 해준다.

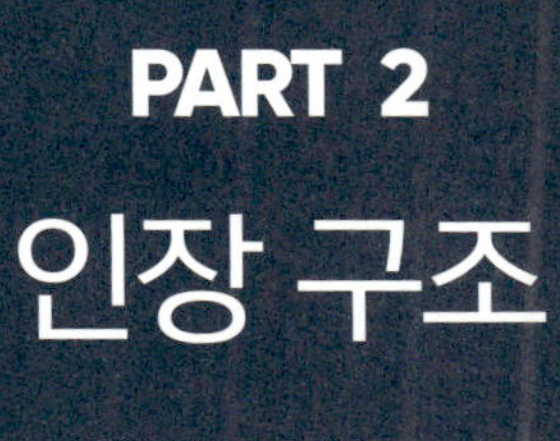

PART 2
인장 구조
TENSION STRUCTURES

Chapter 6

인장 구조와 압축 용기

보일러에 있는 설명과 박쥐, 그리고 중국 쓰레기를 가지고

배는 물을 가르고 나아갔고, 더 반가운 바람을 만난 것은 확실하다.
그렇지만 우리가 그 지점에 도착하기 직전, 강풍이 더욱 강해졌다.
'어느 것이든 시작한다면, 우리는 실패할 겁니다. 선장님'
중위는 다시 설명했다.
'나는 그것에 대해 확실하게 알고 있다네'
선장이 차분한 어조로 말했다.
'그렇지만 내가 전에 말한 것처럼, 너는 지금 이것이
우리에게 주어진 유일한 기회라는 것을 알아야 한다.
즉, 배의 장비를 장착하고 유지하는 것에 부주의하거나
무시하는 경우의 결과를 지금 느끼게 될 것이다.
우리가 이것에서 벗어나게 되면, 우리가 의무를 다하지 않으면,
이러한 위험이 얼마나 많이 우리에게 닥치는지
상기시켜 줄 것이다.'
– 매리얏Marryat 선장, *Peter Simple*

고려하기 가장 쉬운 구조는 일반적으로 인장력에만 작용하는 것인데 —이 인장력은 미는 힘 보다 잡아당기는 힘을 말한다.—그리고 이 모든 것 중 가장 단순한 것은 단지 당기는 힘에만 작용하는 것이며, 다시 말하면 일방향 인장력이라고 할 수 있고 로프나 지지대와 같은 것이 그 기본적인 사례이다. 단순한 일방향 인장은 때때로 식물에서—특히 뿌리에서—볼 수 있으며, 동물의 근육과 힘줄은 더 좋은 생물학적 사례이며, 목의 성대와 거미줄에서도 볼 수 있다.

음악은 그것이 적절한 신경 신호를 받을 때, 자체적으로 부드러워질 수 있고 그래서 어떤 동적인 방식*으로 잡아당겨서 인장력을 만들어 내는 연성조직이다. 그러나, 근육이 화학 에너지를 기계적인 활동으로 전환하기 위해서 어떤 인공적인 엔진 보다 더 효율적인 장치라고 하더라도, 그것이 그렇게 강하지는 않다. 그래서, 어떤 상당한 기계적인 당김을 만들어 내거나 지속시키기 위해서, 근육은 두꺼워지고 커져야 한다. 부분적으로는 이런 이유로 근육은 종종 힘줄로 만들어진 끈과 같이 인장 부재 사이에 끼어있기 위해서 잘 조정되어 있는 뼈에 붙어 있다. 힘줄은 자체로 접합할 수 없지만, 근육보다는 훨씬 강하고 그래서 주어진 당김을 얻는 데에 필요한 단면 부분은 매우 작아도 충분하다. 힘줄의 기능은 지난 장에서 본 것처럼 스프링처럼 작용할 수 있게 되더라도 로프나 와이어와 유사하다.

몇몇 힘줄은 매우 짧지만, 우리 팔과 다리에 있는 많은 힘줄은 실제 매우 길다. 그래서 그것은 오래전 많이 쓰였던 빅토리아풍 종(bell)시스템에 있던 와이어처럼 복잡하게 되어 거의 몸 전체를 관통하고 있다. 우리의 다리에 관점을 두고 보면, 근육은 부피도 크고 무거워서, 가능하면 몸에서 높은 위치에 있도록 하기 위해 다리 중력의 중심을 분배해 놓은 것처럼 보인다. 이러한 이유로, 정상적인 보행에서 다리는 자연스러운 간격으로 그래서 에너지 소모를 적게 하면서 자유롭게 왕복하는 추처럼 작동한다. 그것은 우리가 달리는 것이 너무 피곤한 것은 자연의 주파수보다 우리 다리를 더 빠르게 진동하도록 해야 하기 때문이다. 우리 다리의 왕복운동이 자연스러운 주기란 것은 팔다리 중력의 중심이 골반에 가까워질수록 더 빨라지게 되리라는 것이다. 이것은 우리가 두꺼운 장딴지와 허벅지 그리고 작은 보폭과 발목을 가지기를 희망하는 이유이다.

그러나, 보폭이 크다는 것은 사람들이 여러가지 모니터링을 해 봤다고 해도, 큰 손을 가진 것만큼 일상생활에서는 심각한 결점이라고 볼 수는 없다. 물론, 우리의 팔은 앞발이 진화된 것이며, 그래서 더 나아가기 위한 원격조종장치 같은 것이다. 그래서, 우리의 다리가 기존보다 더 길고 더 가느다란 힘줄을 가지려고, 우리의 손과 손가락은 대단히 멀리 떨어져 있고, 우리의 팔에서 들어 올려진 근육에 의해 작동된다. 만약에 그것이 모든 자체 근육을 포함하게 된다면, 그 경우에 있었던 그것보다 훨씬 더 날렵한 비례감을 가질 수 있게 된다. 이러한 기계적인 정렬—그리고 미학적인 면에

* 근육 메커니즘은 최근에 이해되고 있다. 그것은 원래 있었던 것처럼, 역으로 작동하는 에너지의 증가가 끝부분 탈구로 전환되는 것으로 작용한다. 끝부분 탈구에 대해서는 4장의 강한 재료에 의한 새로운 과학에 관하여를 참조하라.

서—의 이점은 분명하다.

인공적인 구조물에서는 낚싯줄과 크레인에 매달린 하중처럼 일방향 인장력을 가진 많은 간단한 예가 있다. 이러한 것은 우리가 3장에서 말했던 벽돌과 강선의 문제와는 아주 약간 차이가 있다. 그러나, 배의 고정장치나 공중 케이블 경로의 설계와 같은 많은 흥미로운 사례들은 불확실성과 복잡성이란 점 등에 따라 휘둘리기가 쉽다.

배의 로프 지지장비(삭구)에는, 물론 운반해야 할 하중을 알 수 있을 때만 지원할 수 있는 각 로프에 대한 안전 두께를 결정하는 것에 대한 어려움이 없을 수 있다. 어려움이란 운항하는 선박으로서의 발생되는 문제들에서 생기는 매우 복잡한 것들을 작동하는 데에서 생기는 많은 여러 가지의 힘들에 대한 전체 크기를 예측하는 데에 있다. 이러한 것들을 정리해주는 여러 가지 방법이 있다고 해도, 나는 대부분의 요트 설계자들이 경험에 따른 예측 작업으로써 설명되는 것들에 의존하는 것을 더 선호한다는 것에 강한 의문을 품고 있다. 그러나, 그 삭구의 작동 부분이 잘못되게 되면 돛대 즉 마스트가 손상되는 결과를 낳기 때문에 이 경우에 사람의 예측이 옳았다는 것이 기분 좋을 뿐이다. 배가 메리엇 전함처럼 이끼가 많은 위험한 해안에 정박했을 때와 같은 일이 벌어진다면, 그 결과는 매우 심각해지게 된다.

오늘날 스키를 타는 것은 수천 대의 케이블카와 스키 리프트의 신뢰성이 기반이 된 폭넓은 국제적인 산업의 하나이다. 더욱 정신없이 돌아가는 순간에 우리 대부분은 두려움의 대상이 될 수 있는 리프트와 케이블카를 지지하는 와이어 로프의 강도에 관해 우려하고 있다고 나는 짐작한다. 실제로, 사고는 이러한 인장 케이블 중 하나가 잘못되어 직접적으로 발생될 수 있지만, 그 가능성은 매우 희박하다. 이는 고정하중을 매우 정확하게 확인할 수 있기 때문이고, 그 통계를 내는 것과 안전성의 충분한 요소를 확인하는 것은 그리 어려운 일이 아니다. 더욱 심각한 위험은 바람에 의해 케이블의 흔들림이 너무 심해져서 문제가 발생되는 경우이며, 그래서 자동차가 서로 교차하거나 지지 철탑을 들이받는 등의 충돌을 일으키게 된다. 여기에서 다시, 설계자들은 주로 이전 사례와 예측 작업에 의존하는 것으로 보인다.

어떤 일방향 인장력론에 대해 매우 다른 적용의 예로 악기의 강선들에 관한 점을 들 수 있다. 그 악보의 주파수*는 강선의 늘어남으로 인해 생겨난다. 그것은 길이뿐만 아니라 내부의 인장강도에서도 그렇다. 현악기에 있어서 적절한 응력은 강선의 늘어남에 의해 만들어진다. 그 강선은 철제나 와이어 또는 장선과 같은 단단한 재질로 만들어지고, 바이올린의 목재 몸체나 피아노의 주철 프레임과 같은 프레임을 가로지르게 된다. 강선과 프레임은 강하기 때문에, 아주 작은 확장도 강선에 아주 큰 영향을 주고 그래서 그 주파수가 생기게 된다. 이것은 그 악기가 '튜닝'이라는 매우 민감한 과정이 필요한 이유이다. 그것은 또한 사람이 재료에 있는 응력의 지표로서 '울림을 가진' 것이 되었을 때 하나의 로프에서 비롯된 기록자료 즉 악보를 사용할 수 있는 이유이다. 로마 군대는 투석기를 책임지는 장교가 훌륭한 음악적 청취능력이 필요하곤 했다. 그래서 투석기를 장착해서 행동으로 옮기고자 할 때 이 무기의 지지 로프에 있는 인장력을 판단할 수 있도록 하였다.

사람의 목소리가 여러 측면에서 현악기와 다르다고 할지라도 그것에 적용되는 어떤 유사점이 있다. 목소리를 내는 메커니즘은 복잡하지만, 우리 후두는 노래하고 말하는 데에 중요한 부분이다. 후두의 다양한 조직이 후크의 법칙을 개략적으로나마 실행하고 있는 인체에 있는 소수의 연질조직 사이에 있다는 것을 알아내는 것은 흥미로운 일이라고 하겠다. 즉, 인체 대부분의 다른 조직은, 우리가 8장에서 보게 될 것처럼, 그것이 늘어났을 때 전혀 다른 것들과 그 자체의 특이한 법칙들에 따르게 되어있다.

후두는 조직의 목소리 통로나 성대주름을 가진 '성대'를 포함하고 있다. 그 조직의 인장 응력은 그것이 진동함으로써 생기는 주파수를 조절하기 위한 근육 인장력에 의해 다양하게 나타난다. 성대주름의 영계수는 오히려 낮으므로, 커다란 변형이 때때로 필요한 응력을 발생시키게 하려고 그것에 적용될 필요가 있다. 사실, 그것들은 우리가 가장 높은 음에 도달하기를 원할 때는 50%까지 늘어나게 된다.

---

* 초당 진동수(주파수), n, 늘어난 강선의 값은 다음과 같이 표기된다.

$$n = \frac{1}{2\ell}\sqrt{\frac{s}{p}}$$

ℓ = 강선의 길이(m)
p = 강선이 제작된 재질의 밀도(kg/㎥)
s = 강선의 인장 응력(N/㎡)

우연하게도, 여성과 어린이의 목소리 주파수가 높아지는 것이 원인이 되었는데, 그것은 성대에서 더 높아진 장력에 의해서가 아니라, 단순히 후두가 더 작아져서 그 결과로 성대가 더 짧아진 것이라는 사실이다. 성인 남자와 여자 사이에서 나타나는 차이점은 놀랄만하다. 즉 여성은 26mm인데 반해 남성의 후두는 36mm 정도로 측정되었다. 그러나, 소년과 소녀의 후두는 사춘기 시절에는 매우 비슷하다. 소년 목소리의 '음의 분열' 현상은 성대에서 장력의 변화에 의해서가 아니라 14세를 전후해서 후두가 갑자기 커지는 것이 원인이다.

파이프와 압력 용기 (관과 장기)

동식물에서는 상당한 확장이란 것이 여러 가지 액체와 가스를 저장하고 배출하는 기능을 하는 요도와 방광 같은 여러 시스템으로 간주되고 있다. 생물학적 시스템에서 압력이 그리 아주 높지 않다고 하더라도, 결코 무시할 정도는 아니며, 생생한 장기와 그 막은 때때로 터져서 생명을 위협할 수도 있다.

기술적 측면에서 안정적인 압축 용기의 공급은 매우 현대적인 성과이며 우리가 파이프를 사용하지 않고 어떻게 이루어 낼 수 있을까 하는 생각을 거의 멈출 수가 없게 한다. 파이프가 없이 압력을 받아서 액체를 이동시킬 수 있게 하려고 로마인들은 고저차가 있는 마을의 수 킬로미터를 통과해서 개방된 수로를 통해 물을 이동시키기 위해서 높은 아치를 가진 조적식 수로를 만드는 데에 큰 비용을 지출해야 하였다. 단단히 압축시키기 위한 가장 초기의 개략의 수치는 컨테이너가 역사적으로 총열과 같은 것이어서, 결코 안정성이 없고 빈번하게 실패를 반복하게 되었다. 스코틀랜드 제임스 2세 왕의 통치 시기에는, 우발적인 총기 발사로 살해된 사람들의 명단은 매우 많고 충격적이었다. 그럼에도 불구하고, 가스등이 런던에 설치되기 시작한 1800년 이후에는, 파이프가 버밍햄 총기 제작사에서 만들어지고 실제로는 가장 초기 가스관이 총열의 끝부분을 용접해서 제작되었다.

증기엔진의 역사에 수많은 기록자료가 있었다고 할 수 있지만, 파이프와 보일러의 개발에 관해 기술된 것은 상대적으로 적은 편이다. 그것은 실제로 동적인 기계장치보다 더 많은 문제가 여기에서 노출되었기 때문이었다. 가장 초기의 엔진은 대단히 무겁고 부피도 크면서 연료 소비도 상당했다. 그것은 아마도 현대적인 보일러의 특성이라는 관점에서와 마찬가지로 매우 낮은 증기압력에서 주로 작동되었기 때문이다.

가볍고 치밀하며 전체가 더욱 경제성을 가진 엔진의 생산은 전체적으로 훨씬 더 높은 압력의 작용을 활용하는 데에 의존하고 있다. 1820년 대의 증기선은 증기압력이 약 10p.s,i. 정도였고, '건초더미'로 보일러를 작동했고, 석탄의 소비는 시간 마력당 15lb 정도였다. 1850년대에는 엔지니어들이 여전히 시간 마력당 20p.s.i와 9lb 정도를 언급하고 있었다. 1900년까지, 압력은 200p.s.i. 이상까지 가능했고 석탄 소비도 마력당 1.5lb로 80년 만에 10배가 줄었다. 그러한 것은 높은 해수면을 항해하는 증기선에 있었던 것이 아니고 3중 팽창 엔진인 '스코틀랜드형' 보일러를 장착한 고압 증기선이었고 그것은 낮은 연료 가격과 긴 운송 거리를 가지고 있 었다.

고압 보일러가 무사고를 유지했던 것은 아니었다. 19세기에 일어난 보일러 폭발의 대부분을 보면 비교적 자주 발생했고 그 결과는 때때로 아주 참혹했다. 특히 미국의 강에서 운영되던 증기선은 고압작동에 대한 개척자의 역할을 했다고 할 수 있다. 19세기 중반 동안 미시시피 증기선은 정기적으로 수천 마일의 강을 달리다가 빠지곤 했다. 이러한 배의 설계자들은 스피드와 경량화를 위해 거의 모든 것을 희생할 준비가 되어있으며, 그들은 자청해서 보일러 설계에 긍정적이고 적극적으로 도전했다. 그 결과로 1859-60년 한 해 동안에 27척의 배가 보일러 폭발*로 사라지게 되었다.

이러한 사고 중 몇몇은 안전밸브를 묶어 내리는 것과 같은 범죄행위 때문이었기도 하지만, 그 대부분은 근본적으로는 적정한 계량이 안 된 것이 원인이었다. 사실 기초적인 계량은 단순한 압력에서 응력을 결정할 필요가 있다는 것은 매우 쉬운 일이기 때문에 안타까운 일이다. 그래서 이 쉽다는 사실은 내가 알아낸 것을 보면, 아무도 그것들의 근본적인 것에 대한 신뢰를 주장하는 것에 신경 쓰지 않았고, 단지 아주 기초적인 수치로만 적용했다는 점이다.*

* 그러나 그때, 같은 기간 동안 83척의 증기선이 화재로 파괴되고, 수초에 의해 88척이, '기타 요인'에 의해 70척이 침몰당하였다. 보트전시 기간에 미시시피에서의 삶은 별 볼 일 없는 것처럼 보였다.

구球형 압력 용기(배)

우리가 풍선, 기포, 몸체, 파이프, 보일러 및 동맥과 같은 것들을 포함된 압력선이나 컨테이너에 대해 생각해보려고 하게 될 때 마다, 우리는 동시에 한 방향보다 더 많은 곳에 작용하는 인장 응력을 다루어야 한다. 이는 복합적이지만 두드러지는 소리를 내지만 사실 알람의 원인이 되는 것은 아니다. 압력선의 표면은 실제 두 가지의 기능을 한다. 방수 및 기밀성의 유지로 액체를 저장할 수 있고 내부 압력에 따른 응력을 이동시켜 주기도 한다.
거의 항상 이러한 표면 또는 두꺼운 껍질은 그 자체 면의 양방향에서 인장 응력을 받고, 이는 표면에 평형을 유지해준다. 표면에서 수직이 되는 3번째 방향에서 응력은 보통 무시할 정도로 낮고 대개 잊힌다.

구형 모양의 압축 용기는 우선 보기에 편하다. [그림 1]에서 기포처럼 보이는 것의 표면과 쉘은 적절하게 얇은 것처럼 생각되고, 직경의 1/10 정도 보다 적다고 할 수 있다. 쉘의 반경은 벽두께의 중앙에서 측정하며 r로 표기된다. 벽과 쉘의 두께는 t라고 하며 전체적인 것은 내부 유동압력 p(어떤 부품이든 모든 이러한 것은 우리가 보호하기 위해 생긴 것으로)를 받게 된다.

우리가 그림 1., 2., 3.에서 포도처럼 된 어떤 것을 두 개로 나눈다고 생각해보면, 모든 방향에서 표면 응력이 평형을 이루고 있는, 껍질에 있는 응력이 다음과 같이 매우 확실하게 산정된다.

$$s = \frac{rp}{2t}$$

이것은 실제 적용에 유용하며, 실제 표준기술공식이다.

* 부분적인 해결책은 1680년 무렵에 메리어트에 의해 모색되었으나 당연히 그는 응력의 개념을 활용하지는 못했다.

실린더형 압축 용기(배)

구형 컨테이너는 용도가 있으나, 정형의 실린더형 용기는 더 폭넓게 적용되며 특히 파이프와 튜브 같은 곳에 그렇다. 실린더의 표면은 구의 표면처럼 더 대칭으로 된 종류만 있는 것이 아니어서, 우리가 실린더를 따라 생기는 응력이 그 둘레를 따라 같은지를 예측하기가 불가능하다. 그리고 실제 그렇게 되지도 않는다. 실린더의 길이를 따라 쉘에 생기는 응력을 s_l, 그리고

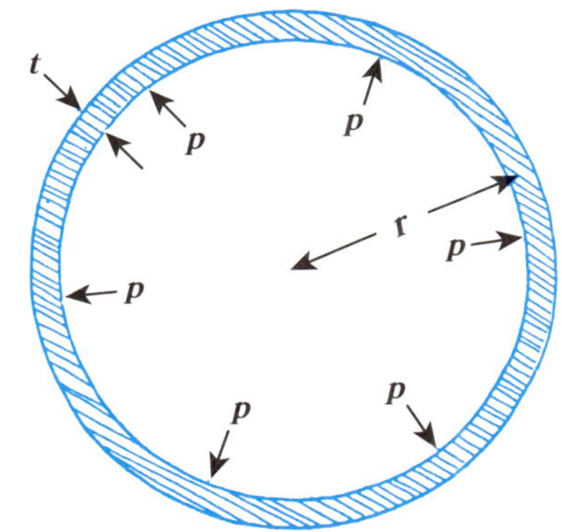

[그림 1] 내부 압력 p, 반경 r, 벽두께 t 를 가진 구형 용기

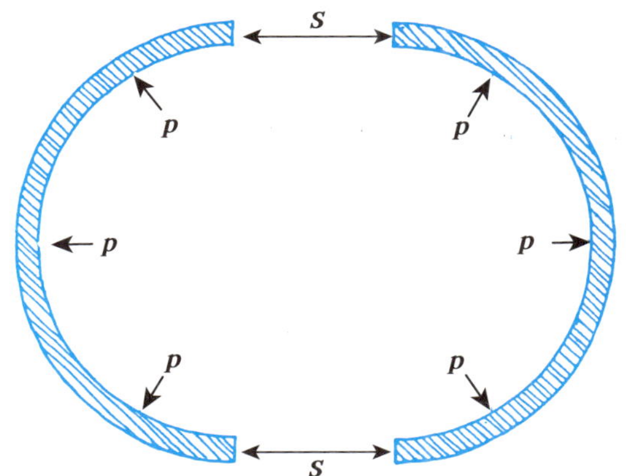

[그림 2] 용기를 어떤 직경으로 가로질러 2개로 나누는 것을 가정해 본다. 껍질 즉, 각 쉘의 1/2 되는 곳 내부에 작용하는 모든 압축력의 결과로 생기는 것은 면적이 $2\pi rt$ 인 절개 표면에 작용하는 모든 응력의 합과 같아야 한다.

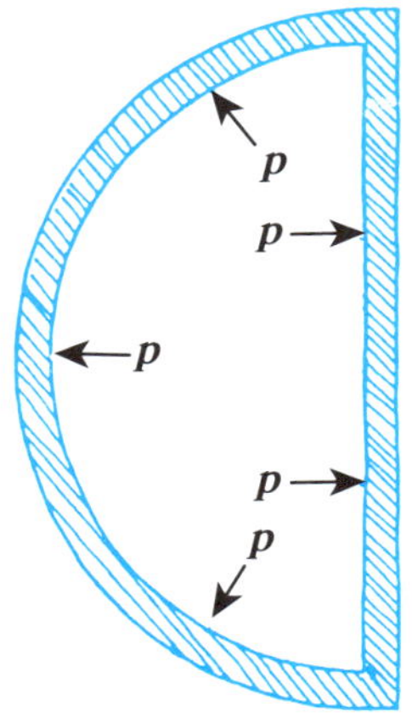

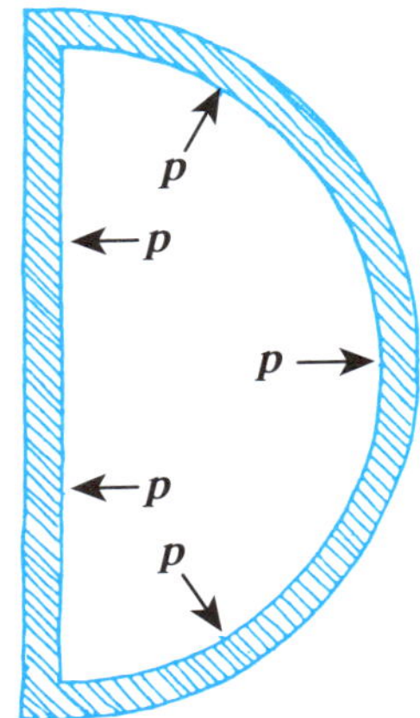

[그림 3] 반구의 절개된 표면 내부에 작용하는 모든 압축력의 결과치는 $\pi r^2 p$ 로 산정되는 같은 직경의 평평한 면에 작용하는 같은 압축력과 일치하게 될 것이다.

$$\text{응력 } s = \frac{\text{하중}}{\text{면적}} = \frac{\pi r^2 p}{2\pi r t} = \frac{rp}{2t}$$

쉘의 둘레를 따라 생기는 응력을 s_2 라고 부른다.

[그림 4] 에서 우리는 쉘을 따라 생기는 응력 s_1 은 우리가 고려하려고 했던 구에서의 경우와 같게 되어야 한다. 말하자면,

$$s_1 = \frac{rp}{2t}$$

우리가 현재 우리의 상상력으로, 다른 평면에서, [그림 5]의 모양으로 만든 후에, 잘라낸 실린더의 쉘에 있는 원주 응력 에서 얻기 위해서는,

$$s_2 = \frac{rp}{t}$$

그래서 실린더형 압력 용기의 벽에 생기는 원주 응력은 장벽 응력의 두 배이다. 즉, $s_2 = 2s_1$ (그림 6) 이러한 것의 결과는 전에 소시지를 구운 적이 있는 모든 사람에 의해 알려져 왔다. 소시지가 팽창해서 표면이 터진 내부를 채워 넣을 때, 그 긴 구멍은 항상 장변 방향으로 생긴다. 다시 말해서, 그

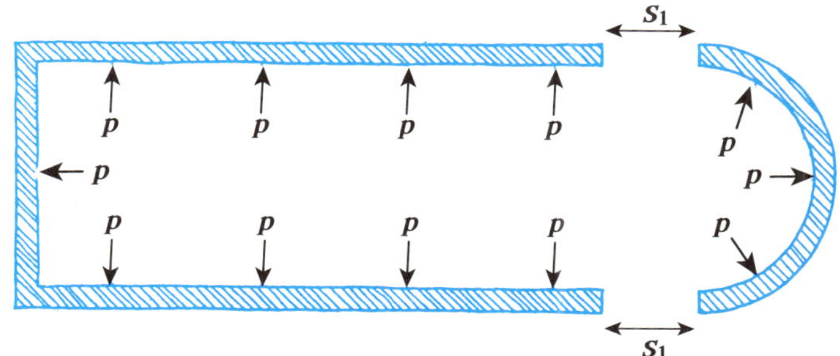

[그림 4] 실린더형 압력 용기의 쉘에서 장변 방향 응력 s_1은 동등한 구형 용기에 있는 응력과 같다.

$$s_1 = \frac{rp}{2t}$$

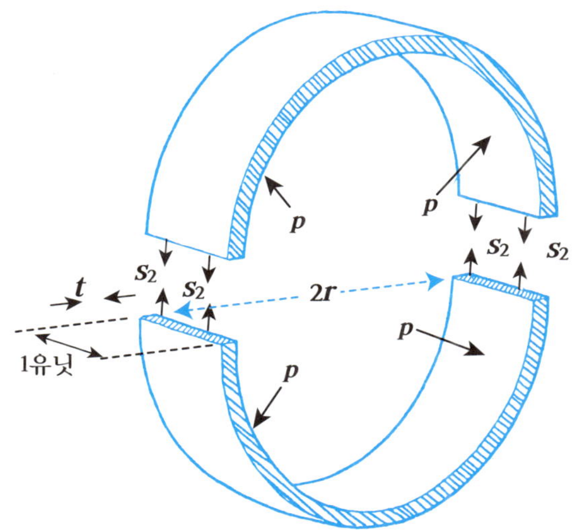

[그림 5] 실린더에서의 원주 응력 s_2

$$s_2 = \frac{rp}{t}$$

표면은 장변 방향 응력이 아니라 원주 응력의 결과로 파괴된다는 것이다.

이러한 통계는 엔지니어링에서와 생물학에서 연속적으로 얻어진다. 그것들은 파이프, 보일러, 풍선, 공기 지지형 지붕, 로켓 그리고 우주선과 같은 것들의 강도를 측정하곤 했다. 우리가 8장에서 볼 것처럼, 같고 단순한 이론 일부가 길쭉하고 움직이는 원초적인 생명체라고 할 수 있는 아메바의 생존방식과 같은 것에서 전체적인 개발의 문제를 적용하였다.

우리가 이루어 낸 또 하나의 숫자통계의 결과는 주어진 압력에서 주어진 액체용량을 저장하기 위한 것으로 우리가 구형의 용기를 사용하는 경우보다 실린더형 용기를 사용한다면 더 커다란 중량의 재료가 필요해질 것이다. 중량이 매우 중요한 곳은—등반자가 고도가 높은 곳에서 사용하고 또한 전투기의 발진 통과 같은 산소통을 가지고 가는 곳과 같은 곳이며—그때 구형 용기가 사용된다. 아주 다른 목적을 위해서, 중량이 그렇게 심각하게 문제 되지 않는 곳은 실린더형 병이 더 저렴하고 훨씬 편리하다. 병원과 주차장에서 사용되는 '가스가 충전된 실린더'는 이러한 사례를 보여준다.

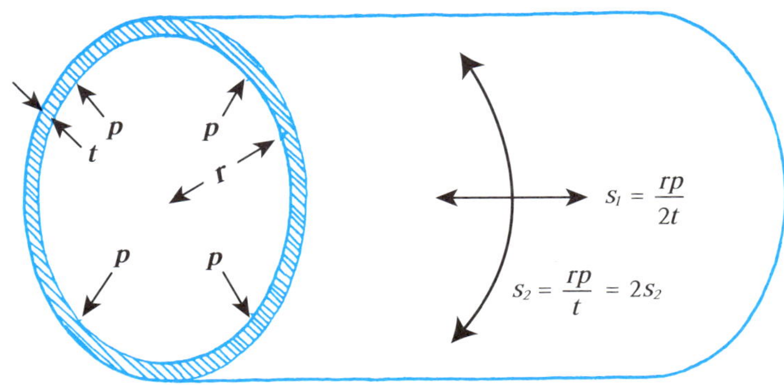

[그림 6] 실린더형 압력 용기의 벽에 생기는 응력

중국형 엔지니어링 – 또는 폭발보다는 부풀어 오르는 것이 더 좋은 것

모든 항해 선박의 디자이너에 의해 해결되어야 하는
흥미로운 문제가 있다.
그것은 저장된 것이 배 밖으로 내던져지는 것을 막기 위한
제일 나은 방법은 무엇인가? 하는 것이다.
이 점에 대한 의견은 제각각이다.
거기에는 동편과 서편의 2개 단련방식을 고려할 수 있다.
서측에서 우리는 배에 있는 마스트를 지키는 최상의 방안이
밧줄과 고정 지지대의 복잡한 시스템으로 되어있는 자리에
견고하게 조여서 고정시키는 것이다.
동쪽 단련방식의 규정은 이것이 –아주 비싼 것이 아니라면,
모두 불필요한 것이라고 한다.
그것들은 키가 크고 끝이 구부러져 서 있고, 삼베로 된 매트,
대나무 매트 또는 손으로 만든 다른 것들이 많은 면적을 차지하고
있으며 그때 신념의 힘으로 전체의 일을 일으켜 세우게 한다.
적어도, 나는 기적에 대해 자체로 흥미를 갖게 하는
어떤 다른 힘도 결코 찾아볼 수가 없었다.
– 웨스턴 마티르, *남부의 뱃사람*

압축 용기의 이론은, 밀폐된 컨테이너보다 더 낮게 수정된 것을 가지고 우리가 즉각 받아들이고 적용하였고, 바람과 물의 자유로운 움직임에 따라 지속적인 압력이 생기는 '개방된' 막과 섬유와 같은 것이다. 그러한 특성을 가진 것은 텐트, 연, 어닝, 막으로 씌워진 비행기, 낙하산, 배의 돛과 풍차, 귀청과 물고기의 지느러미, 박쥐와 익룡의 날개, 포르투갈 전투사나이로 불리는 해파리 등이 있다.

모든 그러한 목표들을 위해서(14장에서 볼 수 있는 것처럼) 그것은 '고정된' 패널이나 쉘 또는 일체형 구조물을 사용하기 위한 것이 아니라 어떤 유연한 천이나 표피 또는 막이 있는 지지대나 기둥 또는 뼈의 단단하고 개방된 구조 틀을 덮기 위한 것으로 편리하고 경제적이다. 그러한 구조는 일차적인 접근을 위해서 너무 견고하면 안 되고, 곡면모양으로 휘어지고 구부러져야 한다. 그리고 구형 또는 실린더형의 일부 또는 조각으로 취급될 수 있고, 그래서 막에서 받는 응력은 압축 용기의 쉘에서 받는 것과 같은 법 규정을 준수해야 한다.

이러한 것이, 단위 폭 당 *pr*, 즉, 막에 있는 힘이나 인장을 아주 쉽게 보여주고 있으며, 이는 풍력의 발생량(*p*)과 막의 곡률반경(*r*)이다. 그래서 막이 만드는 커브가 더 날카로울수록 그 내부의 힘은 더 적어지며, 따라서 지지구조체에 가해지는 하중은 적어지게 된다.

바람이 불 때, 바람에 의해 생기는 압력은 풍속의 제곱만큼 증가한다. 강풍에서 그 압력은 점점 매우 높아지며 지지구조물에 가해지는 하중도 높아진다. 서부의 기술학교에 의하면, 지지구조물들 사이에 눈에 띄게 부풀어 오르게 하려고 막에 허용되는 것보다 오히려 실패하는 것을 보게 되기 때문에,—그것이 배에 관한 것이나 비행기 또는 다른 어는 것이 되었든간에—우리가 이것에 관해 할 수 있는 것이 매우 적다는 생각하게 한다. 물론, 그 천을 완벽하게 평평한 형태로 유지하게 하기가 결코 쉽지 않을 수 있지만, 가능한 한 팽팽하게 긴장된 것처럼 유지할 수 있도록 모든 수단을 통해서 하게 된다. 우리가 적극적으로 하는 것은 그것이 손상되지 않도록 해서 종종 사용할 수 있도록 지지구조를 강하고 무겁고 고급화하고 미래지향적으로 만드는 것이다.

예를 들면, 현대의 경주용 요트를 위해 개발된 삭구장비는 일반적으로 튜브형 금속 장비로 구성되어 있으며 거의 신축성이 없는 테릴렌 합성섬유 선박이다. 이러한 공기역학 기계장치는 로프와 와이어에 의해 그 역할을 수행하도록 하고, 또한 그것들은 스크류와 윈치 및 수압 잭에 의해 놀랄만한 수준으로 긴장시키고 고정하며 배가 바람에 따라 빠르게 운항할 때는 그 커다란 하중을 운항 중에 정돈해서 순응할 수 있도록 할 필요가 있다. 그 모든 것들은 기술적인 '효율성'의 기적이라고 할 수 있지만, 또한 매우 높은 가격을 감당해야 한다. 이런 종류의 선박은 편안함 이외의 어느 것도 긴장감이 없이 탑승객을 운반하게 된다.

그 일을 하는 더 간단하고 저렴한 방법은 풍압을 증가시키거나, 곡률반경을 줄이도록 하는 등을 통해서, 그 지지장치 사이를 부풀어가게 해서 배를 안정시키도록 한다. 그래서 돛의 천에 생기는 인장력이 세찬 바람이 몰아치는 경우 아주 지속적인 안정감을 유지하도록 한다. 자연스럽게, 구조적인 문제가 쉽도록 도와주는 왜곡이 공기역학의 문제를 일으키지 않도록 확실하게 해야 한다.

이렇게 하는 우아하고 만족스러운 방법이 결국에는 중국인들에 의해 고안되었다. 그들은 많은 세기에 걸쳐서 매우 편안하고 안전한 방식으로

[그림 7] 중국식 정크 선

바다를 항해해왔다. 전통적인 중국식 정크 선의 도구와 장비는 각 지역의 관습에 따라 다양하지만, 일반적으로 [그림 7]과 같은 방식이 많이 사용되었다. 배를 가로지르는 목재들을 매트에 붙이고, 바람이 증가함에 따라서 전체적인 도구와 장비가 융통성을 지닌 재료들로 건조되기 때문에, 공기역학적 효율성의 큰 손실 없이 [그림 8]이 고안된 후에 그 목재 판들 사이에 있는 노가 돌출된다. 충분히 부풀어 오르지 않는다면 그것은 될 때까지

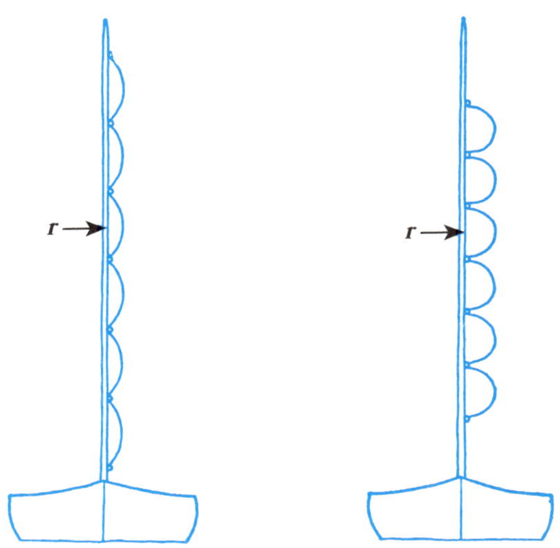

[그림 8] 당김 줄을 완화되게 한 정크선의 끝부분 모습

그 당김줄을 느슨하게 하는 것은 아주 단순하다. 그 후에, '금발'의 헤슬러 대령(보르도 습격으로 명성을 얻은)은 매우 만족스러운 성과를 통해 중국제 러그 돛을 설치하였다. 헤슬러의 장치를 장착한 여러 대의 요트는 성공적으로 비교적 여유 있는 방식으로 장거리 바다 항해를 수행했다. 지금은 대중화된 그 '행글라이더'는 같은 원리로 디자인된 것이고, 그래서 그러한 것들이 전통주의자들에게 충격을 주었음에도 불구하고, 그것이 값도 싸고 강해서 수행하게 되었던 것으로 보인다.

박쥐와 익룡

심술쟁이 요정에서 온 그의 끔찍한 모습,
땅의 신에게서 온 듯한 그의 뚫린 귀:
볼품없는 노인 귀신에게서 빌려온 코
그리고 그것을 조심스럽게 집으로 몰래 가져왔나:
바보같은 손가락으로 죽음의 여신 손목을 꿰맸나:
그 사이에 있는 거미집 거죽을 꿰맸나:
무릎을 구부린 채 안장에 다리를 올리고
벨벳으로 치장한 몸을 가지고 .
– 더글러스 잉글리쉬 (*펀치*, 1923년 7월 11일)

박쥐와 중국 정크선 사이의 닮은 점은 아주 분명하다.(그림 9) 모든 박쥐에게서 날개는 길고 가느다란 뼈의 골격 위에 매우 유연한 피부의 막이 펼쳐져서 만들어져 있다. 원래 그것은 손가락이었다. 예를 들어, 위의 후르츠 박쥐는 양 끝단이 1m가 넘는 약 1.2m 길이의 매우 큰 동물이다. 원산지인 인도에서는 하나의 해충과 같은 존재로서, 과수원을 털기 위해 30~40마일을 난다는 것을 생각하지 못하고 있다. 이 박쥐들은 그다지 심한 체력 소모 없이 그런 일을 저지르기 때문에, 그들을 효율적인 비행 기계라고 할 수 있다. 더욱이, '신진대사 소비량'이라고 불리는 것과 같이 체중을 보존하기 위해서, 그들의 날개 뼈의 두께를 줄이는 일을 통해 오랜 여정을 가능하게 한다.

후르츠 박쥐는 비행 중 사진이 찍힐 때는, 날개의 아래쪽 날갯짓에서, 피부의 막을 대충 반원형으로 된 형태 내부로 부풀어 오르게 하고, 그렇게 해서 골격에 기계적인 하중을 최소화하도록 한다는 것을 볼 수 있다. 이러한 형태 변화의 결과로 공기역학을 약간 또는 전혀 없도록 실제로 할 수 있다는 점은 확실하다.

약 3천만 년 전에 새들이 사는 장소는 익룡(손가락 날개)이라고 불리는 비행 동물이 폭넓게 자리 잡고 있었다. 이러한 것 중 상당수가 박쥐와 유사했는데 단지 한 손가락, 약간의 구조적인 역할을 하는 작은 손가락만 예외였다.그래서 익룡의 막으로 된 날개는 오히려 어떤 이어붙인 것 없이 만들어진 버뮤다 중심 돛처럼 생겼다.

이러한 동물들 일부는 매우 큰 규모였다. 그 예로, 익룡의 화석은 양 날개의 폭이 8m에 이르는 야수와 같은 것으로 확인되었고 더 크기도 했을 것이다. 키는 3m 정도 되었을 것이고, 전체 체중은 아마 20kg 정도였을 것이다. 그러므로 거기에는 골격구조나 비행 근육 등에 대한 무게가 거의 없

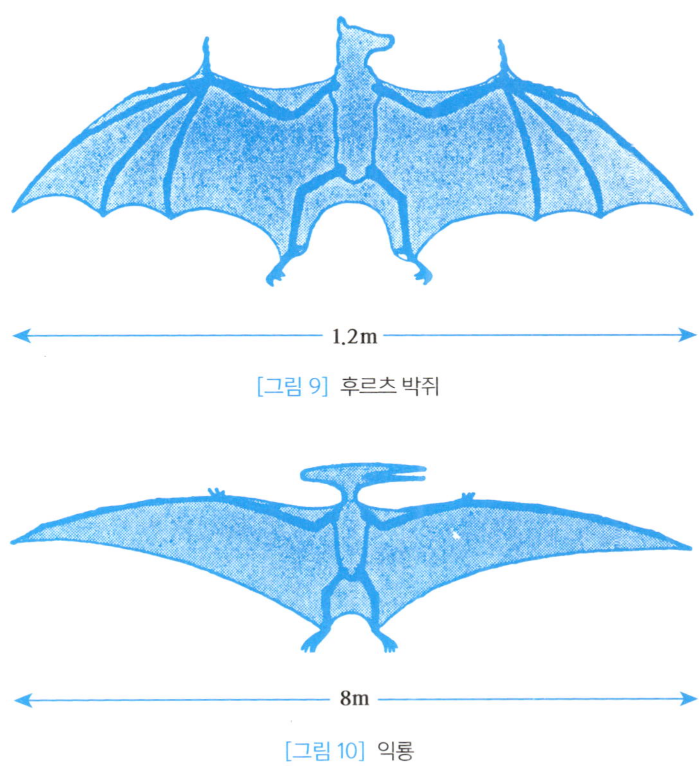

[그림 9] 후르츠 박쥐

[그림 10] 익룡

었다는 것이다. 최근에, 익룡의 두 배 폭을 가진 더 커다란 익룡이 발견되었다고 미국에서 발표되었다.

익룡은 아마 해양동물이었을 것이다. 말하자면, 대충 발언한 것을 언급하자면, 그 생태적인 안식처가 현재는 알바트로스에 의해 점령되어 있을 것이다. 알바트로스와 마찬가지로, 대부분을 공중에서 살았을 것이고, 깊은 파도 위를 근접해서 날면서 날개로 낚시를 했을 것이다. 후르츠 박쥐보다는 더 많이, 익룡의 날개 뼈가 발견되었고, 화석으로부터 믿을 수 없을 만큼 가늘고 약하다는 것도 알게 되었다. 물론, 이 거대한 날개를 덮고 있던 피부의 탄력성을 실험상으로 전혀 확인할 수가 없지만, 이 피부가 박쥐의 피부처럼 매우 많은 작용을 했을 것이라는 점을 타당하게 짐작할 수 있다는 점을 알게 되었다. 그 전체 시스템의 공기역학상의 효율성은 매우 높아서 현대의 알바트로스와 비교될 만하다.

왜 새는 날개를 갖게 되었을까?

박쥐가 오늘날까지 번성하고 아주 잘 생존해 있다 하더라도, 익룡은 아주 오래전에 깃털을 가진 새에 의해 대체되었다. 물론 익룡의 멸종이 구조적인 점을 생각해 볼 수 있다고 할 수 있는 것은 아무것도 없지만, 다른 날아다니는 생명체와는 좀 다르게 새에게만 있는 깃털에 관한 어떤 특별한 것이 있었을 것이라는 점은 가능성이 있을 것이다. 내가 왕립항공공사에서 근무하고 있었을 때, 나는 때때로 윗사람에게 비행기가 아마 깃털을 가졌다면 더 좋게 되지 않았을까 하고 질문을 하곤 했다. 그렇지만, 나는 이러한 질문에 합리적인 추론 또는 인내심 있는 답변을 얻는 데에 성공하지 못했다.

그러나, 결국은, 왜 새는 깃털을 가지게 되었을까? 날아다니는 동물을 설계하는 일이 주어진다면, 현대의 엔지니어는 아마 박쥐와 같은 것들 또는 날아다니는 곤충류 등을 생산하고자 했을 것이다. 나는 그가 날개를 발명하는 일이 일어날 것으로 생각하지 않는다. 그러나 짐작하건대 이러한 존재를 위한 매우 좋은 이유는 있다. 박쥐와 익룡은 그들 날개의 피부로부터 열의 형태를 가진 에너지의 훌륭한 조건을 잃어버리는 경향이 있음을 상상하게 되고, 그렇지만 그 경우 합리적인 열단열이 그 털과 가죽에 의해 제공됨을 상상할 수 있다.

아마도 이것은 새의 진화 초기 단계에서 일어나는 것이고, 이는 뿔이나 발톱과 마찬가지로 날개도 털로부터 발전된 것이기 때문에 그렇다고 할 수 있다. 그러나, 털은 부드러울 때 더욱 좋게 느껴지고, 털이 영계수를 매우 낮게 하는 케라틴을 가지고 있다. 날개에 있는 케라틴 분자는 황의 원자를 가진 분자 사슬과 교차로 연결되어 있어서 더 단단하다.(황은 타버린 날개의 냄새에서 비롯된다.)

날개를 사용해서 공기역학의 이점을 누리게 되는 것은 의심할 여지가 없고, 그것은 그들의 일이 동물이 사용하게 할 수 있는 외부 형상 중에 있는 선택의 기회를 확장하게 하기 때문이다. 한 가지 문제에 대해 보면, '두꺼운' 날개 부위는 막이라는 점 때문에 얇은 것보다 훨씬 더 좋은 공기역학적 효율성을 갖게 된다. 아주 적은 무게의 증가에 대한 가격 면에서 깃털로 날개의 외부 면을 채워 넣음으로써 효율성 있는 '두꺼운' 부위를 갖게 하기는 쉽다. 더구나, 깃털은 '홈'을 파고 '홰'를 치는 것과 같은 멈추는 것을 방해하는 장치를 제공하면서 피부와 골격보다 더 잘 적응한다.

그러나, 나는 동물에게 있어서 (깃)털이 갖는 주요 이점은 구조적인 것으로 생각한다. 모형 비행기를 날리는 사람은 그 가격을 알고 있는데, 별 볼 일 없는 소형의 비행 장치는 나무나 덤불과 같은 것 때문에, 또는 부주의한 작동에 의해 사고의 피해가 어느 정도인지를 예상할 수 있다. 많은 새는 나무와 장애물 그리고 다른 방해물 등을 계속해서 들락날락한다. 실제로 그것들은 적으로부터 피난처로 이용하기도 한다. 대부분의 새에게 있어 적당한 수준의 털의 양이 손실되는 것은 그리 심각하지 않다. 반면에, 잡아 먹히는 것보다 한입 가득 털을 문 고양이를 떠나는 것이 더 좋은 일이다.

털은 새가 다른 동물보다 훨씬 부분적인 흠집이나 손상을 입지 않게 할 뿐 아니라, 새의 몸체가 그 두껍고 탄력 있는 갑옷을 가지고 더욱 심각한 손상을 입지 않고 보호되게 하는 것이다. 박물관에서 보았던 일본식 털 갑옷은 생각했던 것과는 다르다. 더 좋은 다른 것들을 알지 못했던 원시인들의 그림으로 보여진 하찮은 것으로 보인다. 그것은 칼과 같은 무기에 대해서는 효과적일 수도 있다. 같은 부류의 것에는, 러시아와 핀란드 전쟁 동안, 핀란드의 장갑열차는 종이뭉치로 보호되었고, 현대화된 전투기 조종사의 단거리 보호 장화는 셀로판지를 여러 겹 붙여서 만들어졌다. 상공에서 매가 새를 잡을 때 보통 털 층을 관통하기 어려운 부리와 발톱으로 손상을 입히는 경우는 드물다. 마치 교수형을 치는 것과 같이 목을 부러뜨리게 할 만큼 새를 향해 난폭하게 가속을 가해 충격을 주기 위해 돌출시켜 뻗은 발로 등 쪽에서 타격하여 잡는다.

털의 전체적인 구성과 설계는 아주 잘 고안된 것으로 보인다. 털은 아마도 특별하게 강할 필요는 없지만 빳빳하고 동시에 탄력 있어야 하며 끊어 내기 어렵게 만들어져야 한다. 깃털의 절단 메커니즘에 대한 작용은 신비로운 면이 있다. 즉 아직까지 그것의 작용에 대해 알고 있는 사람이 없다고 생각한다. 절단 메커니즘의 여러 작용에서와같이 깃털의 그것도 작은 변화가 나타나는 것에 대해 예민하다. 매를 잡아서 날려 보았던 모든 사람은 이러한 똑똑하고 정확하며 놀랄 만큼 재주 있는 새가 매우 쉽게 잡히는 것을 알고 있다. 매가 포획되어 잘 키워지고 훈련되어 있을 때조차도, 매의 날개는 과도한 움직임으로 인해 다루기 힘들고 부러져 나가는 경우가 많다. 이를 위해서 '날개 접착재'인 치료제나 완화제로 부러진 날개를 붙이게 된다. 이것은 약간의 접착제를 가지고 부러진 날갯죽지 구멍 사이로 이중 끝부분으로 된 '날개 접착용 바늘'을 삽입하여 마무리한다. 이러한 디테일한 과정은 매에 대한 16세기의 자료집에 설명되어 있다.

현시대에 자동차가 바닥 굴곡과 부딪치는 것과 마모되는 것들을 보수하는 데 매우 많은 비용과 어려움을 볼 때, 때때로 그런 것들을 새에게서 교훈을 배우지 못한 것 아닌가 하는 의문을 갖게 한다. 우연하게도, 나는 미군들이 실제로 치킨을 먹으면서 살았기 때문에, 미국에 있는 어떤 곳에 어마어마한 양의 닭털이 있다고 들었다. 그것의 활용을 발견한 것은 오히려 잘된 일이 아닌가 싶다.

Chapter 7

조인트, 조임과 인간

또한 느리게 가는 수레바퀴에 관하여

그리고 여기서 나는 전쟁 중에 만들어진 배에 관한 이야기를 했다.
아주 좋은 목재로 제작된 증기선이었는데,
디자인을 한 사람 역시 매우 훌륭하고 유능한 기술자였다.
배는 너무 무거운 짐을 운반하는 사람처럼 힘들게 나아갔고,
걸려 넘어지거나 바닥이 꺼진 곳에서는 걸려가면서 운행되었다.
그리고 배가 수명이 다해서 누군가가 밟은 듯이
초라한 낡은 상자처럼 부서져 버렸다.
5분이 지나자 석탄 먼지 찌꺼기만 떠다니고,
그 한가운데에는 통나무 몇 개와 괴짜 같은 사람,
두 명의 단발머리 외에는 아무것도 없게 되었다.
이것은 실제 이야기이다.
그렇지만 내가 너에게 알려주려는 점은
이 배가 목수에 의해 건조되었고,
그는 주택건설 목수이자 해안공사 목수였다는 것이며,
배를 만드는 대목이 만든 것이 전혀 아니라는 것이다.
- 웨스턴 마티에, *남부 뱃사람*

웨스턴 마티에의 이야기에 나온 증기선은 갑자기 침몰했다. 왜냐하면, 배의 통나무를 같이 잡고 있을 것으로 생각했던 조인트가 너무 약한 탓이었다. 아주 정직한 사람으로 자기 나름의 방식을 가지고 배를 건조한 그 주거 대목장들은 아마 그 배에 만족했었을 것이다. 사실, 배 목수가 집을 짓거나 전통가구를 제작했을 때, 그는 해양기술자 또는 약하고 비효율성이 높은 것으로 여겨지는 기술자가 조인트를 제작하는 습관이 나왔다. 이 조인트가 확실히 약한 것은, 그들이 말했던 '비효율적'이라는 의견에 따라 그렇게 하려고 시도했던 것에 따른 결과이다. 주거 건축가의 목표는 선박이나 항공기를 제작하는 사람들의 그것과 다 같지는 않다.

어떤 '비효율적' 구조물이라는 것이 항상 각 부재와 각각의 조인트가 하중을 충분히 견딜 만큼 정확하게 강하리라는 것과 그것은 주어진 강도를 지탱해야 하고, 최소의 재료량을 사용해야 하며, 하중을 최소화해야 한다는 점을 아마도 너무 자주 엔지니어에 의해서 예측되었던 것 같다. 이상적인 면에서, 그러한 구조는 어느 곳이든 마찬가지로 파괴될 우려가 있다. 아니면 사실상, '하나에 집착하는 것'과 같은 그것은 즉시 모든 곳이 파괴될 것이다. 이러한 종류의 효율성을 위해 하는 일을 엔지니어 부분에서는 대단한 각성 활동이라고 부른다. 왜냐하면, 설계와 제작에서의 아주 작은 실수가 위험한 취약점을 만들어 내기 때문이다.

물론, 이러한 종류의 구조물이 꽤 있는데, 특히 하중 절감이 매우 중요한 선박, 항공기 및 이와 유사한 기계장치 등이 있다. 그러나, 이러한 것은 효율성의 문제를 보는 특별한 시각을 나타내는 것이라고 할 수 있다. 그리고 견고함을 위한 필요성을 감안하지 않고 경제성에 대한 점만 본 것이다. 한 가지에 집착하는 타입의 구조물이 때때로 필요하지만, 그것들은 항상 건설과 제조 및 유지관리에 비용이 많이 든다. 구조적 완벽함의 면에서 하중 절감은 과도한 사치라고 할 수 있는 우주여행을 하게 하는 요소 중 하나이다. 평범한 수준에서조차 우리는 사용 가능한 공간의 제곱미터 당 가격이 보통의 주택에서 더욱 작은 배를 만드는 데에 30배 정도가 된다.
항공기에서 공간의 가격은 여전히 훨씬 더 높다.

건설자와 협력자들은 이러한 종류의 고도 기술을 필요로 하는 구조물을 만들기 위해 가는 것이라기보다 훨씬 센스 있게 대하는 경우가 많다. 주택은 그 자체로 매우 비싸고, 이러한 사람들은 생활에서의 상품이나 가구 문제 등과 같은 것들이 큰 부분을 차지한다는 것을 매우 잘 알고 있다. 어떤 구조물의 설계는 그 강도에 의해서 보다는 그 견고함으로 훨씬 더 영향을 받는다.

실제로 그것은 실제로 구조물의 가격과 효율성 문제의 바탕에 놓여 있는 구조 강도와 견고함에 대한 필요성의 상대적인 중요성이 있다. 필요성이란 주로 강도보다 오히려 견고성에 있으며, 전반적인 문제는 더 쉽고 더 싸게 하려는 데에 있다. 이러한 것은 가구, 바닥재, 계단 그리고 건설 전반에 걸쳐 있고 또한 주방기기나 냉장고 등과 많은 장비, 도구들과 무거운 기계설비 그리고 자동차 관련 부품 등의 사례에서 항상 등장한다. 이러한 것들은 자주 손상되지는 않지만, 우리가 매우 얇은 재료나 휘고 구부러지고 자주 진동을 일으키는 것들을 만든다면 그것은 곧 적용되지 못하게 될 것이다. 그래서, 충분히 견고하게 되기 위해서는, 여러가지 부분에서 너무 두꺼워서 엔지니어의 관점에서 보면 응력이 터무니없이 낮다.

그것은 이러한 종류의 구조물에서는, 재료가 결함이 있어서 응력이 집중되어 낭비된다고 해도 그것은 아마 큰 문제가 되지 않을 것이며, 더구나 조인트의 강도도 중요할 것 같지가 않으며, 많은 사례에서, 몇몇의 못질이 완전히 적절한 것이 되기도 한다. 물론 이러한 종류의 것들은 대브분 사람의 본능에 기반한 디자인적 접근방식이다. 후크의 법칙이나 영계수에 대해 들어보지도 못한 수많은 사람은 경험과 상식에 의해서도 충븐히 테이블이나 닭장의 견고성을 예측할 수 있으며, 그것들이 충분히 견고하게 만들어졌다면 보통의 일반적인 하중에는 손상되지 않을 것이다.

더욱이, 몇몇 조인트에서 '제안하는' 몇 가지는 손실이 없을지도 모르며, 이것은 정교한 것들에서 보다 전통적인 조인트에서 훨씬 더 유용하게 된다. 한가지의 것에 대한 확실한 융통성이란 유익한 방식으로 하중을 분배되게 할 수 있는 것이다. 그것이 사실이라고 하더라도 가구는 종종 망가지며, 그렇게 하려는 시도의 좋은 방법은 의자에 앉아 보는 것이고, 그 다리 중 세 개는 맨바닥에서 4번째 다리가 쉬고 있는 동안 카펫 위에 놓이는 것이다. 전통적인 가구에서 하중은 장부맞춤 조인트의 비틀림에 의해 4개의 다리 모두에 퍼지게 된다. 즉 현대의 공장제작 의자는 '효율성'을 강조한 접착제 조인트로 되어있고, 이 조인트는 손상될 우려가 크며, 그렇게 되었을 때 의자를 만족스럽게 보수하는 것도 힘들다.

조인트에서 어떤 많은 융통성을 강화하는 또 하나의 이유는 목재라는 것이다. 종종 다른 재질이기 되기도 하지만, 그것은 기후와 온도에 의해서 크기가 변화한다. 목재는 엇결(나이테의 절개선 방향으로 켠 제재) 방향인 것은 5~10% 이상 수축과 팽창을 한다. 전통적인 조인트 접합은 '비효율적'인 구멍 맞춤으로 이러한 것을 허용할 수 있었다. 처칠 대학에서 우리는 가장 좋은 그리고 가장 비싼 목재로 만들어진 새로운 높은 탁자(High Table)를 발견했다. 그것은 강력하고 견고한 조인트로 과학적으로 접착되어 있었다. 과학적인 기법으로 가열된 홀에서 수개월이 지난 후에, 이 테이블은 가운데가 수축되어 쪼개져 버렸다. 그 결과는 어떤 적당히 작은 크랙이 아니라 수

야드 길이의 깊은 홈이어서 정상적 또는 표준적인 크기의 많은 완두콩이 자리를 잡을 수 있는 정도였다.

강한 조인트와 부실한 인간

많은 힘이 통제된 구조는 그것들에 적합한 장소에서는 상당히 우수하다. 그러나 우리가 하중 절감과 강도증가 및 이동성 등을 필요로 할 경우에는 온갖 종류의 어려움에 처해질 수 있다. 특히 여러 부분에서의 조인트에 대한 신뢰성에 관해서는 더욱 그렇다. 역사적으로 볼 때, 이것은 선박 건조나 방앗간, 물방앗간 등에서 늘 아주 심각한 문제였다. 오래된 선박기술자와 방앗간 기술자의 위대한 능력은 통나무를 '작업하는 것'에 대해 약간의 융통성을 허용할 수 있는 필요성을 가지고 안전성을 위한 충분한 강도를 결합하는 데에 있었다. 더 오래된 선박기술자가 융통성의 측면에서 실수를 저지를 때에, 배들이 종종 지나치게 새기도 하지만, 실제 바다에서 좌초하는 일은 거의 없다. 실제 조각이 나서 침몰될 수도 있는 목재 선박을 건조하기 위해서는 힘 있는 공공기관의 행정적인 힘이 요구된다.

선박과 항공기에서의 조인트에 관한 문제는 1, 2차 세계대전의 매우 커다란 문제였다. 1차대전 중에 미국인들은 수시로 정통적이지 않은 방식으로 증기와 바람으로 움직이는 목선을 많이 건조하였고 실제 이러한 배 중 많은 수가 침몰했다. 2차 대전에서, 그들은 더욱 많은 수의 용접한 철로 만든 증기선을 건조하였고, 바다와 항구에서 침몰된 것이 더 높은 비율을 보였다. 영국에서는 두 전쟁에서, 대단히 많은 목제 항공기를 제작했는데, 거기에서도 늘 계속해서 조인트 문제를 가지고 있었다.

항공기가 이 점에 관심을 두고 있는 것은 내가 그러한 존재를 기억하는 한에 있어서, 그렇게 놀랄만한 일이 아니고, 여러 가지의 분리된 상황에서 주요 구조물의 중요한 접합 조인트 내부에서 그러하다.

1. 가위 한 쌍
2. 응급 매뉴얼(포켓 사이즈)
3. 접착제 무사용

전체에서 나는 대부분의 이러한 사고가 보통 이하의 또는 비정상인 사람들에 의해 발생된 것이라고 생각하지 않는다. 일반적으로 매우 상식적인 사람들이 잘못을 저지른다는 점이 두려운 일이고 그곳이 바로 문제인 것이다. 자연스럽게, 사람들은 피곤해하고 지루해하지만, 나는 문제의 근본 원인은 그것보다 더 깊은 곳에 있다고 본다. 과거에 만들었던 사람들이나 만드는 데 실패한 사람들은, 조인트의 잘못이 치명적인 사고의 원인되는 상황에서 이러한 조인트가 어떤 개인적인 경험이 된다. 그들이 붙박이장이나 수납장 같은 것들에서의 많은 경험을 오랫동안 가지고 있다고 하더라도, 조인트의 강도는 실제로 아주 작은 문제라고 여기는 것이 문제인 것이다. 잘못 만들어진 그것들을 따라 하기 위한 우리의 모든 노력은 조인트가 오랫동안 지켜졌던 토속 전통에서 만들어졌던 인간학살과 바로 동등한 것이라고 여겼고, 강도는 어쨌든 진부한 문제라는 점에 관해 바보 같은 논쟁을 해 온 것이었다. 그것이 만들어지고 난 후에 조인트의 적절성 여부를 검사하는 것이 실질적으로 불가능하다면 모든 이러한 것이 그렇게 큰 문제가 되지는 않는다.

더욱이 최근 수년 동안 매우 효과적인 금속 간의 접착물질이 개발됐다. 그것은 많은 견고한 기술적 이득을 가져왔고, 항상 그 조인트가 아주 세심하게 제작되어 공급되게 되었다. 불행하게도, 현대의 항공기에서 그것들을 사용하는 데에는 그것이 접착 작업 전반에 걸쳐서 각각의 작업자들을 감시하기 위한 분야별 감시자가—또한 그 감시자를 감시할 감시자가—배치될 필요가 있음이 증명되었다는 사실에 의해 문제점이 드러나게 되었다. 오히려 자연스럽게, 이러한 배치가 비용이 많이 든다는 것이 증명되었다. 모든 이러한 점에도 불구하고, 나는 현대의 금속제 항공기에서 접착제의 사용이 증가되고 있다고 알고 있다.

조인트에서의 응력 배분

조인트의 기능은 어떤 구조물의 한 요소로부터 그 인접한 곳까지 하중을 전환시키는 것이기 때문에, 응력은 재료의 한 조각에서 나온 것 그 자체를 얻고자 하는 것이고 그때 그것을 접합하는 한 부분이 되도록 하는 것이다. 즉, 그러한 과정은 단지 너무 잘 맞아서 과중한 응력의 집중과 그에 따른 취약성의 결과를 얻게 되지는 않으리라는 것이다. 동시에, 약간의 양호한 환경에서는 그것이 응력의 집중도가 아주 적거나 없도록 하나의 구성요소에서 다른 곳으로 조인트를 일정하게 가로질러 통과하도록 하기 위해 분배할 가능성이 생기는 것이다. 다시 말해 이것은 통나무에서 접착제 도포형 조인트(그림 1)과 철제에서 끝부분 접합(그림 2)으로 더 많게나 적게 작업하는 사례가 있다.

그러나, 접합도포형 또는 끝부분 용접형 조인트를 사용하는 것이 항상 실용적인 것은 결코 아니다. 그래서 두 개의 인접한 플랭크나 플레이트 사이에 겹침이음(조인트)의 몇 가지 형태가 아마 더 많이 사용된다. 이러한 종류의 기하학은 즉각적인 응력집중을 말해주고, '견고한' 겹침이음이 고려되는 한에 있어서, 그것은 조인트가 접착제, 못 박기, 나사 조이기, 용접, 볼트조립 또는 리벳 연결 등 어느 방식이 되었건 그다지 큰 차이점은 없다. 모든 사례에 있어서 하중 대부분은 조인트의 양단부로 전달된다.(그림 3)

이러한 이유로 그러한 조인트의 강도는 그 폭에 크게 의존하게 되고 각 부의 겹치는 길이에는 별로 영향이 없다. 이것은 두 개의 철제 플레이트(그림 4와 5) 사이에 리벳이나 용접조인트의 가장 단순하고 일반적인 형태가 대체로 효과적이고 그것들을 복잡하게 된 것이 그다지 품질향상이 되

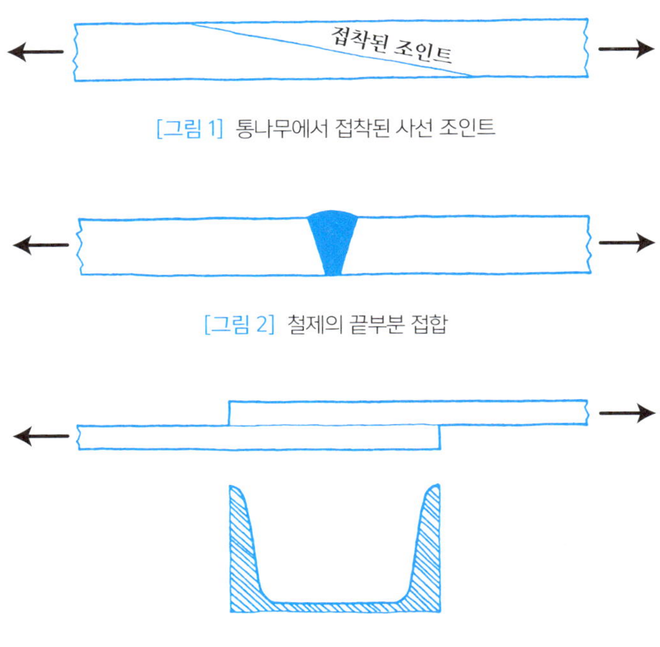

[그림 1] 통나무에서 접착된 사선 조인트

[그림 2] 철제의 끝부분 접합

[그림 3] 겹침이음(조인트)에서의 하중 이동 현황

지는 않기 때문이다.

우리가 몇몇 종류의 소켓과 견고한 지지대에 텐션바나 로드를 이용해서 끝부분 부착 방식을 매우 자주 하게 되며, 많은 유사한 생각들을 다시 적용하기도 한다. 단 하나의 응력집중만 있는 경우는 예외이며, 그것은 보통 로드가 소켓 즉 구멍에 인입되는 지점에서 발생한다.(그림 6) 예를 들어, 로드가 지지대에 나사 조임으로 하면, 하중의 거의 대부분은 최초의 2 또는 3개의 연결선에 의해 해소되며, 소켓 내부에 있는 로드의 초과된 길이는 조금 작용하거나 별로 좋은 조건이 되지는 않는다. 그래서 지빠귀새가 벌레의 길이에 별 상관 없이 풀밭 밖으로 벌레를 잡아 올리게 되는 것이다. 즉 짧은 벌레는 긴 것만큼 뽑아 올라는 데에 어렵기는 마찬가지라는 것

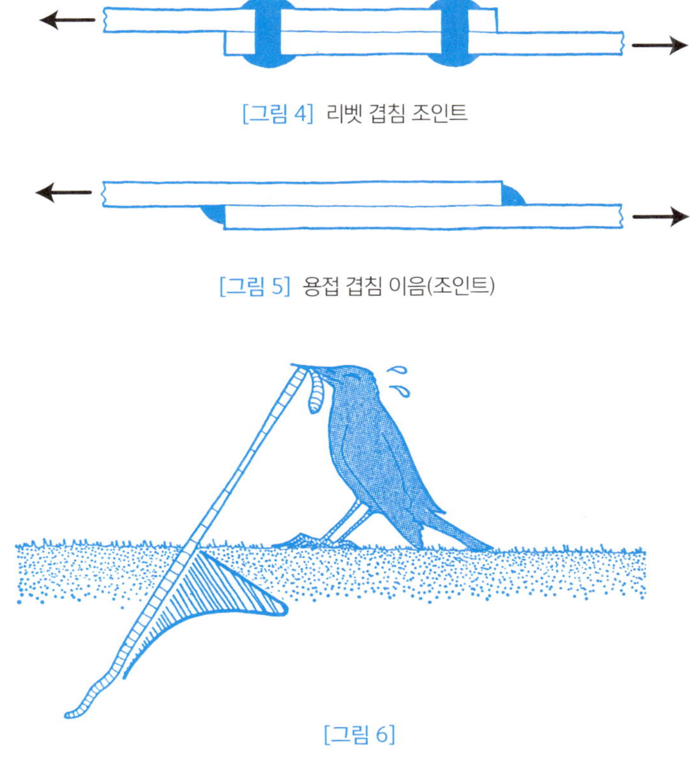

[그림 4] 리벳 겹침 조인트

[그림 5] 용접 겹침 이음(조인트)

[그림 6]

이다.*

[그림 6]에서 보여지는 응력의 배분은 조인트의 두 가지 요소가 영계수와 유사할 때 적용하게 된다. 그것은 보통 철제와 철제 사이의 조인트일 경우이다. 또한, 로드나 텐션바가 소켓이나 지지대의 재료보다 덜 단단한 재질로 되었을 때 적용된다. 그것은 벌레와 잔디의 사례에서 보여진다. 그러나, 그 로드와 텐션바가 고정하려고 하는 곳에 있는 재질보다 속성상 더 단단하게 되면, 그 응력 상태는 역전이 되어 응력 집중력은 그 로드나 인입부의 바닥이나 내부에 주로 존재하게 된다.(그림 7)

물론, 실제로 두 가지의 상태는 같게 되어 조인트를 약하게 하는 것처럼 보인다. 아마 거기에 존재하는 것은 대입하는 계수와 조인트에서 적당한 응력을 배분한 주변 상태 사이의 비율이다. 그렇지만, 그러한 비율이 생겨난다면, 그것은 실생활에 그것을 적용하기가 매우 어렵다.

예전에, 나는 강화 성형 날개와 항공기 철제 동체 사이의 접합점에 관심을 두고 있었다. 내가 응력집중과 풀밭에서의 벌레 사례 등에 관해 완전히 잘 알게 된다고 하더라도, 나는—나무의 뿌리처럼—성형의 본체가 삽입되는 끝부분이 너덜너덜 닳아 있는 것을 가지고, 강력한 와이어 케이블

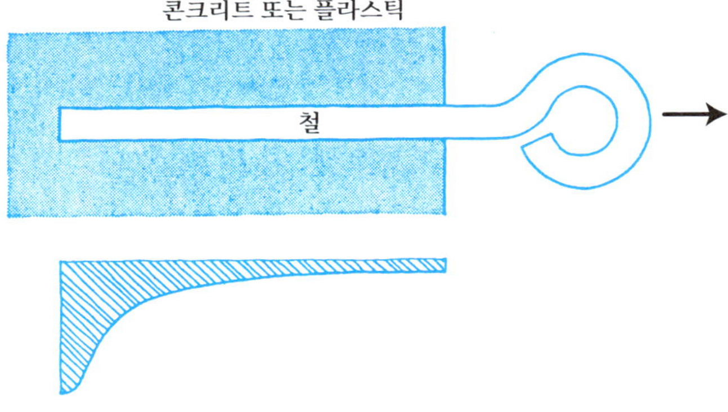

[그림 7] 인장력 이하로 장착된 로드에서의 하중전달

* 어떤 '늘어나는' 나일론 실이 '단단한' 성형 블록 속으로 들어가게 되면, 그 실은 항상 *그 실의 길이가 어떻게 되든 간에,* 그것을 잡아당김으로 인해 성형틀 밖으로 끌어져 나오게 된다. 이것은 길고 복잡한 구멍을 만드는 좋은 방식이다. 예를 들어, 압력측정을 위한 풍동 터널 모델이 그런 것이다.

을 제작해서 시도하는 것은 충분히 바보 같은 짓이라고 할 것이다. 이러한 문제가 감지된 구조물의 견본이 시험기계에 올려졌을 때, 그 와이어는 금이 가는 소음의 연속과 별 볼 일 없을 정도의 적은 하중에도 성형틀 밖으로 튀어나오게 된다.

다음 실험에서 칼처럼 생긴 날카로운 금속제 검과 갈퀴 등은 케이블의 대용으로 쓰이기도 하며 적정한 접착력을 가진 것으로 코팅을 한 후에 성형 윙 구조물로 제조된다.(그림 8) 이때 시험 표본이 일련의 균열소음을 동반하는 것이 아니라 크게 터지는 소리가 나면 실패이고, 그렇지만 아직 하중만큼 낮은 상황에 있다.

벌레의 예에 대한 반영과 지식을 기억하기 위해 잠시 멈춘 후에, 우리는 훨씬 더 짧고 [그림 9]에서 볼 수 있는 것 같은 삽 모양의 철제 인입 장치를 시도해보았다. 이러한 모든 것은 각각의 사례에서, '삽 모양'의 넓이에 비례해서 훨씬 높은 하중에서는 실패했다. 이 디자인을 개발함에 따라 우리는 매우 작은 철재로 제작한 성형 구조물을 가지고 40~50톤의 범위에서

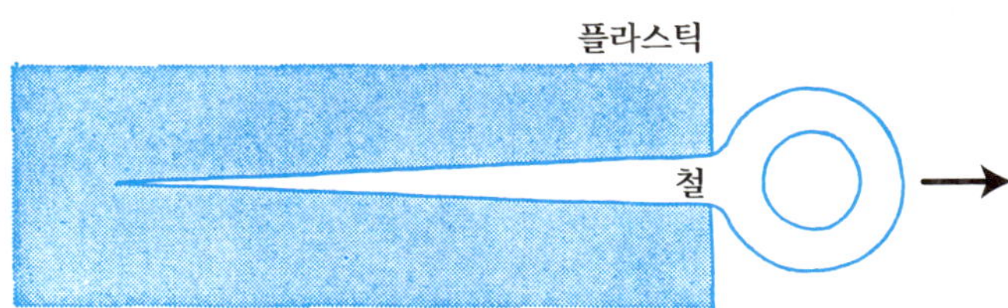

[그림 8] 철제 인입 장치에서의 잘못된 사례. 이러한 배치는 취약하다.

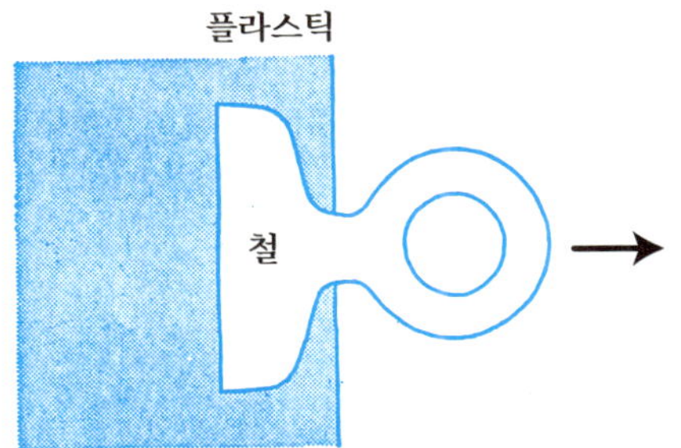

[그림 9] 철제 인입 장치의 올바른 모양. 이것이 훨씬 더 강력하다.

하중을 감당할 수 있다.

그러한 조인트는 전체적으로 철제와 플라스틱 간의 접착에 따르게 되어있으며, 그러므로 아주 꼼꼼하게 그리고 적절한 검사 범위 내에서 제작되어야 한다. 또한, 그러한 모든 사례에서, 금속과 비금속 간의 접착에서는 신중하게 설계되어야 하고, 철이 그 항복점에 빨리 도달하는 한 그리고 탄성력의 작용이 멈추게 되면 완벽하게 실패하게 될 것이다.* 금속에서의 응력이 원래 기대했던 것보다 높기 때문에, 일반적으로 탄성이 높은 금속으로 인입 장치를 만들 필요가 있고 그것은 신중하게 열처리가 된 것이어야 한다. 더욱이 금속이 결합된 그 '비행기 날개 뒷면'은 끌과 같이 날카롭게 가동되어야 한다.

리벳조인트(접합)

"어쨌든 나는 1인치도 안 되는 하나의 성찬을 얻었어요."
배 바닥판에게 의기양양하게 말했다.
그래서 그는 배의 모든 바닥을 작업하면서 그것을 더 쉽게 느꼈다.
"그때 우리는 별로 좋지 않아요." 바닥 리벳이 흐느끼며 말했다.
"우리는 명령을 받았습니다. 절대 주면 안 된다고 ...
그런데 우리는 주었습니다.
그러면 바다가 우리에게 들어올 것이고,
우리는 모두 함께 바닥으로 내려갈 것입니다!
처음에는 모든 불쾌한 것에 대해 비난을 받았고,
이제는 우리가 한 일에 대해 위안을 갖지도 않습니다."
"내가 당신에게 말했다고 하지 마세요." 스팀이 위안을 삼으며 속삭였다.
"하지만, 당신과 나 사이에... 그리고 내가 지나온 마지막 구름,
그것은 조만간 무슨 일이든 일어날 수밖에 없었어요.
당신은 성찬을 주어야 했고, 당신은 그것을 알지도 못한 채 받았습니다.
이제, 전에 그랬던 것처럼, 기다리세요."
- 루디야드 키플링, *자신을 찾은 배*

* 이는 금속과 페인트 또는 에나멜(예: 유리) 간의 접착에도 해당된다. 근대적 거리측정기 시대 이전에는, 기술자들은 '밀 스케일' 즉, 흑색 산화막이 표면을 갈라내는 하중을 통해 열연강재의 '양생점'을 판단하곤 했다.

철제 구조물에서 리벳조인트는 오히려 흐름에서 벗어나는 것이다. 왜냐하면, 그것들은 주로 대부분 가격이 높고 용접조인트보다 더 무거워지는 경향이 있기 때문이다. 이는 참 안된 일인 것이, 리벳조인트가 사실은 많은 장점을 가지고 있기 때문이다. 리벳조인트는 작업과 검사가 용이하고, 그래서 대형 구조물에서 그것은 균열을 중지시키는 데까지 역할이 확대된다. 말하자면, 실제 크고 튼튼한 그리피스 균열이 발생되었다면, 그것은 매우 빈번하게, 틀림없이, 리벳조인트의 홈 또는 불연속성에 의해 멈춰지거나 늦춰지게 된다.

더욱 중요하게 생각되는 것은, 리벳조인트는 약간만 미끄러지고 그래서 하중을 재분배하게 되어, 그것이 모든 조인트의 최악의 조건인 응력집중의 결과가 나오지 않도록 피해간다. 그러한 과정은 앞의 *<자신을 찾은 배>*에서 오랜 시간에 걸쳐 잘 묘사되어 있음이 인정되었으며, 잉그리스와 그리피스보다 오래전에, 실제 응력집중과 구조물의 균열 문제에 대한 키플링의 감정은 아주 명확했다. 즉 구조에 대한 그의 이야기 중 일부는 공학전

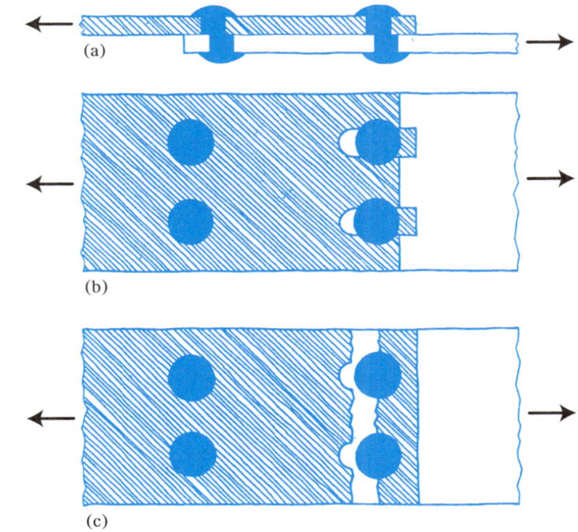

[그림 10] 리벳조인트가 실패하는 3가지 방식들
(a) 리벳의 절단에 의한 실패 사례
(b) 바닥 플레이트 외곽으로 리벳이 뚫고 나오는 경우
(예를 들면, 구멍의 '확장'이나 길이가 늘어나는 등의 원인으로)
(c) 바닥 플레이트의 파괴로 한 실패 사례

공 학생들을 위한 필독서였다.

각각의 개별 리벳은 아주 미세하게 미끄러짐이 있을 수 있었기 때문에, 응력집중의 최악의 결과는 감소되었고, 그래서 겹침 조인트를 만들기 위해서 연속된 여러 가지 리벳을 사용하는 것은 그 자체로 가치가 있는 시도이다. 끝부분 리벳은 미끄러질 수 있으므로 어떤 작용을 하기 위해 중앙부에 있는 리벳을 움직일 수 있다. 새로운 것이 철과 금속플레이트 간에 리벳조인트를 만들 때는 그 자체로 하중을 적절하게 배분하고 녹이 슨 것은 그 외부분이 작용하는 것에 변화를 줄 수도 있다. 금속산화물과 수산화물에 부식이 발생하면, 팽창하게 되고 조인트를 고정해서 하중에 변화가 왔을 때 앞뒤로 밀려 움직이지 못하게 한다. 더 나아가, 녹은 접착제처럼 플레이트 사이에 생기는 전단력 일부를 전환하게 된다. 그러므로 리벳 겹침 조인트의 강도는 일반적으로 시간에 따라 증가하게 된다.

리벳 구멍을 선박이나 보일러 같은 대형 철구조물에서 만들어질 때는, 통상 펀칭작업으로 구멍을 뚫게 된다. 이것이 철에 구멍을 만드는 빠르고 경제적인 방식이라고 해도 전반적으로 만족스럽지는 않다. 왜냐하면, 구멍의 끝에 있는 금속은 깨지거나 부서질 우려가 있는 상태이어서 종종 작은 균열을 발생시키기도 하기 때문이다. 이러한 영역에서 응력집중이 되는 부분이 있는 것은 확실하므로, 이것은 좋은 상황이라고 보기는 어렵다. 높은 수준의 작업에서는 이러한 이유로, 더 작게 구멍을 내고 세밀하게 다듬어 마무리한다. 이렇게 하는 것이 비용이 더 들어가더라도 조인트의 강도와 유용성을 재질상으로 높이는 효과가 있다.

리벳과 볼트 조인트 둘 다 모든 종류의 크기와 모양에 대응할 수 있다. 그러나 더 확대해서 말하자면 모든 그러한 조인트는 3가지의 다른 실패방식 중에 하나가 될 수도 있다.(그림 10), (a) 리벳 자체가 깨지거나 잘려나갔을 경우, (b) 리벳이 플레이트를 벗어나게 뜯어진 경우, 또는 (c) 리벳들 사이에 인장에 의해 플레이트 중 하나의 재료가 우표가 찢어지는 것처럼 깨졌을 경우 등이다.

적정한 예측과 측정에 의해서 이러한 3가지의 기계장치 각각에 의해 실패 가능성을 확인할 필요가 있다. 그러나 리벳조인트의 설계에 대한 '규정'은 로이드와 무역대표부 같은 조직에 의해 정해지기도 한다. 그리고 이러한 것은 모든 공학기술집에서 대부분 찾아볼 수 있다.

용접 (접합)조인트

모든 종류의 용접조인트는 오늘날 철제공정에서 폭넓게 사용되며, 용접이 리벳조인트보다 일반적으로 더 경제적이기 때문에, 또한 무게는 줄이고 강도는 더 높으므로 주로 사용된다. 배에서도 마찬가지로, 수면 아래에서 리벳 머리가 분실되는 것은 적은 양으로도 저항력이 감소한다.

매우 정밀한 용접은 전기아크 용접이다. 이러한 과정에서, 용접작업자는 단열된 클램프를 가지고 그의 오른손에 금속 로드와 용접봉을 잡는다. 왼손으로는 매우 어두운 유리로 된 마스크 또는 스크린을 잡고, 그것을 통해 안전하게 아크를 보게 되며, 로드의 끝과 그가 만든 솔기 사이에 '빛을 쏘고' 그러면서 잡는다. 보통 30-50볼트 정도 되는 아크는 대개 길이가 1/4인치(7cm)되고 용접봉 끝에서 용해된 금속이 모아진 작은 연못까지 금속을 가공해서 만든 것이며 이는 용접자가 조인트를 따라 잘 다루게 된다. 그 결과는, 혹은 그러게 반드시 되어야 하는 것은, 약 1/4인치 길이의 용접 금속의 '다리' 또는 연속적인 작업이 이루어져야 한다는 것이고, 그것이 조인트를 단단하게 하고 연결해주게 된다. 용접두께를 더 크게 할 필요가 있다면, 그때는 필요한 만큼 여러 번에 걸쳐 반복해서 그 작업을 해 주어야 한다.

용접이 적절하게 만들어지면 대개는 대단히 강하고 만족스럽게 되지만, 용접 부분에 기술이나 집중도가 결함이 생기면 슬래그가 포함되는 등의 결함이 발생되기도 한다. 그것은 조인트를 약해지게 하고 그것은 검사자의 눈에 쉽게 확인되지도 않는다. 심각한 비틀림의 원인이 되는 주변 금속의 과열 상황에 대처하는 일이 서투른 용접작업자에게는 쉽지 않다. 이것은 특히 용접되는 일이 무겁고 두꺼운 경우는 더욱 그렇다. 즉 예를 들어, 포켓형 전함인 그라프 스피Graf Spee선에 용접되어 설치된 엔진은 이러한 것이 원인이 되어 심각하게 문제가 되었다.

이론상으로 탱크나 배에서의 용접조인트는 더 이상의 처리를 하지 않아도 완벽한 방수가 되어있어야 한다. 그러나 이러한 경우는 거의 볼 수가 없고, 실제로 용접된 구조물은 이러한 측면에서 리벳 작업보다 더 많은 문제를 갖게 될 수도 있다. 리벳 겹침 조인트는 압축정 또는 코킹 도구에 의해서 플레이트의 끝부분을 늘어나게 하여 쉽게 코킹 마감이 되게 한다. 이것은 용접조인트로는 될 수가 없고, 그 상태를 다루는 최상의 방법은 겹침 조인트의 두 용접부 사이 공간에 압력을 가해서 액체의 실링 컴파운드를 주입하는 것이다. 동시에, 나는 용접된 전함에서 구획된 공간의 방수시험과 관련된 것에서 많은 문제가 확인된 것을 기억하고 있다.

예전에 나는 수 주 동안 왕립 조선소 중의 한 곳에서 리벳작업자로 또 용접기술자로 일할 수 있는 특권을 가졌었다. 이 시간 동안 나는 내가 생각하지 못한 여러 가지를 배웠는데 이것이 교재가 되었다. 공기압축 해머로 장착하고 데크에서 2인치 리벳을 받는 것이 힘들고 소음이 심한 작업이었지만, 그것은 또한 호기심을 자아내는 흥미로운 일이었고, 아주 훌륭한 리벳 작업이 된 것은 내게는 적어도 더욱 유용한 존재로서의 장점이 있는 골프의 매력 중 일부를 갖게 된 것과 같았다. 한층 더 스포츠적인 요소는 검사과정의 작동에 따라 추가되었다. 즉 그 당시에 우리는 각각의 리벳 마감을 하기 위해 많은 비율의 대가를 치러야 했다. 그러나 다섯 배 정도 많은 것이 검사자에 의해 불합격 판정을 받아서 그것들을 모든 리벳에서 빼버렸고 드릴로 뚫어서 다른 것으로 교체해야 했다.

리벳 작업이 만능이 아니고, 대조적으로, 용접은 확실히 최악이다. 용접은 내가 감히 최악을 매우 가능성이 있는 것처럼 말하듯이 처음 한, 두 시간 동안에는 충분히 만족스럽고 좋다. 그러나 이것이 금속성 소리를 내고, 깜빡거림이 늘어나고 용해된 금속의 저질의 독한 작은 연못 등을 확인하는 일을 한 후에 참을 수 없이 무감각해지며, 이 무감각은 사람의 목과 신발에 스며 들어가는 용해된 금속에서 나는 불꽃과 액체방울에 의해 그리 믿어지지 않게 된다. 그 후 지겨움과 피 묻은 마음과 같은 것이 가라앉은 지 며칠 되지 않은 날까지는 만족스러운 용접이 되도록 하는 일에 집중하는 일이 매우 어렵게 된다.

현대에 와서 관으로 되어 압력이 주어진 용접 용기는 자동화된 기계에 의해 만들어진다. 내 생각에 그것은 지겨움도 없고, 이러한 용접은 보통 다루기 쉽기도 하다. 그러나, 자동용접은 종종 선박이나 교량과 같은 대형 구조물에서는 비실용적이기도 하며, 실제로 그러한 용접작업은 보통 매우 불완전하게 바뀌기도 한다. 더 나아가 용접조인트는 균열이 증가하는 것을 가의 또는 전혀 방어막이 되지 못한다는 것이고, 이것은 왜 많은 대형금속 구조물이 최근 수년간 재난 수준으로 실패하는 경우가 생기는 데에 대한 하나의 원인이 된다.

크립 (변형)

호머는 너의 마차를 고장나게 하는 첫 번째 문제가
바퀴에 있음을 알았다.
– 존 채드윅, *선형 B의 해석*(케임브리지 출판사, 1968)

미케네와 고대 그리스 시대의 마차는 매우 가벼웠고 얇게 구부러진 버드나무, 느릅나무, 사이프러스와 같은 목재로 만들어져서 대단히 유연성을 가진 바퀴로 되어있었다. 그것은 보통 4개의 바큇살로 되어 있었다.(그림 11) 그러한 구조는 높은 탄력성과 복원력이 있었고 그리스의 언덕길 거친 땅을 가로질러 질주하는 차처럼 보였다. 더 무겁고 더 단단한 차는 필요 없을 정도였다. 사실, 바퀴의 둘레는 마차의 무게에 의해, 구부러졌고, 오히려 휘어진 것 같았으며, 휘어지는 것과 같은 것은 어떤 시간적 길이 동안 시위를 남기지 말아야 하며, 그래서 그 무게는 마차의 바퀴에 남아 있어서는 안 되게 해야 한다. 그러므로, 저녁에는 바퀴를 뺀 무게로 벽에 반대로 수직으로 마차를 매단다. 마치 오디세이의 책 4권에서의 텔레마쿠스가 한 것처럼, 또는 다른 하나의 바퀴도 뺀 채로 그렇게 하였다. 올림푸스 산에서조차 헤베여신이 회색 눈을 가진 아테네 마차에 바퀴를 끼우는 일을 아침마다 했다. 후에 훨씬 더 무거운 바퀴를 갖게 되었을 때 그러한 과정은 필요성이 덜해졌고 실효도 떨어지게 되었다. 현대의 메이어 경의 차에 달린 바퀴가 눈에 띄게 이상하게 보인다 해도 그 무게감은 오랜 시간 그들에게

[그림 11] 호머시대 마차 바퀴는 기본적으로 유연성을 가지고 있었고,
매우 얇은 목재를 구부려서 만들어졌다. 어떤 긴 길에서도 쉽게 비틀어지거나 휘어졌다.

남아 있을 것으로 짐작되기 때문에 나는 이해한다.*

지속되는 하중에 의해 활과 마차 바퀴가 변형되는 것은 기술자가 '크립(변형)'이라고 부르는 것 때문이다. 기초적인 후크의 탄성 법칙에서 우리는 단순성에 대해서, 어떤 재료가 응력을 모두 유지해준다면, 그것은 무한정 지속되게 될 것이며, 또한 고체에서의 변형은 그 변형이 일정하게 남아 있는 한, 시간에 따라서 변하지 않는다. 원재료에서는 이러한 가정의 어느 것도 확실한 진실이 안된다. 즉 거의 모든 재질은 시간의 흐름에 따라서는 일정한 하중을 유지하더라도 확장과 변형이 지속되게 된다.

그러나 많은 그러한 재료의 변형은 매우 다양한 모습을 보인다. 나무와 로프 및 콘크리트와 같은 공학 재료들 사이에서 일어나는 모든 변형은 매우 상당한 양상을 보이며 그 효과는 변형 정도에 따라 만들어져야 한다. 섬유에서의 변형은 우리의 옷이 해지고 바지의 무릎이 튀어나오는 등의 원인이 된다. 그렇지만, 더 새롭게 개발된 인조섬유보다 울이나 면과 같은 천연섬유에서 더욱 두드러진다. 이는 가볍고 질긴 인조섬유인 테릴렌으로

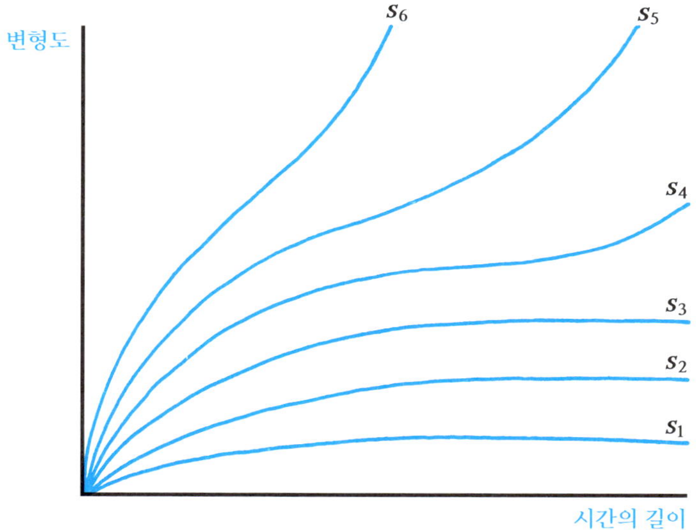

[그림 12] 지속적으로 응력을 받게 되는 소재에 대한 전형적인 시간-변형의 곡선

* 이런 종류의 소재가 관영마차를 탔을 때 V.I.P.의 멀미에 관한 대부분의 이야기에 바탕이 되었다.

만든 돛은 그 형태를 유지하기만 하는 것이 아니라 조심해서 '펼쳐지게 할' 필요도 없다. 면과 아마 섬유로 만든 돛으로 만들어진 것은 새것일 때 그렇게 주의를 기울여야 하는 데 반해서 차이가 크다.

금속에서의 변형은 일반적으로 비철금속에서보다는 덜 두드러진다. 그리고 철의 변형이 높은 응력과 가열되었을 때 눈에 띄게 변형이 된다 해도 그 영향은 종종 보통의 온도에서 가벼운 하중을 다루게 될 때는 부정되기도 한다.

어떤 재료에서의 변형은 더 많은 높은 응력을 받는 부분이 가장 많은 변형을 일으키기 때문에, 종종 긍정적인 영향을 주는 활동으로 재분배되는 응력이 원인이 된다. 이는 낡은 구두가 새로운 것보다 더 편안한 것과 같다. 그래서 만약 응력집중이 사라진다면, 조인트의 강도는 시간이 지남에 따라 향상된다. 당연한 일로, 조인트에서 하중이 역전된다면, 변형은 반대의 영향을 주게 되고 조인트는 약화되게 된다.

변형이 원인이 되어 비틀림이 영향을 받는 경우는 특히 오래된 목구조에서 두드러진다. 건물의 지붕에서는 종종 눈에 띄게 늘어지기도 하고, 낡은 목선은 보통 바닥이 '둥글게 말려'있다. 배의 끝은 기울어진 반면 중앙부는 솟아 있는 모습이다. 이는 H.M.S. 군함 빅토리호의 대포 설치 부분에서 매우 잘 나타난다. 철과 같은 금속은 차의 스프링이 '주저앉아' 있어서 교체해야 할 때가 되었을 때 변형의 정도를 잘 알 수 있다.

서로 다른 고체물 들 사이에 커다란 변화가 발생된 것과 같이 변형의 폭이 큰 경우라고 하더라도, 움직임의 일반적인 패턴은 거의 모든 재질에서 매우 같다. 우리가 일련의 지속적 응력 s_1, s_2, s_3... 등과 같은 것에 대한 문제가 있을 때 같은 재료에 대한 시간의 수치적인 양(시간의 크기를 추정하는 편리한 방법이다.)에 대한 형태 변화나 변형을 계획하였다면, 우리는 [그림 12]와 같은 다이어그램을 얻게 될 것이다. 그것은 길이가 얼마만 한 하중을 받는다고 해도, 아마 그 재료를 결코 파괴하지 못하는 수준 이하인 기준 응력인 s_3 처럼 보이게 될 것이다. s_3 더욱 더 높은 응력에서, 그 재료는 시간에 따라 굴절될 뿐 아니라 우리가 대체로 피하고 싶어 하는 영향인 실질적인 파손과 파괴가 진행되게 될 것이다.

다른 재료와 마찬가지로 토양에서도 역시, 하중 이하에서 변형이 일어나며, 그래서 우리가 바위 또는 아주 단단한 지반을 형성하지 못한다면, 우리는 기초의 '정착'을 예의주시해야 하며, 그것은 보통 작은 건물보다 대규모 건물에서 더 깊이 조성되어야 한다. 이는 콘크리트로 된 '기반구조물'에 대형 구조물을 건조해야 할 이유이다. [참고 7]에 있는 클레어 다리의 아치에 있는 기초의 침강을 주의 깊게 보는 것이 좋겠다.

Chapter 8

연성 재료와 살아 있는 구조

또는
나사는 어떻게 디자인했을까

'나는 매우 기쁘다' 라고
푸우가 행복하게 말했는데,
그것은 '나는 무언가를 담을 수 있는
아주 쓸모 있는 그릇을 너에게 주려고 생각해서'
'나는 매우 기쁘다' 라고
삐레가 행복하게 말했는데,
그것은 '나는 쓸모 있는 그릇에 담기 위해
어떤 것을 너에게 주려고 생각했었던 점이 ...'
– A.A.밀른 *곰돌이 푸우Winnie-the-Pooh*

자연이 '삶 Life'이라고 하는 것을 창조했을 때, 그것을 담을 유용한 그릇에 대해 조금은 걱정스럽게 주변을 둘러보았고, 삶이 오랫동안 벌거벗은 채로 어떤 제약을 받지도 않고 발전하기도 어려울 것이라고 보았다. 그 당시에 지구는 바위와 모래, 물과 여러 종류의 환경들이 아마 여유가 있었지만, 그것의 저장소를 갖게 되기에 적절한 재료가 부족함을 가졌음에 틀림없다. 단단한 조개는 미네랄로 만들어졌지만, 부분적으로 초기의 진화단계에서 연한 피부가 가진 장점이 더 압도적이었던 것으로 보였다.

물리학적 측면에서는, 세포의 벽과 다른 살아 있는 막은 다른 것을 제외한 어떤 특정한 분자에 매우 제한적으로 침투하게 되도록 할 필요가 있다. 기계적으로, 이러한 막의 기능은 종종 유동성이 있는 주머니와 같은 역할을 한다. 그것들은 대체적으로 인장력에 저항할 수 있어야 하고 터지거나 찢어짐이 없이 매우 신중하게 늘어날 수도 있어야 한다. 또한, 대부분 피부나 막의 경우에서는 그것을 늘리는 힘이 제거되었을 때는, 원래 가지고 있었던 길이로 회복될 수 있어야 한다.* 현재 살아서 작용하고 있는 막에 대한 변형은 안전하고 반복적으로 다양한 대안으로 늘어날 수 있지만 대개 50-100% 정도가 된다. 최초 가공된 재료를 위한 작동 조건에서의 안전한 변형은 보통 0~1% 이하이며, 그래서 우리는 생물학적인 조직체가 초기의 기술적 고체상태보다 1000배 이상 더 높게 탄성변형을 할 수 있도록 견뎌야 한다.

이것은 탄성력과 구조에 관한 많은 전통적인 엔지니어의 예지력이 있는 아이디어를 뛰어넘는 변형의 범주 안에서 많이 증가할 뿐 아니라, 이러한 크기의 변형이 수정과 같은 고체나 미네랄로 만들어진 유리 또는 금속이나 그 밖의 단단한 물질에 의해서는 이루어질 수 없다는 것은 명백하다. 그러므로 적어도 그것은 재료과학자들에게는 살아 있는 세포가 표면장력의 힘으로 둘러싸인 작은 물방울로서 출발했다고 생각하게 되는 것이 유혹적이라고 할 수 있다. 우리는 대단히 명확하게 되었지만, 이것이 실제 활발하게 일어나는 것임이 확실하다는 것과는 상당한 거리가 있는 것이다. 즉 실제 대단히 생소한 어떤 것, 또는 어떤 비율로 상당히 더 복잡한 것이 생겼다는 것을 말한다. 확실한 것은 동물성의 부드러운 조직의 탄성력을 가진 몇 가지의 대상물이 액체표면의 행태와 닮았으며 가능한 한 그것들에서 벗어나고자 한다는 점이다.

표면장력

우리가 액체의 표면을 늘려보면, 그래서 전보다 더 넓은 범주를 갖도록 하면, 우리는 그 표면에 분자의 수를 증가시키게 된 것이다. 이 증가된 분자들은 액체 내부에 있는 것만으로 된 것일 뿐이고 그것은 내부에서 그것을 유지하려고 버티는 그 힘에 저항하는 표면에 있는 액체 내부로부터 끌어오게 될 수밖에는 없고, 그것은 매우 커다랗게 보여진다. 이러한 이유로 새로운 표면의 창조는 에너지가 필요하고, 그래서 표면은 또한 완벽하게 실제적인 힘이라고 할 수 있는 인장을 포함하고 있다.† 이것은 물방울이나

* 기계적인 문제는 종종 근섬유와 수축을 위한 동적인 기능의 결합이 이루어짐에 따라 매우 복잡하다. 그렇지만 우리는 그것이 노출되도록 하는 데에서 무시하게 된다.

† 표면장력의 이론은 원래 1805년경에 영과 라플라스에 의해 독립적으로 산정되었다.

수은에서 대단히 쉽게 볼 수 있다. 거기에 있는 표면에서의 인장력은 중력의 힘에 저항하는 많고 적은 공간적인 형태로 그 물방울을 잡아당긴다.

하나의 물방울이 수도꼭지 입구에 매달려 있게 되면, 물방울에 있는 물의 무게는 표면의 인장력에 의해 지탱하게 된다. 이러한 현상은 물방울이 모이고 무게가 증가함에 따라서 물과 다른 액체의 표면장력을 측정하는 간단한 학교에서의 실험 과제 정도이다.

액체표면의 인장력이 줄 또는 여타의 고체에 있는 인장력과 같다고 하더라도, 그것은 적어도 3가지의 중요한 점에서 탄성과 후크의 인장력과는 상이하다.

1. (인)장력은 변형이나 확대에 따라 영향을 받는 것이 아니라 표면이 얼마나 늘어나건 간에 지속성이 더 중요하다.
2. 고체와는 달리, 액체의 표면은 파괴됨이 없이 원하는 만큼의 커다란 변형을 하면서 거의 무한대로 확장되기도 한다.
3. (인)장력은 종단부를 따라 영향을 받지 않고 단지 표면의 폭에 의존한다. 표면장력은 하나의 물방울 또는 '두꺼운' 액체이거나 얇거나 또는 '가느다란'것과 같다.

공기 중의 물방울은 생물학적 목적에 사용되는 일이 적다. 왜냐하면, 그것은 지면에 곧 떨어지게 될 것이기 때문이다. 그렇지만 또 다른 액체 내부에서 떠다니는 하나의 액체방울은 오랫동안 무한정으로 존재할 수 있고 그것은 생물학적이나 공학적으로도 매우 중요한 사실이다. 이러한 종류의 시스템을 '에멀션'이라고 하며 우유와 유사하고 윤활유와 페인트 종류들과도 비슷하다.

물방울은 대개 구(球)형이며 그 구의 볼륨은 반경의 입방체와 같으며 구의 표면적은 반경의 제곱에 따라 달라진다. 그래서 비슷한 두 개의 물방울은 결합해서 하나가 되면 볼륨이 두 배가 되고, 표면적과 표면력은 상당한 감소가 일어난다. 그래서 합체가 된 하나의 에멀션에 있는 물방울을 위한 그리고 두 개의 연속된 액체로 분리하는 시스템을 위한 에너지의 보상이 있다.

우리가 물방울이 합쳐지지 않고 분리된 상태를 유지하기를 원한다면, 서로서로 밀어내도록 배열을 해야 한다. 이것을 '에멀션 안정화'라고 부르며 복잡한 과정을 거치게 된다. 안정화에서의 첫 번째 요소는 물방울 표면에 적절한 전기적 충전을 공급하는 것이다. 그것은 에멀션이 산과 알칼리와 마찬가지로 전기적으로도 영향을 받기 때문이다. 안정화가 적절하게 이루어지면 우리는—표면 에너지를 저장하고 있음에도 불구하고—물방울을 함께 갖고 오기 위해 대단히 많은 작용을 해야 하며, 그것은 버터를 만들기 위해서 크림 거품을 만들기 위한 일이 매우 어려운 그것과 같다. 자연은 에멀션 안정화에는 오히려 매우 좋은 환경이다.

그러나 때로 심각한 불이익이 생긴다고 하더라도, 하나의 동물이 매우 작고 둥글게 되는 것에 만족하는 한, 거기에는 피부나 막 또는 저장고와 같은 것의 표면장력에 대해 언급하는 것은 좋은 시도라고 할 수 있다. 하나의 대상에 대해서, 피부가 확장성이 크고 자체 회복이 가능하다는 것과, 또 다른 것에 대해서, 재생산의 문제가 매우 단순하게 되는 것은, 물방울이 팽창하게 되면 두 개로 터져서 두 개의 물방울이 되기 때문이다.

실제 연성 섬유의 움직임

내가 알고 있는 한, 오늘날의 세포벽은 어떤 복잡하지 않은 표면장력 메커니즘에 의해 간단하게 작용하지는 않는다. 그렇지만 그것 중 상당수가 오히려 기계적으로는 유사한 방식으로 활동하고 있다. 단순히 표면장력에 관한 어려움 중의 하나는 그 장력이 지속적이어서 표면을 더 두껍게 한다고 해서 증가할 수는 없다는 것이다. 이것은 이러한 방식으로 만들어진 저장 용기의 크기를 한정 짓게 한다.

그러나 자연은 '그 두께를 바로 관통하는' 것으로 말할 수 있는 표면장력의 특성을 가진 재료를 생산할 수 있는 대단한 능력이 있다. 약간 민망한 사례는 많은 사람에게 친근함을 갖게 한다. 치과의사가 양동이에 침을 뱉으라고 말하고 나서, 그 침의 결과로 나타난 선이나 줄이 때때로 무한정 늘어날 것처럼 그리고 절대 안 끊어질 것처럼 보인다. 분자의 메커니즘이 작동하는 것이 분명하지는 않지만, 응력과 변형 때문에 그러한 재료의 움직임은 [그림 1] 에서처럼 대단히 많이 일어나게 된다.

대부분 동물 섬유세포는 침처럼 늘어나지는 않고, 상당한 비율의 동물이 50% 또는 그 이상 유사한 특성을 가진 변형을 일으킴을 보여준다. 젊은 사람들의 방광은 이러한 경향을 다소 받게 되는데, 100% 정도 늘어나는 변형을 가져오며, 개의 경우는 200%까지 늘어나기도 한다. 우리가 3장에서 언급한 것처럼, 나의 동료인 율리안 빈센트 박사는 최근에 수컷 메뚜기와 어린 암컷 메뚜기의 연한 표피는 100% 이하의 어떤 변형이 있었고, 알을 가진 성체 암컷은 1,200%라는 놀랄만한 확장을 일으키고 얼마 지나서 완벽하게 원상복구 되는 것을 보여주었다.

대부분의 막 구조와 그 외의 연성 세포들의 응력-변형 곡선이 엄격하게 수평 평형을 이루지는 않더라도, 종종 그것에 접근치를 보여주며, 최초에는 50%까지 비례적으로 변형을 가져오며, 그래서 우리는 이러한 종류의 탄성 변화의 결과를 잘 고려해야 한다. 실제로, 그런 재료로 만들어진 구조는 표면장력 이하의 액체필름으로 만들어진 것과 필연적으로 닮았으며, 그것들은 목욕탕에서 비누 거품으로 만들어지는 것을 관찰하면 확실히 확인할 수 있다.

이 기본 원리가 가지고 있는 것은 이러한 종류의 재료나 막이 근본적으로는 지속적인 응력 장치라고 할 수 있으며, 말하자면, 그것은 제시된 유일한 응력이며, 그 하나의 응력은 모든 방향에서 작동될 것이다. 이러한 조

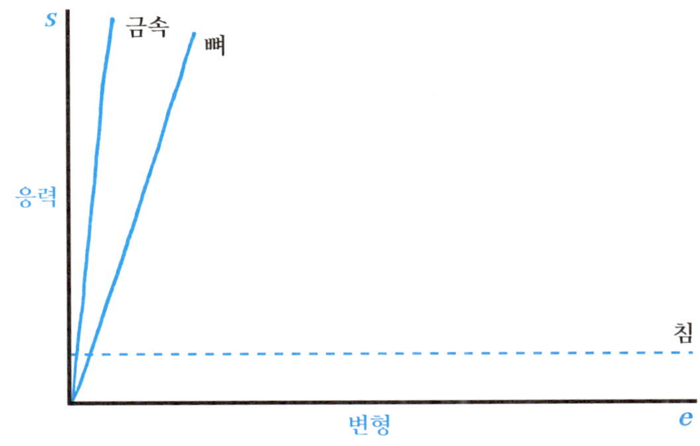

[그림 1] 금속과 뼈 그리고 침에 대한 긴장-변형 다이어그램

건을 가진 경쟁력 있는 결과물인 조개나 그릇 또는 압축제작 된 저장장치는 구 또는 구의 일부 형태이다. 이것은 비누 거품이나 맥주의 거품에서 아주 확실하게 보인다. 이러한 종류의 막으로 만들어진 기다란 형태의 동물을 만들기 바란다면, 그때 '분절된' 구조물을 만들기 위해 해야 할 가장 좋은 것은 [그림 2]와 같은 것이다. 그래서 실제로 이러한 종류의 것은 벌레 모양의 동물에서는 매우 흔하게 볼 수 있다.

그러나 이러한 장치는 벌레의 표피에 있는 것이고, 그것을 원하는 것이 혈관과 같은 파이프나 튜브 같은 것이라면 별 필요가 없다. 6장에서 보았던 것처럼 파이프에 대해서는, 원주 응력이 축방향 응력의 2배가 되며, 이러한 차이는 우리가 논의해왔던 그러한 종류의 막은 마감 장치로 설치할 수가 없게 된다는 것이다. 그래서 그것이 응력-변형 경사선이 [그림 3]의 모양으로 맞춰진 후에 상승하는 재료를 갖는 데에 필요하다는 것이다.

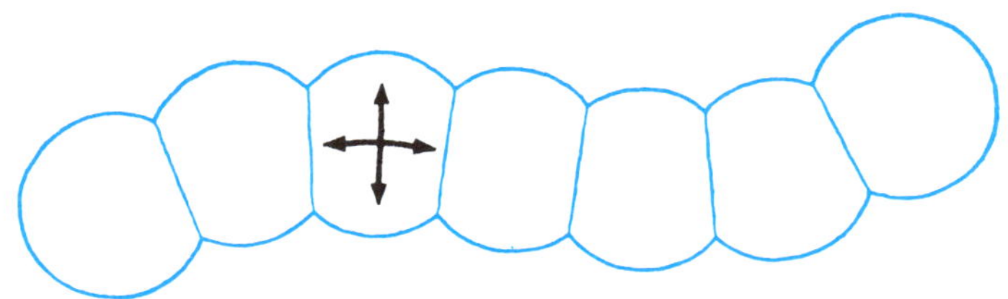

[그림 2] 분절형 동물. 각 응력은 표면의 양방향에서 같다.

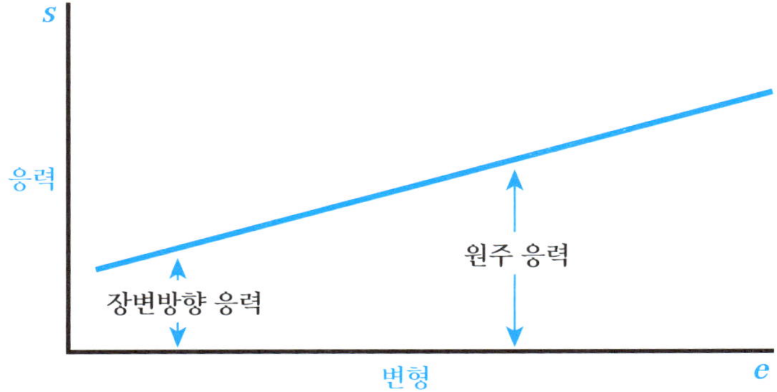

[그림 3] 원통형 저장 용기의 외피를 만드는 것은 막 구조의 응력-변형 곡선이 원주 응력이 장변방향응력의 2배가 되게 하기 위해서는 상승하는 경향이 나타나야 한다.

이러한 조건을 충족하는 높은 확장성을 가진 고체의 가장 두드러진 대상은 고무라고 할 수 있고, 현재는 고무와 같은 재질을 가진 것들이 천연 또는 인조로 된 것이 많이 있다. 이러한 고체 중의 몇 가지는 약 800%까지 변형이 가능한 것도 있다. 이러한 것들은 과학자들에게 '탄성체(엘라스토머 : elastomers)'라고 알려져 있다. 우리는 고무 튜브를 온갖 기술적인 목적으로 사용하고 있으며, 그래서 사람들은 하는 일이 자연과 같은 확실한 것을 구상함에 있어서 동맥과 정맥 같은 것을 만들기 위해 적합한 고무 재질의 고체를 발전시키려고 하는 것이다. 그러나, 이것은 자연이 하지 못하는 것이며, 매우 긍정적인 이유로 그것이 확인되었다.

고무와 같은 특성을 가진 재질은 대단히 특이한 'S자 형상' 또는 'S' 모양을 가진 응력-변형 곡선을 가지고 있다.(그림 4 참조) 나의 다소 불안정한 수치 결과에 따라서, 우리가 그러한 재료와 거기에 바람을 메운 것과 같은 튜브나 실린더를 만들게 되면, 내부의 압력에 따라서 50% 또는 그 이상의 원주변형을 포함하게 되고, 그때 공기충전이나 팽창의 과정은 불안정하고, 튜브는 축구공을 삼킨 뱀처럼 부풀어 오를 것이고, 의사가 하나의 '동맥류' 같다고 표현한 것처럼 하나의 구형 돌출물이 되어 나타나게 된다. 사람은 원래 어린이들이 갖고 노는 실린더형 고무풍선에 바람을 불어 넣는 것(그림 3 참조)에 의해 쉽게 이러한 실험적인 결과들을 내놓을 수 있으

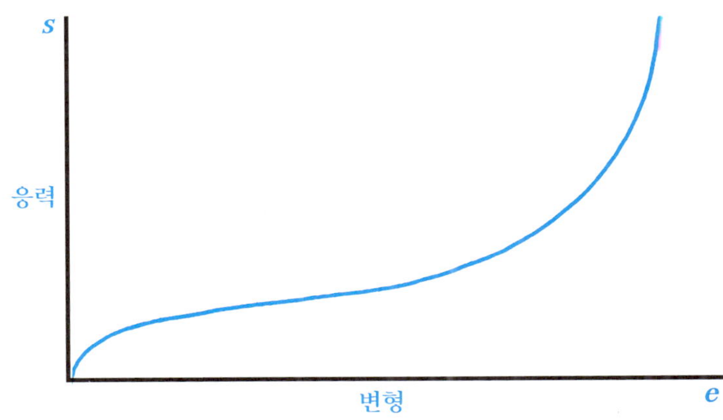

[그림 4] 고무 표준재료에 대한 응력-변형 곡선

므로, 나의 수치로 된 성과는 아마 맞는 것 같다.

사실, 동맥과 정맥은 일반적으로 약 50%의 변형이 일어나기 때문에, 어떤 의사가 말해준 것처럼, 그러한 조건 중 하나는 혈관에서 가장 피하고 싶은 것이 동맥류의 발생이며, 고무와 같은 탄성을 가진 것들은 우리 내부의 막을 가진 장기 대부분에서 매우 불안정적이고 상대적으로 동물조직에서는 드문 편이다.

우리가 수학적으로 계산을 할 때, 그것은 높은 변형에서 유동적인 압력을 받는 중에 완전하게 안정적인 탄성력 중의 한 가지만 밝혀낼 줄 뿐이며 그것은 [그림 5]에서 나타내주고 있다. 미미한 변형을 가진 이러한 응력-변형 곡선의 형태는 동물의 조직에서는 실제 매우 흔한 일이고 막 구조에서도 부분적으로 나타난다. 우리가 귀의 돌출부를 잡아당겨보면 이것을 감지할 수 있다.

[그림 5]에서는 그 재료에 대한 응력-변형 곡선이 실제 그 원점(응력과 변형이 0인 점)을 통과했는지 또는 변형이 없을 때 여전히 그 재료에 한정된 인장력이 있는지—금속과 같은—후크의 법칙에서 비롯되어 엔지니어의 영혼에 주었던 충격을 의심할 여지 없이 정확히 산정된 상황들에 대해서이다. 그러나 우리가 살아 있는 신체에서 볼 수 있는 것은 실제로 '원점'에 일치하는 것은 아무것도 없다는 것이다. 즉, 거기에는 분명하게 응력과 변형이 실제로 0인 상황은 없다는 것이다.(비누 막 같은 것으로 만들어진 구조 같은...)

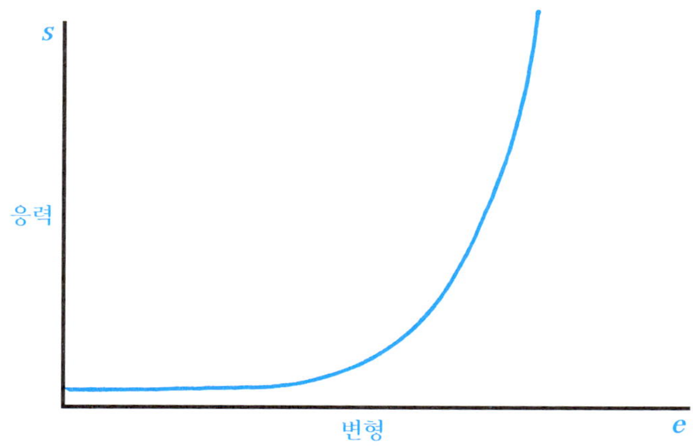

[그림 5] 전형적인 동물조직에서의 응력-변형 곡선

어떤 비율상에서 동맥은 몸 안에서 인장력을 지속해서 가지고 있고, 생생하거나 신선한 동물을 해부해보면, 그것이 매우 눈에 띄게 짧아지게 된다.

다음 부분에서 알 수 있게 되는 것으로, 이 인장력은 아마 혈압의 변화처럼 길이의 변화가 동맥의 어떤 변화 경향에 역작용하게 하는 추가적인 장치이거나, 또는 그 동맥의 벽 내부에서 장변방향으로 원주 응력을 같게 하도록 하는 때늦은 시도임을 보여준다. 다시 말하면 표면장력의 상태로 회복시키기 위한 시도란 아득한 과거에 존재했을 것이라는 점이다. 사람들이 심각한 장기간의 진동 문제가 생겼을 때—예를 들면 체인형 톱을 사용하여 벌목하는 경우에—이러한 인장력은 없어질 수 있고 동맥이 늘어날 수 있으며 구불구불 해지고, 꼬불꼬불 해지거나 지그재그로 되기도 한다.

포아송비 - 또는 우리의 동맥은 어떻게 작용하나

실제로, 심장은 일련의 일정한 심장박동에 따라 동맥으로 피를 내보내는 왕복펌프라고 할 수 있다. 심장이 하는 일은 간단하고, 그래서 일반적으로 신체가 건강한 것은 심장 주기의 펌프질 및 수축 부분에 따라 이루어진다는 것이고, 고혈압의 상태가 많이 초과되는 것은 대동맥과 더 커진 동맥의 탄성 팽창 때문에 조정된다. 이러한 것은 압력의 변동을 완화하는 효과가 있고, 일반적으로 혈액순환을 촉진시키는 효과도 있다. 실제로 동맥의 탄성력은 엔지니어가 종종 기계적인 왕복펌프에서 맞닥뜨리는 공기-병의 문제와 같은 일을 많이 한다. 이러한 간단한 장치에서 펌프 피스톤의 배출운동을 동반하는 압력의 증가는 공기의 공급에 일정하게 압력을 가해 펌핑되고, 그에 적합한 용기 또는 저장고에 갇혀 있는 액체에 대한 안정화를 통해 부드럽게 완화되게 된다. 펌프의 밸브가 경로의 끝에서 닫히게 되었을 때(심장의 밸브가 심장 확장을 하게 된 것처럼), 그 액체는 갇힌 공기의 회복과 팽창 때문에 그 경로를 계속 진행하게 된다.(그림 6)

이렇게 동맥의 리드미컬한 팽창과 이완은 필수적이고 양호한 것이다. 그리고 사실상, 동맥의 벽은 나이가 들면서 경직되고 굳게 되며, 혈압은 높아지는 경향을 보이고, 심장은 더 일을 많이 하게 되어 동맥에 좋지 않은 상황이 된다. 우리 대부분은 이러한 것을 알지만, 많은 사람이 동맥의 벽의 변형이 일어나는 것을 고려하지 않는 것 같다.

우리가 6장에서 계산해 본 것과 같이, 동맥의 벽과 같은 실린더형 혈관에서 장변방향의 응력은 원주 응력의 반에 불과하다. 이것은 컨테이너의 벽에서 만들어지는 것이 무엇이든 간에 항상 있을 수 있는 사례이다. 그러므로, 후크의 법칙을 직접적이고 원칙적으로 수용한다면, 장변방향의 변형은 원주변형의 또 반이 될 것이며, 전반적인 확장은 비례에 따르게 된다고 보이게 되는 것으로 그 크기를 설명할 수 있다. 지금 어떤 중요한 동맥—다리로 피를 공급하는 것과 같은—은 직경이 1cm 정도 되며, 길이는 1m 정도 된다. 변형은 실제로 2:1 비율이며, 단순 계산으로 직경 0.5mm의 변화는—그것이 인체 내부에서 쉽게 수용되는—약 25mm 또는 1인치 정도 동맥의 전체 길이 변화를 동반하게 된다는 것이다.

이 크기의 길이 변화는, 1분에 70번 발생하며, 일어날 수도 일어나지도 않는 것이 분명하다. 이러한 종류의 상황이 실제 일어난다면, 우리의 몸은 활동이 안 될 것이다. 극단적인 예에서 보면, 사람은 뇌로 가는 혈관에서 일어날 그러한 일을 상상할 뿐이다.

다행스럽게도, 실제의 삶에서는, 모든 종류의 압축을 받는 관에서는

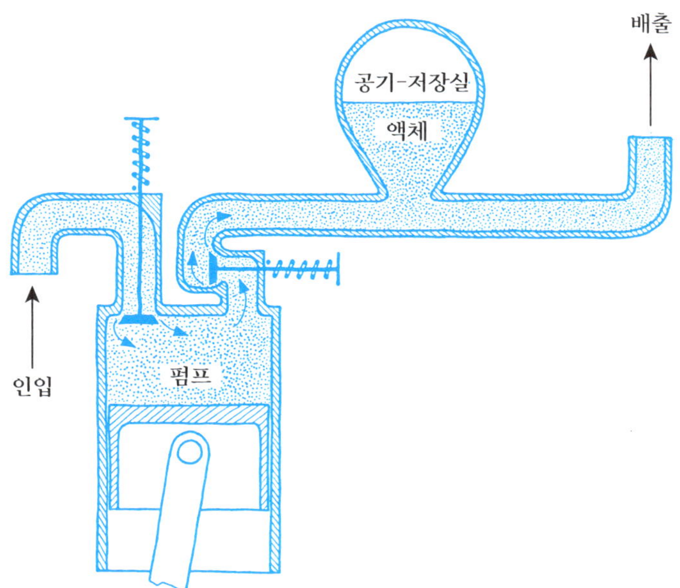

[그림 6] 대동맥과 동맥의 탄성적 팽창은 공기-저장실이 엔지니어의 왕복펌프에 부착되어 있는 것처럼 혈압의 변동을 완화하는 것과 같은 기능을 수행한다.

세로로의 변형과 팽창이 우리가 기대했던 것 보다, 또는 너무 단순한 논의가 이루어져서 공포를 느끼게 했던 것보다는 훨씬 적다. 이것이 소위 '포아송비' 라고 불리는 것 때문이다.

고무밴드를 늘려보면 그것이 눈에 띄게 얇아진다. 그래서 대부분 재료에서 그 효과가 별로 두드러지지 않더라도 모든 고체에서 같은 일이 일어나게 된다. 이에 반해서, 재료에 압력을 가해서 짧게 한다면, 옆으로 삐져 나가게 될 것이다, 이러한 두 가지 현상은 탄성 효과이며 하중이 제거되면 사라지게 된다.

금속이나 뼈와 같은 것들에서 이러한 옆으로의 움직임을 알지 못하게 되는 이유는 장변방향의 경우와 반대 방향의 변형이 너무 작기 때문이다. 그러나 그 효과는 대개 같다. 모든 고체에서 이러한 일들이 생긴다는 것과 그러한 행태가 실제적인 탄성력에서는 중요하다는 사실은 프랑스 사람인 S.D.포아송(Poisson 1781-1840)이 첫 번째로 발견했다. 그는 정말로 가난한 환경에서 태어났고 15살이 되기 전까지는 제대로 된 교육을 받지 못했다. 그는 31살에 프랑스 정부에서 최고의 명예로운 프랑스인 중의 한 사람이었던 위대한 학자가 되었다.

우리가 3장에서 말했던 후크의 법칙은 다음을 말해준다.

$$\textbf{영계수} = E = \frac{\textbf{응력}}{\textbf{변형}} = \frac{s}{e}$$

그래서, 인장 응력 s_1을 평판에 적용하려면, 그 재료는 우리가 잡아 늘이려는 방향으로 인장 응력을 갖게 하려고 탄성적으로 길이를 늘이고 널리 펴지도록 하게 될 것이다.

$$e_1 = \frac{s_1}{E}$$

그러나, 그 재료는 또한 포아송이 어떤 재료에 대해서도 적용하도록 발견한 것으로 우리가 e_2라고 부르는 어떤 다른 변형의 영향으로 측면이 수축(즉, 직각 부분 s_1)이 될 것이다. 이 e_2와 e_1의 비율은 일정하므로, 이 비율을 '포아송비' 라고 부르는 것이다. 우리는 이 책에서는 기호 q로 사용하게 될 것이다. 그래서, 단순히 모든 방향성을 가진 인장 응력 s_1에 대한 주어진 재료의 문제는,

$$q = \frac{e_2}{e_1} = \textbf{포아송비}^{*}$$

s_1의 방향에 있는 변형 e_1는 종종 '1차 변형'으로 불리며, 직각 방향에서 s_1 에 의해 발생된 이 변형은 '2차 변형'이라고 불린다.(그림 7)

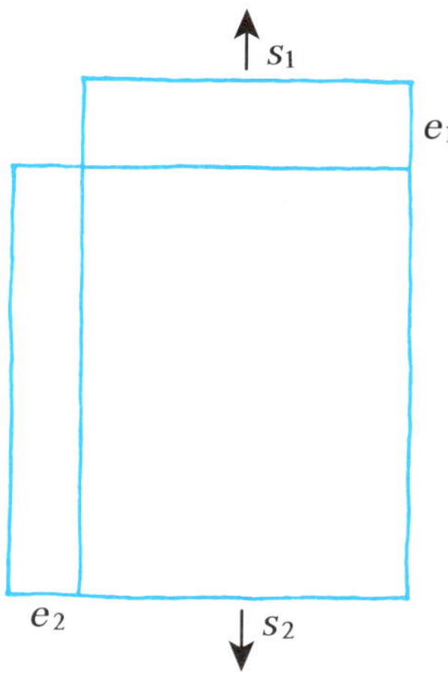

[그림 7] 고체가 인장 응력 s_1에 의해 늘어나게 될 때, 1차 변형 e_1에 의해 s_1의 방향으로 늘어나게 된다. 그러나 2차 변형 e_2에 의해 측면으로 수축한다.

$$\text{포아송비} = q = \frac{e_2}{e_1}$$

우리가 언급해왔던 것으로부터,

$$e_2 = q.e_1$$

그리고 $e_1 = s_1/E$ (후크의 법칙)

그 때 $$e_2 = q.s_1/E$$

그래서 우리가 q와 E를 알게 되면 1차와 2차 변형을 산정할 수 있게 된다.

엔지니어링 자재로는 금속, 돌, 콘크리트 등을 선호하기 때문에, q는 거의 항상 $\frac{1}{4}$에서 $\frac{1}{3}$ 사이에 놓이게 된다. 생물의 고체를 위한 포아송비의

* 모든 이런 사례에서, e_2는 항상 e_1에 반대되는 것으로 나타나기 때문에, q 또는 포아송비는 항상 부정적인 것이 되고, 그에 관련해서는 마이너스 신호를 갖게 하고 있다. 그러나, 우리는 이것에 대해 잊어버리거나 마이너스 신호를 생략할지를 선택한다. 이것은 우리가 지금 행동하고 있는 것과 같이, 그 총합 측면에서 마이너스 신호를 갖게 됨에 따라 보상받게 되는 것이다.

수치는 이것보다는 높아서 약 $\frac{1}{2}$ 이 된다. 초등학교 선생님들은 탄성력이 포아송비가 $\frac{1}{2}$ 더욱 더 높은 수치를 보일 수 없을 것이라고 여러분에게 말할 것이다. 그렇지 않으면 여러 가지 장난스럽고 용서할 수 없는 것들이 일어나게 될지도 모른다. 이것은 부분적으로는 사실이고, 어떤 생물학적 재료에 대한 수치는 때때로 실제 매우 높을 수도 있으며 종종 일치하는 점을 넘어서기도 한다.* 내 배에 대한 포아송비의 실험 수치는 욕실에서 최근에 측정되었는데, 약 1.0 정도이다.(160쪽의 각주 참조)

그래서, 우리가 언급한 것처럼, 포아송비의 영향은 그 정도이다. 우리가 막이나 동맥의 벽과 같은 재질의 조각을 한 방향으로 잡아당겨 보면, 그 방향으로 더 길게 될 것이다. 그러나 직각 방향에서는 수축되거나 더 짧아진다. 그렇기 때문에 각 면이 직각으로 두 개의 인장이 적용되면, 그 영향은 증가될 것이고 변형은 응력 중의 하나가 분리되어 적용된다면 기대했던 것보다 적어지게 될 것이다.

두 개의 동시작용 응력 s_1과 s_2에 대해, s_1의 방향에서의 전체적인 변형은 다음과 같다.

$$e_1 = \frac{(s_1 - qs_2)}{E}$$

그리고 방향에서의 전체적인 변형은 다음과 같다.

$$e_2 = \frac{(s_2 - qs_1)}{E}$$

6장을 돌아보면, 포아송비 존재의 결론은 후크의 법칙에 따른 관모양의 압축 용기의 벽에 장변방향이나 세로의 변형이라는 것이다.

$$e_2 = \frac{rp}{2tE}(1-2q)$$

r = 반경, p = 압력, t = 벽두께,

이것은 튜브의 길이 방향 탄성 팽창이 예상보다 적었다는 것을 말해준다. $\frac{1}{2}$ 의 포아송비를 가진 후크의 법칙에 따른 재료에 대해서는 전혀 변동이 없다. 사실, 우리가 보아왔던 것처럼, 동맥의 벽은 후크의 법칙에 따르지 않고, 그것의 포아송비가 $\frac{1}{2}$ 보다는 높다는 것으로 보인다는 것이고, 이는

* 불필요한 일치성의 문제로 야기된 지나친 탄성력을 안정시키기 위해서, 에너지 변화를 포함해야 된다는 점을 알고 있다. 이러한 변칙적인 것은 일종의 이성적인 설명이라고 할 수 있다.

이 두 가지 효과는 서로 상쇄되는데, 그 이유는 실험상으로 아주 작은 세로상 움직임이 감지되었기 때문이다.* 동맥은 인체 내부에서 영원히 확장된다는 사실은 의심할 여지가 없는 것이고 그것은 어떤 잔여의 장변방향 변형에 대한 사전경고라고 할 수 있다.

포아송비의 효과는 아마 동물의 조직에서 대단히 중요할 것이고, 엔지니어링에서도 또한 중요하며 그래서 그 문제는 모든 종류의 연관성에서 연속적으로 나누어지게 된다.

그것은 아마 대동맥과 중요한 동맥은 심장박동에 따라 탄력 있게 팽창과 수축을 하게 되고. 우리가 논의해왔던 그 방식에 따라서 보면, 더 작은 동맥에서는 통상 그 작용의 상태가 오히려 차이를 보인다. 이러한 더 작은 혈관의 벽은 경직도를 효과적으로 증가시킬 수 있는 근육조직으로 만들어진다. 그래서, 혈관 벽의 직경을 제한해서 인체의 어떤 영역을 통과하는 혈류의 양을 조절할 수 있게 한 것이다. 이러한 방식에서 혈류공급의 부위별 분배를 적정하게 해 준다.

안전-또는 동물의 강직도

동물은 매우 자주 뼈를 부러뜨리고 힘줄이 끊어지기도 하는데 이것 중 어느 것도 우리가 언급해 온 탄성력을 가지고 있지 못하다는 뜻이다. 그러나 연성조직의 기계적인 파괴가 드문 것이라는 점은 매우 분명하다. 이에는 여러 가지 이유가 있다. 부드러운 연성의 것, 즉 피부와 살 같은 것은 때때로 타박상으로 비켜나고 피하게 됨으로써 타격의 충격을 피할 수 있게 해준다. 그러나 응력이 집중되는 문제는 동물의 연성조직이, 엔지니어링 즉

* 생체탄력에 대한 요점. 이 후크의 법칙에 대한 것은 단순한 것이다. 후크의 법칙이 아닌 시스템에는 탄젠트 계수 E_1과 E_2가 있고, 개략적으로 장변방향 변형의 변화는 이때 0이다.

$$\frac{E_1}{E_2} = 2q$$

대부분 연성조직은 개략적으로 연속된 용량을 보존하고 있지만-그것은 실제 포아송비가 약 0.5 정도 되게 보이며, 대부분의 막은 평면변형으로의 변형을 선택하게 되고, 늘려졌을 때는 더 얇아지지 않으며, 사람의 배처럼 포아송비가 1.0이라는 명확한 수치를 보여준다. 이것은 충분한 것으로 보이는, 약 2.0의 E_1/E_2 값이 적용된 것이다. 그러나, 왜 막은 늘어났을 때도 얇아지지 않는가? 사례를 보려면, E.A.에반스의 *비교물리학에 관해*(*on Comparative Physiology*, 1974. NHPC)를 참조.

기술적인 대실패가 주요 원인이 되어 대부분 면역성을 갖는 것으로 나타나기 때문에 더욱 흥미로운 것으로 보이는 것이다. 이러한 이유로 안전성이란 요소에 대한 필요성은 많이 줄어들었고, 구조적 효율성은 구조가 그 무게에 비례해서 이동하는 하중이 매우 높아질 것이라는 데에 있다.

이 면역성이란 연성이 있는 것이나 영계수가 낮은 것이라는 문제만은 아니다. 고무는 실제로 부드러운 연성이고 영계수가 낮지만 어린 시절처럼 우리의 기억 속에 있듯이, 바람을 가득 불어 넣은 풍선을 가지고 정원에 나가면 장미에 있는 가시에 찔려 바로 터지곤 했다. 어린 시절에는, 그것이 응력의 집중 때문이고 고무가 터지는 데 별다른 작용이 있지 않아도 된다는 것을 깨닫지 못했다. 풍선의 터짐은 늘어난 고무에 작은 구멍이 생기면서 순식간에 일어나며, 우리가 가지고 있었다면 찢어지는 것이 많이 줄어들었을까에 대해 의문이다. 그러나, 예를 들어, 박쥐 날개의 막은 날아갈 때 많이 늘어난다고 해도 이러한 움직임이 발생되지는 않는 것 같다. 만약 날개에 구멍이 났다면, 박쥐가 계속해서 그 날개를 써서 날고 있다 해도 그 찢긴 곳이 더 넓어지지는 않았을 것이고 상처는 곧 치유될 것이다.

내 생각에, 그 설명은 매우 다른 탄성력에서는 거짓이며 고무와 동물막의 터짐 작용도 믿기 어렵다. 생물학적 연성조직의 파괴작용에 관한 적정한 데이터가 없는 것이 현재 상황이다. 그러나 응력-변형 곡선의 모양은 대부분 잘 알려져 있고, 이 후자의 요소는 파괴의 가능성을 기반해서 커다란 영향을 가진 것으로 보인다.

알의 조개형 막 구조는 흥미로운 사례가 될 수도 있다. 이것은 아침식사 시간에 삶은 달걀의 껍데기 내부에서 확인할 수 있다. 그것은 후크의 법칙에 따른 소수의 생물학적 막 구조 중의 하나이다. 이 경우에 약 24%의 파괴변형이 발생한다. 생달걀을 가지고 단순하지만 가벼운 실험을 해보면 알의 막이 아주 쉽게 찢어짐을 알 수 있다. 물론 이것은 병아리가 깨고 나와야 하므로 그렇게 된 것일 수 있고, 그것을 부리로 쪼아서 깰 수 있게 한 것이다. 우연하게도 둥근 돔 형태를 띠고 있는 알껍데기는 밖에서 깨는 것은 어렵지만 안에서 깨기는 쉽다.

알의 막은 오히려 예외적인 경우이고, 알 속의 습기를 보존하고 감염을 막을 것 등의 목적을 수행한 후에 깨지게 하려고 존재하는 것이다. 우리가 언급한 것처럼, 막은 이러한 이유로 특별한 종류의 탄성을 가지고 있다. 그러나 연성조직의 정말 큰 장점은 매우 상이하고 [그림 5]에서 보는 것처럼 아주 많다는 것이며, 기능적으로 이러한 조직 대부분은 견고함을 요구한다. 모든 과학적인 이유가 완벽하게 확실하지는 않더라도, 실용적으로는 이러한 종류의 응력-변형 곡선을 가진 재료는 찢어지기가 매우 어렵다. 한 가지 이유는 그러한 곡선의 이면에는 변형에너지가 저장되어 있고, 그래서 골절이 퍼지는 것(5장 참조)를 최소화할 수 있는 것이다.*

우리가 언급한 것처럼, 동물조직 중 많은 부분이 탄성적인 측면에서 그림 5.의 방식으로 많이 활동하고 있다. 고백하건대, 이러한 정보가 나에게 처음 들어왔을 때, 자연의 부분에서 남다르거나 기이함을 보여주었고, 안타깝게도, 어떤 더 좋은 것을 알지 못하였으며, 공학교육의 이점을 갖지 못했다. 커다란 연구의 실수가 그 문제의 기초적인 수학 자료가 된 것은 오히려 잘된 일이 됐다는 것을 알게 된 후 나에게는 그것이 새로운 시작이 되었고, 실질적으로 높은 변형률을 가져올 수 있는 구조시스템이 필요해졌다면, 이것은 지원할 유일한 종류의 탄성력이라고 할 수 있다. 사실, 동물성 재료에서 이러한 종류의 응력-변형 곡선의 성취도는 고차원적 삶의 형태인 유전적이고 연속적인 존재의 핵심적인 상황을 실제로 나타내주는 것이라고 할 수 있다. 생물학자들은 제발 참조하시오.

연성조직의 구성

아마도 이러한 이유 중의 일부로서 동물조직의 분자구조는 고무나 인조플라스틱 등의 분자구조와 닮아 있지 않을 것이다. 이러한 자연소재 대부분은 매우 복합적이고, 많은 사례에서 도 그것들은 최소한 2개의 복합물이 포함된 융합된 자연물이다. 그것은 말하자면, 또 다른 물질의 강한 섬유와 필라멘트에 의해서 강화된 연속된 면이나 매트릭스를 가지고 있다. 우수한 많은 동물에서 이러한 연속된 면이나 매트릭스는 '지속성'이라고 불리는 재료를 포함하고 있다. 그것은 [그림 8]에서 볼 수 있는 것처럼 매우 낮은 계수와 응력-변형 곡선을 가지고 있다. 다른 말로는 지속성은 하나의 단계가 표면장력 재료로부터 탄성적으로 분리되는 것에 관한 것뿐이다. 그러나, 지속성이란 콜라겐(참고 4)의 구부러지고 지그재그로 된 섬유를

* 피부와 같은 대부분의 동물성 조직에 대한 응력-변형 곡선의 형상은 거의 찢어지지 않고 질긴 뜨개질한 천의 그것과 매우 닮았다.

배열함으로써 강화된 것이며, 단백질, 힘줄과 매우 닮아 있는 이것은 높은 계수치를 보이고 후크의 법칙에 따른 활동에 거의 근접해 있다. 강화섬유는 매우 복잡하므로, 재료가 쉬고 있거나 변형이 낮은 상태에 있을 때 그것은 저항력과 확장성이 매우 낮게 작용하며, 그것을 이끄는 탄성 활동은 지속성의 측면에서는 매우 양호하다. 그러나 복합조직이 콜라겐섬유를 잡아 늘이면 긴장이 시작되기 때문에, 재료의 계수치가 늘어난 상태에서는 [그림 5] 에서 더 많게 혹은 더 적게 산정되는 콜라겐 계수가 된다.

콜라겐섬유의 역할은 높은 변형에서 조직을 경직시킬 뿐 아니라 그 강도를 강화하는 데에 이바지한다. 생생한 조직이 절단되었을 때, 우발적이거나 또는 외과적으로, 치유의 첫 번째 단계에서 콜라겐섬유는 순식간에 손상된 주변의 상당한 범위까지 재흡수 되어 사라진다. 그 공백이 지난 후에는 콜라겐섬유가 재구축되어 형성되는 지속성에 의해 채워지고 연결되어서 조직 전체가 강화되어 회복되게 된다. 이러한 과정은 3-4주에 걸쳐 이루어지며, 그동안 손상 부위 주변의 근섬유는 절단작용이 일어날 확률이 거의 무시할 정도의 비율로 낮다. 이러한 이유로 외과적 손상부를 원래의 활동을 하기 위해서 2-3주 이내에 다시 열리게 해야 한다면, 그것을 접합하기 위해 새롭게 꿰매는 일은 어려울지도 모른다.

다양한 부위에서 콜라겐이 존재하지만, 단백질 분자의 꼬인 줄이나

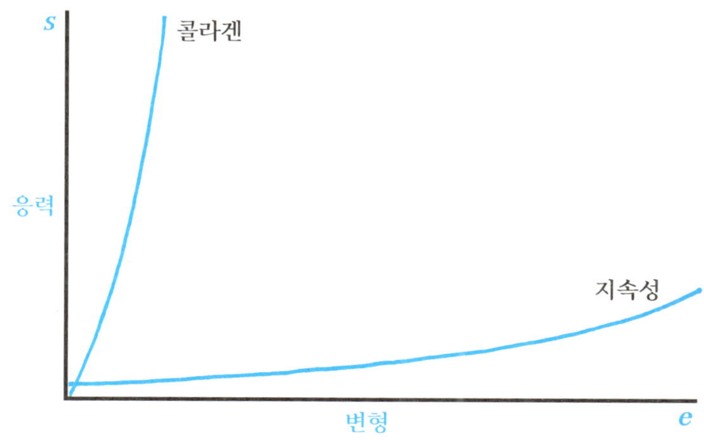

[그림 8] 지속성과 콜라겐을 위한 개략적인 응력-변형 곡선

로프로 구성되어 있고, 팽창에 대한 저항력은 기본적으로 분자 내에 있는 원자들 사이에 접합부를 늘릴 필요가 있기 때문이다. 말하자면, 후크의 법칙에 따른 재료는 나일론이나 철 같은 것이다. 왜 지속성은 거의 표면장력처럼 작용하는 것일까? 간단한 답은 실제로 아무도 알지 못하지만, 포와 앤더슨 교수(Weis-Fogh & Anderson)는 이러한 행태가 표면장력의 수정된 형태 때문일 것이라는 사실을 제안했다. 이러한 가설에 따르면, 지속성이란 하나의 에멀션 내에서 작용하는 유동성을 가진 긴 체인 모양의 분자들로 만들어진 네트워크로 구성되어 있다. 이 네트워크의 분자는 비말에 의해 젖기 때문에—그것들 사이에 있는 물질에 의한 것이 아니라—그 물방울 내에 말려 있거나 접혀있는 이러한 분자들의 대부분 길이에 대해 적극적으로 호응하게 된다.(그림 9a 참조) 인장이 있는 상태에서, 그것들은 바닥으로 떨어져서 퍼져나가게 된다.(그림 9b 참조)*

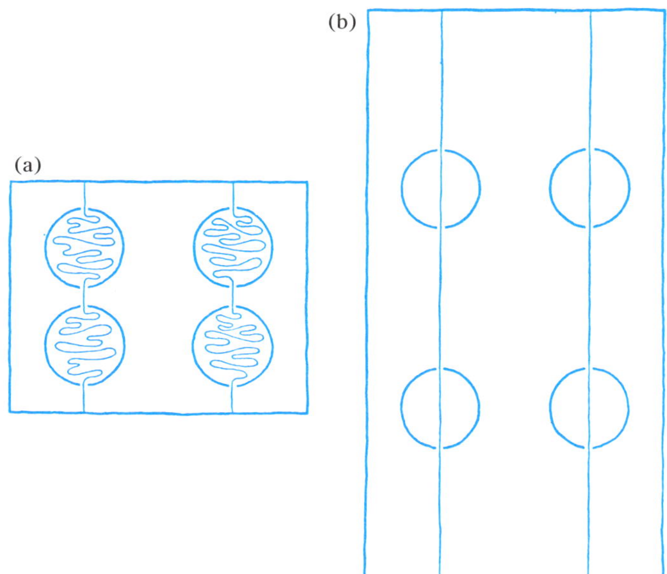

[그림 9] 지속성elastine의 가상 모형
(a) 휴지기 또는 확장되지 않은 상태. 사슬분자가 접혀있거나 주로 물방울 모양 속에 접혀있다.
(b) 확장된 상태. 사슬분자가 물방울 모양 밖으로 늘려 나와 있다.

우리 인체의 많은 부분은 근육으로 구성되어 있고, 이는 힘줄과 그 외의 곳에서 필요로 하는 인장력을 만들기 위해서 왕성하게 수축할 수 있는 원천이기도 하다. 그러나 근육은 콜라겐섬유를 포함하고 있고, 그것은 탄성적으로는 수동적인 부분으로 작용할 수 있을 뿐이다. 수명이 다한 근육이 늘어나게 될 때는 응력-변형 곡선이 [그림 5]에서와 매우 똑같이 된다. 그리고, 근육이 느슨해지거나 확장된 상태일 때는, 근육에서 콜라겐의 기능이 근육의 확장을 제한하는 것을 가능하도록 한다. 다른 말로 하면 그것이 일종의 안전-정지의 역할을 한다는 것이다.

우리가 말해왔듯이, 근육에서 콜라겐섬유의 또 하나 목적은 파손 작용을 막는 것이다. 이것은 동물에게는 아주 좋은 일이지만, 그 살을 먹고자 하는 사람에게는 불편한 일이다. 다시 말해서, 콜라겐은 고기를 단단하게 만든다. 그렇지만, 자연은 초식동물의 존재를 위해서만 있는 것이 아니므로, 자연의 지혜로 정리해서, 콜라겐이 젤라틴—수분을 먹으면 강도가 낮아지는 성질이 되는—으로 분해되도록 하고 지속성 또는 근육이 지탱할 수 있는 것보다 더 낮은 온도에서 분해되도록 하였다. 그러므로 육류를 요리하는 과정에서 가열해서 익히거나 튀기거나 끓여서 콜라겐섬유를 젤라틴(젤리나 아교 같은)으로 개조되도록 하였다. 이것은 자연의 섭리가 주는 혜택에 사람의 노력을 가미한 이러한 종류의 과학이라고 할 것이다.

* 이것은 J.M.Gosline 박사가 기술한 것이며, 그는 지속성 있는 행태에 대한 설명을 하기 위해 대안 가설을 제안하였다.

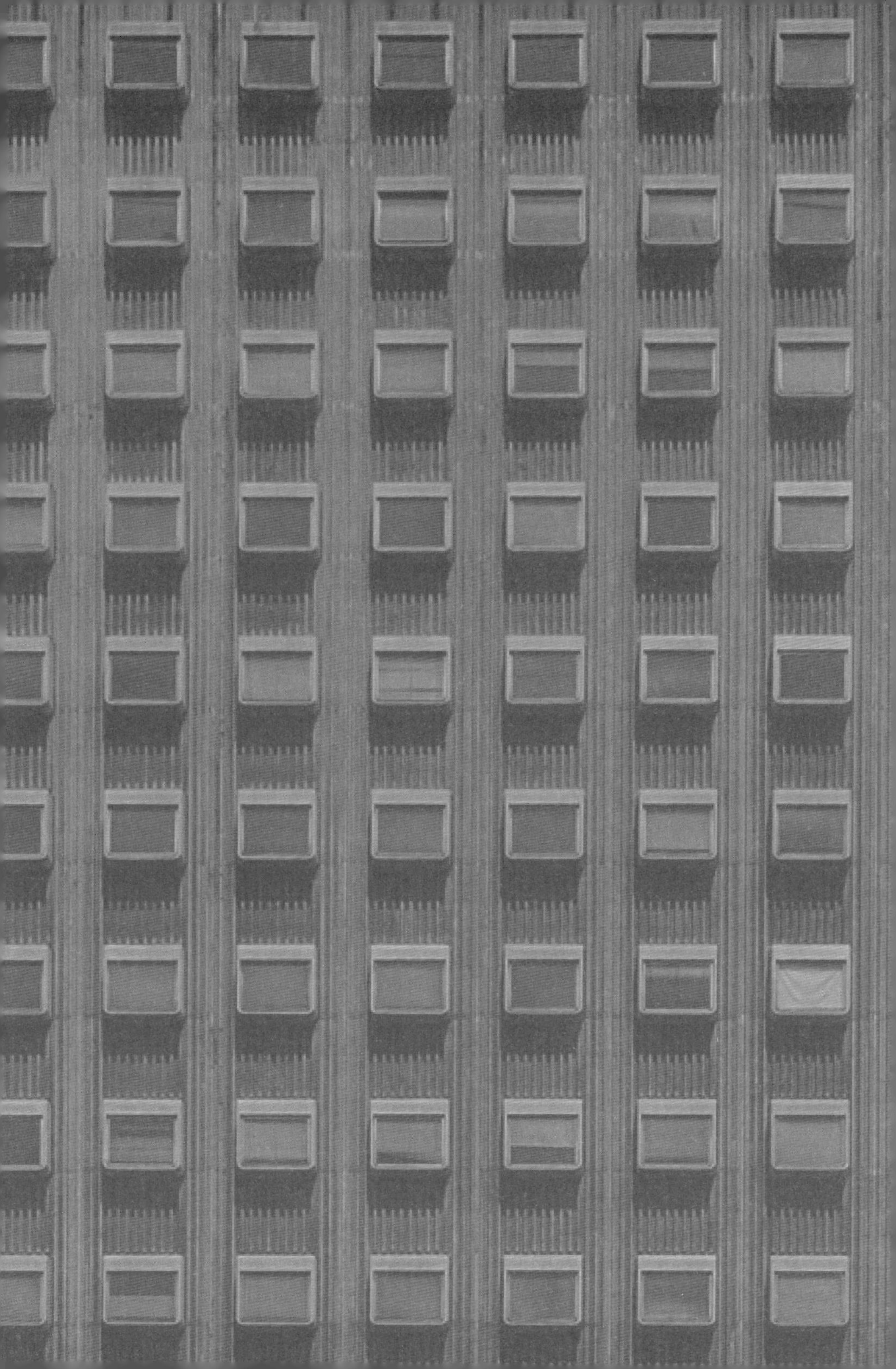

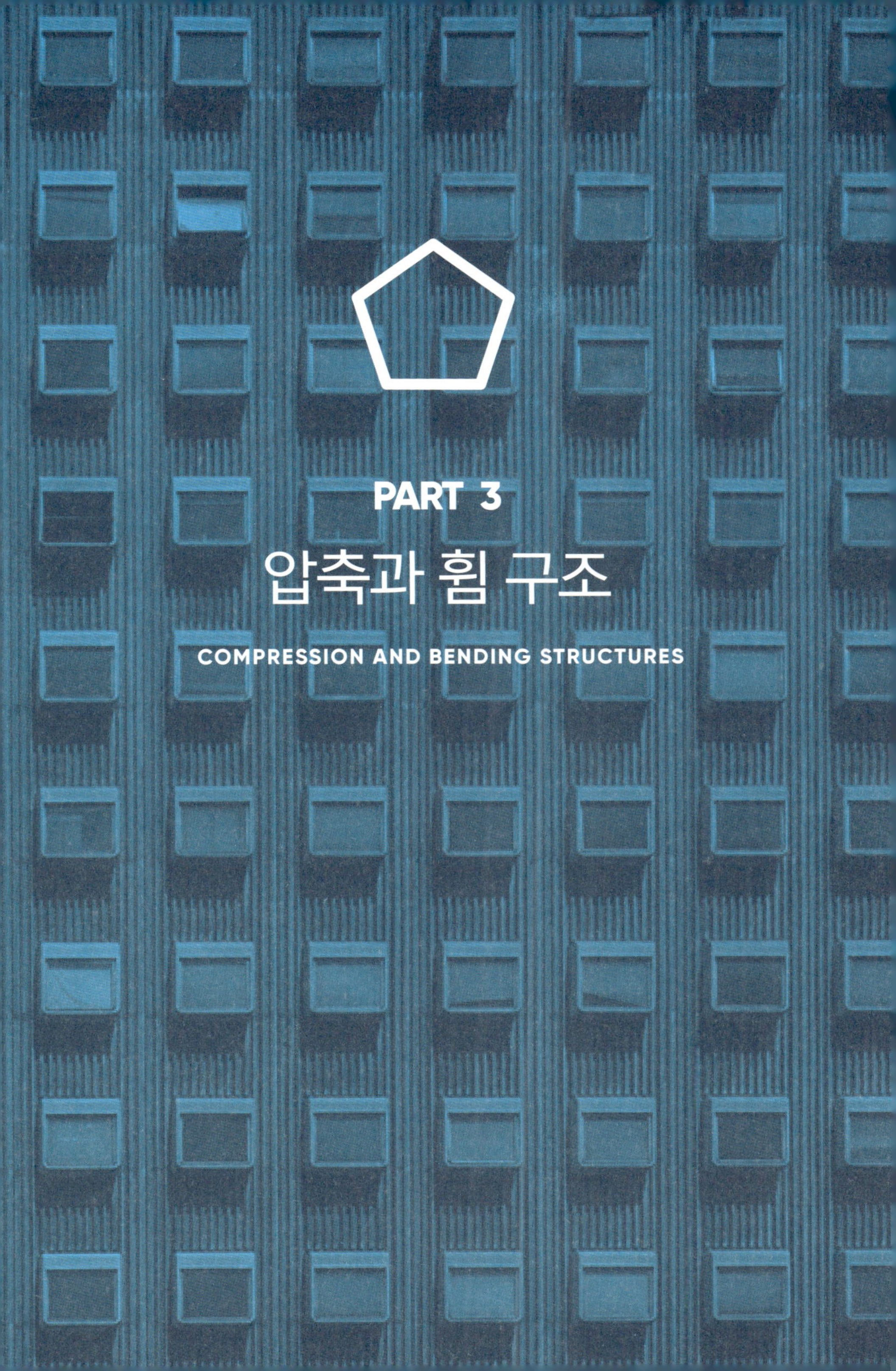
PART 3
압축과 휨 구조
COMPRESSION AND BENDING STRUCTURES

Chapter 9

벽, 아치 및 댐

또는
구름을 덮어쓴 타워와 조적조의 안정성

블록으로는 무엇을 지을 수 있을까?
성과 궁전, 사원과 부두 ...
- R. L. 스티븐슨, *시 구절에 나오는 어린이의 정원*

우리가 보아왔던 것처럼, 사람이 자연만큼 똑똑하지 못하다면, 인장 구조물을 만드는 전체적인 작업은 많은 어려움과 함께, 잘 모르고 부주의함에 대한 복합적이고 신뢰감이 없는 어떤 함정 같은 것으로부터 출발하는 것이라 할 수 있다. 이것은 특히 우리가 한 조각 이상의 재료로 만들고 싶을 때와 같은 예라고 할 수 있으며, 그래서 그것은 우리가 조인트에서 분리되어 나가는 것을 방지하기 위한 문제에 직면한 경우를 말한다. 이러한 이유로 우리의 조상들은 대체로 모든 것이 압축을 받게 되는 구조물을 사용하게 하려고 가능한 한 인장구조를 피해왔다.

이러한 것을 하는 가장 오래되고 가장 만족감을 주는 방법은 조적조를 이용하는 것이었다. 사실상 조적조 건물의 무한한 성공에는 두 가지의 요인이 있기 때문이다. 첫 번째는 인장 응력, 특히 조인트에서, 이것을 피하는 것에 관해서 확실했고, 두 번째 이유는 불명확하긴 하다. 그것은 대형 조적조 건물에서 디자인 문제의 특성이 과학적인 생각이 가진 한계에 특별하게 적용되었다는 점이다.

제작된 모든 다른 종류의 구조물 중에, 우리가 계속 볼 수 있는 가능성 만큼의 조적조 건물은, 전래의 비례감에 숨겨져 있는 신뢰감이 자연스럽게 재난이 일어나지 못하게 할 수 있는 유일한 것이다. 이것은 역사적으로, 조적조 건물이 가장 큰 범위에 가장 많은 인간이 직접 작업한다는 것을 함축하는 것이라고 할 수 있기 때문이다. 구름에 덮이는 높은 타워와 종교적 엄숙함을 가진 사원을 만들고자 하는 욕망은 먼 오래전 역사 속에서 있었고 실제 선사시대에도 존재했었다. 1장의 전반부에서 언급한 바벨탑에 관한 것은 창세기부터의 의문이었다. 이것이 '그 정상부가 천국으로 닿기 위한 것'을 건설하는 프로젝트라고 사람들에게 기억되고 있다. 그렇지만, 나는 어떤 신학자가 그 탑이 실제 건설되기 위한 높이가 얼마나 되는지에 대해 알아본 것이라고는 생각하지 않는다.

벽체에 가해지는 거의 모든 하중은 자체 무게에 영향을 받으며, 그 문제를 검토하는 하나의 방법은 조적조의 수직 한계 하중에 의해 타워의 바닥 주변에서 발생하는 직접작용 압축강도를 산정하기 위한 것이다. 어떤 한계는 구조물의 높이에 따라 정해지는데, 벽돌이 상부의 하중에 의해 파괴되기 시작할 때를 말한다.

현재 벽돌*과 석재의 무게는 대략 2,000kg/㎥(120lb/ft3) 정도이며, 이 자재의 파괴강도는 일반적으로 6,000 p.s.i.(pounds per square inch) 또는 40 MN/㎡ 이상으로 오히려 양호하다. 기초적인 계산을 해보면 평행한 벽면을 가진 타워는 바닥에 있는 벽돌이 파괴되기 전에 7,000ft 또는 2km의 높이까지 세워질 수 있음을 나타내준다. 그렇지만 꼭대기까지 점점 줄어드는 벽을 만든다면 더 높이 세울 수도 있을 것이다. 즉, 이것은 얼마나 다 많이 혹은 적게 높이느냐의 문제인 것이다. 에베레스트산은 29,028ft 또는 8km가 넘는 높이지만 붕괴의 조짐은 보이지 않는다. 그러한 단순구조의 타워는 넓은 기저 면과 정점까지 줄어져서 뾰족해지는 구조상 유리한 형상이며, 그 점이 그러한 높이를 가능하게 할 수 있었다. 그 높이는 시나르 사람들에게 산소가 부족하였을 것이고 벽돌벽이 그 자체의 한계 하중 아래에서 파괴되기 전에 숨을 쉬기가 어려웠다.

이 통계에 그리 많은 오류가 없었다고 할지라도, 실제로 아주 야심 차게 만들어진 고층건물조차도 결코 그런 정도의 높이에 접근하는 어떤 것을 결코 세우지 못했다. 실제 현존하는 가장 고층의 '건축물'은 아마 뉴욕의 무역센터 건물일 것이다. 약 400m 높이의 이 건물은 다른 초고층 건물들과 마찬가지로 철골로 만들어졌다. 피라미드나 대규모 사원 첨탑들도 150m를 넘기기 어려워 보인다. 그렇지만 아주 드물게 여타의 조적조 건물

* 창세기 11장에서 '벽돌을 만들어서 단단하게 구워라'라고 말씀하셨다. 이집트인들이 했던 것처럼 값이 싼 진흙을 사용한 것은 말할 것도 없었다.

그 높이의 약 반 정도 높이이고 이것의 커다란 장점은 여전히 그 정도 낮은 채 유지되고 있다는 점이다.

그러므로 일상의 조적조에서 압축응력은 자체의 수직 한계 하중 때문에 존재하는데 실제로는 대단히 적다. 일반적으로 석재 파괴강도의 거의 100분의 1 정도이다. 그래서 현장에서는 실제로 이 요소를 고려하지 않는다. 높이의 한계 또는 건물의 강도에서 무시된다. 그러나—성경에서 거듭 언급되기를—아마 특별히 높지는 않지만, 실로암 탑이 넘어져서 18명이 사망함으로써 건축가와 건설인들에 대한 신뢰감에도 불구하고 벽과 건물이 예기치 않게 무너지면서 악평을 받게 되었다. 그들은 아주 오랜 시간 동안 그 상태가 계속되었고, 오늘날에도 여전히 때때로 거론되고 있다. 조적조는 하중이 많이 나가기 때문에 종종 사람들이 희생되곤 한다.

벽체가 재료에 직접 작용하는 파괴응력 때문에 붕괴된 것이 아니라면, 왜 무너졌을까? 다시 한번, 우리는 아이들이 하는 일에서 배울 수 있을 것이다. 우리가 어렸을 때, 우리 대부분은 '벽돌 쌓기' 놀이를 했었다. 그리고 우리가 첫 번째로 했던 일은 하나하나를 불규칙하게 쌓아서 탑을 만드는 것이었다. 보통은, 그 탑이 아주 높이 쌓은 후에 무너져 내린다. 어린아이들조차도 이를 잘 알고 있는데, 그 아이가 과학적 원리로 그것을 잘 설명하지는 못하겠지만, 압축응력 이하에서는 벽돌이 무너지지 않는다는 것에 의문을 갖지는 않는다. 벽돌 쌓기에서 실제적 응력이 무시되는데, 무슨 상황이 발생되는 경우에는 쌓아진 벽돌이 꼭대기까지 높아져서 넘어가게 된다. 왜냐하면, 그 탑이 수직으로 직선을 맞춘 것이 아니기 때문이다. 다시 말하면 이 실패한 상황은 안정성의 결핍이지 강도가 부족한 것이 아니라는 것이다. 이러한 차이를 어린 애들에게는 즉각적으로 확인되지만, 그것이 건설자나 건축가에게 항상 명확하게 나타나지는 않는다. 같은 이유로 사원이나 여타의 건물들에 관해 기술한 예술사가들의 기술이 오히려 부정적인 영향을 주는 기록이 될 수도 있는 것이다.

벽체의 붕괴선과 안정성

어찌해서 목회자는 이 높은 말뚝의 얼굴이 되었나,
누구의 고대 기둥에 대리석 주두를 세웠는가,
아치로 된 육중한 지붕을 위로 올리기 위해서,
그 자체의 하중이 단단하고 확실하게 만들어 주었으니,
평온해 보이는구나.
그것은 나의 왜곡된 시선에 경외감과 두려움을 준다.
– William Congreve, *The Mourning Bride, 신부의 애도*

앤 여왕 시대에 유일한 문화가 있었는데, 콩크레브(Congreve 1670–1729)가 희곡을 쓰고 블렌하임 궁전을 설계한 반브루Vanbrugh과 크리스토퍼 렌 경이 대화하고 술도 마셨다는 것이 거의 확실하고 그것이 문제가 되지 않았었다는 것이었다 …. 이 사실은 모든 사람에 의해서 명백히 밝혀졌고—통상적인 방식에 따라—기울여져서 붕괴하지 못하게 건물을 지키는 것은 돌과 모르타르의 강도에 따른 것이 아니고 정확한 지점에 작용하는 재료의 하중에 의한 것이라는 것이다.

그러나, 일반적인 방식에 대한 것을 알아야 하는 것과 함께, 세세한 부분에서 발생하는 문제들을 이해하고, 건축물이 안전한지 그렇지 못한지를 예측할 수 있어야 하는 것도 있다. 벽돌조로 작업하는 것에 대한 적절한 과학적인 해석을 얻기 위해서는 탄성을 가진 재료를 다룰 필요가 있다. 즉, 석재가 하중을 받고 후크의 법칙에 따른다는 것을 반영해야 한다는 점을 이해해야 한다. 그것이 또한 완벽하게 근본적인 해결책은 아니라 하더라도 응력과 장력의 개념을 활용하게 되는 것은 상당한 도움을 주게 된다.

물론, 첫 번째의 시각은 단단한 벽돌과 돌이 건물에서 발생하는 하중이하로 어떤 상당한 확장이 이루어지도록 해야 한다는 것이 가능성이 없는 것으로 보일 수는 있다. 사실상 후크의 법칙이 생긴 시대 이후 적어도 한 세기 동안에는 상식이라는 관점이 유용했었고, 건설인이나 건축가 그리고 기술자들은 후크의 법칙을 무시하고 마치 그것이 완벽하게 견고하다는 것처럼 조적조를 다루고 있었다. 결과적으로, 그것들이 가진 통계자료의 오류로 건물들이 때때로 붕괴되었다.

사실상 벽돌과 돌의 영계수Young's moduli는 특별히 높지 않았고, 사람들이 샐리스베리 사원에 있는 기둥이 구부러진 것을 보고(참고 1), 조적조에서의 탄성 모멘트가 그렇게 작지는 않았다는 것도 알게 되었다. 오래된 소형 주택에서조차 그 벽들이 그 자체의 하중 하에서 1mm마다 수직 방향으로 짧아지거나 압축 탄성을 받는다는 것이다. 대형 건물에서는 그 움직임이 자연스럽게 점점 커지게 된다. 갑자기, 주택이 강풍의 영향으로 바람에 흔들리게 될 때, 보통 사람들은 바람에 의해 주택이 흔들린다고 생각하지 않는다. 엠파이어 스테이트 빌딩 정상부는 폭풍 시에 60cm 정도 흔들리는 것으로 알려져 있다.*

조적조 구조의 현대적인 해석은 간단한 후크의 탄성 법칙과 4개의 인수에 기반하고 있으며, 그 모든 것은 실제적인 경험을 통해 정당화되었다.

이러한 것들은 :

1. 압축응력은 너무 적어서 재료가 눌림에 따라 파괴된다. 이는 이미 논의됐던 사항이다.
2. 모르타르나 시멘트의 사용에 따라서, 조인트 사이의 채움이 너무 좋아져서 압축력은 조인트의 전체 부분에 걸쳐 전달되게 될 것이고 약간의 흠도 나타나지 않을 것이다.
3. 그 조인트 부분의 마찰 정도가 너무 높아서 벽돌과 돌이 서로서로 밀려서 발생하는 문제는 발생하지 않을 것이다. 실제로 구조체가 붕괴하기 전에는 어느 곳에서든 슬라이딩 변형이 일어나지는 않을 것이다.
4. 조인트는 인장력 측면에서는 유용하지 못하다. 우연히, 모르타르가 인장에 의해 어떤 힘을 갖게 되더라도, 별로 영향을 미치지 않고 무시해야 한다. 그래서 모르타르의 기능적 역할이 벽돌이나 돌의 '접착'에 있는 것이 아니고 단순히 압축 하중을 더욱 고르게 전달되도록 하는 데에 있는 것이다.

내가 알고 있는 한, 조적조의 탄성 변형에 대해 가장 먼저 고려했던 사람은 토마스 영이었다. 영은 조적조의 직사각형 블록에서 발생할 수 있

* 프랑스 파리 생 드니 교회의 사원 중에는, 12세기 중에, 비계로 지탱이 안 되고 어떤 부재로도 고정되지 않는 앞서 말한 아치에 대해 자체적으로 휘몰아치는 강한 역풍의 힘이 있었고, 어느 순간에는 해가 되는 폐허의 위협을 갖게 되고, 불안하게 떨리는 현상이 발생되며, 여기저기로 마구 흔들리게 되었다는 기록을 읽었다. (나는 이 문장에 대한 것을 헤이먼 교수에게 신세를 졌다.)

는 것에 대해 주목했다. 즉, 어떤 벽체의 일부로서, 우리가 알고 있는 수직 하중 *P*를 전달해야 하는 벽체의 발생 상황을 파악하고자 했다. 응력과 인장력이란 용어로 그것을 해석함으로써 영의 계수로 단순화된 것에 따르면, 그 과정이 그의 시대에는 유용하지 못했다.

이 *P*가 중심선을 따라 대칭적으로 작용하는 한, 그것은 벽체 중앙으로 내려갈 것이고, 이때 조적조는 일정하게 압축을 받게 될 것이다. 후크에 따르면, 벽체의 두께를 가로지르는 압축응력의 동등한 배분도 또한 일정하게 될 것이다.(그림 1)

지금 생각해보면, 말하자면 수직 하중 *P*는 약간의 편심성을 가지고 있는데, 그것은 더는 중심선을 따라 정확하게 작용하지 않는다는 것이다. 이때 그 압축응력은 더 동등하게 펼쳐지지 않지만 다른 면이 그 하중에 대해서 적정하게 반응하는 것보다 한 쪽 면이 더 높게 되어야 한다는 것이고

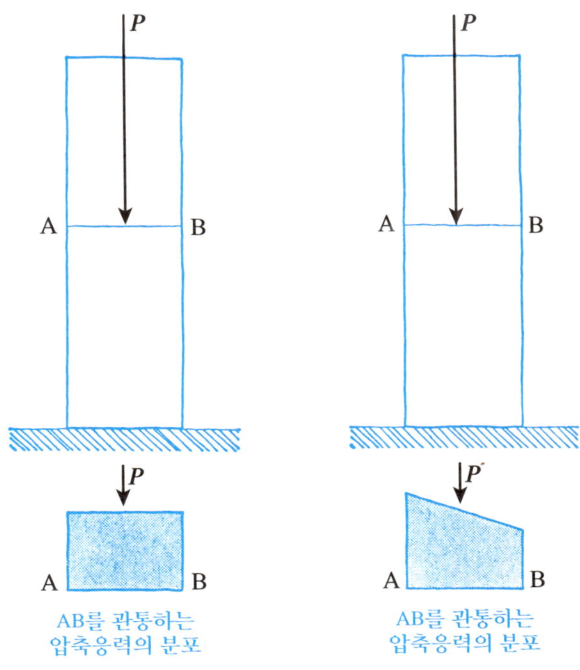

[그림 1] 조인트 AB 중심에 하중 *P*가 작용

[그림 2] AB의 '중심 1/3' 내에 하중 *P*의 미세한 편심 발생

그래서 균형을 이루도록 한다. 그 재료가 후크의 법칙을 준수하게 되면, 영은 그 응력이 선형으로 분배될 것이며 그 응력-배분 다이어그램은 [그림 2]처럼 보여진다.

그러나, 하중의 위치가 중심에서 더 멀리 벗어나게 되면—실제 벽체의 '중앙 1/3'로 불리는 곳의 경계에서—그때 [그림 3]과 같은 상황이 일어날 것이다. 즉 하중 배분이 현재 삼각형을 이루게 되고 조인트의 외부 경계면에 있는 압축응력은 0이 된다.

그래서, 자체에서는 그리 많은 문제가 되지는 않지만, 그것이 어떤 문제가 발생하는 데 원인이 될 수 있음을 지각하고자 하는 마음을 확실하게 가지고 있어야 한다. 사실상, 하중이 약간 더 외곽으로 이동하게 되면, 문제가 발생될 것이다. 이는 [그림 4]에서 볼 수 있다.

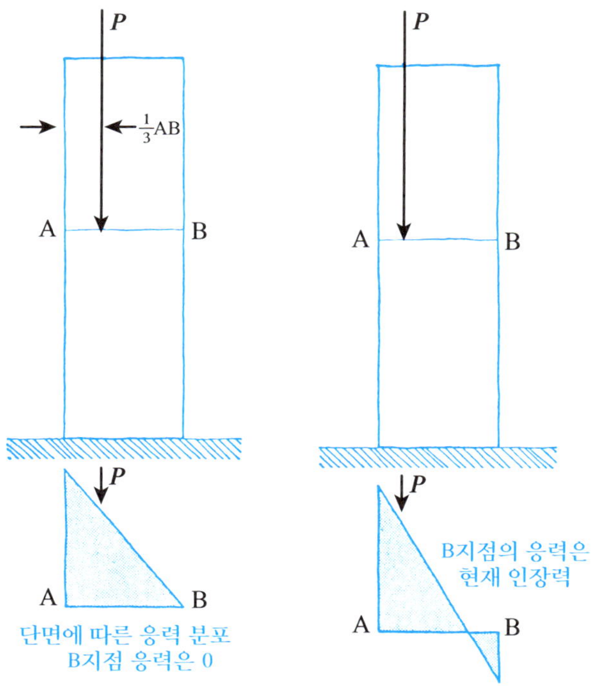

[그림 3] 하중 ***P***가 AB의 '1/3'의 경계면에 작용

[그림 4] AB의 '1/3'에 하중 ***P***가 외부 면에 작용

벽체 반대 면에서의 응력은 압축에서 인장으로 전환되었다. 그렇지만, 언급되는 말은, 모르타르는 인장을 감당할 수가 없고, 그래서 이것만이 일반적으로 가장 확실하다는 것이다. 사람들이 일어날지도 모른다고 하는 것들은 대개 발생된다. 조인트 크랙 같은 것이 그것이다. 물론 그것은 벽체에 크랙을 일으키는 게 좋지 않은 일이고 잘 계획되고 실행한 건물에서 일어나게 해서는 안 될 것이지만, 벽체가 갑자기 반드시 무너질 수도 있다는 것은 아니다. 실생활에서 일어날 것 같은 일들은 단순히 그 크랙이 벌어진 틈이겠지만 벽체는 계속해서 세워져 있을 것이며, 접촉 부분에서 계속 있으면서 각 부재에 남아있게 된다.(그림 5)

이러한 모든 다소 위험성을 가진 존재를 보호하고, 이러한 기간 중의 어느 때에 밀어내는 중심선이 벽체 표면의 외부 면으로 벗어날 수가 있으

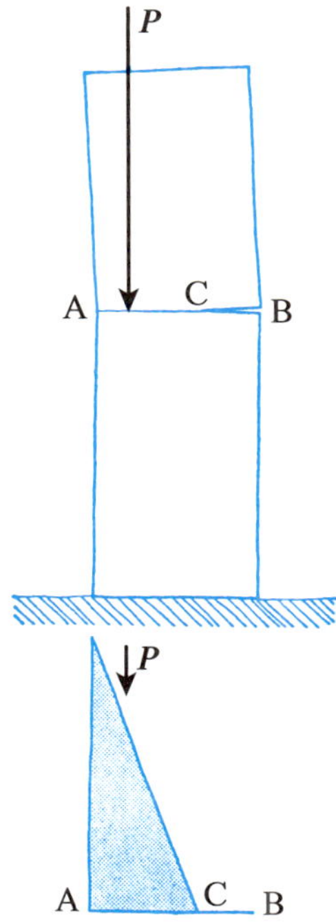

[그림 5] 앞의 그림 4.에서 그려진 그 상황의 결과로 무슨 일이 발생될 것인가? B에서 C 사이에 조인트 크랙이 있고, 현재 하중이 더 좁아진 벽체가 된 A, C부분으로 옮겨져 있다.

며, 그때, 약간의 생각이 나타나게 되고, 인장력이 작동하지 않기 때문에, 하나 또는 더 많은 조인트 지점이 그 외부면 경계의 힌지 역할을 하게 되고 그 벽체는 위로 기울어지고 아래로 무너지게 될 것이다.[그림 6] 실제로 그렇게 된다.

그 시점에 결론에 도달하게 되면 그것은, 1802년 경 29세의 거침없는 청년인 영Young이 런던에 있는 왕립연구소에서 자연철학부의 학장으로 임명되었다. 그의 맞수 격이었던 그의 동료인 험프리 다비Humphry Davy는 같은 해 24세의 나이로 화학과 교수가 되었다. 지금까지도 왕립연구소의 교수는 관례로 일반 청중들에게 강의 내용을 배포하였다. 그러나 그 시대에, 이러한 강의는 텔레비전이 가진 특성의 많은 부분을 가지고 있었고, 연구소는 자금과 대중성이라는 측면에 강하게 비중을 두고 있었다.

영은 그의 교육적 사명을 신중하게 받아들이고, 탐구에 열정을 쏟았으며, 벽체와 아치의 작용에 관한 많은 유용하고 높은 수준의 탐구를 통해 다양한 구조의 탄성력에 관한 여러 개의 강좌를 개설하였다.

그 시대에 알베마르르가에서의 청중은 유행을 즐겼고 '어리석은 여자들과 아마추어 철학자들'로 구성된 것으로 알려졌다. 그럼에도 영은 여성 청중들을 절대 무시하지 않았으며 그의 강의 첫 번째에서 표명하기를 ;

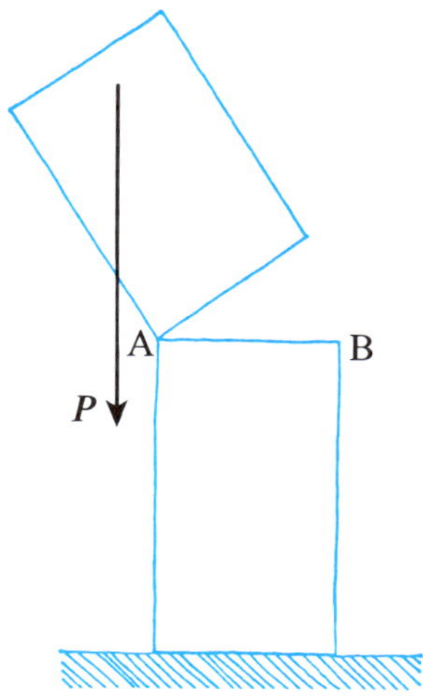

[그림 6] 하중 P가 A지점 너머, 즉 벽체의 표면경계 외곽 면에 작용할 때, 그 벽체는 A지점이 힌지 작용을 하게 되어 올려졌다 떨어지게 된다.

내 청중의 상당 부분은, 그 사람들에 대한 정보에 따라, 내 강의에 참여하도록 하는 것이 나의 특별한 야심이라고 할 수 있을 것이고, 이의 시행은 문명사회의 고객으로서 그 성별에 따라 구성하였고, 이는 어떤 측면에서는 시간과 함께 또 다른 이성에 관한 관심을 얻는 데에 더 많은 노동적 의무감에서 벗어나게 되었다. 사회의 우월적 질서에 따라 여성의 지배하에 있는 많은 휴식시간은, 불필요하게 시간을 어리석게 소비하는 것과 같은 즐거움의 추구보다는 정신적인 성장과 지식의 습득과 같은 것들이 훨씬 커다란 만족감을 갖게 하므로 분명히 적절하게 될 것으로 보인다.

그러나, 행운이 다음과 같은 사람들에게는 항상 오는 것은 아니다. 즉, 어떻게든 열성을 다해서, 유익한 정보와 접하고자 애쓰고, 사회의 우월한 지위에 있는 여성들 몇몇을 밀어냈을 수도 있는 사람과, 어리석게 시간을 불필요하게 소비해 버리는 것보다 더 낫다고 생각하는 나은 사람들에게는 말이다. 새로운 전류의 흐름에 연결되었을 때 그리고 다양한 컬러의 화학적 실험을 통해 느끼는 흥분 현상이 그 자신의 강의에서 나타나는 그런 사례에서 볼 때 다비Davy는 우리가 지금 하나의 텔레비전형 개성이라고 해야 하는 것들을 갖춘 하나의 생생한 부품이라고 할 수 있다. 다비는 또한 대단히 잘 생겼고, 젊은 여성들에게는 공부에 대한 강력한 압박이 항상 주어지지는 않는다는 것 때문에 그의 강의에 모여든다. 즉, '그들의 눈길들', 그들 중의 하나가 말하는 것을 들어보면, '도가니에 구멍을 뚫는 것 이외에 어떤 것들을 위해 만들어진 것'이라는 것이다.

영 박사는 그가 가르쳤던 주제들에 대한 지식을 심도 있게 표현해서 아무도 의심할 엄두를 내지 못했고, 같은 강연장에서 계속 강의했고 청중들은 다비와 연계해 볼 때 비슷하게 구성하였다. 그러나 그는 참석자들이 매일 줄어들고 있는 것을 발견했는데, 이는 그가 너무 심각하게 그리고 너무 딱딱해서 가르치는 스타일에 집착한다는 것 이외에 다른 이유를 찾기

* 다비는 왕립연구소에 남아서 번영을 누렸다. 그는 험프리 경이 되었고 로얄소사이어티의 회장이 되었다. 그는 그가 거룩한 명령을 얻을 수 있었다면 주교단의 일원이 되었을 것이라고 말했다. 험하게 출발해서 성공한 훌륭한 한 사람으로서, 그는 오히려 석탄 광부 조지 스티븐슨으로 불리는 것을 안 좋아했지만 마이클 패러데이라고 하는 대장장이 아들로 불리는 것이 좋았을 것 같기도 하다.

어려웠다.

이런 종류의 실패는 영이 실제 일을 하는 엔지니어들의 관심과 지원에 흥미를 느끼고 있었다면 그렇게 많이 중요하지는 않은 것이다. 그러나, 동시대에 엔지니어에 종사하는 전문인력들을 이끌었고, 우리가 보아왔던 것만큼 보고 있었던 위대한 토마스 텔포드(1757-1834)에 의해 수시로 통제받았던 전문인력들은 대단히 실용적이고 반 이론적이었다. 결론적으로 영은 거의 전격적으로 은퇴를 하였고 그의 의학적 업무로 복귀하였다.* 수년 동안, 프랑스에서는 탄성력에 대한 개발이 진행되었고, 이 시대에, 나폴레옹은 구조이론에 관한 연구를 적극적으로 부양시키고자 하였다.

탄성 압축력에 대한 이론은, 영의 강의에 대해 멋쟁이 여인들은 너무 지루해했던 '중앙 1/3'과 불안정성에 대한 것은 우리가 조적조에서 접합부의 역할에 대해 알 필요가 있는 실제적인 모든 것을 우리에게 말해주는 것이었다. 또한, 그 하중이 작용하는 것 즉 동하중으로 고려될 수 있다는 그 위치를 또한 알게 해주었다. 다시 말해서, 어떻게 편심이 하중인가? 라는 것이다.

이것은 '중심축 선'으로 불리는 것에 의해 최선의 결정을 내리게 되고, 이 라인은 옥상에서부터 바닥까지 건물 벽을 따라 관통해 내려오게 된다.

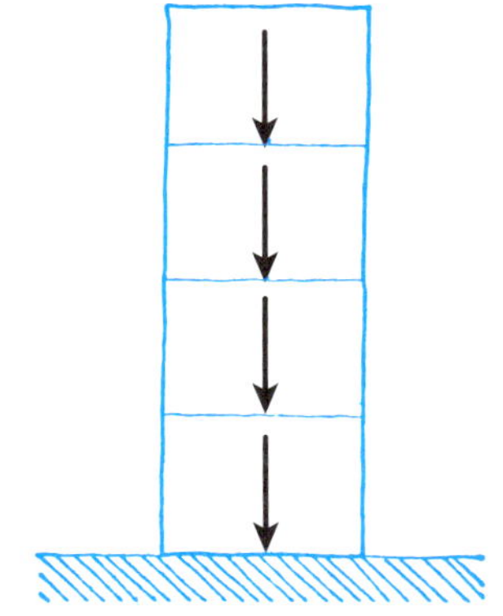

[그림 7] 가장 간단한 대칭의 사례를 보면, '중심축 선'은 벽 중앙부 하부를 관통하고 있다.

그것이 수직적인 중심축이 각각 연속되는 접합부에 작용하는 것으로 고려될 수 있는 위치를 정하게 된다. 그 중심축 선은 프랑스가 발명한 것이고 콜롬보(Coulomb, 1736-1806)에 의해 맨 처음 찾아진 것으로 보인다.

[그림 7]에서 보듯이 대단히 단순한 대칭 벽이나 기둥, 보 벽 등을 위한 중심축 선은 벽과 구조의 중심을 따라 확실하게 내려가고 있다. 그러나 세련미를 보여주기 위해 어떤 프리텐션을 가진 건물에서는, 그 지붕 부재의 측면 경로의 중심축으로부터 적어도 한 가지의 부등변 힘이 생기고, 아치형이나 볼트구조 또는 다른 비대칭의 구조형태로부터도 마찬가지 현상이 있다. 그러한 사례에서 볼 때, 그 중심축 선은 더는 벽체의 중심을 따라 내려가지 않고, [그림 8]에서 보이는 경사 경로를 따라 한쪽 측면으로 바뀌게 된다.*

만약에, 중심축 선을 그려보면, 어느 지점에서 벽의 표면에 닿는 위험성이 있음을 발견하게 되고, 그때 우리는 다시 생각하게 되고, 깊이 생각하

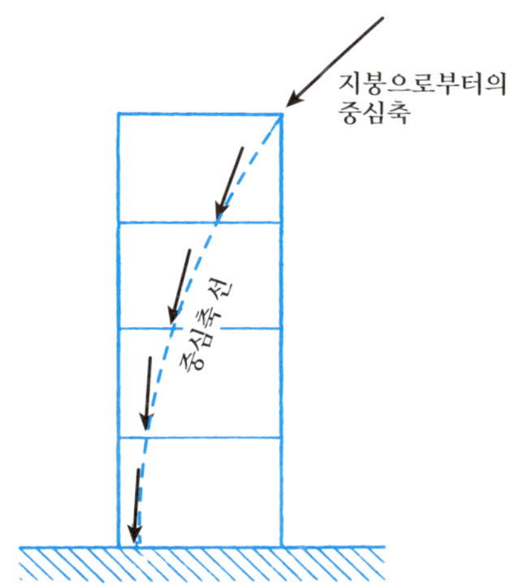

[그림 8] 경사 하중의 영향은 이러한 종류의 경로에서 중심축 선을 왜곡하게 된다.

* 이것은 벽체의 각 높이에서 생기는 힘의 평행사변형(아는 사람은 기계 분야의 기초교재에 있는 내용에서 바꿀 수도 있는)을 가지고 확인될 수 있다. 힘의 평행사변형은 1586년 사이먼 스티븐에 의해 발명되어 온 것으로 알려져 있다. 힘의 문제를 해결할 개념이 부재하다는 것은 고대 또는 중세의 건축가들이 현대적인 방식으로 건물을 설계하는 것이 불가능한 것과 같은 이유가 된다.

게 된다. 왜냐하면, 거기에는 건물이 무너질 것 같이 보이게 설계한 어떤 좋은 기회가 있기 때문이다.

우리가 할 수 있는 그런 것 중의 하나, 가장 효과적인 것 중의 하나가 잘 될 것 같다는 점은 벽의 상부에 하중이 더해지는 것이라는 것이다. 그때 발생되는 일은 [그림 9]의 다이어그램 표현에서 볼 수 있다. 사람이 상상할 수 있는 것과는 반대로, 상부의 하중은 벽체를 더 많이 그리고 적지 않게, 안정적으로 만들게 할 것 같고, 잘못된 중심축 선을 그것이 있어야 할 곳에 비해 더 많거나 더 적게 뒤로 물러나게 될 것이다.

이것을 해내는 유일한 방법은, 단순히 벽체를 실제 필요한 것보다 훨씬 더 크고 높게 하고 덧붙여서, 무거운 난간과 덮개 등과 같은 것은 좋은 예가 된다. 그것이 건물 일부이고 그래서 다룰 수 있는 것이라면, 조각상의 축선이 항상 도움이 될 것이다.(그림 10) 이 점이 고딕 성당과 사원의 첨탑과 조각상을 가능하게 한 구조적 정통성이라고 할 수 있다. 그것들은 기능주의자들에게 그리고 '효율성' 측면에 관해 엄청나게 말이 많은 부정적 시각을 가진 모든 사람에게서 '야유boo'를 유발하게 되었다.

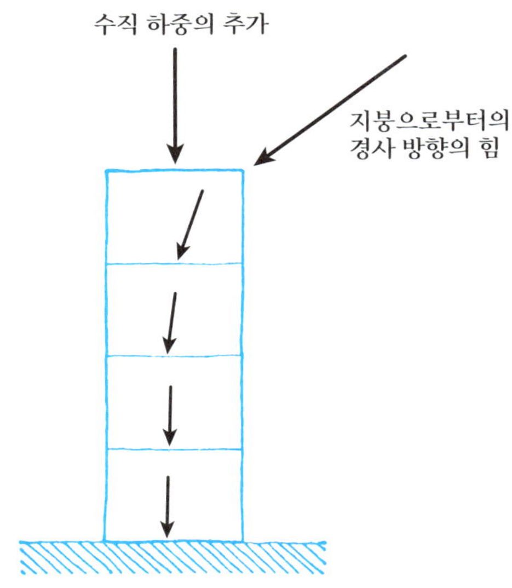

[그림 9] 벽체 상부에 가해진 추가 하중의 영향은 중심축 선상의 이심성을 줄여준다.

그 중심축선*이 벽의 '중간 1/3 지점'에 유지되어 있어야 한다는 것이 절대적인 원칙으로 생각되곤 했는데, 왜냐하면 크랙이 나타나기라도 하면 그 벽이 무너져 내릴지도 모르기 때문이다. 이는 안전성과 감시받기 좋게 만들어 놓은 상당히 보수적 시각의 원칙이라고 할 수 있으며, 그렇지만 이

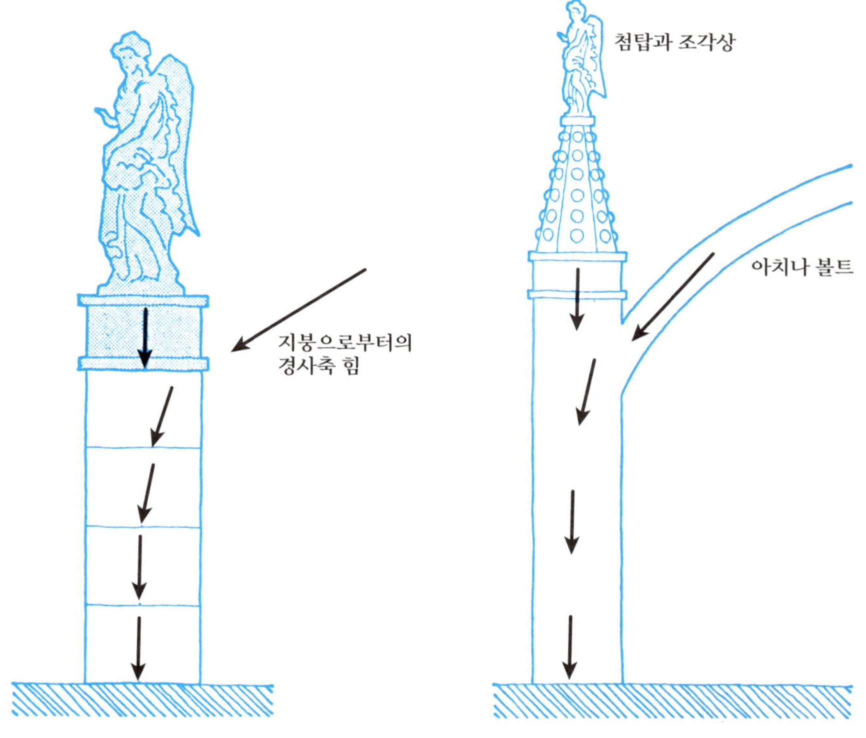

[그림 10] 이것은 첨탑, 조각상 등의 형태에서 상부 하중이 추가되면서 생긴다.

* 실제로 여러 가지의 중심축선이 있는데, 그것들 모두는 벽체 표면 안쪽에 유지되도록 할 필요가 있다. 수동적인(정적) 중심축선. 이것은 벽체 자체의 그리고 바닥면이나 지붕 같은 곳에 고정적으로 접합되어 있는 모든 것들의 하중으로부터 만들어지는 축선이다.
능동적인(동적) 중심축선. 이것들은 건축물의 고정적인 부분뿐 아니라 풍압이나 물, 석탄, 눈, 기계설비, 자동차, 사람 등등의 하중과 같이 변화하는 모든 종류의 하중으로부터도 만들어지는 축선을 말한다. 여러 종류의 동적 중심 축선은 조적식 구조가 안전하게 하중을 견디는 방법들을 정해준다.

러한 쉽게 허용되는 시대에서 그것들을 볼 수 없을지도 모르는 두려움이 생긴다. 현대의 주거용 부동산 또는 새로 생긴 대학교를 보게 되는 사람들은 그 벽체에 크랙이 많이 발생되었음을 볼 수가 없으며, 그 크랙이 있는 곳에는 인장강도를 한번 주어야 한다. 그러나, 이러한 크랙들이 플라스터 마감이나 인테리어 장식 마감*으로 그 손상된 것을 잘 처리한다고 하더라도, 주요 구조부의 안정성에 위험성을 줄여주는 역할은 거의 하지 못한다.

조적조의 안전성을 위한 기본적인 조건은 중심축선이 항상 벽체나 기둥의 표면 내부에 잘 유지되도록 해야 한다는 점이다.

댐 Dams

벽과 마찬가지로, 조적조 댐은 보통 강도가 모자라서가 아니라 안정성의 부족으로 실패하게 된다. 즉, 그래서 어떤 팁을 주기가 쉽다. 댐에 있는 측면 경로의 축은 저수의 압력이 일반적으로 조적조의 무게와 유사하므로 건설에서 활용된다. 이러한 이유로 그 '만수'와 '비어 있는' 상태 사이에 유동적인 중심축선의 위치에 상당히 큰 폭의 변이가 이루어지게 된다. 원래의 건물들과는 다르게, 이러한 댐들과 함께 확인해 보면, 거기에는 '중앙 1/3'의 규칙을 가진 모든 것에서 어떤 자유로움을 얻을 수가 없다. 조적조에 어떤 종류의 크랙도 있어서는 안 된다는 것은 당연한 원칙이다. 특히 상류층에서는 더욱 그렇다. 크랙이 발생하면, 압력을 받은 물이 댐의 구조물 내부로 스며들고 두 가지 면에서 나쁜 영향을 받게 된다.

첫 번째 영향은 물의 흐름에 의해 조적조에 손상을 주는 것이다. 즉 누수라는 반작용을 일으키게 된다. 보수하려면 일반적으로 거대한 댐의 내부에 수로를 만들어 주는 것이다. 두 번째 영향은 더 심각하다. 크랙 내부의 수압이 수직상승력(110ft 깊이에서 제곱피트당 5ton, 즉 30m 깊이에서 0.5MN/㎡)을 발휘하게 된다. 이것은 이미 한계 상황을 넘어서는 것이어서 댐이 넘치게 되는 것이다.

1943년 R.A.F.(영국공군)에 의해 모온Mohne과 엘더Elder 댐의 파괴는 2단계로 진행되었고, 그 시간적 간격이 짧게 나누어지는 것이 가능함을 보여주었다. 첫 번째 단계에서 반즈 위리스의 폭탄은 그 두 개 댐의 상류측 부분에

* 이것은 건물 내부에 플러스 터 마감을 하지 않는 것이 현대에 유행하는 이유이기도 하다.

투하되었고, 폭파되기 전에 가라앉아 버렸다. 그 폭탄이 폭발했을 때, 댐의 구조물에 깊게 크랙이 생겼고, 잠시 후에 댐 자체의 역류로 지체된 것은 그 크랙 틈으로 고압의 물이 쏟아져 들어가게 된 것 때문이었다. 그러한 작동의 내용을 읽어 본 사람들은 폭탄의 폭발과 댐의 붕괴가 확인되는 과정 사이의 감지 가능한 순간 정지가 있었음을 기억할 것이다. 물론 이러한 댐의 갈라진 틈은 루르강에 엄청난 피해를 주게 되었다.

평화로운 시기에 댐에 문제가 생기는 것은 엔지니어에게는 악몽이라 할 것이다. 댐이 석조가 아니라 철근콘크리트로 만들어졌다 하더라도, 어떤 신뢰할만한 안정성을 가진 인장력이 있을 것이라는 믿음을 갖는 것은 어리석은 생각이다. 모든 철근콘크리트 댐에서 중심 축선은 댐에 물이 없을 때는 상류에 중심 축선이 '중앙 1/3'을 넘도록 해서는 안 되고, 만수일 때는 하류가 그렇게 되면 안 된다. 그것은 손에 무언가를 남겨 놓는 것과 같다. 이러한 요구조건은 통상 끝단을 뾰족하게 하고, 비대칭의 모양을 갖게 하는데 대부분 사람에게 이러한 것은 익숙한 현상이다.(그림 11)

그러나, 댐은 그 안에 담겨 있는 물의 가치와 비교할 때 값이 비싸다. 그래서 엔지니어들은 지속해서 댐을 더 경제적으로 만드는 방안을 모색한

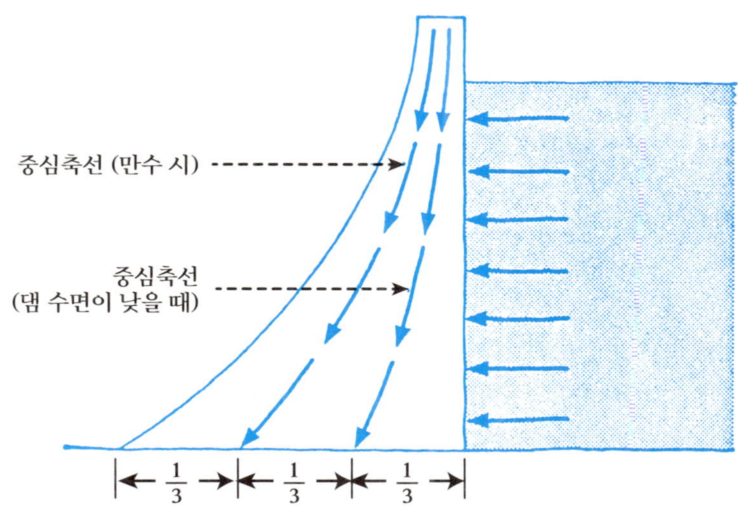

[그림 11] 강화공법이 적용되지 않은 조적조 댐

다. 중량과 시멘트 가격의 적정한 절약방안은 일반적으로 철근으로 강화된, 특히 인장력이 강화된, 콘크리트에 의해 이루어진다고 할 수 있다. 그러나, 보강 철근이 댐 기초하부의 단단한 암반에 지지되지 않았다면, 댐 전체에 실제적인 위험성이 존재하게 되고, 이에 따라 전체적인 강화구조물이 뽑히거나 뒤틀릴 우려가 있다.

그 상황을 처리할 유일한 방안을 [그림 12]에서 볼 수 있다. 여기에서 간단한 수직의 철골조가 하부 암반에까지 지지되게 하고 댐의 최상부까지 콘크리트를 관통하도록 하였다. 거기에는 잭킹 작동을 적절히 배열하기 위해 인장력을 가했다. 이러한 철근은 실제로 사원의 천사상과 첨탑과 같은 역할을 하는 것으로 보일 것이다. 물론, 모든 전통적인 방식의 거대한 조적구조물은 그 자체의 중량에 의해 '프리스트레스트' 된 구조물로 다루어진다. 댐의 정상부를 따라 무거운 조각상이 일렬로 배열된 것이 효과적이고 오히려 더 멋있게 보이는 것은 의심할 여지가 없지만, 그것이 철골조보다 더 경제성이 낮을 것 같다는 우려를 하게 한다.

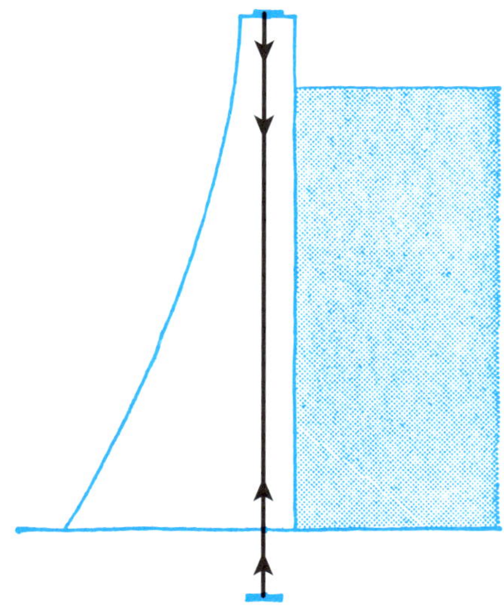

[그림 12] 강화 댐. 두께가 더 얇고, 더 경제적인 이 댐은 때때로 암반 하부에 프리텐션된 철골을 사용해서 완성시킨다. 이것은 댐의 상부에 동등한 여분의 하중이 있게 해서 중심축선의 움직임을 통제할 수 있도록 하였다.

아치 Arches

이 아치는 구조물 자체만큼 오래된 것은 아니라고 해도, 분명히 매우 오랜 역사를 가지고 있다. B.C. 3,600년 경 즈음에 이집트와 메소포타미아에서 매우 발전된 형태의 벽돌 아치가 이를 증명하고 있다. 그 석재로 된 아치는 별도로 그리고 '받침대 형태corbelling'에서 아이디어를 얻어서 독립적으로 진화됐다. 말하자면 석재가 중심에서 모일 때까지 각각의 측면에서 단계적으로 조적을 쌓아가는 방식인 것이다. 모임 천정을 가진 넓은 방(vaulted chambers : 참고 5)은 티린스Tyryns에 있는 미케네시의 벽체 아래에 깊이 있으며 이러한 방식으로 지붕이 덮여 있는데, 호머가 그것에 대해 경이로움을 표할 만큼 오래되었다. 이 광대한 벽체들(참고 6)에 있는 기둥이 있는 게이트는 코벨링이 발전된 형태인 것으로 알려지고 있다. 이것은 아마도 B.C.1,800년 전에 건립되었을 것이다.

그러나, 그 받침대형* 또는 세미 받침대형의 아치는 티린스의 게이트 같은 것으로 오히려 조잡한 것처럼 보인다. 아치는 바로 하나의 구조물로 발전되고 아치의 링 구조는 벽돌과 돌로 만들어지며 얇은 쐐기 형태로 만들어지고 '보수와voussoirs'로 불린다. 전통적인 아치의 여러 부분은 [그림13]에서 볼 수 있다.

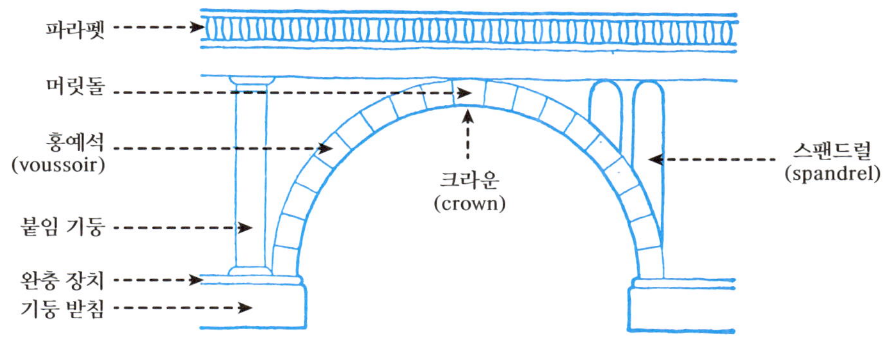

[그림 13] 아치의 여러 부분들

* 실제 아치는 오래된 발전의 산물로 보여진다. 멕시코와 페루의 원주민 문명을 보면 받침대형 아치만을 사용해서 대규모 건물을 만들어 낸 것을 볼 수 있다.

상부의 홍예석 또는 아치 하부 곡면부crown는 키스톤으로 불리며, 종종 돌보다 더 크기도 하다. 시인, 정치인이나 다른 공학 분야에 종사하지 않는 사람들이 실제의 기능과 그림상의 키스톤에 특성을 부여하는 때도 있지만, 사실 키스톤은 기능적으로는 모든 다른 홍예석과 차이가 없고, 그 독특함 면에서는 어떤 것을 찾아보자면 순수한 장식물로서의 측면일 것이다.

아치의 구조적인 기능은 하부로 향하는 하중을 지지하는 것이고 측면부의 힘으로 전환되게 해서 아치의 곡면부를 따라 힘을 이동시켜서 각각의 홍예석을 서로서로 저항하면서 밀어주는 역할을 하게 한다. 자연스럽게 홍예석은 아치와의 맞댐면이나 스프링에 역으로 눌러지게 된다. 이러한 작용과정은 방법적인 면에서 상식에 근거해서 매우 명확하게 보인다.(그림 14)

홍예석으로 이루어진 아치 곡선은 곡면 벽과 아주 유사하고, 각 접합부에 있는 압축 하중의 위치는 같은 경로로 이루어진 축선을 따라 나타나게 된다. 이러한 경우에 그 축선은 많거나 적거나, 곡선의 원을 따라가게 되고 아치의 모양을 이루게 된다. 이 경우에 축선은 많건 적건 간에 아치의 형상이 원의 모양을 따라 곡면이 되어야 한다. 다음 장에서 아치에 있는 축선에 관해 다루게 될 것인데, 그동안 우리는 축선의 존재를 알게 될 것이다. 또한, 벽에서와 마찬가지로, 홍예석들은 각각이 서로 미끄러지지 않게 되고 그 접합부에는 인장력이 가해지지 않으리라고 예측할 수 있다.

홍예석들 간의 접합부는 하나의 벽에 있는 석재들 사이의 접합부와 같은 방식으로 작용하게 될 것이다. 그 축선이 '중간 1/3' 지점을 넘어서 흩어지게 되면 크랙이 나타나게 될 것이다. 또한, 그 축선이 접합부의 끝단으

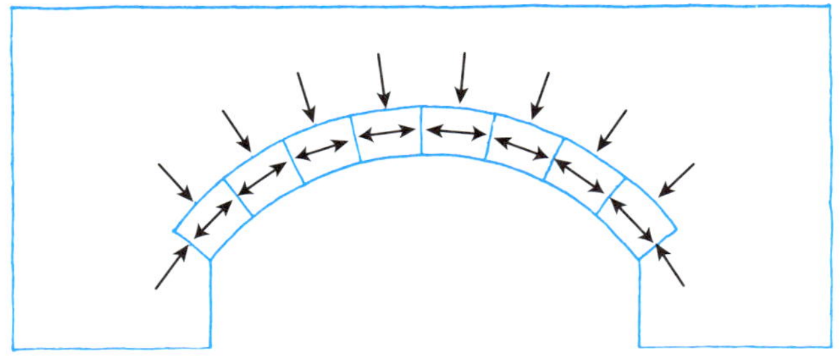

[그림 14] 아치는 수직의 하중을 모아서 측면으로 전환시킨다.
이 측면 하중은 아치의 곡면부를 따라 내려 가스접합부까지 작용하게 된다.

로 이동하게 되면, 말하자면 아치 원의 경계면까지 움직이게 되는 경우에는 어떤 '힌지'가 발생하게 될 것이다. 그러나 아치가 단순히 평범한 벽과 아주 다르게 하는 것은 벽이 주저앉게 되고 아치가 만들어지지 않게 된다. [그림 15]는 3힌지 포인트가 아주 극적인 일이 발생하지 않고 아치에 발생할 수 있는데 이보다 적을 경우는 없을 것임을 보여주고 있다. 실제 잘 만들어진 많은 현대의 아치형 다리들이 열팽창 허용치에 따라 3힌지 결합부로 정교하게 만들어져 있다.

우리는 그 다리가 실제 무너진다면 아치가 제멋대로 접히고 꺾여서 붕괴되어서 3개가 연결된 체인 또는 '기계장치'가 될 수 있는 4힌지 포인트가 필요하게 될 것이다.(그림 16) 우발적으로 좋은 일이건 나쁜 일이건 간에 다리를 무너뜨리길 원한다면, 그것은 아치의 '중간 1/3' 가까이 어느 지점에서 폭발물 설치하는 것이 최선이다. 이는 대체로 아치 곡면의 정점에 도달하기 위해서 그 길을 따라서 파 내려가는 것을 포함하고 있다. 이에는 시간을 필요로 하기 때문에, 후퇴하는 군대 후면에서 교량이 파괴가 일어나는 것은 종종 별 영향을 미치지 못하게 된다.

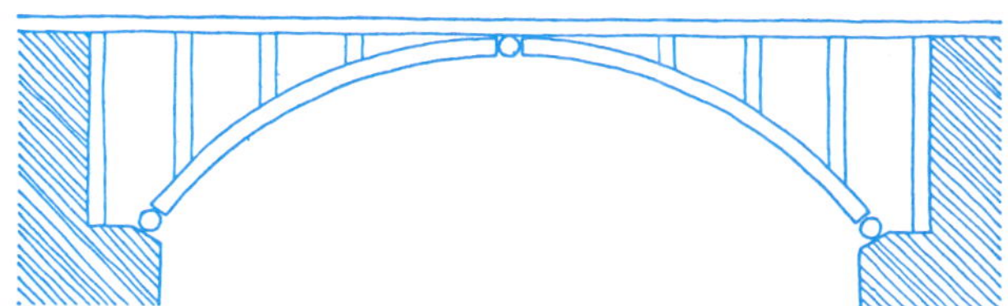

[그림 15] 아치는 붕괴됨이 없이 3힌지-포인트로 형성될 수 있는데, 실제로 많은 현대의 아치들은 이러한 방식으로 정교하게 건설되었다.

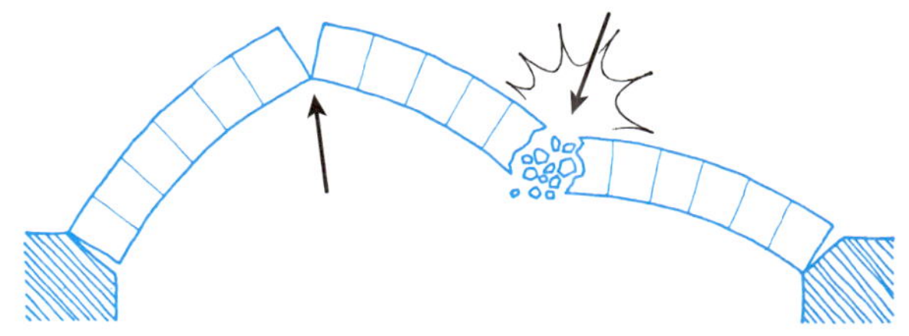

[그림 16] 아치는 붕괴되기 전에 4힌지-포인트를 개발해야 할 필요가 있다.

이러한 모든 것은 아치가 비정상적으로 안정되는 것이고 기초의 움직임에 과도하게 민감하게 반응하지 못한다는 것을 의미한다. 기초에서 어떤 움직임이 감지될 수 있는 정도가 되면 벽은 아마도 붕괴*될 것이다. 아치는 그리 고려할 만한 것이 못되고 일종의 뒤틀림 현상이 매우 자주 일어나게 된다. 예를 들어, 케임브리지의 뒤에 있는 클레어 브리지(그림 16)는 인접해 있는 것들의 움직임 때문에 중앙부가 매우 두드러지게 휘어진 것이다. 그것은 오랜 시간 동안 그러고 있어서 매우 안전한 것처럼 보인다. 같은 방식으로 된 아치들은 지진에 대해서 그리고 현대 교통혼잡 등과 같은 여러 가지의 문제들에 대해 대단히 잘 세워져 있다.

우리 조상 중 많은 사람이 아치를 사용했다는 점 모두가 놀랄만한 것은 아니다. 아울러, 여러분의 통계가 틀렸다고 하더라도(혹은 전혀 합계를 내지도 않았더라도) 습지에조차 아치 전체의 기초를 세웠을 것이다.—실제 영국에 있는 사원의 상당수가 그렇게 세워졌다.

폐허지에서 보면, 대체로 아치가 가장 좋은 상태로 남아있는 것이 눈에 띈다. 이는 대개 아치의 본래 특징인 안정성에 기인한다고 할 수 있으며, 홍예석의 쐐기 모양의 돌들이 벽에 있는 직사각형의 돌 보다 시골의 농부들에게는 쓸모라는 면에서 관심 대상에서 멀어진 데서 기인한다고 보인다. 신전 벽의 외벽에 세워진 마름돌들이 도난을 당한 오랜 후에, 많은 그리스 신전의 둥근 기둥이 보존된 것도 이와 유사한 이유에서였음을 알 수 있다.

조적벽이 두꺼우면 벽이나 아치 내부 면에 중심 축선이 잘 유지되는 것은 상대적으로 쉽지만, 견고한 벽돌과 가공 석재로 된 것은 가격이 비싸다. 저가로 추가적인 두께를 만들기 위해서 로마인들은 메스 콘크리트를 고안했다. 이것은 보통 혼합 포졸란으로 만들어졌는데,—이탈리아에서는 자연 토양에서 흔한—여기에 석회와 모래 및 자갈이 합쳐진 것이다.

벽과 아치가 더 두껍게 만들어졌다면 그것은 일반적으로 더 안정적이고 그렇게 두껍게 할 필요가 없을지도 모른다. 재료의 무게가 적으면 운반하고 다루는 데에 유리하고, 그 때문에 시공비가 낮아지게 될 것이다. 포병 장교처럼 대단히 분별력 있는 건축이론가인 비트루비우스(B.C. 20년)는 그 시

* 이것은 공성전을 하는 동안에 단단한 성벽 아래에서 벌어진 굴착 및 약탈의 증거라고 할 수 있다. 터널의 끝단이 벽의 기초 아래에 있을 때 그 지붕은 목재 부재로 지지되고 있다. 적절한 순간에 그 성벽이 붕괴될 것 같은 시점이 되면 그 부재를 통해 불을 통과시키도록 점화를 하도록 하였다. 습하고 건조한 두 가지의 웅덩이의 기능은 주로 약탈을 방지하기 위한 것이었다.

대의 저밀도 콘크리트가 화산석 분말인 부석가루를 혼합해서 만들어진 것이라고 알려주었다. 콘스탄티노플의 하기아 소피아 성당의 거대한 돔은 이와 같은 방식으로 만들어졌다.

중량과 가격을 줄이는 것은 콘크리트에 한 가지 또는 다른 종류의 것들을 비어 있는 저장고에서 혼합함으로써 얻어질 수 있다. 고대 세계에서는 와인무역이 대단히 범위가 넓고 활발하게 암포라라고 하는 양손잡이가 달린 항아리에 담겨서 이루어졌다. 이렇게 커다란 질그릇 저장고는 강력하게 반품이 불가한 것이었고 그래서 감당할 수 없는 양만큼 쌓이게 되었다. 그 분명한 해결방안은 그것을 콘크리트로 찍어내는 것이었고, 실제로 많은 후기 로마의 건물들은 이러한 방식으로 건설되었다. 특히, 라베나에 있는 아름다운 초기 비잔틴 교회들은 일회용 용기들로 폭넓게 구성되었다.*

스케일, 비례와 안전성

어떤 구조물들은 '믿음의 힘'에 의해서 지속하게 되는 것이고 그 이외의 것들은 페인트나 녹에 의해서 전체적으로 같이 유지되는 것으로 보인다고 말해진다고 하더라도, 디자이너가 완전히 무책임한 사람이 아니라면, 그가 만들어 내려고 제안한 것들이 무엇이건 그것의 강도와 안정성에 관한 일종의 안정성 목표치를 갖고자 할 것이다. 우리가 현대적인 계측방식의 올바른 적용방법을 해내는 게 불가능하다면, 그때 할 수 있는 확실한 것은 모델을 만들어보거나 성공적이었던 것으로 인정받은 구조방식으로서 이전의 더 작은 형상으로부터 스케일을 키운 것을 말하는 것이다.

물론, 이러한 것은 사람들이 아주 최근 시대에까지 내려오게 된 것으로서 매우 잘된 일이라고 할 것이다. 아마도 그들은 여전히 그렇게 하고 있을 것이다. 만일 그것이 좋은 모양으로 보이기를 원하지만, 모형이 모두 아주 잘 되게 하는 것은 어려운 것이다. 그러나 만약 그 모형으로 힘을 예측하게 된다면 그것은 매우 위험한 상황을 만들 수도 있다. 왜냐하면, 그것의 스

* 유명한 브리스톨 채널 파일롯 커터(1900년)는 배 바닥에 콘크리트로 중심을 잡는 안정 역할을 하도록 하였다. 무게를 갖게 해야 하는 콘크리트 배 중심에는 고철과 구멍 난 보일러 등으로 채워졌다. 가볍게 만들어진 배 끝단의 콘크리트는 빈 맥주병들로 채웠다. 내 정원에 있는 동상과 도자기의 바닥 지지대를 위해서 나는 대개 낡은 닭장 철망, 빈 와인 병과 콘크리트를 섞어서 사용했는데 아주 작업이 잘된 것처럼 보인다.

케일을 키우게 되면 구조체의 하중이 그 평면 치수에서 부피로 증가하게 되기 때문이다. 그것은 평면 크기를 2배로 하면, 하중은 8배로 증가하는 것으로 확인할 수 있다. 그렇지만, 이러한 하중을 이동시키는 다양한 부분의 종단면으로 보이는 영역은 그 각 치수의 면적만큼 만 증가될 것이며, 그래서, 크기가 두 배인 구조물에서는 각 부분이 면적의 4배 정도로만 되게 된다. 그래서 그 응력은 각각의 치수에 따라 선線적으로 증가하며, 크기가 두 배가 되면 그 응력도 두 배가 되어 조만간 심각한 문제가 발생될 것이다.

재료의 파손을 모형이나 이전의 경험을 통해 획득한 것을 가지고는 예측하기 어렵기 때문에 아무리 강한 구조물도 파괴될 수가 있는 것이다.

이러한 원칙은 갈릴레오에 의해 발견된 것으로, '면적-부피의 법칙'으로 알려져 있으며 그것은 왜 자동차와 배, 비행기와 기계장치가 적절하게 현대화된 분석방법으로 디자인되어야 할 필요가 있는지를 알려주는 하나의 좋은 이유라고 할 수 있다. 이것은 또 그러한 것들이 적어도 그 현대적으로 세련된 형태들로 개발하는 데에 그렇게 늦었는지를 짐작하게 해준다. 그러나, 우리가 대부분 조적조인 건물로 된 면적-부피 법칙이 무시될 수도 있는데, 왜냐하면 우리가 언급한 것처럼, 건축물이 압축력에 따라 부재의 파괴가 발생하는 원인에 의해서만 규칙적으로 붕괴되는 것이 아니기 때문이다. 조적조에서 응력은 너무 적어서 우리가 거의 무한정으로 크기를 확장해갈 수 있다. 대부분 여타의 구조체와는 다르게, 건물은 불안정하고 기

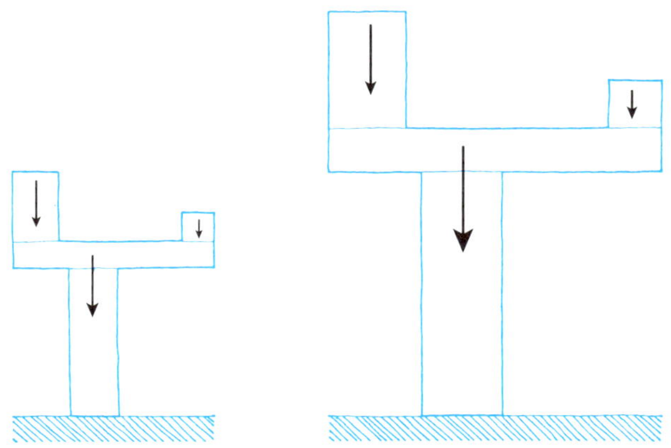

[그림 17] 건물의 안정성이란 저울과 같다.
즉 그것은 스케일의 크기에 영향받지 않는다.

울어지게 되기 때문에 붕괴가 일어난다. 그리고 건물의 크기에 따라 모형 실험으로 예측할 수도 있다.

문제를 철학적인 관점에서 보면, 건물의 안정성은 하나의 저울(그림 17)과 같이 균형과 체중계의 안정성과 별로 다르지 않다. 양면의 전도모멘트는 각 치수의 4번째 힘으로 작용하게 될 것이다. 즉 스케일이 커진다고 해도, 모든 것이 균형 상태를 유지한다는 것이다. 그래서, 작은 건물이 세워진다고 한다면, 그 건물의 규모가 커진 상태가 되어도 그렇게 될 것이며, 중세 건축가들이 만들어 놓은 '미스테리한 것'은 일련의 원칙적인 규정들과 여러 가지 비례에 대한 이러한 경험을 약화시키면서 구성되었다고 할 수 있다. 그러나, 그들은 또한 이미 사용했던 모델들—때때로 18m 길이로 된—이 조적이나 점토로 만들어진 것으로서 잘 제작하였다. 이러한 과정에 만들어진 방식으로 랑스Rheims성당(그림 18)과 같은 매우 복잡한 구조들도 제작될 수 있었다.

고전주의 시대의 그리스 사람들은 석재로 된 보와 상인방을 사용하는 것을 더 선호하고 주요한 건축물에서 아치를 사용하지 않았다. 그러한 보(빔)에서의 인장 응력은 비교적 높고 종종 안정성의 한계치에 너무 가깝게 도달하기도 했다. 이러한 건축물의 처마도리 중 상당수가 고대 시대에도 이미 붕괴되거나 금이 갔다. 이것은 철제 강화공법을 대리석 보에 사용되었는데 그 예로 Propylaea의 보를 들 수 있다. 구조적 파괴를 막고 도리아식 사원을 보호하는 것은 석재의 보를 크랙이 난 것처럼 짧고 깊게 해서 자체적으로 아치를 형성하게 하였다.(그림 19, 참고 8과 23)

그리스식 지붕*의 건축물은 대단히 큰 규모의 돌을 많이 필요로 한다. 문명이 쇠퇴할 시기가 되어 대형 매스를 이동시키는 것이 대우 어렵게 되면, 이 방식이 하나의 매우 실용적인 것이 될 수 있는데, 그 이유는 중세의 건축가들이 고딕식 아치와 볼트공법을 선호한 것은 그것이 아주 작은 돌로도 만들 수 있었기 때문이다.

존 소안 경은 그의 건축 강의에서 거의 200년 전 것을 지적해냈는데, 석재 보의 구조적 한계에도 불구하고, 고대 건축물의 규모는 현대건축에서 그에 상응하는 것 이상의 대규모로 건설되었음을 볼 수 있다. 예를 들면, 파르테논은 세인트 마틴보다 훨씬 더 크다. 그럼에도 불구하고, 파르테논은

* 라틴 지붕구조에서 유입된 빔(보)

[그림 18] 랑스Rheims성당 : 플라잉 버트레스 비올레 둑Viollet-le-Duc 이후

69m× 30m의 규모로서 올림피안 제우스의 하드리안 사원과 비교하면 작다. 하드리안 사원은 108m× 52m 정도의 규모여서 트라팔가 광장을 거의 덮을 정도이다.(참고 8) 그러나 하드리안 사원은 그 위에 탑처럼 높이 있는 아크로폴리스의 담벼락에 비하면 난장이 수준이다. 다시 말해, 아주 작은 규모라고 할 수 있는, 로마 시대의 많은 교량과 수로는 어떤 표준형에 따라 특징을 부여해서 만들어진 것이다.

이러한 고대의 건조물은 자연에 의해서 보다는 대부분 인간에 의해 파괴되었고 그들 중 일부는 오늘날에도 여전히 좋은 상태를 유지하고 있기도 하다. 그러나, 모든 이러한 작품들을 통해서 고대인들은 다음의 익숙한 사례들을 보여주고 있다. 즉 그들이 그렇게 건설하는 것이 불가능하게 되었을 때 그들은 매우 나쁜 쪽으로 흐르기 쉽다는 것이다. 고대인들의 배나 탈 것들은 현대인들의 시각으로 보았을 때 거의 대부분 볼품없을 정도로 작고 약했을 뿐 아니라, 로마의 인슐라이(Insulae : 서민용 다층의 대형 공동 주거 단지 또는 도시 내 도로로 둘러싸인 단지 -역자 주)처럼 새롭고 판에 박히지 않은 건물들까지 빈번하게 파괴되었다. 이 주거 건축물은 아우구스투스 황제가 건물 높이를 18m로 제한하는 법을 무리하게 통과시킨 결과물이었다.

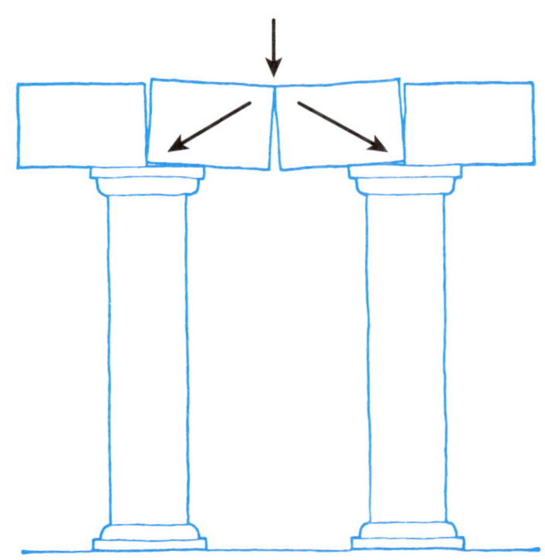

[그림 19] 길이가 짧은 돌로 된 상인방이나 처마도리에서 인장을 받는 면에 크랙이 발생한다면, 그것은 3점 힌지의 아치로 전환해서 하중을 계속 지지할 수 있도록 한다.

척추와 골반에 관하여

인간과 동물의 척추는 단단한 뼈로 만들어진 작은 부재들로 된 구멍 뚫린 척추들로 구성되어 있다. 이것들은 '척추 사이의 디스크들'로 서로 나누어져 있고 상대적으로 연한 재질로 만들어져 있으며 그래서 척추들 사이에 제한적이지만 움직임이 가능하게 되어 있다. 규정에 따르면, 척추는 이동하는 데에서 생기는 하중과 여러 가지의 근육과 신경의 당김현상에 의해 양면에 발생되는 전체적인 압력을 받는다.

젊은 사람들은 디스크의 질감이 유연하고 탄탄하여, 상당한 탄성 응력을 지탱할 수 있다. 척추가 탄성력에 의해 손상을 받게 되면, 골절은 디스크에서보다 골격에서 일어날 수 있다. 그러나 20대가 지나가면, 디스크 재질감이 급격하게 탄성이 줄어들고 눈에 띄게 탄성이 줄어들게 된다. 그러므로, 더욱 나이를 먹게 되면 우리의 등뼈가 교회나 절의 기둥처럼 되는 상태에 도달하게 된다. 그 척추의 모습이 돌기둥과 부실해진 모르타르 같은 디스크처럼 보이게 된다. 디스크가 별일 없어 보인다 해도, 매우 심한 긴장이 발생되어 찌르는 듯 통증이 전체적으로 생기는 상황을 피하기 어렵다.

그러므로, 중년층의 사람들을 위해서는 가능하면 등뼈의 중앙부 가까이에 몸의 중심축을 유지하도록 하는 것이 현명하다. 이는 무거운 짐을 들어 올리는 옳고 그른 방법이 있는 이유라고 할 수 있다. 좋지 않은 방식으로 무거운 것을 들면, 과도한 탄성력이 관절부에 작용하게 되어 이 중 일부를 손상시킨다. 그 결과 "디스크 밀림'이 생기거나 다른 복합적인 문제가 나타나며 우리에게 '요통lumbago'라고 불리는 알 수 없는 등 부분의 문제가 발생되는데 그것은 상당한 통증을 유발한다.

지금까지는 등뼈가 벽 또는 조적조 기둥처럼 작동하였고 '중앙 1/3 규칙'에서 출발하여 어떤 제한된 조건을 보여주었으며, 그와 같은 규칙은 우리가 건물의 규모를 키우기 위해 시도한 것과 같이 어떤 동물의 덩치를 키우는 것에도 제안되었다. 그래서 우리가 어떤 작은 동물로부터 시작해서 점진적으로 그 크기를 증가시킨다면, 척추에 꼭 필요한 두께는 비례에 따라 정해질 것이다. 그러나 갈비뼈나 팔다리뼈와 같은 대부분의 다른 뼈들은 주로 굽히는 목적이다.—마치 사찰건물의 상인방과 같이—그리고 그것들에 영향을 주는 하중은 동물의 덩치에 비례해서 주어지게 된다. 그러므로, 그러한 뼈들은 비례에 상관없이 더욱 두꺼워져야 한다.

우리가 박물관에서 원숭이와 같은 것들의 확대된 크기로 된 유사한 동물들의 골격을 보면, 작은 원숭이와 중간 크기의 원숭이 그리고 고릴라와 인간의 척추골의 규격에 의해서 보면 동물의 신장과 팔다리의 뼈에 비례적으로 대개 맞춰지는 것을 알 수 있다. 특히 갈비뼈는 그 스케일이 증가함에 따라 동물의 크기 측면에서 보면 훨씬 더 두꺼워지고 무거워진다.(참고 8)

이러한 경이로운 자연현상은 로마 시대 건축가들보다도 더 현명한 것으로 보인다. 그 시대 건축가들은 사원의 규모를 증가시킴에 따라 땅딸막한 도리아식 비례를 포기하고 건축하였으며, 통치 방침에 따라 빈번하게 손상 파괴 우려가 있는 얄상한 처마도리를 가진 화려한 황제형 코린트 양식으로 건설하였다.

Chapter 10

교량에 관한 것

또는
생 베네제와 생 이삼바드 다리

런던 다리는 무너졌네 무너졌네, 무너져 버렸네 ...
런던 다리는 무너졌네,
나의 아름다운 여인아.

벽돌과 돌로 그것을 세우고, 벽돌과 돌, 벽돌과 돌로 ...
벽돌과 돌로 그것을 세웠다네,
나의 아름다운 여인아.

밤새 보려고 한 남자가 서 있네,
밤새 보기 위해, 밤새 보기 위해서 ...
밤새 보려고 한 남자가 서 있다네 ...
나의 아름다운 여인이여.

이와 같은 동요에 대해 우리가 생각하면 할수록, 더욱 무서워진다. 그것이 17세기 훨씬 이전에 있었던, 확실한 것이 아닐 수 있다고 하더라도, 매우 오래된 것임에는 틀림이 없으며, 옥스퍼드 사전의 동요 편에 무서운 페이지로 여러 번 나타나 있다. 전 세계에 걸쳐 교량 건설은 *on y danse, on y danse, sur le pont d'Avignon*(*우리는 춤을 추네, 아비뇽 다리 위에서 춤을 추네*)처럼 어린이들의 춤과 함께 연계되곤 하였다. 그리고 전설뿐 만이 아닌 인간의 희

* 버크셔에 있는 러버리 언덕에 자리한 로마 시대의 성벽은, 내가 이 장을 쓴 곳으로부터 1마일 정도인 곳에서, 여인의 시체가 기초콘크리트에서 발견되었다. 그 사실은 현대에까지 연속되어 전해졌다. 1865년에 라구사 크리스천의 어린이들이 방어 요새의 기초에 묻어버리기 위해 마호메트교도들에 의해 납치되었다는 주장이 있다. 1871년 후반기 정도에 영국에서조차, 영주인 리Leigh가 워위크셔에 있는 스토리에 있는 다리의 기초에 '못마땅한 사람'을 묻고 공사했다는 의심을 받았다.

생이라는 것으로 표현되었다. 적어도 한 어린이의 골격은 다리의 기초에 묻혀 있는 것이 발견되었다.* 아마도 이러한 이유로,—교량 건설 수도사인—교황청 형제 성직자의 특별한 명령 기록이 유럽의 여러 지역에서 중세 시기 내내 발견되었다. 그들은 아비뇽 다리를 설계했다고 예상되는 성 베네제St.Bénezèt 라는 성자를 탄생시켰다. 그 이후 시기의 텔로드처럼, 그는 목동이었고, 희생자들을 포함한 것에 대해 오히려 긍정적인 생각을 하고 있었으며, 그는 어린이들의 춤을 고안했는데 그 곡은 오늘날 프랑스 어린이들의 춤에도 있는 것이다. 교량을 건설하는 수도사들의 명령에 대한 프랑스의 분파가 파리 근교에 수도원에 있었고, 생작크 호잇빠Saint-Jacques-de-Haut-Pas라는 근사한 이름을 가지고 있었다.

실용적인 용어로 보면, 다리의 목적이 자동차와 같은 무거운 물건을 따로 떨어진 곳이나 협곡 같은 곳을 가로질러 옮기기 위한 것이었다. 그 하중은 안전한 방식으로 지지가 되도록 하였고 이렇게 하기 위한 기술적인 수단이 무엇이건 큰 문제가 되지 않았다. 그것이 바뀌었기 때문에, 그것을 해낼 수 있는 상당히 다양한 구조적인 방식이 생겨났다.

어떤 주어진 상황에서 선택된 방법은 물리적이고 경제적인 조건에 따라서 뿐 아니라 그 시대의 유행과 엔지니어의 생각에 따라 선정되었다. 다리가 제작될 가능성에 대한 거의 모든 인식 가능한 방식들이, 때때로 실제 교량을 만들기 위해, 실제로 시도되었다. 인간은 그 문제가 '최상의 것'으로 될 수 있고 그래서 대체로 받아들여질 수 있는 정도까지 접근할 수 있을 것으로 생각해왔다. 그러나 이것이 그 경우는 아니다. 즉 공통으로 사용되는 수많은 구조시스템은 시간이 지남에 따라 증가하게 된다는 것이다.

문명국에서 교량은 많은 대상과 풍부한 다양성을 가진 경관을 만들어 낸다. 그것은 다른 구조원리를 적용해서 매우 흥미로운 경관을 만들어 준다. 다른 대부분 인공구조물과 함께 단단한 구조물은 패널 마감과 단열 또는 와이어형, 여러 종류의 부속품 등등은 쉽게 추측할 수 없다. 교량의 효능은 작업하는 방법과 구조이며 그것들은 모두가 잘 볼 수 있다.

아치형 교량

아치형 교량은 항상, 다양한 형태로, 많이 볼 수 있고, 여전히 유행 면에서도 좋다. 단순 조적조 아치는 200피트(약 60m) 이상의 스팬으로 안전하게 제작될 수 있다. 대부분 설치장소에서, 여러 대상이 있다면 그것들은 홍예 받침이나 기초에 대해 비용이나, 아치의 높이 그리고 하중 등과 함께 결합되게 된다.

우리가 로마나 중세시대에 폭넓게 사용되었던 단조롭고, 반원형의 조적조 아치를 고려한다면, 그때 생활의 실상 중 하나가 아치의 솟음이 스팬의 반 정도 된다는 것이다. 그래서 100피트(30m)의 스팸은 최소 50피트(15m) 높이의 아치가 요구된다는 것이다.—실제로는 그것보다 더 높았다. 그 다리가 50피트 이상의 깊이를 가진 협곡이라면 그 아치는 다른 면이 도로면 높이에서 위로 솟은 모양만큼 아래로 내려갈 수 있으므로 이것은 아주 잘된 일이다. 그러나 그 다리가 평평한 면에 건설되는 것이라면, 그때는 다른 한 편에서 등이 둥근형으로 대안이 되게 되는데, 그것은 길고 연장되는 경사진 접근로를 가져야 하므로 불편하고 위험하기까지 하다.

그 문제는 특히 철도가 놓일 때에 더욱 중요한데, 그 이유는 기차는 등이 굽은 다리—또는 실제 어떤 종류의 경사도.—를 선호하지도 않고, 평평한 접근을 위한 제방을 조성하는 비용도 중요한 문제가 된다. 최소한 어떤 범위까지 확장된, 그 어려움을 둘러싼 하나의 방법은 높이를 낮춘 평아치로 만드는 것이다. 1837년에, 메이든헤드에 있는 템스강을 가로지르는 서부 철도망의 건설에 직면해서, 이삼바드 킹덤 부루넬은 두 개의 벽돌조 아치를 가진 교량을 건설했다. 각 스팬은 128피트이고 높이는 24피트에 불과한 것이었다.(참고 10 참조)

그 공공기관과 전문가들은 무시무시하게 달려들었고, 수많은 문서는 그 교량이 결코 세워지지 못할 것이라고 예언했다. 동조자와 공공의 여론을 가지기 위해, 그리고 아마 그의 유머 감각 상의 만족을 위해, 브루넬은 그 아치를 세우기 위한 목재 홍예 또는 가설작업의 제거를 늦추었다. 자연히, 그가 그렇게 하는 일에 놀라는 말이 들렸다. 약 1년이 지난 후에, 그 홍예 부재들이 태풍에 붕괴되었을 때, 그 아치는 완벽하게 잘 버티고 서 있었다. 브루넬은 그때 그 홍예가 사실은 벽돌 작업을 하자마자 몇 인치의 여유 공간을 만들어주었고 여러 달 동안 전혀 아무것도 하지 않았다고 밝혔다. 그 교량은 오늘날에도 여전히 있으며, 브루넬이 전에 계획한 것보다 열 배 정도나 무거운 기차들이 지나다니고 있다.

우리가 아치의 형상을 평평하게 할 때, 스팬 대비 높이를 줄이게 되며, 아치 원주상의 홍예석 사이에 압축 축선은 우리가 기대했던 것만큼 상당히 올라가게 된다. 그러나, 규정에 따라, 압축응력은 조적조의 파괴강도 아래에 있고, 아치의 홍예석은 파괴될 가능성이 거의 없다.
아치가 홍예 틀을 제거한 후에 틀이 잡혔을 때 발생하는 굴절이 상당히 크고 종종 몇 인치가 되기도 한다.

그러나, '평'아치에 있는 어떤 실제적인 손상은 대부분 거의 홍예 받침 위에 놓이게 되어 있는 더욱 커다란 압축 선의 결과로 보이게 된다. 기초가 바위와 같은 단단한 재료일 경우라면, 모든 것이 잘 될 것이지만, 그것이 연한 지반에 세워지는 것이라면 너무 많은 하중이 주어졌을 때 심각한 문제점이 발생된다. 불행하게도, 길이가 긴 평아치의 필요성은 높이 차이가 있고 습지 지역을 가로질러 흐르는 강을 건너갈 때 거의 대부분 나타난다.

이러한 이유로 다리는 종종 많은 소형 아치로 만들어진다. 실제로 거의 모든 중세의 교량들은 복합 아치교이다. 이렇게 하는 목적은 지지 하부구조를 시공하는 비용 때문이다.—보통 수면 아래와 연한 지반 하부에 만들어지는 경우—더욱이, 교각과 좁은 아치가 많아지면 통로에 장해가 되고 홍수의 원인이 되며 운항에 위험성이 증가한다.

주철 교량

아치형 교량의 몇 가지 목적은 보다 적은 전통적인 재료로 제작하는 데에 있다. 1770년대까지 사람들은 존 윌킨슨(1728-1808)을 좋아했다. 그는 송풍용광로의 성능을 높여서—철제 홍예석의 제조를 시작으로—주철의 제조가를 획기적으로 낮추었다. 주철은 성분이 다른 철로서 매우 연약한 연철과는 재질 면에서 전혀 다르다. 그것은 압축강도라는 측면에서는 돌처럼 강한 점이 닮았지만, 건물 시공에서 인장력 측면에서는 약하고 불안정해서 오히려 조적조 같은 것을 선호한다. 주철의 발전은 격자 틀과 같은 개방된 형태를 가진 홍예 모양과 같은 주철 건축이 가능해진 것이다. 그래서 전통적인 조적조와 비교했을 때 획기적인 하중의 감소가 가능해졌다.

더 나아가서, 조각석 보다 주철 비용이 더 낮아지게 되었다. 그리고 첫 번째 개혁 법안의 시기에 그 흥미로움이 낮아지기 전에, 이 주철은 종종 매우 매력적인 형상을 보여주게 되었다.

교량 건설에서 주철의 장점은 두 배가 된다. 첫 번째 단계에서, 노무비와 운반비가 절약되지만, 아치 하중이 훨씬 더 줄어들게 되는 것은 홍예 받침 위에서 압축력의 확대를 줄여주고 그래서 엔지니어가 더 저렴한 기초작업을 하게 되는 평아치를 건설할 수 있게 하는 것이다.

흥미롭게도, 이러한 기술의 장점을 취득한 최초의 사람 중 하나가 미국인 토마스 페인(1737-1809)이었는데, 그는 『*인간의 권리The Rights of Man*』의 저자로서 역사책으로 유명하다. 페인은 자기가 설계해서 필라델피아 근처에 있는 처일길 강을 가로지르는 대규모 주철 교량을 건설할 계획을 갖고 있었다. 그는 그 철을 주문하기 위해서 영국에 왔고, 그것들이 만들어지는 동안에, 그는 프랑스혁명의 지지자로서 파리에 있는 그의 친구 자코빈을 방문하기로 결심했다. 이 신사들은 그를 감옥에 보냈고 거의 길로틴에 올라갈 뻔하였다. 그는 로베스피에르의 몰락으로 생명을 구했다.

그 지연의 결과로, 페인의 재정은 파산되고 그 주철은 선더랜드에 있는 웨어 위에 교량을 건설하는 곳으로 팔려버렸다. 1796년에 완공된 그 아치는 겨우 34피트만 올라간 236피트의 깔끔한 스팬을 가진 것이었다. 브루넬이 40년 후에 메이든헤드 교를 위해 주철을 사용하지 않은 이유는 아마도 그가 기차의 여러 가지 진동이 부서지기 쉬운 주철에 크랙을 낼 것을 우려한 때문일 것이다. 어떤 경우에서는, 그의 벽돌 아치가 훨씬 좋은 역할을 한 것이다.

19세기 동안에, 대규모 주철아치교가 많이 건설되었다. 그들의 거의 모두는 성공적이었다고 할 수 있지만, 그 방법은 오늘날 거의 사용되지 않고 있는데, 같은 작업을 하는 데에 더욱 경제적인 방법이 있기 때문인 경우가 대부분이다. 불행하게도, 아주 평평한 주철 아치는 외관상으로는 마치 빔처럼 보이기도 한다.(11장 참조) 구조적으로 그 두 개는 아주 다른데, 그것은 아치가 전체적으로 압축조건에 있고, 빔의 하부는 인장 상태에 놓여 있기 때문이다. 그 재료가 인장 응력을 이동하는 데에 따른 것이라면, 그때 빔은 종종 비교되는 상황에서는 아치보다 더 가볍고 더 저렴하다.

잘 알려진 로버트 스티븐슨(1803-59)을 포함한 초기 엔지니어 중 몇몇은 경제적 번영에 힘입어 주철 빔을 사용하는 모험이란 유혹을 받았다. 로버트 스티븐슨의 뛰어난 전문가로서의 평판 때문에 철도회사들은 수백 개의 주철 빔을 가진 교량을 건설하게 되었다. 그러나, 우리가 언급한 것처럼, 주철은 인장에 약하고 무너질 위험이 있어서, 이 교량들은 매우 위험한 상황에 놓이게 되었다. 결국에는, 그들 중 모두는 교체되었고 회사에 대한 비용은 자연히 심각한 상태가 되었다.

서스펜션 구조의 도로가 함께 있는 아치교

현대의 건설 경향은 대형 아치교에 서스펜션 도로를 사용하는 것이다. 우리가 아치링을 두 개의 평행한 요소로 나눈다면, 그것은 철제나 철근콘크리트로 만들어진 것이며, 그때 우리는 그 아치 구조에 우리가 원하는 어느 높이에나 도로를 매달 수 있고 서스펜션 교(현수교 : 그림 1)에서 했던 같은 방식으로 할 수 있다.

뉴욕에 있는 헬게이트교(1915)는 스팬이 1,000피트이며, 시드니 하버 브리지(1930)는 1,650피트의 스팬을 가지고 있는데 이것들이 다 이와 같은 형식의 철교들이다. 그러한 교량에서는 주 하중이 아치에 있는 압축력에서 움직이고, 거기에 매달린 도로는 장변방향 응력으로부터 자유롭다. 대형 교량에서 홍예 받침 위에 있는 수직 축력은 상당하므로, 매우 단단한 기초가 필요하다. 헬게이트와 시드니 하버 브리지는 단단한 바위 위에 세워졌다.

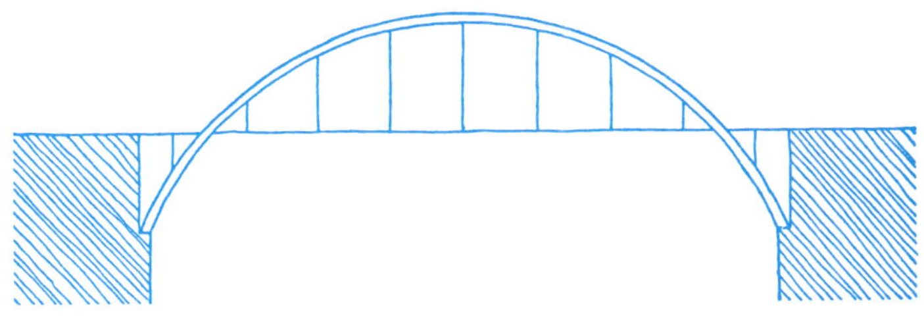

[그림 1] 서스펜션 구조의 도로가 있는 아치

현수교 Suspension bridges

조적조의 아치는 많은 장점을 가지고 있다. 우리가 지난 장에서 본 것처럼, 매우 안전하다는 이 전의 경험에 의해 스케일을 키울 수 있다는 점 때문에 설계하기가 비교적 용이하다. 사실은 헤이먼 교수가 말한 것처럼, 실제로 주저앉을 수도 있는 아치를 설계하는 것은 매우 어려운 일이다. 이러한 특징은 사실 1751년에 폰티프리드에서 윌리엄 에드워드라고 하는 사람에 의해 만들어졌다. 그렇지만, 나는 그 이래로 일어난 어떤 기록이 있었다고 생각지 않는다. 다시 말해, 아치는 기초에서의 별거 아닌 정도의 움직임에 과도하게 민감하지는 않다. 그러나, 반드시 있어야 할 연약지반의 어떤 종류의 기초는 다루기 힘들고 비용이 많이 드는 그런 것들이 있다.

더구나, 조적조의 유지 비용이 보통 낮다고 하더라도, 초기 비용은 항상 높게 마련이고, 그래서 이것은 특히 세워져 있는 동안에 민감한 중심 잡기의 단계가 요구되는 대형 교량의 사례에서 볼 수 있다. 이러한 이유로 항상 교량 선형잡기에 값이 싸고 쉬운 것들이 요구된다. 원시시대에서는 다양한 종류의 현수교가 매우 많이 있다. 여기에는 로프나 여러 종류의 식물성 섬유가 사용되었다. 로프형 현수교는 임시 교량을 위해 군사용 기술을 통해 사용되며, 페닌슐라 전쟁 중에 웰링턴의 공병들에 의해 알려졌다.

그러나, 그것이 신품일 때는, 인장력의 전달에 로프가 강하고 신뢰할 수 있는 재료이긴 하지만, 식물 섬유로 만들어진 로프는—산루이스 레이의 다리의 주변에 사는 이웃들에게서 흥미로운 인간성을 발견한 것처럼—개방된 곳에서는 매우 빨리 성능이 떨어져서 지탱이 어렵게 된다.* 영구적인 현수교를 위해서는, 금속 케이블이나 철이 필요하다. 주철은 너무 잘 부서질 우려가 있고 철은 비교적 최근까지도 비용이 많이 들지만, 연철은 상당히 강하고 매우 단단하다. 또한, 부가해서 부식에도 강하다.

70피트 길이의 인도교가 철제 체인으로 제작되었다고 하지만 1741년에 꼭대기 위의 높이로 세워졌고, 연철은 쇠를 가공하는 공정 † 이 1790년

* 산루이스레이의 다리The Bridge of San Luis Rey, 도손 와일더(1727).
† 강한 재질의 새로운 과학The New Science of Strong Materials, 10장

에 알려질 때까지는 너무 비용이 많이 들어서 교량 건설에 폭넓게 사용되지 못했다.

이후에, 연철 체인은 비교적 저렴하게 되었다. 갓형 교량에서는 바닥이 원시적인 방식에 의해 체인에 직접 부착되었다. 그래서 교량은 자동차가 통과할 수 없었고 보행자들에게도 가파르고 놀랄만한 것일 수밖에 없었다. 높은 타워로부터 케이블을 지지하는 현대적인 시스템과 케이블 아래에 도로를 매다는 방식은 1796년경 이러한 종류의 교량을 제작하기 시작한 펜실베이니아의 제임스 핀레이에 의해 발명되었다.(그림 2)

적정한 가격으로 연철 체인의 사용을 통해 매달려 연장된 도로를 결합한 것은 넓은 강을 가로지르는 바퀴 달린 것들이 이동하도록 하기 위한 매력적인 제안으로서 현수교를 만들게 되었다. 여러 조건 때문에 이러한 교량들은 대형 조적조의 교량보다 더 경제적이고 더 실용적인 모습이 되었다. 이 아이디어는 많은 나라에서 적극적으로 채택되었고, 특히 메나이 해협을 가로지르는 교량을 1825년에 완성한 토마스 텔포드에 의해 적극적으로 활용되었다. 그 교량은 550피트의 중심부 스팬을 가진 당시 현존하는 가장 긴 교량이었다.

그 당시에 교량에 사용했던 모든 현수교 체인과 같은 텔퍼드의 체인은 평 플레이트 또는 링트로 만들어졌으며 볼트와 핀으로 연결했다. 그것은 현대의 자전거 체인을 잡고 있는 테두리 링크만큼 많은 링크가 적용되었다. 핀 조인트에서 응력의 집중에는 연철처럼 단단하고 연성이 높은 재료가 요구되었고, 실제로 이러한 모양의 체인은 매우 성공적이었고 어떤 문제도 거의 일으키지 않았다. 연철이 인장에는 강점이 있다 하더라도 그것이 특별히 강한 것은 아니다. 그래서 텔포드는 그가 만든 체인의 최고

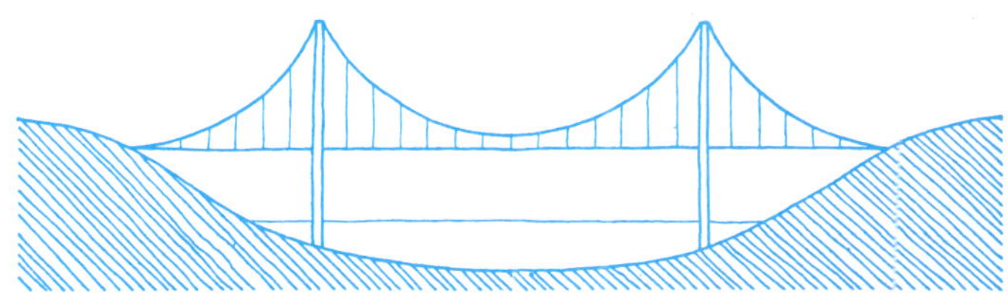

[그림 2] 케이블에 매달린 수평의 도로를 가지고 있는 현대적인 현수교는 핀레이가 발명했다.

의 응력을 파괴응력의 1/3 정도 낮은 약 8,000 p.s.i.(55MN/㎡)으로 넓게 유지시키도록 했다.

이러한 환경에서 체인의 대단한 강도는 자체의 하중을 지지하는 데에 이바지하게 되고 텔포드는 메나이 다리가 그 당시의 재료를 사용해서 현수교에 대한 최대한의 안전한 스팬에 관해 대표한다는 의견을 표명했다. 브루넬은 결국 텔포드가 오히려 더 신중했었다는 점을 보여줬다고 하더라도, 브루넬의 클리프톤 다리는 630피트 또는 190m의 스팸을 가진 것이었고 수년 동안 메나이 다리의 스팬이 기록을 가지고 있었다. 어떤 사례에서는 연철 체인의 한계가 눈에 확실히 보였다.

아주 긴 길이의 도로용 현수교에 대한 최근의 경향은 높은 인장력을 가진 강철 와이어의 사용 가능성을 갖고 만들어지는 것이다. 이 재질은 연철이나 연성 철근보다 훨씬 더 강한 것으로, 훨씬 더 길고 하중이 큰 것을 지지할 수 있는 것이다. 고장력 철은 연철보다 더 부서지기 쉬우나 이것을 수용할 수 있는 데, 그 이유는 그 케이블이 특히 크랙이 일어나기 쉬운 핀 조인트로 연결된 것이 아니고 연속된 것이기 때문이다. 다시 말해서, 체인 케이블의 각 요소에서 부재들을 각각 수평으로 하여 단지 3 또는 4개의 플레이트만을 연결하는 것 대신에, 그 와이어 케이블은 수백 개의 와이어를 짜서 만들었기 때문에 어떤 한 개의 와이어가 파괴되더라도 위험하게 되지는 않는다는 것이다.(참고 12 참조)

오늘날에도 할 수 있는 어떤 사례에서처럼, 새로운 험버 자동차 다리는 4,626피트(1,388m)의 넓은 스팬을 가지고 있고, 그것은 텔포드가 실행에 옮겼던 길이의 8배에 달한다. 이것은 그 현수 와이어가 8,500 p.s.i. 또는 580 MN/㎡의 작동 응력을 가지고 있어서 매우 안전하게 작동된다는 사실에 의해 가능해진 것이다. 그 수치는 텔포드의 연철 체인에서 나온 응력의 10배 이상이다.

아치와 현수교에서의 압축 축선

현수교의 케이블은 자동적으로 최고의 모양으로 세워졌다. 왜냐하면, 유연한 로프는 그것을 잡아당기는 모든 하중의 합력에 따라서 대응하는 것 이외에 선택이 없기 때문이다. 그러므로 우리는 텔포드 했던 것과 같은, 그것의 모델이 되는 하중에 의해서, 그렇지 않으면 제도판에서 '케이블로 된 다각형'이라고 부를 수 있는 것을 가지고 매우 간단한 연습 때문에 현수교를 위한 케이블의 형상을 결정할 수 있다. 이것은 현수교를 설계하는 데에 유용한 것이다. 예를 들면 우리는 도로를 위한 매달린 행거의 정확한 길이를 알 필요가 있다. 그러나 그것은 아치를 디자인하는 데에도 역시 유용한 자료 이다.

우리가 현수교와 아치에서 본다면, 그 현수교가 실제 아치가 뒤집히거나 역으로 되는 것을 보기 위한 이미지는 별로 필요치 않을 것이다. 다른 말로 해서, 우리가 아치에서 모든 응력의 표시를 바꾼다면, 우리가 모든 압축을 인장으로 바꾼다면, 그때 이 인장은 간단한 곡면 로프에 의해 이동될 수 있으며, 그것은 인장에서 '압축 축선'을 정의하는 것으로 간주될 것이다. 이러한 것을 함으로써, 비교적 별 어려움 없이, 우리는 아치교 또는 볼트 지붕 등에 대한 압축 축선에 도달할 수 있다.

우리가 그렇게 할 때 우리는 하중의 상세한 면에 따라서 약간의 다양성을 가지고 있는 여러 가지의 축선을 가질 수 있다. 예를 들면 교량에서 교통의 출현과 부재가 그것이다. 이러한 축선의 어떤 것은 안전하게 될 것이며, 아치 곡선의 의도된 형상 안에 전체적으로 놓이게 해준다. 아니면 말고. 그것은 때때로 언급되기를, 상당히 상류층 사람들에 의해서, 이러한 방식에서 얻어진 아치의 축선은 사슬 모양의 형상이며, 그러므로 원형 아치는 '나쁜 것'이라고 할 수 있다. 이것은 항상 그 사례에 의하며, 많은 사례에 있어서 그 축선은 매우 내성이 강한 반원형 아치로 로마인이 정의한 원의 원호에 매우 적당히 가깝다. 그러나, 매우 얇은 아치를 원한다면—현대의 철근콘크리트 교량과 맞춰진—그때 그 축선이 움직일 수 있는 아주 작은 여지가 있기 때문에 아주 딱 맞는 형상을 얻는 것이 더 좋다.

활시위형 거더의 개발

현수교가 19세기의 초반에 활기찬 출발을 시작했다 하더라도, 그것의 개발은 철로의 도래에 의해 약 수백 년 동안 지연되었다. 빅토리아 시대에 영국에서 제작된 25,000개의 주요한 다리 대부분은 철교였다. 현수교는 매우 유연한 구조여서, 커다란 집중하중에 의해 위험하게 변형될 수 있다. 이러한 특성이 자동차 다리에서는 큰 문제가 되지 않지만* 철도는 대체로 마차나 차보다 100배 이상 무거웠고, 그래서 100배만큼의 큰 요인에 의해 굴절이 있고 그러므로 수용할 수 없게 되었다. 영국에서 건설된 몇 개의 철도용 현수교는 확실히 실패작이었다. 더 넓은 강들을 가지고 있는 미국인들은 그 당시에는 부족한 자본과 더 많은 신념이 있었고, 한동안 그것을 고집했으나 결국은 그것 대부분을 포기해야 했다.

그러므로 가볍고 비용이 적게 들 뿐 아니라 튼튼하고 장 스팬에 적정한 다리가 필요하게 되었다. 이는 '타이 아치' 또는 '활시위형 거더'라고 하는 것들의 개발을 촉진하였다.(그림 3) 물론 아치는 약간 튼튼하지만, 매우 큰 힘으로 그 홍예 받침에서 외부로 축선이 벗어날 수 있다. 이 홍예 받침이 멋진 바위로 구성이 된다면 문제가 없지만, 철도 건설에서 발생할 수 있는 여러 조건에 대해서는 서투른 면이 있었다. 그것이 아치의 꼭대기 또는 연속된 아치의 정상부에서 필요로 한다면, 커다란 측면 하중에 저항할 자리가 없을 수 있는 높고 얇은 교각의 상부에는 특히 불안정하다.

그러나, 이것이 빅토리아 시대의 엔지니어들이, 때로는 100피트 또는 그 이상의 깊은 계곡을 가로질러 철로를 원활하게 운행하려고 하기를 원했던 바로 그것이다. 그 문제를 해결하는 하나의 방법은 인장 부재에 의해서 아치의 양 끝단을 함께 묶는 것이었다. 이것은 연장된 도로를 사용함으로써 해결되었다. 이러한 경우에는 그 움직임에 대한 작용이 일어나고, 그 도로 자체는 인장을 흡수하게 된다.

이 활시위형 거더는 외관상으로는 연장된 도로를 가진 원래의 아치처럼 보인다. 그러나 그 작동방식은 매우 상이하다. 지금 거기에는 기초 위에 밀거나 당기는 보도가 없다. 그것은 거더의 동하중과 다리에 있는 자동차에 의해 발생되는 수직 하강 하중만을 지지한다. 실제로 그 전체 움직임들은 단단한 기초 위에 있는 것이 아니라 롤러 위에 올려지게 되어 있다. 이것은 종종 일어나는 것이고, 주로 금속에서 열에 의해서 팽창하거나 축소하게 되어 있다. 그 거더들은 길게 세로로 축선을 만들지는 못하기 때문에, 비교적 좁은 조적조 기둥의 꼭대기에 올려놓을 수 있는 것이다.

활시위형 거더가 하나의 조합체로 다루어질 수 있다는 사실은, 자급

* 텔포드의 모든 다리는 자동차용 도로 또는 협곡교였다. 미국인들은 운하수로를 위해 현수교의 사용을 증가시켰다. 그것은 목재로 만들어서 연결한 수로이다. 자연히 하중의 변화는 없었고, 그러므로 대형 운반 차량이 다리 위를 통과해도, 굴절과 같은 변형도 일어나지 않았다.

형 단위요소가 대형 교량의 건설이 가능하게 되었다는 것이다. 왜냐하면, 거더를 교량에서 멀리 떨어져 있는 지상에서도 조립이 가능해졌기 때문이다. 그들은 그때 뗏목으로 교각을 물에 띄워서 잭을 사용해서 그 자리에 올리게 되는 것이다. 이것은 브루넬이 살타쉬 다리의 스팬에서 했던 것과 같은 방식이었다. 다음 장에서 우리가 볼 수 있듯이, 타이-아치는 실제로는 구조 기술이 너무 두터운 것으로 많이 알려진 '트러스 구조' 또는 격자 거더로 이루어진 다수 작업 성과 중 또 하나의 구성요소가 되었다고 할 수 있다.

[그림 3] 활시위형 거더 또는 타이-아치는 측면 축의 홍예 받침을 지탱한다. 그것은 빅토리아 시대풍의 철로 엔지니어들에게서 많이 사용되었다.

Chapter 11

빔이란 존재의 유익함

지붕과 트러스 및 돛대에서의 전망을 가진

솔로몬 ... 레바논 숲속에 집을 지었다.
100큐빗(약 50m)의 길이, 너비 50, 높이 30큐빗의 크기로,
4열의 삼나무 기둥으로 지었고, 삼나무의 길이 보다 크게...
기둥 위에 놓여진 빔 위로 삼나무 지붕이 펼쳐지고,
기둥 각 열은 15큐빗이며, 45개의 빔이 놓여졌다.
– 1 Kings 7.1–3 (신판 영어 성경)

사람 머리 위에 있는 단단한 지붕은 문명화한 존재의 첫 번째 요구조건 중의 하나이지만, 제대로 지어진 지붕은 무거워서 그것을 지지해야 하는 문제는 문명화 과정 그 자체만큼이나 오래된 과제이다. 유명하고 아름다운 건물을 보게 될 때—그렇지 않더라도 실제 어떤 건물을 볼 때도—그것은 건축가가 지붕 문제를 해결하기 위해 선택한 방법이 지붕 자체의 외관뿐만 아니라 벽과 창의 디자인과 건물 전체의 특성 등 시각적인 면에만 영향을 주고 있었던 것이 아니라 마음속에 담기 위한 빛과 같은 존재로 대하는 것이다

실제로, 지붕을 지지하는 문제는 다리를 건설하는 문제와 차이점은 있지만, 그 성질이 근본적으로 닮았다. 건물의 벽은 다리의 교각보다 더 가늘고 더 약한 것처럼 보이기 때문에, 지붕에 부과되는 어떤 측면부의 압력이 더욱 신중하게 고려되어야 한다. 9장에서 보았던 것처럼, 지붕이 그것과 연결되어 걸쳐 있는 벽의 상부를 너무 세게 밖으로 밀어내면, 조적조에서는 그 압력중심선이 위험하게 확장되어 이동하게 되고 벽이 붕괴되게 될 것이다.

로마 시대의 많은 건물과 거의 모든 비잔틴의 건축물 형태는 볼트나 돔 구조의 지붕을 사용하여 지어졌다. 이러한 아치를 선호하는 구조물들

은 그 지지구조물을 바깥쪽으로 강하게 밀어내었고, 그래서 대부분 사례에서 이것은 그 압력중심선이 일반적으로 안전성에 관해서 의문을 갖게 하는 많은 공간들의 안쪽에서 자리하여 두꺼운 벽 위에 지붕을 얹히는 방식이 사용되었다. 우리가 보았던 것처럼, 이런 두꺼운 벽들은 주로 두꺼운 콘크리트로 만들어지며, 때때로 속이 비어 있는 와인 자루를 결합해서 가볍고 두꺼워지게 하기도 한다. 그렇게 만들어진 벽은 구조적으로 안전하고, 그래서 무더운 날씨에 훌륭한 열단열을 효과를 가져올 수 있는 이점도 추가할 수 있었다. 비잔틴 시대 교회는 종종 그리스 마을에서 유일한 추운 장소이기도 했다. 그러나, 아주 두꺼운 벽에 창문을 만드는 일이 쉽지는 않았고, 로마와 비잔틴 건물에 있었던 것 같은 창문은 보통 작고 높은 곳에 자리하고 있다.

중세의 성은 상당한 두께를 가지고 있는 육중한 콘크리트로 코르페 성처럼, 로마의 전통에 따라 예쁘게 많이 지어졌다. 그런 벽들은 볼트형 지붕에 따라 세워져서 압축력에 잘 저항할 수 있도록 하였고, 군사적 이유로, 그 방어를 위한 수비군은 실제 어느 방향이든 창문이 생기는 것을 원하지 않았다. 초기 노르만 또는 '로마네스크' 교회들은 그렇게 다르지 않았는데, 그래서 그 두꺼운 벽과 몇 개 안 되는, 원형 아치와 작은 창들이 과거 로마시대의 표준형에서부터 인용되었다. 초기 로마네스크 교회의 대부분은 이를 충분히 충족하였고, 그들 중 많은 것들이 오늘날 존되어 있다.* 나중에 발생된 어려움과 복잡함은 창이 더 커지고 더 좋아지게 하려고 패션과 디자인이 성장하는 것과 함께 결합하여 크게 확장되었다.

이해해야 할 것은, 태양 빛을 많이 받는 지역에 사는 사람들은 북쪽 지방 사람들처럼 창문에 관해 전혀 다른 인식을 가지고 있다. 그리고 오늘날까지도 그들 중 많은 수가 영원히 해결할 수 없는 환경에서도 어쩔 수 없는 선택 때문에 그렇게 거주하고 있는 것 같다. 이것이 그리스, 로마와 비잔틴 시대 동안에, 오랜 기간 있어 온 중세적 모든 전통 중의 일부라는 것은 의심할 여지가 없다. 그런 존재로서의 창문이란 것이 대개 작고 오히려 별다른 영향력을 갖고 있지 못하고 있다.† 사람이 볼 수 있는 범위에서, 이

* 물론, 많은 훌륭한 소형 노르만풍 교회는 단순한 목재지붕을 가지고 있다. 그렇지만 이러한 지붕디자인은 종종 석재로 된 볼트처럼 좋지 않게 벽체를 밖으로 밀어내는 압력을 만들어 낸다.

† 폼페이에서 본, 창문은 적절한 기능을 하지 못했으며, 인공조명이 충분하지 못했기 때문에, 거의 모든 방의 벽은 진한 적색이나 검은색으로 페인팅 되어 있다. 이유가 궁금하다.

것은 전적으로 유리가 부족해서 그런 것은 아니다.

북유럽에서는, 호전적인 기사와 남작 등조차도 우중충하고 거의 창문이 없는 성에서 그들의 삶을 보내고 싶어 하지 않는다. 그들이 원하는 것은 빛과 태양이며, 그래서 그들은 암울한 로마풍을 모델로 삼아 만들어진 건축 형태에 지겨움을 느꼈다. 창문에 대한 집착은 하나의 강박이 되어 버렸다. 그래서, 시간이 지남에 따라, 건축가들은 점점 더 크고 많은 창을 가진 홀과 교회들을 건설하고 완성하게 되었다. 중세의 공예기술자들은 희망 없는 비과학적인 존재이긴 하였지만 때때로 우리가 일반적으로 알고 있는 것과는 다르게 매우 뛰어난 창조력을 발휘하기도 하였다. 특히 그들이 창문에 얼마나 아름답고 흥미로운 것이 있는지를 우리에게 보여 준 큰 빚을 지게 되었다.

그러나, 매력적이고 고가의 창이 갖는 효과의 많은 부분은, 그것이 두꺼운 벽체에 터널 모양으로 뚫린 것에 삽입되는 것이라면 별 소용없는 일이 된다. 불가피하게 더 얇은 벽에 그보다 큰 창을 설치하려고 하는 것은 그 압력중심선과 충돌하는 문제를 야기할 수 있다. 노르만 건축은 기본적으로 로마건축이라고 할 수 있으며, 이러한 것들을 만들어 낼 수가 없다. 왜냐하면, 그 건축에서는 두꺼운 벽에 의한 안정성과 안전성이 중요하기

[그림 1] 킹스 칼리지의 예배당, 케임브리지

때문이다. 그러나 이러한 이유가 건설자들이 후기 로마네스크 건축에 대해서 언급하고 있었던 것을 시도도 못 하게 할 수는 없고, 어떤 특별한 건물에 대한 의문은 '그 시도 여부가 아니라 언제 그 거대한 탑이 무너지는지'에 관한 것이다.

중세 기술자들에게 어떻게 분명히 좋은 영향을 미치고 무슨 일이 일어났는지는 불분명하다. 그 상황에 대해 그들이 이해하는 대부분은 엉망이 되었고 주관적인 것이 되었다. 즉, 다른 경우라면 그들이 여러 세대에 걸쳐 같은 실수를 계속해오지 않았을지도 모른다. 그러나 조만간, 어떤 이들은 커다란 창에 대한 요구조건을 처리하는 방법과 얇은 벽에서 버트레스를 사용하도록 하는 법을 알게 될 것이다. 그것은 외부 면으로부터의 압력을 밀어냄으로써 지붕의 외부로 향한 압력에 대항하여 벽을 지지하는 역할을 한다.* 효과적인 측면에서, 버트레스는 벽을 더 두껍게 하며, 그래서 상이한 방법에 의해서만 로마의 와인병과 같은 역할을 한다.

보통의 단단한 버트레스는 창문들 사이에 있는 원래 두께의 벽보다 더 크지는 않다. 거기에는 킹스 칼리지의 예배당(그림 1과 참고 13)에서처럼, 단지 하나의 통로가 있는데, 그것은 매우 효과적인 역할을 한다. 그러나 측랑에서와 같이 어려운 일이 생겼다. 과도한 그늘막을 하지 않은 측창 없이도 본당의 지붕을 지지하기 위해서, 고딕 시대 석공들은 플라잉 버트레스(그림 2)를 발명해내야 했다. 이러한 경우에 버트레스의 수직부는 연속된 아치로 벽과 분리되도록 했고, 많은 빛의 방해 없이 압축력을 전달했다.

대형 창문과의 결합에 있어서 플라잉 버트레스의 장식적인 가능성은 매우 컸고, 우리가 언급한 것처럼, 그것들은 조각상과 첨탑의 사려 깊은 도입 때문에 한층 더 강조되었다. 석수들이 깨닫게 되었던 것처럼 그 무게는 레이스처럼 생긴 조적조 숲을 통과해서 안전하게 내려앉은 압축 중심선을 유도하는 교묘한 기술로 그 버트레스에 도움이 되었다. 창문 끝부분에서는 너무 커서 그리 많이 움직이지 않는 단단한 벽이 되어서 건물을 지지하게 되었다. 현대의 긴 기둥과 마찬가지로, 석재작업이 이렇게 좁게 띠를 이루는 것은 전적으로 측면지지에 의존하게 되었다. 가늘고 긴 기둥이 정밀하게 설치된 네트워크에 의지하는 것과 같이, 이러한 얇은 벽은 전적으로

* '나는 기둥이 아니라 교회에 설치되어 있는 버트레스이다. 왜냐하면, 기둥 없이도 교회 구조를 지탱하기 때문이다.' (멜버른 경)

그것들의 안정성을 위해 아치와 버트레스에 의해 만들어진 버팀대에 의존하게 된다.

모든 정신적인 과정이 어떻게 되는지에 따라 이러한 것이 성립된다. 구조적이고 예술적인 성과는 대단히 크다고 할 수 있다. 석공 기술자의 우두머리가 중세시대의 정점에서 고딕 건축물을 창조해냈던 그때까지, 건축은 고전주의 시대의 원형들과 어떤 시각적 연계성을 잃어버리고 있었다. 소수의 것들만이 캔터베리 성당과 로마 시대 바실리카보다 더 많은 차이점이 있는 것으로 보였다. 그러나 연계되어 내려오는 경로는 명확하고 간명했다.

이와 같은 건물이 종종 대단히 아름답게 보인다고 하더라도, 그것들

[그림 2] 측랑side aisles과 측창clerestory의 등장은 플라잉버트레스의 발명을 촉발시켰다.

은 항상 무시무시할 정도로 돈이 많이 들었으며, 어떤 사례에서도 아치와 돔으로 된 지붕은 보통 개인 주택에서는 부적절해 보였다. 아치를 사용하는 것보다는 오히려 하나나 두세 개 정도의 빔을 활용해서 건물 지붕을 지지하도록 하는 것이 더 간단하고 훨씬 경제적이다. 덮이게 된 공간이 긴 폴대와 장선으로 결합된 것이라면, 그러한 빔들은 그 끝부분에서부터 지붕의 하중을 전달할 수 있게 되며, 측면 방향과 바깥 방향으로의 밀어낼 어떤 필요도 없이 벽체의 석조구조로 수직으로 내려오게 된다. 그래서 환영받지 못하는 방해꾼은 압력중심선에서 야기된 것이 아니고 그래서 벽은 얇게 만들어지게 되고 따라서 버트레스가 필요치 않게 된다.(그림 3)

이러한 하나의 이유로, 빔은 구조공학 전체에서 가장 중요한 장치 중의 하나라는 것이다. 그러나 실상은, 빔의 적용—그리고 그와 동급의, 트러스—범위는 건물 지붕의 범주를 훨씬 넘어까지 확장된다. 그리고 빔과 빔 이론은 기술적인 진보화 가능성을 만들어가면서 매우 중요한 부분으로 활용되고 있다. 또한, 유사한 아이디어들이 생물학에서 지속적으로 얻어지고 있다.

'빔'이라는 말의 의미는 고전 영어에서는 나무라는 뜻이었고, 이의 사용은 '화이트빔(마가목류)' 그리고 '혼빔(서어나무)'과 같은 나무의 이름으로 여전히 살아있다. 통상 오늘날 빔이 아주 오랫동안 철 또는 철근콘크리트로 만들어지기는 했지만, 구조적인 관점에서 보면, 통나무 들보, 매우 흔하게 나뭇가지 전체를 포함하기도 하다. 그것이 조적조로 아치나 볼트를 건설하는 것보다 더 값이 싸고 벌목하는 데에 어려움도 더 적다 하더라도, 적당히 큰 나무의 공급이 무제한 적으로 있지는 않고 긴 통나무 자재가 부족하

[그림 3] 단순 지지형 지붕 트러스. 이것은 지지하는 벽에 외부로 향하는 압력이 있을 필요가 없다는 것을 강조하기 위해서 롤러에 올려져 있음을 보여준다.

게 될 때가 도래할 것이다. 이러한 일이 일어날 때 사람은 짧은 길이의 자재로 지붕을 만들려고 하는 것을 강조하게 될지 모른다.

지붕 트러스

현대적인 생각에서, 메카노 방식으로, [그림 4]와 같은 삼각 트러스 구조를 만들기 위해, 짧은 부재의 통나무를 사용해서 짧은 부재를 서로 연결해서 지붕 스팬의 브릿지를 만들고자 하는 것이 최상의 타협방식이 될 것이라는 점은 매우 확실한 것으로 보인다. 이것은 실제로는 격자 보lattice girder에서 출발하였다. 우리는 모두 기차의 철교에 있는 격자 보를 통해 친숙하다. 이러한 종류의 격자 보 구조를 '트러스'라고 칭한다. 길고 튼튼한 빔과 마찬가지로, 지붕 트러스가 적절하게 디자인되었을 때 적절한 스팬을 가진 것으로 경제적인 지붕이 되며 내력벽에 외부의 압축력으로 위험한 일이 생기는 경우는 없게 된다. 빔과 빔 이론에 따르면, 현대의 공학에서 트러스를 적용하는 사례가 이때보다 선박, 교량, 항공기 및 여타의 구조 장치에 여러 방식으로 훨씬 확장되었다. 지난 장에서 보았던 것처럼, 타이-아치는 실제 같은 아이디어를 적용한 또 하나의 사례이다.

그러나, 건축의 역사에서 트러스와 격자 보의 개념은 놀랄 만큼 느리게 발전되어왔다. 이러한 아이디어의 가장 초창기 형태는, 원초적인 목재 지붕 트러스이며, 우리 선조들이 오랜 시간에 거쳐 이루어 낸 것이 분명한 것으로 보이며, 따라서 그것을 알아내는 데에도 오랜 시간이 걸렸다. 그러

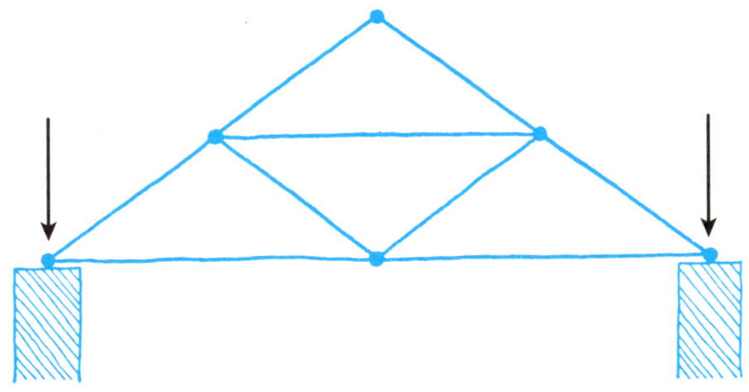

[그림 4] 긴 통나무로 해낼 수 없다면,
짧은 부재를 가지고 메카노 방식으로 지붕 트러스를 세울 수 있었다.

나 그때 그들은 철교나 메카노 풍으로 만드는 일 등은 결코 보지를 못했다. 그것이 밝혀졌을 때, 건축에서의 트러스는 로마 시대 후기에 발명되었고, 중세시대까지는 실제로 잘 사용하지 못했음이 확실한 것 같다. 대부분의 고대 건축가들이 시대에는 트러스 없이 만들어졌다.

그리스 건축가들은 트러스에 관한 생각이 전혀 없었다. 대단히 훌륭한 아테네 건축가인 네시클레스Mnsicles는 프로필리아와 익티누스를 건설하고 파르테논과 바쎄에 있는 아폴로신전을 설계한 사람으로, 그러한 건축물들의 지붕 건설 기법으로서 아치와 볼트방식을 의식적으로 배제하였고, 그래서 그들은 여전히 지붕 트러스를 발명해서 과시할 수 있는 데에 또는 그것을 대체할 적절한 방안을 마련하는 데에 실패하고 말았다. 헬레니즘 건축의 훌륭함은 사람이 제곱이라는 것이 만들어질 때, 그리스풍의 지붕은 지적인 오염인 것처럼 묘사되었을 뿐이라고 하여 중단되었던 것으로 보인다.

간단한 석조의 지붕이나 인방은 8피트(약 2.5m) 이상의 길이 이상 스팬

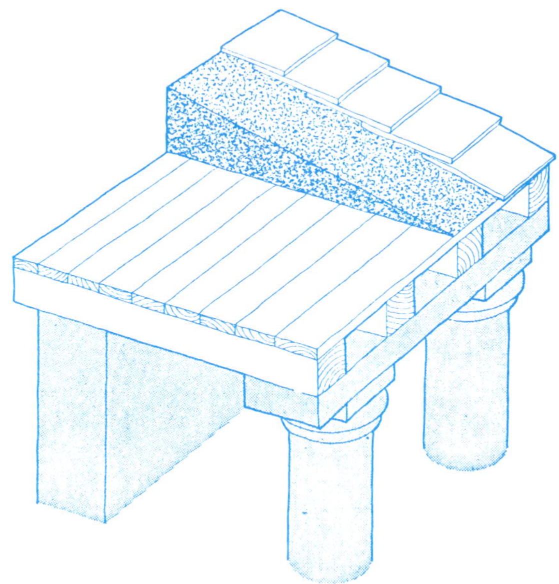

[그림 5] 고대 그리스 사원의 지붕

에서는, 균열이 일어날 수 있다고 해서, 안전하게 사용될 수가 없었다. 그러므로, 사원이나 기타 건축물에서 실용적인 지붕을 만들기 위해서는, 목재 빔의 사용이 필수적이었는데, 그러한 사실에도 불구하고 고대의 그리스 통나무는 현대의 그리스에 있는 것과 거의 찾아볼 수 없는 것이 되었다.

그리스 사원에는 긴 스팬을 가진 목재 지붕의 빔이 많이 필요했다는 것이 확인되었고, 그 빔들은 단순히 벽체들과 열주랑의 석재 인방들의 상부를 수평으로 가로질러 놓여졌다. 이러한 빔과 들보들은 건물의 전체면적을 덮는 연속된 평평한 천정을 만들어 주기 위해 위에 설치된다.(그림 5)

자연스럽게 이 평천정은 보통의 판재로 만들어져 있으며, 그것은 단지 기후에 대한 방어역할만 할 뿐이다. 그래서 물과 볏짚을 섞은 커다란 진흙 덩어리를 그 위에 쌓게 된다. 보통 규모의 사원을 위해서는 이러한 흙더미가 3,000톤 정도의 무게가 있어야 한다. 그들이 이러한 시골에서 얻는 재료들을 모아서 적절하게 진흙으로 다져놓으면, 그 흙더미는 경사지거나 물매를 가진 지붕으로 삼각형을 모양을 갖추고 정확하게 마감처리가 된다. 이렇게 된 후에 지붕 타일은 올려와서 그 진흙처리 된 것의 꼭대기에 바로 놓이게 되며, 정원 산책로에 쓰이는 포장석과 매우 흡사하다. 이러한 대형의 젖은 진흙 덩어리는 그것을 지지해주는 목재 천장 마감재가 부패를 시작하기 전에 건조되도록 한다. 건조될 때, 그것은 해충을 위한 놀랄만한 성소가 만들어지게 된다. 그러나 그 우수한 열 단열성은 의심할 여지 없

[그림 6] 15세기의 한층 정밀해진 사원은 트러스를 사용하지 않고 지붕을 지지할 수 있었다.

이 무더운 날씨에 환영받게 된다.

물론, 수시로 그것은 더 짧은 길이를 가진 빔과 서까래가 필요하였다. 솔로몬 왕은 레바논으로부터 삼나무를 공급받기 위해 히람 왕과 특별한 정치적 협약*을 맺었다. 그러나 그 지붕 빔조차 단지 25피트(약 7m) 길이에 불과했다. 많은 그리스 사원의 빔은 이보다 더 짧았다. 솔로몬 왕의 건축물에서처럼, 그리스의 사원들에서는, 이러한 짧은 서까래들이 하부로부터 기둥 열을 따라, 건축적 편리성은 고려되지 않은 채, 직접 지지가 되었다. 남부 이탈리아에 있는 파스툼에 있는 도리아식 사원(B.C. 550년경) 중의 하나에서는, 본당의 중앙에 2개의 같은 통로로 나누어져서 직선으로 내려온 기둥 열이 있다. 이것은 대단히 불편하게 되어 있는 종교적 행사의 일종으로 인해 계획되었어야 했다. 후기에 세워진 사원의 대부분은 더욱 적절하고 일반적으로 한층 대칭인 배치로 완성되었다.(그림 6) 그러나 파르테논의 내부에서조차 우리가 불필요하다고 생각되어질 정도로 기둥들로 어지럽게 되어 있다. 지붕 트러스의 가장 단순한 형태는 'A' 형 모양으로 되어 있으며, 그것은 중세시대 동안 개발되어 진 것이었다. 수평 인장 부재 또는 트러스 하부를 가로지르는 타이-바는 시공자들이 '칼라: 테두리'라고 부른

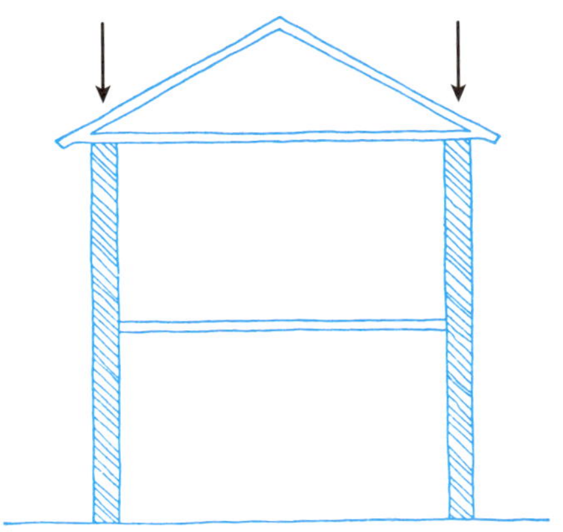

[그림 7] 벽체 상부에 지붕 트러스 높이에 칼라가 있는 단순한 2층 주택

* 구약 왕상 5절 1절 (거기에는 솔로몬이 터무니없이 비싼 가격을 지불해야 했던 강력한 징조가 있었다.)

다. 짧은 스팬을 위해 [그림 7]에서처럼 간단한 삼각 트러스를 만들기 위해 충분한 길이의 칼라를 확보하기 위한 통나무를 찾는 일은 매우 쉽다. 그러나 소형 2층 주택을 위해서 이러한 계획은 종종 오히려 어색한 건축적인 비례감을 갖게 할 수 있다. 더구나 공간의 유용한 처리방식이 지붕에서 낭비될 수 있다는 것이다. 이러한 이유로 시공자들은 칼라를 더 울려 붙이게 되었고, 지붕 안쪽으로 상부층을 부분적으로 들어 올려서 지붕 창이 필요하게 되는 효과를 갖게 되었다. 이러한 것은 매우 잘된 일이지만, 칼라가 트러스에 높이 올려 붙으면, 지붕의 무게에 서까래가 외곽으로 휘어지거나 튕겨 나가는 경향이 있다. 이것은 동시에 벽을 외곽으로 밀어낸다.(그림 8) 즉, 매우 비경제적인 결과를 줄 가능성이 있다. 자연스럽게, 칼라의 위치가 더 높아질수록 결과적으로는 더 악화되는 효과를 보인다는 것이다.

거대한 중세의 홀과 교회에는, 상당한 길이의 스팬을 가지고 있는데, 지붕에 심각한 문제를 안고 있었다. 트러스 지붕이 아치나 볼트형 조적조보다 더 경제적이긴 하지만, 타이-바나 칼라를 만들기 위해 충분히 긴 통나무를 찾는다고 해도, 이러한 칼라의 존재는 건물에서 좀 더 낮아져서 본당과 홀에서의 건축적 효과는 손상되었다. 특히, 대형 동, 서 측 창의 조망을 깨뜨렸다. 그 당시의 사람들은 대개 '효율성'보다는 외관에 더 관심을 쏟을 때여서 이를 위해 뒤로 물리는 경향이 있었기 때문에, 유럽지역 건축가들은 정교하고 고급스러운 버트레스를 만들기 위해 아치 지붕을 지지하

[그림 8] 공간과 비용을 더 확보하기 위해 칼라를 너무 높이 올렸을 경우의 결과 (적당히 과장된 그림)

는 조적조 볼트구조에 집착했다.

특징적으로, 영국의 건축가들은 통나무 지붕의 중간재 또는 경감형식의 구조를 만들어 냈는데, 그것은 '과학적이라기보다는 더욱 교묘해진 것'으로 표현되어져 왔다. 이것은 '해머-빔' 지붕구조이다.(그림 9) 해머-빔 지붕은 영국에서는 비교적 크고 인기 있는 건물이며, 그래서 많은 옥스브리지 대학들과 오늘날 커다란 저택들 그리고 웨스트민스터 홀 등에서 볼 수 있다. 그것들은 예술가들에 의해 많은 존경을 받고 있고, 아마도 그것은 트러스의 '연결 마디부'에 인상적인 목재-조각을 할 수 있는 기회를 가질 수 있었기 때문일 것이다. 추리작가 도로시 세이어에 심취한 사람들은 휀쳐치의 세인트 폴* 교회에 있는 해머-빔에 조각되어 있는 천사들과 아기 천사들을 조각한 것들이 있는 피터 윔세이 경의 모험을 기억할 것이다.

구조적인 용어에서 상부 테두리를 가진 어떤 유사한 대형 트러스와 비교되는 것으로서, 해머-빔 트러스의 주요한 영향은 지지 벽체를 내리누르는 외부로 향하고자 하는 압축력의 적용 부분을 변화시키는 데에 있다.

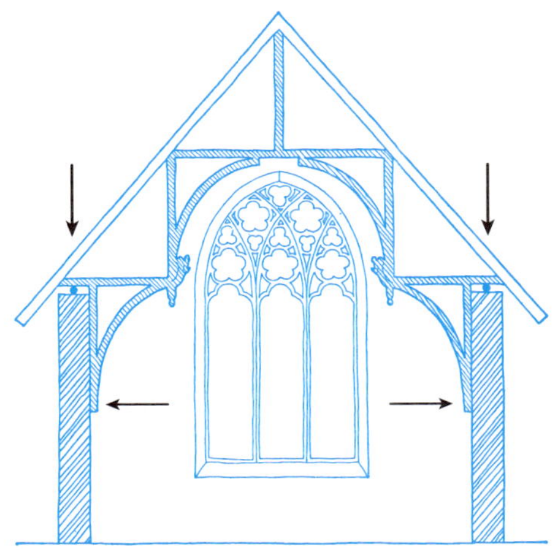

[그림 9] 단순 해머-빔형 지붕구조. 그 효과는 압력 축선에 영향을 덜 주기 위해 벽을 더 내리게 해서 외부로 향하는 압력 축(트러스의 비틀림에서 온 결과로 발생한)의 적용 위치를 이동시켰다. 동시에 답누 창문의 경관이 뚜렷하게 유지되었다.

* *9명의 재단사* (*The Nine Tailors*, Gollancz, 1934). 그러나 버크셔에 있는 위크햄에 세인트 스위틴이라는 작은 교회의 지붕 트러스는 대형 빅토리아풍의 모조 코끼리로 장식되어 있다.

그래서 모든 중요한 압축력 중심선에 대한 영향은 훨씬 덜 피해를 갖게 했다. 이러한 것이 실제 잘 작용한다고 하더라도, 그 해머-빔 트러스는 논리적인 콘티넨털 사고에 대해 결코 어필하지 못해왔고 그래서 이러한 지역의 외곽지역에는 거의 사례를 찾아볼 수가 없다.

전통적인 목재 지붕 트러스에서 조인트는 목재의 못 또는 때때로 철제 띠쇠로 제작되었다. 이러한 조인트가 특별히 효율적이지는 않았다 하더라도, 그러한 구조체에서 주요 요구조건은 강도 보다는 견고함이었고, 그래서 좀 약한 조인트는 그리 큰 문제가 되지는 않았다. 공장과 우사 그리고 헛간 같은 대규모의 현대 빌딩에서는, 지붕 트러스가 주로 앵글 바와 같은 철제부품으로 만들어졌고, 그러한 경우에서 특별한 문제점이 발생되지는 않았다. 그러나 작은 현대식 주택에서, 지붕 트러스는 거의 목재로 만들어졌고, 통나무의 두께는 최소규격으로 또는 그보다 좀 크게 잘렸다. 특히 천장 조인트는 플라스터에 균열의 요인이 되지 않고 천정을 지지하는 데에 충분할 만큼 단단하게 했다. 우리가 현대적인 다락방을 추가 침실용으로 전환하는 것과 같은 유행을 따르는 행동에 빠지게 되는 유혹에 닥치면, 심각한 문제 대부분은 바닥의 견고함에 있게 된다. 지붕 트러스가 붕괴될 것처럼 보이지 않더라도, 이용자와 가구의 동하중에 의한 굴절에 심각한 원인이 되고 주택에 많은 경제적 손실을 주게 된다. 아마추어 기술자들은 이 점에 주의해야 한다.

선박건조에서의 트러스

그곳은 항해하는 배의 고향이며,
쿠쉬의 강 너머 땅이다
나일강에서 사절단으로 보내온 곳,
갈대로 만든 배로 물 위를 항해한다.
– 이사야서 18.1–2 (B.C. 740년 : 신영역 성서)

실제에 있어서, 여러 종류의 트러스가 건설자와 해안구조물 건축가가 아이디어에 골몰하기 전에 수 세기에 걸쳐 조선공에 의해 사용되고 해석되어왔다. 조선에 관한 대부분 역사는 나일강에서 사용하기 위해 만들어진 고대 이집트인들에 의해 만들어진 보트에서 기원했다. 예언자 이사야가 잘 꿰뚫어 보았듯이, 이러한 보트들은 여러 다발의 갈대 묶음을 평행하게 연결해서 제작되었다. 실제로 이러한 갈대 보트는 뗏목에서 발전된 것이었고, 그 뗏목은 아마도 기원전 4,000년에서 3,000년 사이의 이사야 시대의 오래전에 있었을 것으로 추정된다. 그와 비슷한 보트들이 오늘날에도 백나일강, 남미의 티티카카 호수 등에서 여전히 볼 수 있다. 이 갈대 묶음은 자연스럽게 끝으로 갈수록 점점 가늘어지므로, 자동으로 거친 보트의 형태가 더 많거나 적어지기도 한다. 갈대 묶음의 끝단부가 종종 길고 작은 것은 배 본체와 선미에 수직의 장식을 만들어 주기 위해서 위로 향해 쳐올리는 방식으로 묶어서 만들었다. 이러한 모양은 오늘날에도 존속되어서, 때때로 형상에서는 큰 변화가 없고 지중해 형의 노 젓는 배의 높은 돛대에서 보여지고 있다. 특히 베네치아의 곤돌라와 몰타의 근위병에서 이런 형상이 있다.

배의 부력 대부분이 선체의 중앙부에 의해 그리고 비교적 적지만 점점 줄어드는 끝부분에 의해 만들어진다고 하더라도, 무거운 하중이 배의 끝부분에 들어가게 되는 것으로부터 사람을 보호해 줄 수 있는 것은 아무것도 없다. 이러한 점의 한가지 결과는 많은 배가 '구부러지는'(두 개의 끝부분은 기울어지는 경향이, 그리고 선체의 중앙부는 상승하는) 경향을 보인다. 이러한 상황이 나타나는 것은 지붕과 다리에 있는 현상과는 반대이다. 즉 트러스의 중앙부는 보통 지지하는 끝부분의 높이보다 낮아지는 경향이 있다. 이러한 상황을 엔지니어들은 '중앙부가 처지는sagging'이라고 부른다. 위로 구부러지거나 아래로 구부러짐에 있어서 그 힘과 굴절이 반대 방향으로 작용한다고 하더라도, 빔과 트러스가 휘어질 때에는 그래서 확실하다고 할 수 있으며 그래서 아날로그적인 원칙과 논의를 명백하게 적용하게 되었다.

이 로프는 '스페인제 권양기'의 형태를 따서 조여질 수 있게 되어 있다. 후면의 장치는 비틀어지는 것이 가능한—그래서 좀 짧아진—실타래고 그 중심을 관통해서 긴 막대 또는 지렛대에 의해서 만들어진 것이다. 그래서 대형의 갈대 선체는 선장이 선호하는 것에 따라 생기는 어떤 정도의 수직 또는 수평 곡률로 변형시킬 수 있게 된다. 조선기술의 진보에 따라서, 이집트인들은 갈대 묶음으로 만드는 것에서 통나무로 건조하게 되었다. 그러나 대부분의 판재가 매우 짧고 그 조임의 대부분이 불안정하게 흔들리게 보여서 곡면트러스의 필요성은 여전히 유지 되고 있었다.

그리스의 배 제작자들은 이집트의 기술자들보다 더 진보된 기술을 가지고 있었다. 그래서 그들은 아테네의 해상군사력을 지탱했던 거대한 3단 노를 장착한 군용선이나 전투함을 건조했다. 그러나, 이러한 선박들은 또한 길이가 짧은 통나무로 제작되고, 그 가벼운 선체는 매우 유연해서 누수되는 경향이 많다. 이러한 이유로 그리스인들은 *hupozoma*라고 부르는 것을 통해 정교하게 형태의 중앙부가 두드러진 곡면트러스를 유지하고 있

[그림 10] B.C. 2,500년경 이집트인이 제작한 바다 항해용 선박. 이 배는 목재로 만들었지만, 지지대에는 수직 장식이 있고 갈대로 만들어진 보트의 견고한 특징을 가지고 있다. 목재 판재는 매우 짧고 단단하게 조여져 있어서 이 배는 또한 이집트식 전통을 가진 곡면트러스를 유지하고 있다. A자형으로 된 돛을 볼 수 있다.

었다. 이것은 선체의 외부면을 오른쪽으로 둘러싼 하나의 단단한 로프로서 그것은 배 외벽 면 상부의 바로 아래에서 걸어 올려지게 되어 있다. 다시 말해서 그 *hupozoma*는 스페인제 권양기에 의해서 설치되었고 그것은 키잡이 선원에게 꼭 필요한 것이다. 그리스 전투함들은 주로 상호 충돌 때문에 전투를 했고, 그들은 많은 구조적인 손상에 대해 버텨낼 수 있도록 되어 있었다. *hupozoma*는 이러한 선박들의 선체에 매우 중요한 부분으로 되어 있었다. 즉, 그것이 없이는 전투를 할 수 없을 뿐 아니라 심지어는 바다로 나가는 것조차 어려웠던 것이다. *hupozoma*는 현대의 전투함에서 총의 노리쇠를 제거하고 훈련함으로써 무장해제를 하는 것처럼, 고대의 전쟁에서는 상대의 *hupozoma*를 제거함으로써 무장해제를 하게 될 만큼 전투함의 매우 중요한 장치였다.

피라에우스에서 내려온 아테네의 조선 기술자들이 트러스의 원리에 익숙했다는 것과 그래서 음네시클레스와 익티누스 같은 아테네의 건축가들이 왜 그들 사원의 지붕에 대한 아이디어로 활용하지 않았는지의 이유에 대해 의문을 가진 것은 분명하다. 아마도 구부러짐과 처짐 사이의 유사성이 결코 그것들을 깨닫지 못하게 했거나, 결코 선박제작자들을 깊이 신뢰하지 않은 것인 것 같다. 결국, 오늘날 얼마나 많은 주거 건축가들이 해양건축가들과 논의를 해봤을까?

부서지기 쉬운 노를 가진 전투함들이 폐기되었을 때, 곡면트러스도 사라지게 되었다. 그러나, 19세기 미국의 강을 운행하던 증기선은 그리스의 3단 노를 가진 배나 이집트의 나일강 운행 선박처럼 아주 유연했다. 그것들의 낮은 목재의 선체는 정확하게 동일한 문제들을 나타냈는데, 그래서 미국인들은 고대 이집트인들이 했던 것과 같은 방식으로 이러한 문제들을 아주 잘 해결해냈다. 모든 미국의 강을 운항하는 증기선들은 이집트 방식으로 된 곡면트러스로 된 것들이었다. 유일한 차이점은 인장부재가 파피루스 로프가 아니라 금속 봉으로 만들어졌다는 것이고, 그래서 그것들은 스페인식 권양기 대신에 금속 스크류로 조여지게 했다는 점이다. 경

* 역자 주) 역자가 Wikipedia 등을 통해 *hupozoma*를 검색, 정리한 바로는, 고대의 *hypozomata*로 불리던 선박 하부지지 장치가 있었는데, 직경 약 47mm이고 바 길이의 두 배 정도 되는 강철케이블로 둘러싸고 있어서 당시 전투방식인 충돌의 충격에서 배를 지탱하는 매우 중요한 역할을 한 것으로 보인다.

주용 배의 선장은 그 증기선으로 그 곡면트러스를 스크류를 조이거나 풀어줌으로써 선체의 형태를 적절하게 조절하여 추가로 0.5노트라도 쥐어짜서 빨리할 수 있다고 주장한다. 결과적으로, 이러한 증기선의 선체가 3단 노의 선체보다 더 안 좋을 수 있다는 사실은 그것들이 증기 하수 펌프를 장착해서 공급할 수 있기 때문에 그다지 큰 문제가 안 된다는 것이다.

물론 트러스도 거의 모든 종류의 항해 선박의 고정장치에 연결되어 있는 많은 다른 형태들에서 생겨나게 된다. 아마도, 그 항해술은 나일강에서 바람이 한 해의 대부분 동안 상승해서 불어오는 것을 고려한 이집트인들이 만든 또 하나의 발명품이라고 할 수 있다. 이때 화물선은 온화한 바람과 물결의 흐름에 따라 아래로 흘러내려 가는 것에 역행해서 강을 거슬러 올라갈 수 있었고, 이는 오늘날에도 마찬가지다.

항해하는 선박을 건조하는 데에 첫 번째의 문제는 닻을 끌어올리게 하는 데에 어떤 종류의 돛대를 세우는가 하는 것이다. 두 번째는, 훨씬 어려운 것인데, 문제점은 돛이 설치한 장소를 잘 지키는 일이다. 폭넓게 말하자면, 대형 항해 선박의 돛대들은 구조상, 뱃사람들이 '세워져 있는 지지장치'—그것은 다시 말해서 '돛대 밧줄'과 '버팀 막대'라고 하는—라고 부르는 고정된 로프 시스템에 의해서 여러 방향에서 충분히 지지되는 단순한 기둥이거나 버팀목으로 되어 있다. 돛대 지지 밧줄과 버팀 막대의 당김에 충분히 견딜 수 있는 단단한 선체를 가지고 있다면, 이것은 언제나 최상의 배치라고 할 수 있으며, 그래서(우리가 14장에서 볼 수 있는데) 그 무게와 비용을 수치상으로 최소화된 것임을 볼 수 있다. 그러나, 이집트인들은 이러한 수학적 방식을 행하지 않았고, 더 나아가서, 그들은 그 문제에 관해 어떤 아이디어도 미리 지각하지를 못했다. 그들이 알고 있었던 모든 것은 그들이 노를 젓는 데에 힘이 든다는 것이고 그래서 그들은 갈대로 만들어졌던 선체 상부에 돛이라고 하는 새롭게 접합된 것을 지지하는 몇 가지 방식을 찾고자 했다.

폭격기*로 운반된 공기막 구조선을 위한 항해 삭구를 개발하는 데에 많은 의미 있는 시간을 보내면서, 나는 이러한 돛에 대한 비즈니스에 대한 고대 이집트인들과 공감할 수 있었다. 공기막 배의 부풀어 오른 선체는 아

* 이러한 장치에 대한 비자발적인 경험을 가지게 되었던 어떤 불행한 비행사들에 대한 보상에 대해서, 나는 오늘날과는 전혀 달랐던 그 직업에 관해 설명하곤 했다.

마 이집트형 갈대 보트만큼 유연성을 가지고 있었을 것이다. 우리가 실제로 바람 빠진 풍선과 같은 또는 느슨한 갈대 묶음과 같은 것에 아주 많은 하중이 걸리는 로프가 접촉할 수 있을 것이라고 기대할 수는 없다. 이러한 환경에서 '자립형 고정삭구'에 대한 전반적인 아이디어는 오히려 웃음거리가 되었다. 그러므로, 아주 감각적인 면에서, 이집트인들은 단지 오징어형 선체(그림 10)의 정상부에 있는 일종의 삼각대 또는 때로 'A-형 트러스'를 제작하였다. 이러한 일은 나일강에서 완벽하게 작업되었다. 나는 그 문제에 대한 고대 이집트인들의 해결방안에 대해 질투를 하곤 했다. 불행하게도 그것이 구조용 선박으로 실용화되지는 못했다. 이집트인들은 작은 백에 접어서 포장해서 담기 위해서 그들의 항해 삭구장비 전부를 배열 정리할 필요가 없었고, 상황이 바뀌어서, 많은 항공기에 접어 넣어야 했었다.

그리스와 로마 상선의 선체는 대체로 전통적인 자립형 삭구장치에 의해 배에 싣는 하중에 저항할 수 있을 만큼 충분히 강하고 튼튼하고, 그래서 이러한 선박들은 그 돛을 배의 중앙에 단을 만들고 돛대 밧줄로 지지하게 하는 통상의 방식으로 서 있게 하였다. 그러나 몇 가지 이유로 인해서, 대형 로마 선박조차도 어떤 긴 작업장에서 제작된 하나의 대형 사각형 돛을 운반해주는 데에 단일 돛대 즉 싱글 마스트의 바닥단 위에 그렇게 많은 것을 거의 설치하지 않는다. 그것은 대형 돛을 단 배의 삭구가 여러 개의 돛대와 돛으로 복합화되어서 정교하게 제작되어졌던 르네상스 시대에 바다를 항해하는 영역이 아주 크게 확대되기 전까지는 없었다. 이 시대에 단일 돛대는 전면부, 중심부, 뒤 돛대로 불리는 3개의 방식으로 교체되었다. 결국, 이 돛대의 각각은 더 하부에 있는 사각 돛 또는 '경로'라고 할 수 있는 첫 번째 부분, 사각 정상부 돛, 위 돛대 그리고 최정상에 있는 메인인 왕 돛 등을 운반할 수 있게 하기 위해서 상부로 확장되었다.(옥상부의 하늘 돛과 달 돛조차도 후에 준마(駿馬, clipper)시대의 영향을 많이 받았다.)

물론 전통적으로 각각의 돛—정상부 돛, 위 돛대와 왕 돛 등—은 돛대의 자체 부품으로 제작되었다. 그것은 각 하부 돛이 정상부 돛에 의해 덮이게 되고, 반대로 각 상부 돛은 위 돛대에 의해 그렇게 되도록 되어 있다. 이 상부의 돛대는 각각 분리된 통나무 부재로 만들어지고, 그 각각은 정교하고 정밀하게 경사진 결합에 의해서 적절한 위치에서 지지되도록 하였다. 이러한 것들이 배치되어서 모든 상부 돛대와 바닥이 정돈되면서 아래로 내려와서 갑판에 설치되게 된다. 더욱 대형화된 구조물들은 수 톤씩 하중을 가지게 되기 때문에, 그것에는 세우기 위한 기술과 힘이 필요하게 되었고, 흔들리는 배에서 다루기 힘든 물건들은 더 낮게 배치되었다. 그러나, 대형 전투함은 800명의 선원이 타게 되고, 그 대부분은 첨탑수리공과 우수한 운동 실력을 갖춘 사람들이다. 1840년대에 지중해 함대에서 시행된 강한 해상훈련은 전설적인 것이 되었다. 그것은 그 함대사령관이 아침 식사를 마쳤을 때, 그가 '모든 배는 돛 꼭대기를 타격할 것이다. 보고 시간을 갖고 많은 사상자가 생겼다.'는 신호를 갖게 될 것이라고 말했다고 한다. 그러나 이것은 H.M.S.(His(Her) Majester's Ship, 여왕의 배 : 역자 주)와 같은 전투함이 파괴된 것을 말하는 것 같다. 말보로Marlborough호는 선원들에 의해서 불과 수 분 만에 하부 돛대가 벗겨지게 하였고 신속하게 다시 고정설치 되었다. 이러한 경쟁적인 훈련은 전혀 쓸모없는 노력이라고 할 수 없다. 선박들은 여분의 지지대는 충분히 공급되도록 하였고, 그래서 위기에서 선박의 안전성 또는 전쟁의 시기 중에 행동의 실행 등에서 중요한 것은 반복적으로 얼마나 신속하게 손상된 돛대를 교체하느냐가 핵심이었다. 평화적인 시기의 훈련이 이루어지는 동안에는, 우리가 자전거를 타거나 암벽등반을 할 때 발생되는 사고를 접수할 때만큼 정도의 한정된 수의 사상자들이 발생된다.

모든 이러한 것의 이면에 있는 구조적인 기술은 그 종류가 매우 많고, 그래서 오히려 그것에 대해 무관심하기 쉬운 현대의 기술자들이 관심을 가질 가치가 충분하다고 하겠다. 그 후에 나온 해양 선박에 있는 갑판 상부의 모든 장치를 지지하는 데에 필요한 그 고정장치인 복합적인 삭구들은 *빅토리Victory*(참고 14) 또는 *커티 삭Cutty Sark*에서 보이는 것이 가장 잘 볼 수 있다. 예를 들면, 빅토리호 주 돛대의 전체 높이는 약 223피트로 67m이다. 주 갑판의 길이는 102피트(30m)이지만, 경사진 충격 흡수 돛의 지지대에 의해서 전체 폭이 197피트(59m)까지 확장될 수 있게 되어 있다. 가장 끔찍한 바람과 바다의 조건에도 불구하고 마지막 수년 동안, 모든 이러한 대단한 공학 공정이 확실하게 작업되었던 것은, 대부분의 현대 기계공학에서 더 훨씬 더 신뢰감을 주고 있다.

그 대형 범선의 돛대는 가장 정교함의 표상이며 그동안 개발되어져 왔던 가장 아름다운 트러스 시스템 중의 하나이다. 상당히 복합적인 비용 측면에서는, 높이 솟은 구조물의 전체적인 무게가 안전한 형태를 낮게 하고 있다고 보았다. 그러나, 회전 포탑에 장착된 대형 포는 1870년대에 항해 중인 전투함에서 처음 볼 수 있었고, 돛대 줄과 로프로 엮여진 망들이 포의 발사 각도 내에서 과도하게 제한되어 있음이 발견되었다. 이러한 이유 때문에 철갑으로 된 H.M.S 선인 Captain호는 더 양호한 포격 범주를 확보하기 위해서 재정비된 3단으로 돛대를 장착했다. 이것은 우리가 선호했던 이집트형 돛대 설치 방식을 뒤집는 일이었다. 그러나, 이러한 3단 구조에 의한 초과한 정상부 하중은 이러한 선박들이 가지고 있던 이미 불확실했던 안정성에 나쁜 영향을 주게 되었다. 이 상부 하중은 의심할 바 없이 비스케이 만에서 어느 고약한 야간 항해 중에 Captain호의 전복에 큰 영향을 미쳤다. 거의 500명의 선원이 물에 잠겼다.

캔틸레버와 '단순지지' 빔

기능적으로 볼 때, 그것은 하나의 '빔'이 재료—단단한 통나무 또는 철근 또는 철제 튜브나 장선으로 된—가 길게 연속된 부재의 형태라는 것이거나 혹은 일종의 노출된 트러스 형상으로 된 것이고 별 차이가 없음이 증명되었다. 이 중 나중의 것은 목재로 된 지붕 트러스인 경우가 많고, 로프와 선박 자재들이 항해용으로 제작되었거나 혹은 교량 혹은 전기 철탑과 같은, 어떤 현대화 된 메카노 형식의 격자인 경우가 많다. 우리가 보게 될 것처럼, 거기에는 마치 동물에 있는 두 종류의 빔과 같은 것들이 많이 있다. 교량과 지붕 트러스 그리고 말의 등과 닥스훈트 등은 보통 다소간 수평적인 형상인 것이 사실이다. 반면 배의 돛대와 전파송신탑 그리고 철탑 그리고 타조의 목 등은 아주 수직적인 형상이지만 그다지 큰 차이를 볼 수가 없다. 이러한 모든 구조물의 근본적인 목적은 대개 동일하다. 즉, 말하자면, *빔의 길이에 각도를 딱 맞추어서 작용하는 하중은 빔을 지지하는 것이 무엇이든 간에 어떤 장변길이의 힘의 작용이 없이도 지지된다는 것이다.* 이것이 모든 빔이 작용하는 근본 원리라고 할 수 있다.

그것은 배의 돛대와 같은 것은 이러한 것에서 제외되는데, 왜냐하면 돛대는 선박 본체 위에서 힘이 하부를 향한 축을 가지고 있기 때문이라고 생각되고 있다. 그렇지만 그 돛대를 지탱하는 줄과 버팀 막대가 마찬가지의 힘으로 선체를 들어 올리는 작용을 하고, 그래서 선체에 순수한 수직적 힘이 작용하지 않게 되고, 결과적으로 물에서 솟아오르거나 가라앉게 되는 것이다. 예를 들어, 말의 목은 돛대와 매우 유사하다. 돛대처럼 척추뼈는 말의 몸통을 뒤로 압력을 가해서 누르게 되지만, 목의 힘줄에 의해서 돛대처럼 지탱하게 되며, 동일한 반대 방향의 힘을 가지고 몸통의 앞쪽으로 잡아당기게 해준다. 기능적으로는, 하나의 '빔'이 길게 연속된 자재의 부품—단단한 나무의 줄기 또는 철재 로드 나 튜브 또는 장선과 같은—으로 만들어진 형태일 수도 있고, 그렇지 않으면 그것이 노출 작업형 트러스의 종류의 하나로 형태를 갖추고 있는 것일 수도 있지만, 그것들이 많은 차이점이 있다고 할 수 없는 것은 확실하다. 나중의 것은 목재 지붕 트러스이며, 로프와 자재의 항해를 위한 배치, 또는 교량이나 전기 첨탑과 같은 메카노 형태의 현대식 격자 등이 있다. 우리가 볼 것처럼, 동물에서와 마찬가지로 두 가지 종류의 빔이 많이 있다. 교량과 지붕 트러스 그리고 말안장과 닥스훈트 견 등이 보통 수평적인 모습을 보여준다는 것과 배의 돛대와 통신탑과 첨탑 그리고 타조의 목은 매우 수직적인 모습이라는 사실은 이러한 모든 구조가 다르다는 것이다. 이러한 모든 구조의 근본적인 목적은 같다. 즉 말하자면, 빔의 길이에 직각으로 작용하는 하중은 빔을 지지하는 것이 무엇이든 간에 그곳에 어떤 장변방향의 힘이 주어지지 않아도 지지된다. 이것이 모든 빔이 존재하는 근본이라고 할 수 있다.

그것은 선박의 돛대와 같은 것은 이 경우에서 제외된다고 생각되었다. 왜냐하면, 돛대의 강력한 하향 압축력이 배의 본체에 가해지기 때문이었다. 그러나 그때 그 돛대 밧줄과 고정장치는 마찬가지의 힘으로 본체를 상향으로 밀어 올렸고, 그래서 선체에는 순수한 수직력은 없다. 그것은 결과적으로 물에서 솟아오르거나 가라앉지 않는다는 것이다. 비슷한 주장이

[그림 11] 분산된 하중을 가진 캔틸레버 빔

많은 동물 구조와 함께 적용되었다. 예를 들면, 말의 목은 돛대와 매우 비슷하다. 돛대와 같은 역할을 하는 척추는 말 몸통에서 압축과 함께 등 쪽으로 밀어내는데, 그렇지만 그것들이 돛대처럼 목의 힘줄에 의해 머물게 됨으로써 어떤 동등한 반대쪽의 힘으로 인해 몸을 앞쪽으로 밀어내게 된다.

우리가 논의 해왔던 감각이란 면에 있어서, 모든 빔은 그것이 작동하건 안하건 같은 일을 하게 된다. 즉 빔은 전체적으로 두 가지의 주요한 범주로 포함할 수 있는데, 그것은 '캔틸레버'와 '단순 지지' 빔이라고 할 수 있다. 거기에는 사실 훨씬 상이하고 세분화된 것이 있는데, 그것은 시험이나 다른 목적에 매우 유용하지만, 우리는 그것을 잠깐 무시하게 될 것이다.

'캔틸레버'는 벽이나 지면과 같은 어떤 단단하게 고정된 지지를 위해 '설치된 built in' 것으로 생각되어질 수 있는 것의 한쪽 끝에 있는 빔이다. 이 끝부분의 상황은 엔지니어들에 의해 encastrè라고 불리는 것으로 프랑스어의 '설치된'과 의미가 유사하다. 물론 캔틸레버의 또 다른 끝부분은 하중을 받치고 지지하고 있다. 전기 첨탑과 통신탑, 배의 돛대, 터빈의 칼날, 뿔, 이빨, 동물의 목과 나무, 곡물 줄기 그리고 민들레 등은 캔틸레버라고 할 수 있으며, 그래서 새와 비행기 및 나비의 날개와 또한 쥐와 공작새의 꼬리 역시 마찬가지이다. 단순 지지형 빔(그림 12)은 양 끝에서 자유롭게 지지대가 안착된 것이다.

구조적으로, 그 두 개의 사례는 밀접하게 연계되어 있다. [그림 13]으로부터 우리는 단순 지지 빔이 두 캔틸레버, 이면부와 이면부 그리고 뒤집혀 있는 형상 등에서 단순한 균형을 이루고 있다는 것을 알 수 있다.

[그림 12] 단순지지형 빔

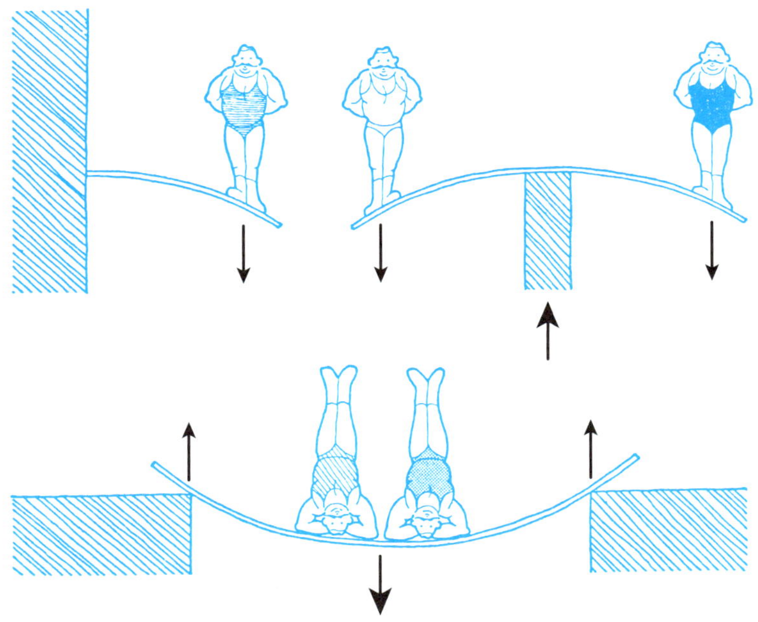

[그림 13] 단순 지지형 빔은 두 개의 캔틸레버와 뒤집힌 상태의 것들과 같이 생각될 수 있다.

교량 트러스

그 도로는 열차의 무게로 하부에 삐걱거리는 소리가 날 정도의
거친 버팀목으로 만든 교량에서
수백 피트 깊이의 계곡을 가로지르게 되어 있다.
이러한 구조보다 확실하게 한층 불안정한 어느 것은
다른 어느 곳에서도 찾아볼 수가 없을 정도이다.
그리고 내가 다른 편에서 스스로 안전함을 발견하고는
항상 위안의 긴 숨을 들이마셨다.
현기증 나는 아래를 화물선 창을 통해 보는 것은
공포스러운 일이었고, 움직이는 부분에서 연약한 천 같은 받침이
찢어진다면, 우리는 탈출 가능성이 없는 상태에 처할 것이라고
느꼈다. 동부 지역에서조차 이러한 초기의 오래된 교량들이
많이 남아 있으며, 아직 이용되고 있는 곳에서 사고는
거의 없었다고 들었다. 그러나, 그것들은 엔진에서 떨어지는
불붙은 석탄에 의해 발화된 화재에 의한 붕괴의 가능성도 높다.
– 새뮤얼 매닝 목사, LL.D., *미국의 풍경(1875)*

영국의 철로는 직선으로 건설되어서 조적조와 철골조로 웅장한 고가철교와 절단 및 제방 등을 통해 영국의 굴곡 많은 지형을 수평으로 가로지르도록 했다. 모든 이러한 공학적 사치는 자본과 노동력의 공급이 바탕이 되었고, 이 두 요소는 빅토리아 왕조시대에 매우 풍족했었다. 미국의 처지는 전혀 달랐다.* 그 차이는 어마어마했는데, 자본은 부족했고, 임금은 다 죽어가는 사람조차도 매우 높았다. 자유의 땅에서, 모든 사람이 낯설고 서투른 곳에서 유럽인들처럼 숙련된 기술자는 찾아보기가 어려웠다. 철은 비쌌지만 무한정으로 있는 목재는 싸고 풍부했다. 결국, 증기선의 동료들과 마찬가지로, 미국의 모든 철도 기술자들은 그들의 난로 파이프 뚜껑 아래에서 떨며 영국 엔지니어들의 기와 부를 세워주었던 사람들의 삶과 자산을 가지고 위기를 극복할 준비를 했다. 그러나 이 영국 엔지니어들은 확실히 그다지 주의 깊은 사람들이 아니었다. 오늘날 우리는 그들이 경솔했던 것으로 생각하고 있다. 물론, 19세기의 미국인들은 삶의 방식이 위태로웠다. 그렇지만 붉은 피부의 인디언들이나 산적들보다는 엔지니어의 중요성이 더

* 미국인의 임금이 더 높았음에도, 미국 철로의 마일 당 가격은 영국 철도의 1/15이었다.

커지게 되었다.

철로는 최대한 신속하게 건설하고 고가의 절토나 둑 쌓는 것을 최소화해서 서부로 진격했다. 그 조건들이 적절하게 되었을 때, 매닝 목사가 경고했지만, 계곡에는 이 무한정의 통나무 버팀 다리 교각을 이용해서 교량이 설치되었다. 미국의 철로에 대해서 그들은 늘 그랬던 것처럼 항상 협력할 것이었고, 그들의 상당수가 오늘날에도 생존해 있다.(참고 15) 예전에 그들이 건설해왔던 아메리칸 철도 길은—센트럴 퍼시픽 철로는 60%의 배당금을 지불한 것으로 알려졌을 만큼—대단한 이득을 안겨주었다. 그래서 그들은, 전체적인 목재 구조가 흙에 묻히고 썩어 없어질 때까지, 불안정한 발판을 가진 교량을 특별히 제작된 기차로 표토를 정상까지 다져진 단단한 흙 제방으로 개조했다.

넓고 굴곡이 많은 강은 목재 발판을 가진 고가교로는 통과가 어려워서 더 크고 긴 스팬을 가진 다리가 필요했다. 유럽 양식의 견고한 교량은 자본과 숙련 노동자의 부족으로 실현이 어려워서 오래된 목수들이 만들어왔었던 대단히 길고 값싼 목재 트러스의 필요성이 매우 간절했다. 이 트러스의 제작은 잠재적으로 매우 유용했기 때문에, 미국인들은 못 말리게 발명가적 기질이 있기 때문에 19세기에 매우 괄목할만한 수의 미국인들이 트러스를 발명하는 데에 전력을 쏟았다. 그러므로 교량 트러스에 대한 아주 많은 설계안이 교안으로 제작되었고, 그 각각은 조금씩 상이해서 그 각자를 발명가란 이름으로 부르기도 했다. 그것들이 모두 유사한 원칙들을 가지고 작업했기 때문에, 우리가 그것들에 대한 디테일을 모두 따라갈 필요는 없지만 2, 3가지의 작업은 언급될 가치가 충분하다.

[그림 14] 볼만Bollman 트러스

이러한 가장 초기시대의 것 중 하나가 볼만 트러스(그림 14)이다. 그것은 미국에서 매우 오랫동안 활용되었고, 아마 볼만의 기술적인 능력보다는 정치적인 능력이 더 중요하게 작용했을 것이다. 그는 '안전한' 트러스만을 고려했던 미국 정부를 추종하고자 했고, 동시에 그것의 사용을 의무화하도록 했다. 이는 전문적인 엔지니어들에 의해서, 실용적인 작업의 원칙들처럼, 수년 동안에 걸쳐서 받아들여져 왔기 때문에 예상할 수 있을 만큼 법적인 제약이 그렇게 어려운 것은 아닐 수도 있다. 미국 의회의 기술적인 분야에 대한 무지는 그것이 매우 안전한 것으로 간주되어 왔다.*

[그림 14]는 3개의 패널로만 되어 있는 단순화 된 볼드만 트러스이다. 실제적인 면에서는 보통 전체적으로 매우 복잡하게 하는 경향이 있어서 더 크고 많게 되었다. 더욱이 이 인장 부재는 불필요하게 길다. 핑크 트러스 [그림 15]는 볼만 트러스와 같은 작업으로 이루어지지만, 그러나 그것은 더 짧은 부재를 사용할수록 더 좋아진다.

그러한 이점을 가지고, 핑크 트러스의 바닥을 따라서 연속적인 부재가 놓이고, 그것을 더 많거나 적게 할 수 있게 하거나 프랫Platt 또는 호우Howe 트러스(그림 16)로 전환할 수도 있다.

[그림 15] 핑크 트러스

* 1912년쯤의 오래전에, 미국 정부가 타이타닉호의 침몰을 조사하는 동안, 다음의 대화 내용이 기록되었다.
- 상원의원 X : 당신은 배에 방수 구획이 되었다고 우리에게 말을 했는가?
- 목격한 전문가 : 그렇다.
- 상원의원 X : 배가 침몰할 때 승객들이 방수 구획 안에 있을 수 없었다는 것을 당신은 어떻게 설명할 것인가?

이것은 일반적으로 전통적인 복엽비행기에서 사용된 것이 매우 좋았다. 그것은 프랫 혹은 호우 트러스가 뒤집혀서 사용된 것과 같은 것으로 보게 될 것이고,—말하자면, 이는 상향 굴절이나 하향 굴절과 같은—우리가 상식적인 예방책으로 삼아야 할 것을 알려준다. 더욱이, 우리가 모든 부재가 인장과 압축을 갖도록 배치할 수 있다면, 우리는 [그림 17]과 같은 워렌 거더로 전환하여 구조체를 단순화할 수 있다. 그것이 이러한 형태 또는 그와 같은 것이 되며, 그것은 원래의 철제 작업을 통해 제작된 트러스에서 대부분 공통으로 사용된다.

여태까지, 우리는 단순 지지 빔으로서 모든 이 교량들을 생각해왔고, 물론 그래서 그것의 많은 것들이 그렇게 되어 있다. 그러나, 빔으로 된 많은 교량은 캔틸레버형 교량이다. 몇 가지 이유로 캔틸레버 교량은 목 구조물에서는 결코 많이 사용되기가 어렵다. 그렇지만 그것이 철재와 콘크리트로 제작되고 있는 오늘날에는 폭넓게 사용되고 있다. 잘 계획된 비율을 가지고 자동차 도로 위에 조성된 교량은 철근콘크리트 캔틸레버형 교량이

[그림 16] 프랫 혹은 호우 트러스

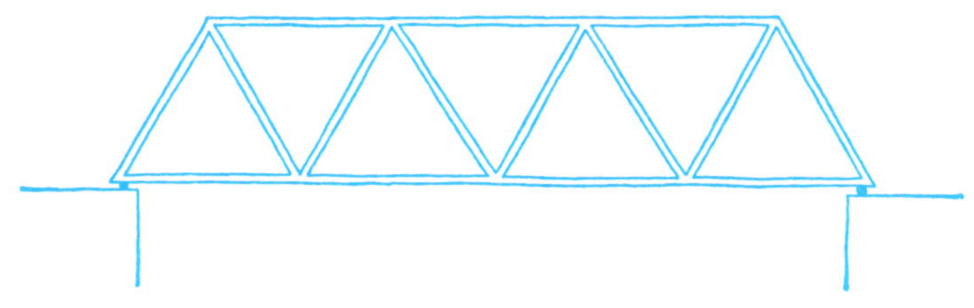

[그림 17] 워렌 거더

다. 그런 교량은 일반적으로 두 개의 캔틸레버 끝부분에 걸쳐 있는 단순 지지형 빔으로 된 중앙 단면을 가지고 있다.(그림 18) 이것은 부분적으로는 이러한 배치가 굴절을 수용하기에 더 쉽기 때문에 그렇게 한다. 그러나, 각 측면에서 나와서 중앙부에서 만나는 두 개의 캔틸레버를 가진 교량은 그리 많지 않다.

그 시절에는 아주 긴 철교가 세워졌을 때 그것이 대형 철제 캔틸레버교를 건설하는 일은 아주 획기적인 일이었다. 가장 유명한 사례는 1890년에 완공된 포드 철교였다. 그것은 노출형 철제*로 건립되었는데, 실제로 51,000톤이 소요되었다. 그러나, 도로의 교량은 일반적으로 철교만큼 그렇게 튼튼하지 않아도 되기 때문에 그 정도로 많은 양이 필요치는 않다.(이 포드 철교는 기차가 전속력으로 통과할 수 있는 세계에서 유일한 대형 교량으로 불렸다.) 그래서 보통 현대의 대부분의 긴 교량은 건설에 비용이 더 적게 드는 현수교로 건립되었다. 그 철교 옆에 세워진 유사한 스팬 길이를 가진 포드 도로용 교량은 1965년에 건설되었는데, 단지 22,000톤의 철제가 사용되었을 뿐이다.

[그림 18] 중심 단면부를 위한 단순 지지형 빔을 가진 캔틸레버형 교량

* 10장의 *'강한 재료의 새로운 과학적 발견'* 참조

트러스와 빔에서의 응력 시스템

이러한 모든 것으로부터 다양한 종류의 빔과 트러스는 세상의 여러 하중과 짐들을 지탱하게 하는 데에 매우 중요한 부분이라고 할 수 있다. 그것들이 어떻게 얼마나 잘해 내는지는 확실치 않다. 빔에서의 응력 작용이 얼마나 되는지 그리고 그것을 실제로 유지하게 하는 것은 무엇인지? 우리가 말해왔던 것처럼, 격자형 트러스와 고정형 빔은 대부분 항상 교환 가능하도록 사용되고 있고, 그래서 생각했던 것처럼, 그 트러스 내에 있는 응력 시스템은, 그것이 시각적으로 보기에는 더 쉽게 하는 것이 이득이 있을 것 같아 보이더라도, 어떤 고정형 빔으로부터 비롯된 원칙에서 그리 다르게 나타나지 않는다. 더 나아가서, 캔틸레버는 우리가 [그림 13]에서 보았던 것을 감안하더라도, 두 가지 조건이 매우 간단한 관계를 맺고 있어서, 아마 단순지지 빔보다 고려하기 더 쉬울 것이다.

그러므로 예를 들어, 반대의 단부로부터 하중*W*를 지지하고 돌출되어 붙어 있는 것으로서, 한쪽 단부에서 벽(또는 삽입형 벽, encastre)에 고정되어 있는 캔틸레버형 구조에서의 트러스를 고려해볼 필요가 있다. 실제로 [그림 19]에서 볼 수 있는 삼각형 배열을 가진 배아형 또는 초기형 캔틸레버를 가지고 시작해 볼 수 있다. 이러한 하중*W*에 관해서는 경사부재 1번에서 인장력을 가진 상향 부재의 작용에 의해서 아래로 떨어지면서 직접적으로 유지되도록 되어 있다. 수평 부재 2번에 있는 압축력은 수평적으로만 작용하고, 그래서 그것이 하중을 유지하는 데에 직접 관여하지 않는 부분으로 작동될 수 있게 되는 것이다. 그러나, 그것들은 또한 수평으로 밀었을 때만

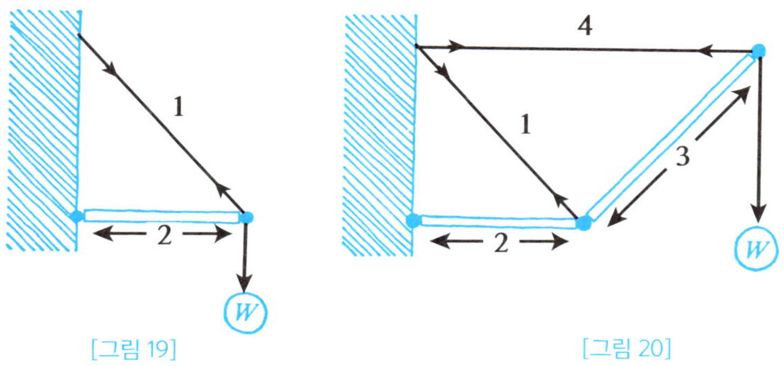

[그림 19]　　[그림 20]

움직이며, 그래서 2번 부재는 트러스가 확장되도록 하는 데에 간접적이지만 매우 필수적인 기능으로 작용을 하며, 말하자면 그 경로에서 튀어나오도록 하는 역할을 한다.

[그림 20]에서처럼 트러스에 추가로 패널을 덧대도록 해 준다. 그 하중이 1번 부재에서 인장력의 상향 작용과 3번과 4번에 있는 압축력을 결합함으로써 현재 직선으로 유지되게 하는 것은 인장 측면에서는 필수적이지만, 2번 부재(여전히 압축력을 가지고 있는)에서처럼, 트러스가 이것 없이는 접혀 올려질 수 없다고 하더라도 그것이 그 하중을 직접적으로 지탱하게 해주지는 못한다는 점은 확실하다.

우리가 [그림 21]에서처럼 여러 개의 패널로 트러스를 올리게 되면, 그 대부분의 상황은 매우 유사한 것으로 지속될 것이다. 1번과 5번의 사선 부재는 인장을 받고 있고 3번과 7번 부재는 압축을 받고 있다. 이러한 부재들은 계속해서 그 하중을 직접 유지하게 해준다. 이것들을 함께 결합하게 되면, 이 부재들은 '전단'이란 것으로 저항하게 된다. 우리는 다음 장에서 전단에 관해 언급함으로써 더 많은 좋은 결과를 얻을 수 있을 것이다.

그동안 우리는 이러한 사선 부재의 전부에 작용하는 힘이 수치상으로 유사함을 확인할 수 있을 것이다. 이것은 캔틸레버가 얼마나 길던 그리고 패널이 얼마나 많이 들던 간에 사실로 남는다.

그러나 이것이 수평력의 경우에는 사실이 아니다. 2번에의 압축력은 같은 방향의 6번보다 더 크며, 4번의 인장력은 8번보다 크다. 우리가 캔틸레버를 길게 만들수록 더 큰 압축력이 2번 부재에 가해지고 4번 부재에는 인장이 더 크게 증가한다. 우리가 캔틸레버를 아주 길게 만들게 되면, 그때

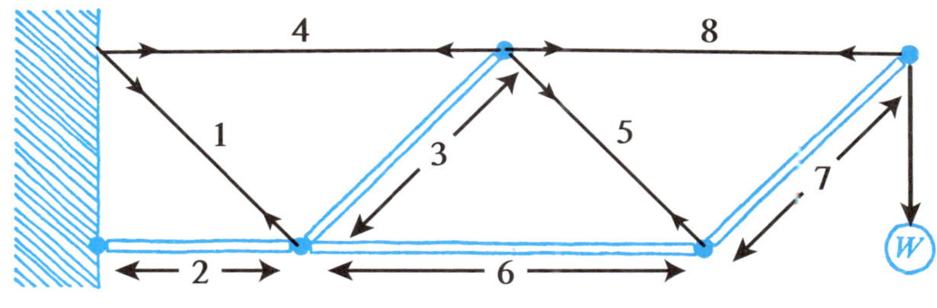

[그림 21]

수평 또는 장변방향 인장과 압축력 그리고 고정 끝부분에 인접한 응력은 실제로 매우 높아지게 될 것이다. 다시 말해서, 그런 캔틸레버는 상식적으로 생각해 보더라도 결국은 아마 그 뿌리가 되는 부분에서 파괴될 것이다. 그렇지만, 우리는 그 힘이 하중을 지지하는 데에 직접적으로 이바지하는 부재에서 가장 높을 것이라는 분명히 모순되는 점을 가지고 있다.

[그림 21]에서 하부로 향하는 하중, 아니면 '전단력'은 우리가 말했듯이 사선 부재 1, 3, 5, 7번에 지그재그로 직접 지지된다. 그러나, 같은 기능을 모두 수행할 더 많은 경사 부재들을 접합시킴으로써 생기는 이러한 사선 격자들의 복잡성을 해소할 만한 것은 아무것도 없다. 실제로 이것은 종종 다양한 이유로 이루어진다.(그림 22) 이는 자연이 매우 빈번하게 하고 있

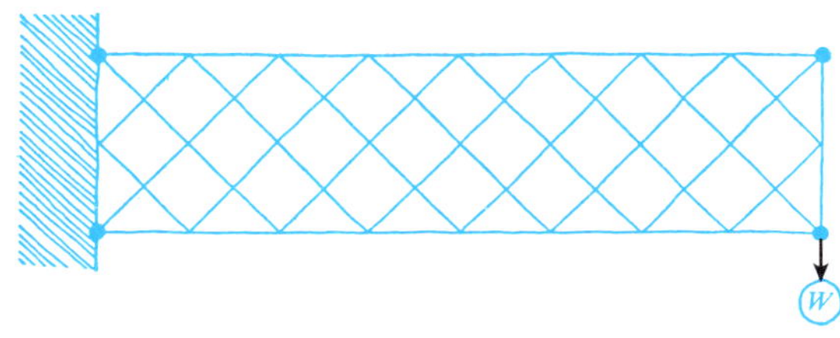

[그림 22] 전단은 복합 격자 또는 연속되는 평판에 의해 동등하게 잘 형성될 수 있다.

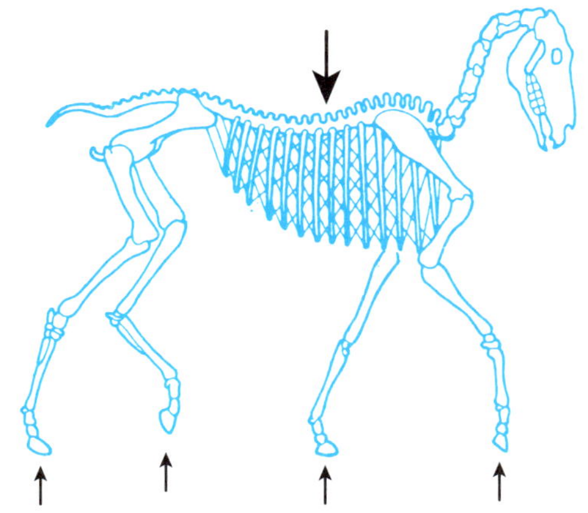

[그림 23] 많은 척추동물은 근육과 힘줄로 이루어진 일종의 핑크 트러스의 형태를 하고 있으며 갈비뼈 사이를 복잡한 사선의 전단 버팀대로 구성된다.

는 것과 똑같다. 대부분 척추관과 디스크는 일종의 지지된 빔으로 간주될 수 있다. 이것은 말의 사례에서 보면 분명하다. 척추와 갈비의 뼈는 정교한 핑크 트러스(그림 15 및 23)의 압축 부재로 형성되었다. 갈비뼈 사이의 공간은 갈비뼈에 ±45도 각도로 가로지르는 근육 섬유로 만들어진 그물 또는 망 아니면 격자에 의해 십자로 구성된다.

기술적인 구조의 다음 단계는 격자 종류로서가 아니라 연속된 판 또는 금속이나 합판과 같은 재료로 '망상 조직'으로 만들어진 트러스의 중간에 있는 공간에 채워지게 된다. 이러한 종류의 빔은 가장 친숙한 일반적인 H 또는 I형 빔(그림 24)을 제외한 많은 형태를 만들 수 있다. 빔의 중간에 있는 플레이트나 망의 기능은 트러스에 있는 지그재그 격자의 기능과 떡같아서, 망에 있는 응력과 하중은 같은 방향으로 움직인다.

그래서, 이러한 타입의 H 빔에서는 탑과 바닥에 있는 '붐대' 또는 '원재료' 또는 '플랜지' 등이 수평적으로 아니면 장변방향으로 저항하도록 되어 있다. 반면에 중앙에 있는 '망상 조직'은 주로 수직적으로 혹은 전단력에 저항하도록 되어 있다.

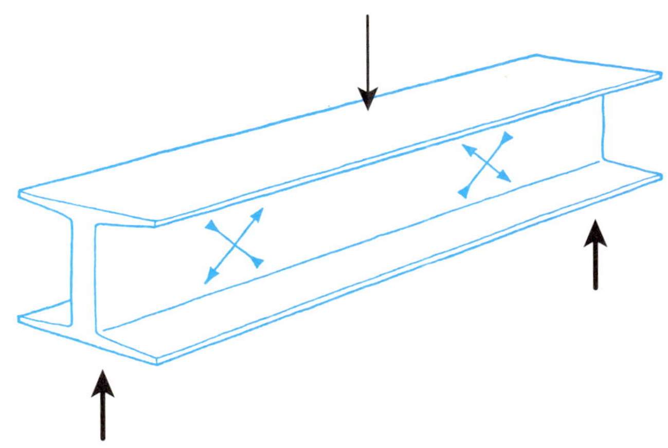

[그림 24] 많은 기술상의 역할을 하는 빔에서 전단은
연속된 플레이트의 망상 조직으로 얻어진다.
그러나 전단에 영향을 주는 인장과 압축 응력은 여전히 ±45도 방향으로 작용한다.

장변방향의 휨 응력

우리가 언급했던 것처럼, 빔의 길이 방향을 따라 작용하는 장변방향의 인장과 압축 응력은 전단응력보다 통상 더 높고 훨씬 위험하다. 이러한 장변방향 응력이 직접 하중을 지지하는 방향으로 직접 자체 작용하지 않는다고 하더라도 그렇다. 우리가 현장에서 접하게 되는 통상적인 빔에서는, 실패를 야기할 것 같은 매우 상식적인 장변방향 응력이 있게 된다. 그래서 그것들은 엔지니어가 산정할 수 있는 일상적인 첫 번째 응력이 되는 것이다.

H형 단면(그림 24)을 가진 빔이 일반적이라고 할지라도, 하나의 빔은 어떤 교차 단면의 형상을 가지고 있으며, 통상의 빔 관련 이론상 산정식은 가장 단순한 형상의 빔에 적용하게 된다. 실제로, 장변방향 응력의 분포는 빔의 두께를 관통하게 되는데 이는 조적벽(9장 참조)의 두께를 관통하는 응력의 분포양상과 유사하다. 조적구조는 빔이 갖고 있는 신축 응력을 갖고 있지 못하기 때문에 중요한 차이점을 갖고 있기도 하다.

모든 빔은 그곳에 작용하는 하중에 의해 굴절되게 되고, 그러므로 곡면 또는 휨 형상으로 변형이 된다. 벤트 빔의 오목한 면 또는 압축 면에 있는 재료는 압축으로 짧아지거나 변형될 것이다. 볼록 면이나 인장 표면은

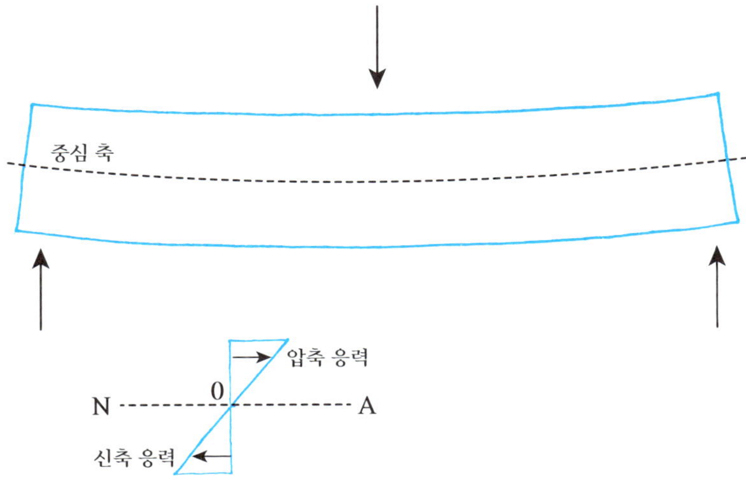

[그림 25] 빔의 두께를 관통하는 응력의 분포

인장으로 늘어나거나 변형되게 된다(그림 25) 빔의 재료가 후크의 법칙을 따르게 되면 빔의 단면을 가로지른 응력과 변형이 직선이 될 것이고, 그래서 장변방향의 응력과 변형이 신장되지도 않고 압축되지도 않는 '0' 포인트가 될 것이다. 이 '0' 점은 빔의 '중심축(N.A.)'이라고 불리는 곳에 놓여진다.

빔에서 중심축으로 위치 잡는 것을 아는 것이 중요하기 때문에 이렇게 쉽게 결정할 수 있게 되는 것은 행운이다. 그것은 수학적으로 간단하게 보이고, 그 중심축은 항상 빔 단면의 중심 혹은 '중력의 중심'을 관통하도록 해야 한다. 직사각형과 원, 튜브 그리고 H빔과 같은 단순 대칭형 단면에 대해서, 중앙에 있는 중심축은 빔의 상하부 사이의 중앙부에 있게 된다.
철로 길이나 배, 비행기 날개 등과 같이 비대칭형 단면을 가진 것은, 그 위치가 산정되어야 하지만 이것은 그리 어렵지 않다.

장변방향 응력은 중심축에서 멀리 떨어지면서 증가한다는 것을 [그림 25]에서 확실히 보여주고 있다. 이 거리는 빔 이론을 말할 때 일반적으로 *y*로 불린다. 이 거리는 빔 이론에 대해 말할 때 일반적으로 *y*로 부른다.*

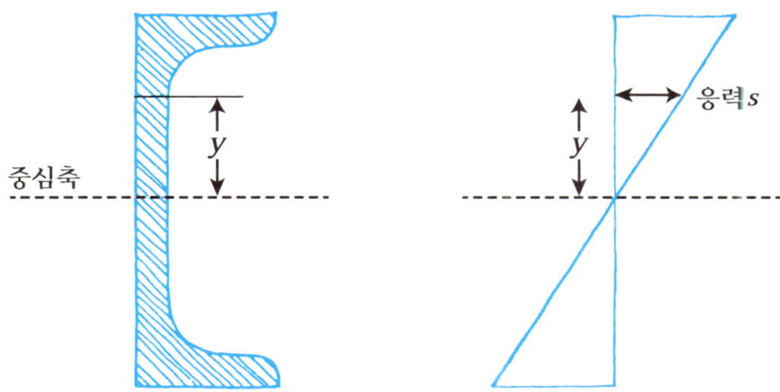

[그림 26] 인장과 압축 응력은 중심축에서 길이 만큼 떨어져 있는 지점에 있는 휨 때문이고 그것은 *s* 이다.

$$s = \frac{My}{I}$$

M = 휨모멘트
I = 횡단면부의 2차 모멘트
M 과 I 를 어떻게 도달하는지는 [부록2] 확인

* 부록 2. 참조

지금 우리가 구조적인 '효율성'을 모색해보면, 재료의 무게나 가격 또는 작동 에너지가 어떤지에 따라 다르며, 그때 우리는 쥐를 잡지 못하는 고양이를 키우기를 원하지 않는 것과 같다. 다른 말로 우리는 응력을 아주 적거나 없는 상태로 이동시키는 재료가 되기를 바라게 된다. 이것은 가능한 한 가능하면 그것에게서 멀어지도록 재료를 다루어서 중심축에 가까이 놓이는 재료를 포기하도록 하는 것이 우리가 원하는 것임을 의미한다. 물론, 우리는 전단응력을 전달하기 위해서 중심축에 근접해 있는 재료를 떼어낼 필요를 갖게 될 것이다. 그렇지만 실제에서는 우리가 이러한 목적을 위해 많은 재료가 필요하지 않을지도 모르며 매우 얇은 망이 충족시킬지도 모른다.(그림 26)

이것이 엔지니어링에서 철제 빔은 보통 H 또는 '채널' 또는 Z형 폼(그림 24)의 횡단면을 가지게 되는 이유이다. 이러한 단면은 압연공장에서 연철로 비교적 쉽게 제작할 수 있는 장점이 있다. 그것들은 종종 '말려진 철제 들보'(R.S.J.s)로 알려져 있으며, 오늘날 그것들은 대형으로 구매할 수 있다. Z 단면은 플레이트에 플랜지를 리벳으로 작업하기에 한층 용이한 채널과 H빔 이상의 이점을 가지고 있다. 이것은 Z빔이 종종 선박의 골조로 사용되는 이유이기도 하다.

이러한 종류의 간단한 단면이 적절하지 않을 때는 내장된 '박스형' 단면을 사용하는 것이 매우 흔한 일이다. 이러한 것의 첫 번째이자 가장 중요하게 사용한 것은 메나이 해협(1850 ; 참고 16 및 13장, 그림 11, 286쪽 참조)을 가로지르는 스티븐슨의 브리태니카교라고 할 수 있다. 방수용 접착제와 마감처리 된 합판 등을 사용한 이래로, 박스빔은 종종 목구조에 사용되며, 목조 글라이더의 날개 소재로도 부분적으로 활용된다.(13장, 그림 5, 278쪽 참조)

물론, 쉬트형 소재를 고려하게 되었을 때, 같은 종류의 주장이 적용되었다. 얇은 쉬트형 금속 소재는 약하고, 휨에 유연성을 가지고 있으며, 그래서 가능하다면 더 깊은 단면을 얻기 위해서 무게를 줄이게 했다. 이는 종종 둥근 골판으로 된 금속제 쉬트를 사용했고, 이는 불행한 결과*를 가져온 주름 잡힌 골판 금속으로 된 것이다. 주름 잡힌 골 금속 쉬트는 과거에는 선박과 항공기, 특히 오래되고 낡은 단엽 비행기의 외부 마감에 사용되

* 크램 쉘과 혼빔horn beam과 같은 여러 종류의 잎에 있는 주름도 참조할 것.

어 왔다. 그러나, 그 목적은 확실하였고, 그래서 오늘날 리벳조립이나 용접 금속 앵글로 선박제조나 항공기 제작에 단단하고 강한 금속 표면으로 매우 광범위하게 사용되며, 표면의 내측 표면에는 세로 보로 불리는 것에 사용된다.

이러한 모든 상황에서 그 하중은 통상 한 오직 방향으로부터 빔으로 오게 되며, 그래서 종단면의 형상은 이러한 조건을 고려하여 효과적으로 활용된다. 그러나, 몇몇 엔지니어링 구조물과 매우 여러 가지의 생물적 구조에서는 하중이 어느 방향에서 올지 모르는 것이다. 이는 조명 기둥, 의자 다리, 대나무와 다리뼈 등에서 보면 대충 사실 같다. 그러한 목적을 위해 둥글고, 속이 빈 튜브 등을 사용하는 것이 더 낫다고 할 수 있으며, 이는 물론 매우 자주 만들어지기도 한다. 그 중간의 경우는 버뮤다 선의 돛대에서 발생한다. 이러한 것들은 일반적으로 타원 또는 수류형의 단면을 가진 튜브로 만들어진다. 이것은 '유선형'으로 되어 바람에 이끌림을 줄이기 위한 것을 우선적으로 하지 않고, 비행기 앞과 뒤에 보다 현대화된 돛대 측면에 설치하는 것이 훨씬 더 용이하다는 사실을 수용하기 위한 것이다. 그래서 돛대 단면은 선두와 선미를 한층 강하고 단단하게 만들어 주도록 하기 위해서 이러한 점을 고려해야 하는 것이다.

Chapter 12

전단과 비틀림의 신비로움

또는
북극성과 사선 무늬의 잠옷

뒤틀린 너, 비꼬인 너! 기쁨과 슬픔으로 뒤 섞인 흔적조차도,
희망과 두려움, 그리고 평화와 분쟁이 뒤섞여 있어도,
인간 삶의 긴 여정에서... .
– 월터 스콧 경, *Guy Mannering*

'이 책은 내가 회계학 원리에 관해 알고 있다고 생각한 것보다 더 많은 것을 나에게 알려준다.'라고 한 도로시 파커에 의해 재조명된 책이라고 생각된다. 그리고 실제로 나는 감히 말하건대 우리 중 다수는 일이라는 것들이 결국은 전문가에게 맡겨질 수밖에 없다는 결론에 도달하기 쉬울 것이다. 우리가 느끼는 인장과 압축은 우리가 대응할 수 있지만, 그것이 전단이 주어졌을 때 놀라서 주저하는 마음에 대한 어떤 반향을 검토할 수 있게 된다.

그러므로, 우리가 탄성력 참고자료에서 소개되어 알게 된 전단응력은 크랭크축 또는 더욱 구멍 뚫린 종류의 빔과 같은 존재에 시간을 소비한 것으로 간주되며 그것은 불운한 일이다. 분명히 가치 있는 것이라고 하더라도, 이러한 접근방식은 사람에게 어필하기에 약간 부족하며, 그래서 또한 결코 전단응력과 전단변형 등이 빔과 크랭크축에 제한된 것이 아니라 우리가 하는 모든 것을—때로는 기대하지 못한 결과를 가지고—실질적으로 할 수 있도록 한다는 사실을 알게하여 주의를 갖게 한다. 이것이 보트에 물이 새고, 불안한 장소에서 테이블이 흔들리고 옷이 튀어나오게 되는 이유이다. 만일 그들이 겁먹지 않고 두 눈 사이에 전단응력을 볼 수만 있다면, 엔지니어뿐 아니라 생물학자와 외과 의사, 재단사, 아마추어 목수 그리고 의자의 커버를 만드는 사람 등이 더욱 잘 살고 더 풍요로운 삶을 살기를 바란다.

인장이 잡아당기는 것이고 압축이 밀어내는 것에 관한 것이라면, 그때 전단은 미끄러짐에 관한 것이라고 할 수 있다. 다시 말해서, 전단응력은 다음번까지 약간 미끄러지는 데에 있어서 어떤 고체 일부에 관한 변화상황을 측정하는 것이다. 즉 테이블에 카드 뭉치를 던지거나 어떤 사람의 발밑에 있는 바닥 천을 확 잡아채는 상황에서 일어날 수 있는 종류의 것들을 말한다. 그것은 또한 사람의 발목이나 자동차의 기동축 또는 어떤 다른 종류의 기계와 같은 어떤 것이 뒤틀렸을 때 거의 매번 일어난다. 전단이 일어나거나 비틀림이 있는 재료들은 아주 직선으로 정통적인 방향으로 움직이지만, 오히려 자연스럽게, 우리가 이러한 움직임에 대해 논의하게 될 때 적절한 어휘를 사용하게 하는 좋은 기회가 되기도 한다. 그래서 우리는 몇 가지 정의들을 가지고 시작하게 된다.

전단이라는 용어의 정의

전단력의 탄성은 인장과 압축의 탄성력만큼이나 매우 크고, 전단응력과 전단변형 그리고 전단 계수와 같은 개념은 장력의 동등함에 대해 아주 밀접한 유사함을 갖고 있어서 이해하기에 그리 어렵지 않은 것이 확실하다.

전단응력 - N

우리가 말한 것처럼, 전단응력은 인접한 부분을 미끄러져 통과하는 고체 일부분에 대한 상황을 나타내는 측정치이며, [그림 1]에서 잘 보여준다. 따라서, A만큼의 면적을 가지고 있는 재료의 단면에 전단력 P가 작용을 한다면, 그 지점에 있는 재료에 가해지는 전단응력은 인장 응력과 똑같으며 다음과 같다.

$$전단응력 = \frac{전단하중}{전단대상면적} = \frac{P}{A} = N$$

이 단위는 또한 p.s.i., MN/㎡ 또는 당신이 좋아할 만한 점인 것이 인장 응력들과 같다는 점이다.

전단변형 - g

모든 고체는 그것에 인장 응력이 작용되었을 경우와 같은 종류에서, 전단

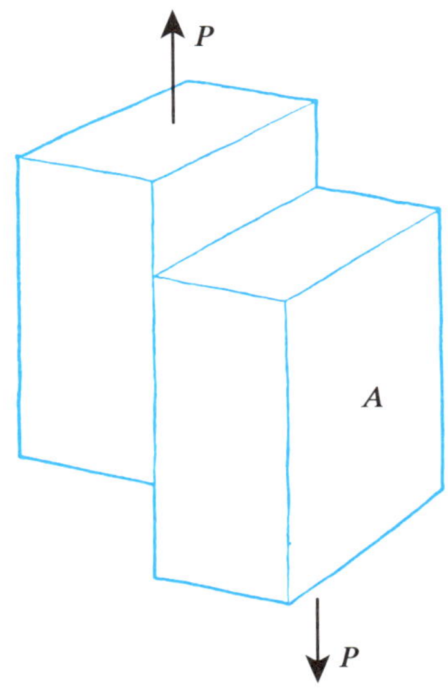

[그림 1] 전단응력 $= \frac{\text{전단하중}}{\text{전단대상면적}} = \frac{P}{A} = N$

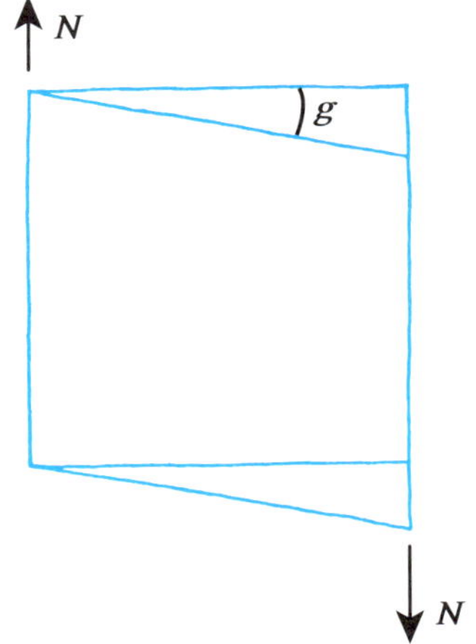

[그림 2] 전단 변형률 = 전단 응력의 결과로 재료가 왜곡되는 각도 N $= g$, 각도 – 보통 라디안 단위

응력의 작용 때문에 구부러지거나 변형된다. 그러나 전단의 사례에서, 변형은 어떤 각이 진 것이 되며, 그러므로 해서 각도나 반경 등—보통 반경으로—의 여타 각도처럼 측정된다.(그림 2) 물론 반경은 치수가 있는 것이 아니고 실제의 수치, 분수 또는 비율로 나타난다. 우리는 이 책자에서 전단변형을 g 라고 부르는데, 이는 인장 변형을 e라고 부르는 것과 같으며, 그래서 g는 규격을 나타내는 수치 또는 분수이고 단위는 없다. 금속이나 콘크리트 또는 뼈처럼 단단한 고체에서, 탄성 있는 전단변형은 1°(반경 1/57) 보다 더 적다. 이러한 전단변형 이외에, 이러한 종류의 재료는 일반적으로 깨지거나 버터처럼 플라스틱 변형이 되고 원상회복이 될 수 없는 방향으로 흘러가 버린다. 그러나, 고무나 섬유, 또는 생물학적인 연성 조직과 같은 재료를 가진 것은 회복이 가능할 수 있거나 탄성 전단변형이 이것 보다 훨씬 더—아마 30°에서 40° 정도—높아질 수 있을 것이다. 당밀이나 커스터드 소스 또는 점토와 같은 액체이고 질퍽질퍽한 성질을 가진 것은, 그 전단변형 정도에 제한이 없지만, 그때 원래로 회복할 수도 없다.

전단 계수 또는 견고성 계수 - G

작고 부드러운 응력을 가진 대부분 고체는 전단에 있어서는 인장에서와 마찬가지로 후크의 법칙을 따르게 된다. 그래서, 우리가 전단변형 g

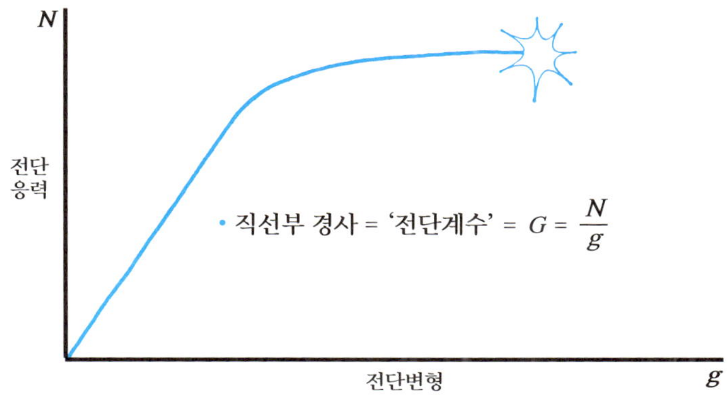

[그림 3] 전단에서의 응력-변형 다이어그램은 인장의 경우와 매우 유사하다. 직선 부분의 경사도는 전단 계수와 등가가 된다.

$$G = \frac{N}{g}$$

에 대응해서 전단응력 N을 만들게 되면, 적어도 초기에, 하나의 직선으로 나타나는 응력-변형의 곡선을 얻을 수 있게 된다.

경사도 또는 직선 부분의 물매는 전단에서 재료의 견고성을 보여주며, '전단 계수'라고 부르거나, 아니면 때때로 '견고성 계수' 또는 'G'로 칭한다.

$$\text{전단계수} = \frac{\text{전단응력}}{\text{전단변형}} = \frac{N}{g} = G\,^{*}$$

그래서 G는 영계수 E의 정확한 동류어라고 할 수 있으며, 그것은 응력의 수치이자 단위가 된다. 그것은 p.s.i., MN/㎡ 또는 그 외 등등이 있다.

전단 웹 – 등방성等方性과 비등방성의 재료

지난번 장에서 우리가 언급한 것처럼, 빔과 트러스의 상, 하 플랜지에는 거대한 수평의 인장과 압축력이 있지만, 실제로 그 구조물이 하향의 하중을 지속할 수 있도록 하는 역할을 하는 실제적인 상향 압력은 웹에 의해 생성되어야 한다. 말하자면, 상단과 바닥의 붐대가 서로 결합하는 중앙부에 의해 작용된다. 연속된 빔에서의 웹은—아마 금속 플레이트로 된—고체의 부재가 될 것이고, 트러스에서는 같은 기능이 수평 또는 사선 격자의 것들에 의해 수행될 것이다.

재료와 구조 사이의 차이는 결코 아주 명확하게 한정 지을 수 없으므로, 빔에서의 전단 하중이 연속된 플레이트 웹에 의해 전달되는 것이건 로드와 와이어 목재로 된 자재 기타 등등에 의해 제작된 격자구조에 의해서 전달되건 그것이 그리 큰 문제는 아니다. 그러나 거기에는 중요한 차이가 있다. 그 웹이 금속 플레이트로 만들어진다면, 그때 그것은 플레이트가 자리하는 방향에 있어서의 중요성을 갖기 어렵다. 말하자면, 우리가 어떤 대형의 금속판에서 웹을 제작하기 위해 플레이트를 절단하게 되면, 우리가 절단하는 각도는 문제가 되지 않는다. 왜냐하면, 그 금속은 그 자체로 모든 방향에 같은 성질을 가지고 있기 때문이다. 금속, 벽돌, 콘크리트, 유리, 대

* G와 E 사이에는 상관성이 있다. 금속과 같은 등방성의 자재는 ...
$G = \frac{E}{2(1+q)}$ 여기에서 q는 포아송비를 말한다.

부분의 석재 들을 포함하는 그러한 자재들을 그리스어로 '모든 방향에서 같은'의 뜻인 '등방성isotropic'이라고 부른다. 금속이 등방성이어서 모든 방향에서 같은 성질을 갖는다는 것은 엔지니어를 위한 어떤 생명력을 만들어 주고 그것은 그들이 금속을 좋아하게 되는 이유가 된다.

그러나, 격자형 웹을 지금 고려한다면, 로드와 타이-바가 빔의 길이 방향에 거의 ±45°로 놓여지도록 만들어져야 한다는 점은 명백하다. 이것이 이루어지지 않는다면, 그때 웹은 전단에서 거의 적게 또는 전혀 강도를 갖지 못하게 될 것이다.(그림 4-5) 하중을 받으면 격자는 접히게 될 것이고 빔은 붕괴될 것이다. 이러한 종류의 재료는 '이방성異方性, anisotropic' 또는 '비등방성非等方性, aelotropic'으로 불리는데, 이 두 가지는 그리스어이고 '상이한

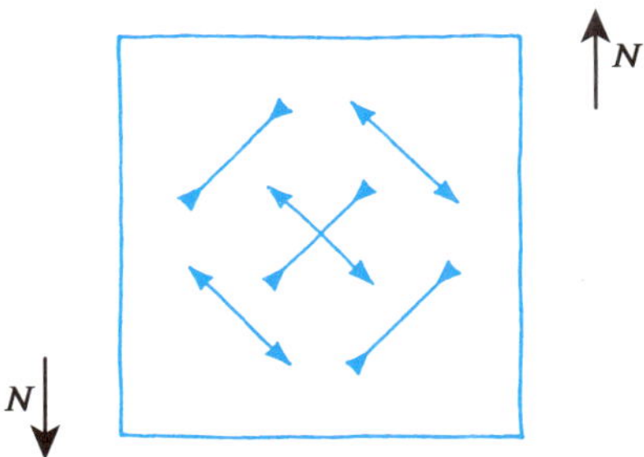

[그림 4] 전단은 전단면에 45° 방향에 있는 인장과 압축 응력을 만들게 된다.

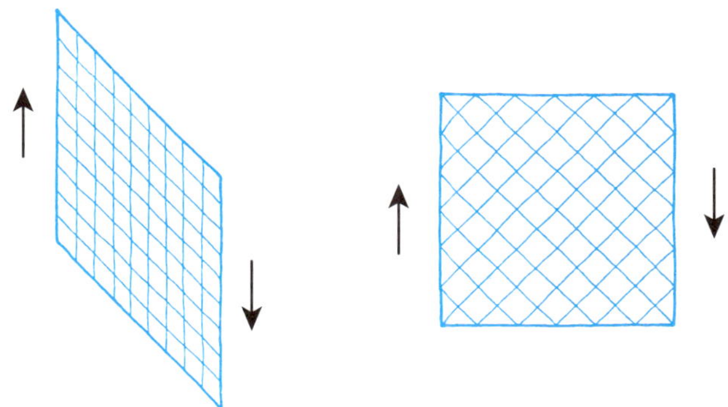

[그림 5] 오른쪽에 있는 것과 같은 시스템은 전단에서 '견고함'이고,
왼쪽에 있는 것과 같은 시스템은 느슨하고 약한 것이다.

방향에서의 차이점'에 관한 것이다. 그 상이한 방향에서 목재와 천 및 거의 모든 생물학적 재료들은 이방성을 가지고 있고 그래서 그것들은 삶을 복잡하게 만드는 경향을 보이는데, 이는 엔지니어를 위해서 뿐 아니라 그와 같은 많은 다른 사람들을 위해서도 그렇다.

천은 모든 인공 재료들 중 가장 흔한 것의 하나이고 따라서 대단히 이방성의 특징을 가지고 있다. 우리가 반복해서 말하는 것과 같이, 재료와 구조 사이의 차이점은 모호하며, 그래서 재단사에게 '재료'라고 불리는 천 즉 옷감은 실제로 서로 각도를 가진 채 서로 다른 섬유나 실로 교차해가며 만들어진 구조라고 할 수 있다. 그래서 하중을 가진 그러한 행태는 빔이나 트러스의 격자망으로 된 것과 같은 것이라고 할 수 있는 것이다.

당신이 손으로 정사각형의 원단천—손수건과 같은—을 가지게 된다면, 당신이 당기는 방향에 따라 확실하게 인장 하중이 가해져서 변형되는 방향을 보는 것은 쉽다. 아주 정확하게 잡아당기게 되면, 씨줄과 날줄*에 따라서, 그 천은 아주 적게 늘어나게 된다. 다시 말하면, 그것은 인장력이 탄탄한 것이다. 더 나아가, 이런 경우에 주의 깊게 들여다보면, 잡아당김의 결과로 측면 수축이 많지 않음을 알 수 있다.(그림 6) 그래서 포아송비(앞서 8장 동맥과의 연결부에서 언급되었다.)가 낮다.

그러나, 재단사가 '사선 방향으로'라고 말하는 것처럼 짜인 실의 방향

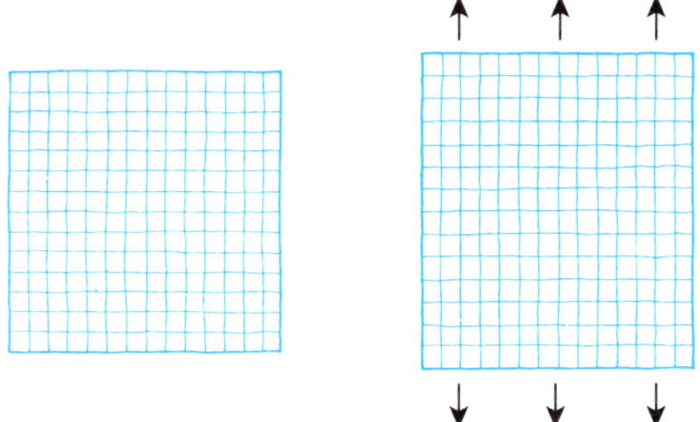

[그림 6] 천이 씨줄과 날줄로 평형을 이루면서 당겨질 때, 그 '재료 즉 원단'은 '단단해지고' 양방향으로의 수축은 매우 적어진다.

* 날줄과 방사 섬유는 천 뭉치의 길이에 평행하게 전개되며, 그 길이에 꼭 맞는 각도를 가진 씨줄은 천에 직각으로 가게 된다.

에서 45° 각도로 그 천을 당기면 훨씬 연장될 수 있는데, 말하자면 인장에서의 영계수가 낮다는 것이다. 이때, 거기에는 커다란 측면 수축이 생겨난다. 그 경이 이 방향에서의 포아송비는 높다. 실제 그것은 약 1.0 정도의 수치를 나타낸다.(그림 7) 전체적으로, 천의 짜임이 느슨할수록 사선 방향에서와 씨줄, 날줄에서 그리고 '정방형'방향에서의 움직임들 사이의 차이점이 훨씬 커지게 된다는 것이다.

내가 생각하기로 그리 많지 않은 사람들이 '이방성향'이란 단어를 들어봤을 것이라고 하더라도, 천이 이러한 종류의 방향으로 움직인다는 사실은 수 세기 동안 가의 모든 사람에게 친숙하다고 할 수 있다. 그러나 오히려 놀랍게도, 직조된 천의 이방성에 대한 기술적이고 사회적인 결과가 적절하게 실현되거나 아주 최근까지 개발되어지고 있다고 볼 수는 없다.

우리가 그 문제에 대해 생각하지 않을 때, 우리가 천이나 캔버스를 가지고 어떤 것을 제작할 때, 우리는 가능한 한 씨와 날의 줄 방향에 따라서, 그 중요 응력을 작동하기 위해 정리함으로써 왜곡됨을 최소화할 수 있는 것은 확실하다. 이것은 보통 '정사각형'으로 그 자재를 재단하는 것을 포함

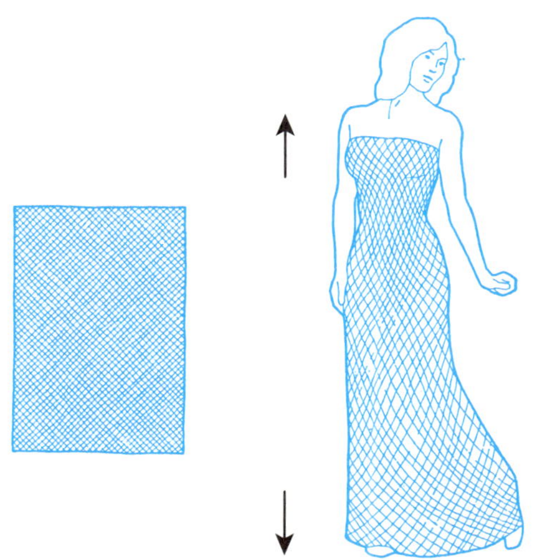

[그림 7] 천이 '사선 방향으로' 또는 씨줄 날줄에서 ±45°로 당겨지게 되면, 그 '원재료'는 늘어나게 되며, 포아송비—측면 수축이 되는—는 커진다. 이는 의상제작에서 '사선 재단'의 기본이라고 할 수 있다.

하고 있다. 그 환경에서 옷감을 45°로 잡아당기게 되면 그것을 '사선 방향으로'라고 말할 수 있으며, 그때 우리는 더 큰 왜곡을 보게 될 것이고, 그것이 대칭을 이루게도 된다. 그렇지만, 천의 끝단이 어느 한 곳에도 속하지 않는 약간의 중간 방향으로 잡아 당겨짐이 생기는 것으로 인해 적합하지 않은 상태가 될 수도 있다. 그때 우리는 커다란 왜곡 현상을 보게 될 뿐 아니라 지나치게 비대칭으로 될 것이다. 그래서 그 천은 약간 기이하게 되고 그래서 별로 환영받지 못하는 모양으로 될 수 있을 것이다.*

역사가 시작한 이후 돛의 제작이 중요한 산업이 되어왔다고 하더라도 캔버스에 관한 이러한 기초적인 사실은 유럽의 항해기술자들에게 충분히 인식되지 못했다. 그들은 당김에 의해 씨줄과 날줄로 된 것이 기울어지게 하는 방식으로 해서 배를 만드는 일로 해를 거듭해왔다. 결과적으로, 그들의 돛은 빠르게 부풀어 오를 수 있었고 바람을 향했을 때는 적절하게 자리를 잡게 되는 데에 어려움을 갖기도 했다. 그 상황은 아마로 짠 캔버스로 돛을 제작해야 한다는 유럽인들의 편견에 의해 악화되었고, 그것은 느슨하게 직조되었기 때문에 부분적으로 왜곡되었다.

이상적인 현대적 돛의 제작은 19세기에 미국에서 시작되었다. 미국의 돛 제작자들은 조밀하게 직조된 면직 캔버스를 사용했고, 실의 방향이 응력이 적용된 방향과 상당히 많이 일치되도록 하는 방식으로 실밥 부분을 조정하였다. 그 결과로 미국의 배들은 영국의 배들보다 더욱 빠르게 항해하게 되고 바람에 더욱 밀착되었으며, 이는 그 사실이 영국인 선박제작자들을 집으로 돌려보내게 하는 지진과 같은 변화를 필요로 했다. 이것은 세로돛을 단 요트 아메리카호와 합동으로 공개적으로 증명되었는데, 그것은 가장 빠른 영국제 요트와 경쟁하기 위해 1851년에 뉴욕에서 카우스cowes로 넘어온 것이었다. 빅토리아 여왕이 하사한 은그릇의 못생긴 조각을 위한 항해가 되었던 와이트섬Isle of Wight의 주변을 도는 경주에 참가하였다. 이 주전자같이 생긴 목표물은 '미국의 컵'과 같이 어떤 특정한 명성을 얻게 되었다. 여왕이 *아메리카호*가 결승선을 통과한 첫 번째 요트라는 말을 들었을 때, 여왕은 '그래서 2등은 누구냐?'라고 물었다. '아직 두 번째는 보이지

* 이러한 원리의 이해는 고무 재질을 입힌 기구나 공기막으로 된 소형 선박을 만들 때 매우 중요하다. 전단 왜곡이 발생되어 고무로 코팅된 것이 그렇게 변형을 가져오게 되면 그 천은 누수가 될 것이다.

않습니다. 폐하'

이러한 이후에, 영국의 선박제작자는 방식을 수정했다. 수년 내에, 미국인 요트맨들은 카우의 랫세이씨로부터 그들의 돛을 사들이곤 했다. 현대화된 돛 대부분이 면이 아닌 테릴렌으로 제작되고 있음에도 불구하고 미국인 기술자들에게서 배운 그 교재에 집중한 것이다. 여러분이 현대화된 돛(그림 8)을 보았다면, 씨줄이 가능한 한 돛의 끝단에 평행하게 하는 방식으로 재단된 것을 볼 수 있으며, 그것은 가장 강한 응력 방향인 경우가 보통이다.

많은 놀라운 점에서 요구된 3차원 형태로 승인하도록 허용된 직물의 문제는 선박제조에서나 의상제작에서 별로 다를 것이 없었다. 그러나, 양복 재단사와 의상제작자는 선박제작자들 보다 그 문제에 관해서는 더 똑똑한 것처럼 보였다. 실용적이라는 것에 관한 한 그들은 4각형에서 천을 재단했다. 그래서 원주나 테두리 응력의 대부분은 섬유의 선을 따라 직선

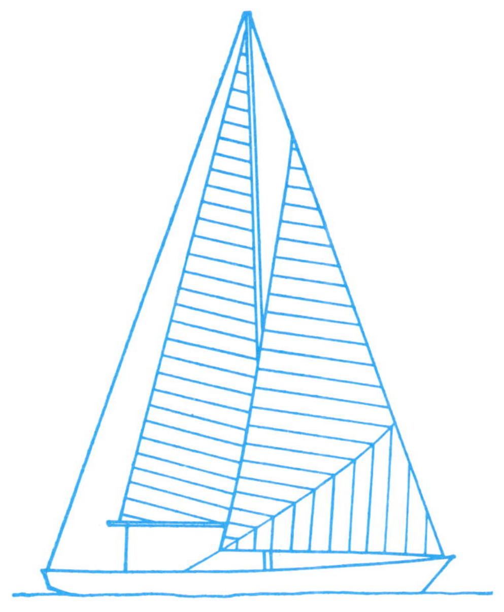

[그림 8] 현대의 선박제작에서 돛의 자유로운 끝부분에 평행을 이루기 위해 캔버스의 씨줄을 정렬하는 것이 일반적이다.

적으로 되었다. 어떤 상당한 밀접성 즉 매우 적합함이 요구되었을 때는 그것이 적용된 인장력, 다시 말해서 끈으로 묶는 것 또는 끈 장식이 하나의 시스템으로 표현된 것에 의해서 성취될 수 있다. 때로는 빅토리아 시대의 젊은 숙녀가 항해 중인 배와 같이 많은 도구장치로서의 모습으로 여겨질 수도 있었을 것이다.

에드워드 시대 이후에 끈으로 묶는 시스템 즉 끈 장식에 대한 사실상의 포기는—젊은 하녀의 부족 현상 때문에 나타났던—여성이 존재감이 없는 미래에 직면해야 한다는 것을 잘 말해준다. 그러나 1922년에 마들렛 비요넷Mlle Vionnet라는 의상 재단사가 파리에 가게를 열고 '사선 재단 즉 바이어스-컷'을 발명해 내기 시작했다. 비오네는 아마 동포인 포아송이나 그의 포아송비라는 이론에 대해 결코 들어보지 못했을 것이다. 그러나 그녀는 현弦 즉 실을 당기거나 후크장식과 눈에서의 변형을 일으킴에 의해서 보다는 적합하게 고정시킬 수 있는 더 많은 방식이 있음을 직관적으로 깨닫게 되었다. 의상의 천은 자체의 무게로부터 그리고 덧입는 동작으로부터 수직적인 인장 응력의 주 대상이 된다. 그리고 그 천이 이 수직 응력에 45°로 나누어지면 어떤 밀착 효과를 얻기 위해 커다란 측면 수축의 유발을 촉진할 수 있게 된다. 그 결과로 그 문제에 대한 에드워드 시대, 엄선된 사례에 따르면, 아마 더욱 암담했던, 방식의 해결책보다 더 싸고 훨씬 안락하리라는 것은 의심할 여지가 없다.(참고 17 및 18 참조)

하나의 아날로그적 문제가 대형 로켓의 설계로 제기되었다. 몇몇 로켓은 등유와 같은 액체연료와 액체산소를 결합함으로써 작동되지만, 이러한 시스템은 오작동 될 위험한 정교한 배관작업을 포함하고 있다. 그래서 그것은 '가소성 추진 연료'로 알려진 것과 같은 '고체'연료를 사용하는 것이 더 좋을 것이다. 이 원료는 강렬하게 발화하지만 비교적 느린 편이다. 이때 아주 심한 소음을 내면서 로켓 노즐을 통해 빠져나오는 매우 많은 양의 뜨거운 가스를 생산하고, 그렇게 하는 과정에 따라서 로켓을 작동하게 한다. 생산되는 추진 연료와 가스는 튼튼한 원통형 케이스 또는 압축 용기에 저장되고, 그 벽은 불기나 고온에 지나치게 노출되어서는 안 된다. 이러한 이유로 대량의 추진 연료가 충진된 것은 로켓 본체에 단단히 밀봉된 두꺼운 튜브형상을 하게 된다. 로켓이 점화되면 플라스틱 점화 연료의 내부 표면에서 연소기 발생되고, 튜브에 장전된 것이 내부에서 외부로 발화한다. 이러한 방식으로 그 본체의 재료는 연소 불꽃으로부터 잔존해 있는 불연소

연료의 존재로 인해 지속될 가능성을 가진 것들을 보호해 준다.

가소성 추진 연료는 플라스틱처럼 보이고 느껴지는데, 그것은 다루기 힘들어서 부러지기가 쉬우며, 특히 낮은 온도에서 더욱 그렇다. 로켓에 점화되면 가스 압력으로 그 본체가 자연적으로 확장되는 성향을 보이며, 오히려 혈압 때문에 동맥이 확장되는 것과 같다. 그렇게 된다면, 그때 추진 연료는 그것과 마찬가지로 확장되게 된다. 축전지의 내부가 여전히 차가워지면, 그것은 본체 내의 원주변형이 약 1.0%에 도달했을 때 크랙이 갈 수도 있다. 이러한 일이 발생하면, 그때는 불꽃이 그 크랙을 뚫고 내려가서 로켓 본체를 파괴시키게 된다. 이것은 또 다른 행성이 죽는 것처럼 극적인 폭발이 일어나는 자연스러운 결과라고 할 수 있다.

1950년대 즈음에, 그것이 금속튜브가 아니라 강력한 유리섬유의 이중 나선으로 감겨 있고, 레진 접착제로 같이 부착해 놓은, 원통형 용기의 틀 안에서 로켓 본체를 만드는 것이 유리하다고 여기는 우리 중 몇몇 사람에게 일어났다. 그 섬유의 구부러짐이 정확하게 산정된다면, 압력을 받은 튜브의 직경의 변화가 작은 것들을 배치하는 것이 가능해진다. 그러한 상황에서 튜브가 마들렛 비오넷Mlle Vionnet의 허리처럼, 다른 어떤 것보다 더욱 길게 연장될 것이라는 것은 사실이다. 그러나 여러 가지 이유에서 보면 장변방향으로의 확장은 추진 연료에 덜 치명적이다. 내가 기억하고 있듯이, 그 당시에 있었던 사선으로 절개된 잠옷으로부터 로켓에 관한 이 아이디어가 비롯되었다고 볼 수 있다.

로켓에 대한 변형 요구조건은 일반적으로 혈관에서 필요로 하는 것과는 아주 반대라고 할 수 있다. 8장에서 보았던 것처럼, 사람은 혈압에서 (하지만 동맥 직경의 변화는 중요치 않음) 파동에 노출되어 있는 동안은 동맥의 길이가 지속적으로 유지되기를 바라게 된다. 다른 조건은 나선형으로 배치된 섬유로 적절하게 디자인된 튜브를 만들어서 맞추게 된다. 이러한 종류의 문제들은 생물학에서 키워지고, 벌레에 관해 연구하고 있던 듀크 대학의 스티브 웨인라이트 교수가 아주 독자적으로 다루어서 찾아낸 매우 흥미로운 것이며, 우리가 20년에 걸쳐서 해낸 또는 로켓 공학*에서 활용하기 전

* 많은 벌레와 그 외의 유연한 동물들의 표피는 나선형으로 배치된 콜라겐 섬유(8장 참조)의 시스템 조직으로 강화되어 있다. 벌레는 그것이 문제들을 해결하는 데에 더 많은 성공적인 면이 있다 할지라도, 의상제작자 같은 같은 많은 문제를 가지고 있다. 주름을 벌레에 적용하는 것은 어려운 일이다.

부터 행했던 것과 매우 같은 계산 결과가 나왔다. 의문을 가진 것은, 내가 이 사례에서 그 사선 재단으로부터 비그스Biggs 교수를 통해 영감을 불러일으켰던 것과 같은 것을 발견했다는 것이다.

사선 재단의 발명은 고급 패션의 세계에서 마들렌 비요넷에게 명성을 가져왔다. 그녀는 위대한 시대를 살고 오래가지 못하고 죽었다. 우주여행과 군사학 기술 그리고 벌레에 관한 생명공학적인 면 등에 그녀가 매우 중요한 헌신한 것을 잘 깨닫지 못하고 98년에 세상을 떠난 것이다.

전단응력은 단지 ±45°(그 반대도 마찬가지인)에 작용하는 인장과 압축일 뿐이다.

빔에 있는 플레이트 웹과 트러스에 있는 격자 웹에 관해 그리고 사선 컷 무늬의 잠옷에 관한 아주 조금 더 생각해보면 그 전단응력이 45°에서 인장이나 압축(또는 둘 다) 거의 작용하지 않는다는 것을 확실하게 해주며, 더욱이 모든 인장과 압축 응력에 45°에서 전단응력이 있다.

실제 고체, 특히 금속은 45°에서 전단응력으로 야기된 인장에서 빈번하게 파괴된다. 그것은 인장에서 금속 로드와 플레이트에 '기둥 목 부분 몰딩 장식인 네킹'을 하게 하고 금속에서 연성 공학(그림 9 및 5장 참조)을 만들어 내게 하였다.

다음 장에서 우리가 보게 되는 것처럼, 매우 많은 같은 것이 압축에서 또한 발생된다. 말하자면, 많은 고체가 전단에서 발생되는 하중으로 인해 미끄러져 이탈함으로 인해 압축에서 파괴된다.

주름 잡기 – 또는 와그너 장력장 Wagner tension field

두꺼운 플레이트나 고체 금속조각은 압축에 견딜 수 있고, 그래서 그러한 것들은 전단 하중의 대상이 된다. 그것은 인장과 압축 응력 모두에 45°에서 존재하게 된다. 얇은 패널과 막, 필름과 섬유 등은 자체의 평평한 면에서는 압축력에 거의 저항할 수가 없다. 그래서 그것들이 절단되었을 때는 구겨지거나 주름이 잡히기 쉽다. 전단에서 생기는 주름은 항공기에서 발생되는 것처럼 얇은 금속 패널들에서는 매우 자주 일어나는 것이고 이러한 원인(참고 19)에 의해서 날개와 동체의 표면에 주름이 잡히거나 조각이 나는 것을 보게 되는 일은 흔한 일이다. 이것을 엔지니어들은 '와그너 장력장'이

라고 부른다,

이와 같은 효과는 의상과 느슨한 커버, 테이블보 그리고 거칠게 잘린 돛 등에서는 훨씬 흔히 나타난다. 나는 재단사들이 와그너 장력장에 관해 그렇게 자주 말하지는 않는 것 같다고 생각하지만, 그들이 때때로 '주름 장식'과 같은 옷감 작업에서 알 수 있는 아주 신비스러운 질감 등에 대해 언급하였다. 막의 주름 장식은 주로 전단 계수에 의존하게 되고 그렇다 하더라도 몇몇 꾸뛰리에는, 전체적으로 어떤 '재료'의 전담계수가 더 낮아질수록 바라지 않는 구겨짐이 생기는 경향이 더 적어지는, 실크와 면에서 전단계수 G가 되는—SI 또는 어떤 다른 품목들에서—어떤 형태들을 인용할 수 있을 것이다. 우리가 두드러지게 바보스럽지 않으려고 종이나 셀로판지로 된 의상을 만들지 않는 이유는 주로 이러한 재질들이 전단 강도가 너무 높은 탓이며, 그래서 적절한 주름 장식이 되기가 어렵게 된다. 이에 반해서, 뜨개질 되고 주름 잡힌 천은 낮은 영계수와 낮은 전단 계수를 가지고 있으며, 그래서—마치 소녀가 뜨개질 된 스웨터를 발견한 것처럼—조밀하고 유연

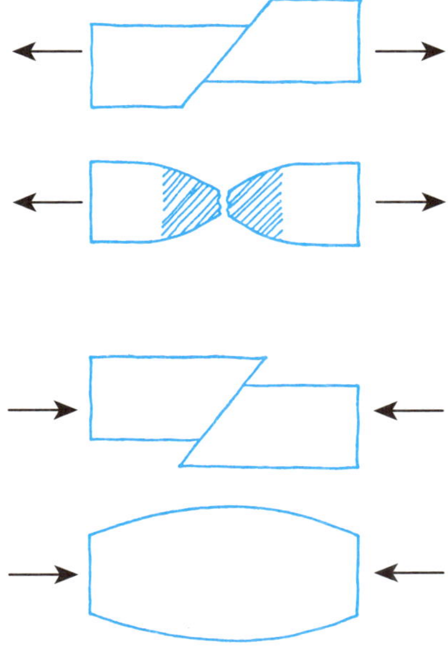

[그림 9] 연철에서는 인장과 압축 파괴가 전단에 의해 생기는 경향을 보인다.

한 맞춤을 하는 데에 용이하다. 같은 방식으로 젊은 사람들의 피부는 낮은 초기 영계수와 낮은 전단 계수를 가지고 있으므로 신체의 형상에 쉽게 적응된다.* 후반기 삶에서 피부는 눈에 띄는 결과로서 전단에서 더 딱딱하게 된다. 최근에 스트라스클라이드 대학의 케네디R.M. Kenedi 교수가 인간 피부에서 탄성 적합성에 관한 확장된 연구를 했다. 그래서 첫 번째로, 나이 들어 생기는 주름을 수치상 또는 정량적인 기반을 구축한 것으로 보인다.

비틀림과 꼬임(뒤틀림)

항공기는 10년 정도에 중요한 군사 무기로는 불가능한 목표를 극복하고 개발되었다. 이것은 과학의 혜택을 거의 받지 않고 성취되었다. 비행기 조종사는 재능 있는 아마추어들과 훌륭한 스포츠맨들이 주가 되었으나, 그들 중 아주 소수만 이론적인 지식을 많이 가지고 있었다. 현대의 자동차 애호가들처럼, 그들은 거의 알지 못하고 별로 다루어 보지도 못한 것에 관해서, 지지하는 구조물에서 더욱 소음도 있고 신뢰할 수도 없는 엔진에 훨씬 더 관심을 가지고 있었다. 자연스럽게, 엔진을 충분히 가열하게 되면, 어떤 비행기를 공중에 도달하게 할 수 있게 된다. 거기에 얼마나 머무는 가의 여부는 개념상 어려운 것인 제어와 안정성 및 구조적 강도 등의 문제에 따라 달라진다.

초기 시대에는 C.S. 롤스와 S.F. 코디 등과 같은 너무 많은 용감한 사람들이 이러한 마음가짐에 그들의 생명을 바쳤다. 공기역학의 이론적 기반은 1890년대에 F.W. 랭카스터에 의해 만들어졌지만, 많지 않은 실용적인 입장의 사람들은 그가 언급했던 것† 의 최소한의 아이디어만 갖게 되었다. 그 개척자에 대해 좋은 많은 사고는 대개 엔진작동 정지와 회전이 원인

* 참고로, 도드라진 2차원 곡선을 가진 표면에 쉽게 순응하기 위해서 초기의 평평한 막을 만들기 위해서는, 낮은 영계수와 낮은 전단 계수를 갖는 것이 필수적이다. 이것은 1560년경에 메르카토에 의해 만들어졌던 지도제작 프로젝트에서 근본적인 문제가 되었다.

† 많은 학구적 엔지니어에게는 없다. 1936년쯤 늦은 때 조차도, 유체공학의 기초인 랭카스터-프랜틀(혹은 소용돌이 vortex)는 글래스고우대학의 해양건축학부에서는 가르치지도 않았고 사용이 허락되지도 않았다. 이 이야기를 믿도록 할 수 없을지도 모르는 더 젊은 세대들에게, 내가 지적해 줄 수 있는 것은, 현재의 엔지니어링 학부에서 (a) 내가 그 당시에 그 학부에서 학생이었고, (b) 파괴역학(5장)의 '현대적' 이론을 가지고 일어나는 많은 같은 종류의 것들에 관한 것이다.

이 되었고, 그렇지만 구조적인 실패는 거의 일상이었다. 초기 조종사들은 낙하산을 거의 사용하지 못했으므로 사고가 나면 대개 치명적인 결과를 낳았다.

실제로 신뢰할 수 있는 경량 엔지니어링 구조물에 대한 요구조건은 물론 다소간 새로운 것에 대한 것이었다. 첫 번째 단계에서, 비행기의 날개는 교량과 같이 휨 응력이 주요 과제가 된다. 이것이 확실하므로, 교량 구조의 문제에서 시행되는 훌륭한 전례가 되기 때문에, 휨 하중은 일반적으로 다양한 안전성에 관한 문제에 맞닥뜨리게 된다. 비행기 날개에 대한 것을 그렇게 자주 깨닫게 되지는 않게 된다. 덧붙여서, 커다란 비틀림과 뒤틀림의 힘에 주목하게 된다. 적절한 공급체계가 이러한 뒤틀림에 저항할 수 있게 해주지 않으면 날개는 비틀려 파괴될 것이다.

전쟁 후에 군용 비행기의 확장 계획은 1914년에 파기되었고, 그 사고율은 심각한 문제가 되었다. 이번 세기에서는, 운 좋게도 그러한 믄제들이 판보로에 있는 똑똑한 젊은 청년들의 소모임에서 다루어졌다. 그 청년들은 후에 체어웰 경, 지오프리 테일러 경, 헨리 티자드 경, 그리고 '여호와' 그린 등과 같이 유명인사가 되었다. 그들의 노력 덕분에 1918년에 모든 구조물 중에 가장 안전한 것 중 하나가 된 전통적인 쌍엽기가 탄생했고 그것은 거의 파괴되지 않는 것으로 여겨졌다. 독일인들은 행운이 덜 주어졌다. 당시에 그들의 항공기술 관리기관은 오히려 은신처의 존재로 명성이 높았다. 어떤 비율로 그들이 구조적인 사고를 오래도록 지속했는지는 그이유 중 많은 것이 항공기 날개에서 비틀림의 문제를 이해하지 못한 데에 원인이 있었다는 점이다.

1917년 초반기까지 동맹국들은 서부전선에서 항공기의 우세를 성취하고 있었다. 부분적으로는 전투 조종사들의 기술적 능력의 결과라고도 할 수 있다. 그러나 그동안, 매우 유능한 디자이너인 안토니 포커는 포커 D8이라고 하는 최신의 단엽 전투기를 개발했다. 그것은 어떤 유용한 점을 가진 것보다도 더 성능이 좋고 동맹국 측에서도 즉각적인 호응을 받았다. 결정적인 전술적인 상황 때문에, D8의 생산은 가속화되었고 그것은 어떤 적절한 시험비행계획도 시행하지 않은 채로 독일 전투기 비행단을 여러 차례 붕괴시키는 것으로 화제가 되었다.

전쟁 상황에서 D8기가 비행하자마자 알게 된 것은, 비행기가 근접 전투에서 추락한 것을 건져 냈을 때 날개가 떨어져 나갔다는 점이었다. 많은 생명을 잃은 이후로—최정예의 노련한 독일군 전투 조종사들을 포함해서—이는 그 당시에 독일에서는 매우 심각하게 우려되는 문제였고, 여전히 그 난제의 원인을 연구하기 위해 검토를 거듭했다.

그 당시에 대부분의 전투기는 쌍엽기였는데, 이러한 구조형태가 더욱 가볍고 한층 운전이 쉬웠기 때문이다. 그러나, 가지고 있는 엔진의 힘 때문에 단엽기는 일반적으로 쌍엽기 보다 더 빨랐는데, 이는 그것이 두 개의 인접한 날개의 사이에서 발생되는 공기역학의 상호작용 결과로 생기는 별도의 공기저항에 대한 경험이 필요치 않았기 때문이다. 그것은 단엽 비행기를 제작하게 되는 강력한 유인요건이 되었다. 그러나, 많은 실패의 원인이 이해될 수 없었다고 하더라도, 단엽 비행기는 사뮤엘 랭글리의 역사적인 비행기 날개가 1903년에 미국의 포토맥 강에서 파괴된 이래로는 구조적으로 다루기 어렵다고 알려져 있다.

포커 D8의 날개는 그 당시의 대부분 단엽 비행기들과 마찬가지로 막이 덮여 있었다. 그 막은 요구되는 공기역학 형상을 충족하기 위한 것이었다. 그것은 내부의 구조적인 골조작업 외부로는 거의 펼쳐지지 못하였고 주요 하중도 전달할 수 없었다. 주요 휨 하중은 두 개의 평평한 목재 날개

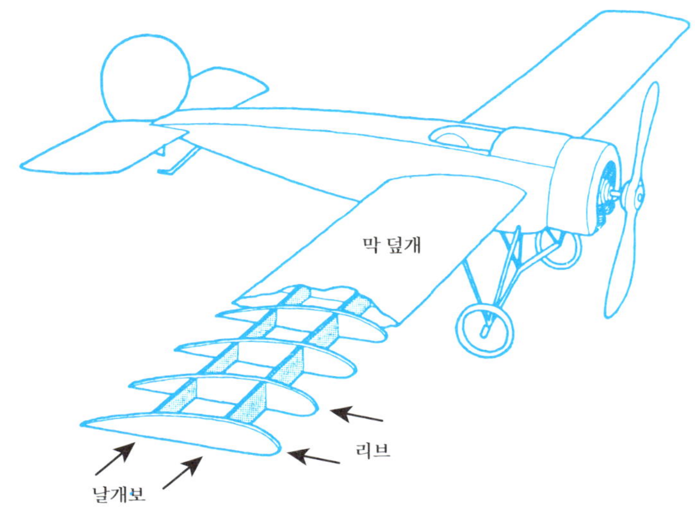

[그림 10] 막이 덮인 단엽기의 날개구조

보 또는 동체로부터 측면 방향으로 계획된 캔틸레버 빔이 감당한다. 그 두 개의 날개보는 경량 형태의 목재 늑골rib들에 의해 몇 인치 간격으로 연결되어 있고 마감처리 된 막이 부착되었다.(그림 10 참조)

D8에 대한 사고가 독일공군 당국에 알려지게 되자마자 당국은 아주 자연스럽게 제작에 대한 구조적 시험을 명령했다. 그 시간의 과정이 지난 후에, 하나의 완벽한 비행기가 시험용 프레임과 날개에서 뒤집혀 올라간 모습으로 발사 무기 상자들을 적재하고 운항 중 발생하는 공기역학 하중을 시험하기 위해 처리되었다. 이러한 방식으로 시험할 때 날개는 취약함을 모습을 보여주지 않는다. 그래서 그것들은 단지 항공기 전체에 해당하는 하중의 6배에 상당하는 하중에 의해서만 파괴된다. 현대의 전투용 항공기는 자체 하중의 12배에 상당하는 하중을 견디도록 요구되고 있지만, 1917년에는 6이라는 '요소'가 전체적으로 동등하게 고려되었으며, 그때 가장 열악한 전투상황 아래에서 발생했던 것보다 더 큰 하중을 거의 확실하게 나타내었다. 다시 말해서 그 항공기는 완벽하게 안전해야 했었다는 것이다.

그러나, D8기에서는, 구조적인 파괴가 시험용-도구에서 결국 발생되었을 때, 그 실패는 두 개의 날개빔 뒤에서 시작됨을 볼 수 있다. 그러므로 아주 확실하게 하고자 하면, 당국에서 포커 D8기들의 뒤편 날개빔이 더 두껍고 더 강한 것으로 교체할 것을 지시했다. 불행하게도, 이러한 일이 시행된 후에, 사고가 더 많이, 빈번하게 일어났고, 그래서 독일공군은 그들이 실제로 더 약하게 제작했던 것에 더 많은 구조적인 재료를 첨부함으로써 날개를 '강하게 함'이 필요함에 직면하게 되었다.

이때까지 형식적인 생각으로부터는 많은 효율적인 도움을 얻을 수가 없었다는 점이 앤서니 포커에게는 확실해졌다. 그러므로 그는 자기 공장에서 자신의 감독하에 또 다른 D8을 적재하게 되었다. 이때 그 비행기가 놓였을 때 날개에서 생기는 잘못된 점을 측정하고자 하였다. 그가 발견해냈던 것은 날개에 하중이 가해졌을 때 휘어져서 왜곡되는 것(말하자면, 날개의 끝부분은 비행기가 강하에서 상승하게 될 때 동체에 대한 부담으로 상승하게 된다는 것이다) 뿐만 아니라, 분명치 않은 비틀린 하중이 비행기에 가해졌다 할지라도 날개는 뒤틀리게 된다는 것이다. 우리가 특별히 중요하게 생각하는 것은 이러한 비틀림의 방향이 공기역학적 사고인가 아니면 날개의 공격 각도인지 등이 중요한 것으로 등장하였다.

이러한 결과를 신중히 고려해보면, 여기에 D8 사고에 대한, 마찬가지로 많은 다른 단엽기의 커다란 문제들에 대한 해결책이 있다는 점 그것이 포커에게 갑자기 일어난 것이다. 조종사가 조종간을 뒤로 잡아당겼을 때 비행기의 코앞이 올라가고 그래서 날개에 하중이 걸리게 된다. *그러나* 동시에 날개들이 뒤틀리게 되고, 그래서 날개에 있는 공기의 무게가 지나치게 증가하게 된다. 그러면 날개는 더 뒤틀리게 되고, 하중은 더 증가하고 ... 조종사가 더 이상 그 상황과 날개가 뒤틀려 버리는 것을 제어할 수 없게 된다. 포커는 '분기하는 상황'이라고 하는 어떤 점을 발견했고 그것은 또한 매우 치명적인 것이 될 수 있다는 것도 알게 되었다.

실제로 탄성이란 측면에서 무슨 일이 일어난 것일까?

굴곡의 중심과 압력의 중심

비슷하고 평행한 한 쌍의 캔틸레버 빔 또는 날개보에 대해 고려해보면, 그것들 사이에 있는 틈을 연결하는 수평의 앞과 뒤 리브에 의해 생기는 간격을 서로 연결되어 있다.(그림 10) 하나의 상승하는 힘이 외측의 리브 중의 하나에 있는 어떤 부분에 적용되었다고 생각해보자. 이 힘이 두 개의 캔틸

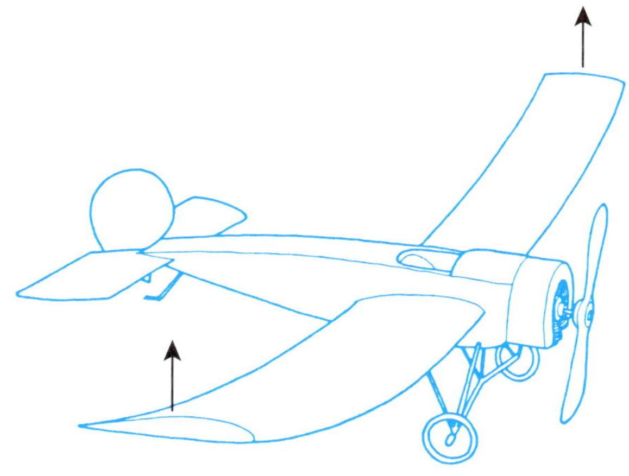

[그림 11] 휨과 뒤틀림의 동시 발생. 수직으로 상승하는 힘이 '굴곡의 중심'(이 경우는 두 개의 날개빔 사이에 중간 경로를 말한다.)이라고 불리는 부분에서 효과적으로 작용할 때만 날개들이 뒤틀림 없이 위로 휘어지게 될 것이다.

레버 날개빔(그림 11) 사이의 정 중앙에 있는 한 점에 적용되지 않았다면, 그 무게는 날개빔 사이에 동등하게 분배되지 않았을 것이고 상승하는 힘은 그 외의 것에서 보다 하나의 날개빔에서 더 커졌을 것이다. 이러한 것이 그때 훨씬 더 무겁게 하중이 걸린 날개빔에서 일어났다면 그 상대 짝(그림 12) 보다 더 상승해서 뒤틀렸어야 했다. 그러한 경우에서 리브가 날개빔과 결합하는 것은 수평적으로 되기 위해 멈추게 되고 따라서 일체화된 것으로서의 날개는 뒤틀릴 수밖에 없는 것이다. 빔과 같은 구조물에서 뒤틀리지 않게 하는 원인요소가 되기 위해 하중이 적용되어야 하는 점은 '굴곡의 중심' 또는 '굴곡 상의 중심'으로 불리는 것이다.

자연적으로, 두 개의 날개빔 보다 더 많아진다면, 또는 날개빔이 서로 상이한 강도를 갖는다면, 그때 굴곡상의 중심은 중앙 부분이 되는 것이 아니라 앞과 뒤 또는 연결 축선을 따라서 있는 다른 지점이 될 것이다. *그러나, 굴곡의 중심은 항상 모든 종류의 빔 또는 빔과 같은 구조와 결합되어 있다.* 이 지점에 적용된 수직 하중이 빔과 날개를 뒤틀리게 하는 원인은 아닐 것이다. 즉, 어떤 다른 전후 지점에 적용된 하중은 보통의 휨 변형과 마찬가지로 더 크거나 더 적은 양의 비틀림 또는 뒤틀림 변형의 원인이 된다.

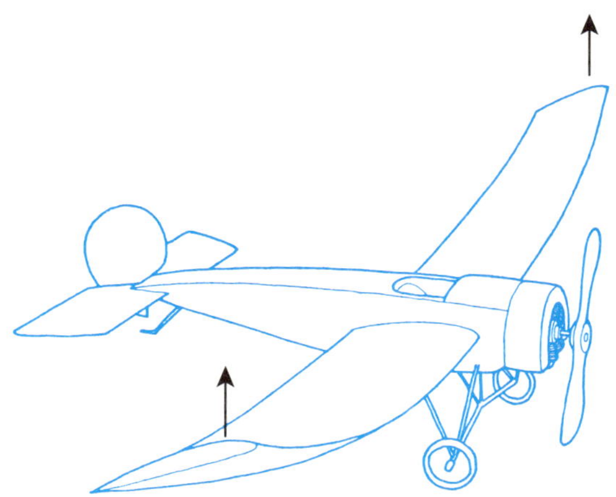

[그림 12] 상승력이 굴곡 중심에서 떨어진 지점에서(예를 들어, 날개의 전면 끝부분 주변) 작용한다면, 날개(또는 다른 어떤 빔)는 그 휨만큼 뒤틀릴 것이다. 이것이 공기역학상의 사고가 증가되는 원인이 된다면, 그 결과는 포커 D8의 경우에서처럼 치명적이라고 할 것이다.

여태까지 우리는 하나의 빔 또는 하나의 날개에 적용되는 것은 단 한 지점의 하중에 의해서라고 하는 사례에 대해 논의해왔다. 자연적으로, 공기역학적 상승력은 비행기가 운항 중일 때, 날개에서 위로 압력을 가해서 공중에서 비행기를 떠 있게 하고 날개 표면 전체에 확산되게 한다. 그렇지만, 모든 이러한 힘들을 확산하고 산정해내기 위한 목적을 위해서는 '압력의 중심' 또는 C.P.으로 알려져 있는 날개 표면에 있는 한 개의 지점에서 함께 작용하는 것으로 고려될 수 있다.

그것은 아마도 비행기에서 날개에 작용하는 상승력의 C.P.는 날개의 중앙, 전면과 후면 끝부분 사이의 1/2지점 즉 중심선에 있다는 미숙함 때문에 그렇게 생각될 수도 있다. 실제로 이것은 발생되지 않을 것과 같은 공기역학적 존재임은 잘 알려진 사실이다. 날개에 작용하는 상승력의 압력 중심은 실제로는 전면 끝부분 뒤에, 일반적으로 '1/4 선'으로 불리는, 말하자면 전면 끝부분*의 뒤에 있는 선의 25% 지점에서 그리 멀리 있지 않다.

이에 따라서, 날개의 구조가 굴곡 중심이 1/4선상 지점에 근접되게 하기 위해 디자인되지 않았다면, 그 날개는 틀림없이 뒤틀리게 된다. 날개가 뒤틀릴 것이라는 지점을 통과하는 각도는 자연스럽게 날개가 비틀림에 열

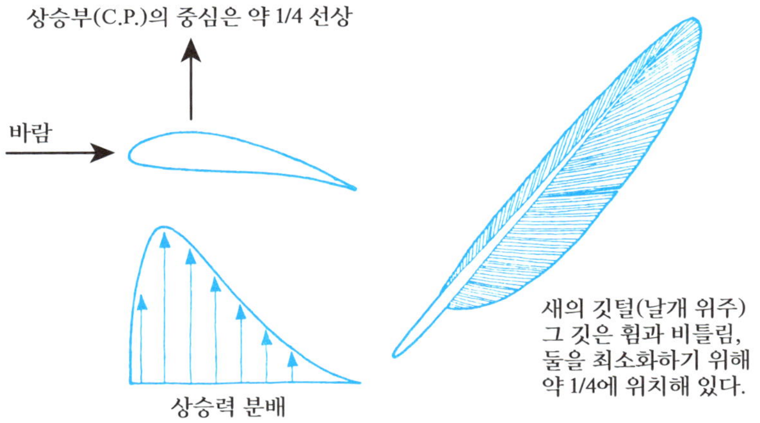

[그림 13] 공기 흐름을 가로지르는 상승력 분배 구성

* 이것은 죽은 잎 또는 널빤지 판이 움직이는 방향으로 떨어지는 이유이다.

마나 강도를 유지하느냐에 달려있지만, 전체적으로, 모든 날개의 비틀림은 비행기에서 좋지 않고 위험한 일이며 그래서 디자이너의 목표는 가능한 한 그것을 줄이는 데에 있다. 이는 새 날개털의 깃이 보통 1/4 선상의 위치에 있는 이유이다.(그림 13)

간단한 막으로 덮인 단엽기의 날개에서 굴절의 중심 위치와 뒤틀림의 강도 두 가지는 전적으로 주 날개빔의 상대적 휨강도와 상관관계가 있다. 포커 D8에서 굴절부 중심은 압력의 중심 후면에 멀리 떨어져 있고 중앙-선상에 너무 근접해 있다. 그 날개는 추후 뒤틀림이 발생될 힘에 저항할 충분한 강도를 갖고 있지 못해서 비틀려 파괴된 것이다. 강화되고 강도를 높인 *후면* 날개빔이 굴절 중심부를 훨씬 뒤쪽으로 이동시키는 효과를 갖게 한 조정은 상황을 더 악화시키고 말았다. 이러한 사실이 안토니 포커에게 이해되기 시작하자 그는 그때까지 후면 날개빔의 두께와 강도를 줄이기 위한 확실한 단계를 갖게 되고, 그래서 굴절의 중심을 C.P.까지 훨씬 앞쪽으로 그리고 더 가깝게 이동시켰다. 비교해서 말하자면, 이것이 D8기에 적용되었을 때, 왕립 비행단과 프랑스 공군에는 안전한 기기이면서 위협적인 존재가 되었다.

공기역학의 법규제 때문에 비행기 날개에 작용한 상승력의 C.P.는 항상 1/4 축선상에 가깝게 있어야 했다. 날개에 뒤틀림과 비틀림 응력을 줄이기 위해서 굴절의 중심이 날개에서는 전면에 그리고 C.P.에는 인접하는 그러한 방식으로 구조체를 디자인할 필요성이 있는 것이다. 그러나, 보조날개(수평 경사 시에 비행기를 조절해주는 역할을 하는)는 날개 끝부분에 크게 오르거나 내리는 힘을 가하게 하는데, 이 힘은 후면 경계면으로부터 멀리 떨어지지 않은 지점에 작용해서 굴절의 중심부 뒤편으로 길게 진행된다. 그래서 보조날개는 불가피하게 조종사가 비행기를 사선으로 할 때마다 매번 날개에

[그림 14] 보조날개는 날개의 후면 경계부에 근접해 있고 날개의 굴절 중심부 후면에 있는 커다란 수직 하중을 감당한다. 그러므로 조종사에 의해 요구된 그것들과 반대인 공기역학적 힘을 부여하기 위해 그러한 방식으로 날개를 비틀어주는 경향이 있다.

커다란 비틀림 하중을 가하게 된다. [그림 14] 에서 볼 수 있듯이 이 비틀림의 방향은, 전체적으로는 보조날개의 작용과 그래서 그것의 영향력을 줄이기 위해 전체적으로 *반대의 의미*opposite sense에서 날개에 공기역학적 상승으로 변화하는 것과 같다. 날개가 뒤틀림에 대해 충분한 강도를 갖고 있지 못하면 보조날개의 영향은 실제 역전이 될 수가 있고, 그래서 조종사는 *오른쪽*으로 하기 위해 비행기를 둥글게 말거나 기울이려고 하며, 그런 의도에서 그의 제어방식을 적용하려고 하며, 비행기가 실제로 *왼쪽*으로 돌아가는 것을 발견할 수도 있다. 이 영향은, 당황스러울 뿐 아니라 매우 위험하기까지 한 그것은 '보조날개의 반전'이라고 부르기도 하는데 잘 알려지지는 않았다. 그것은 현대의 고속 항공기의 설계에서 매우 심각한 문제로 대두되었다. 치료와 예방은 날개구조에서 충분한 비틀림 강도를 확보하는 것이다.

D8과 같은 초창기 막 커버형 단엽기는, 그 날개의 비틀림 강도가 거의 전체적으로 두 개의 주요 날개빔의 '상이한 휨'이라고 불리는 것 때문에 정해진다. 이것에 관해서는 실행된 사례가 많지는 않았다. 그리고 그러한 시스템으로부터 얻어질 수 있는 뒤틀림 강도의 양—와이어 고정장치의 명확한 양의 도움도 받은—은 매우 제한적이다. 이러한 이유로 그런 항공기는 항상 위험도가 많았다가 적었다 하는데 그래서 근래 모든 지역의 공공기관에서는 단엽기의 건조에 대해 난색을 표한다. 그리고 몇몇 사례에서는 그것이 실제 숨겨져 있기도 하다.

그러므로, 쌍엽기에 대한 선호는 항공청의 부서에서 어떤 충동적이고 어리석은 행동 때문이 아니고 오히려 제작에서 쌍엽기가 강하고 단단한 형태—특히 뒤틀림에서—를 가진 것이 본질적으로 무엇인가를 보여준다는 사실 때문이다. 실제에 있어서, 쌍엽기는 수년 동안 단엽기보다 더 가볍고 안전한 것이었고, 초기에는 속도에서의 차이가 그렇게 크지 않았다.

버팀목과 버팀대를 가진 쌍엽기의 제작이 의미하는 것은 매우 단단하고 강한 둥지 또는 '뒤틀림 상자'로서 그것은 휘어질 뿐 아니라 뒤틀림도 가능한 것으로서 이를 효과적으로 제공하는 것이다. [그림 15]로부터 네 개의 날개빔(각각 2쌍의 날개가 있는)을 볼 수 있는데, 그것은 박스의 코너를 따라 구성되고, 그것들 사이의 공간은 가로지르는 브레이싱 트러스와 격자 보를 형성하고 있다. 물론 상단면과 바닥면에는 사선 브레이싱을 볼 수 있지만 하나만 있는 것은 아닌 것이, 왜냐하면 그것이 날개의 막으로 가려지기 때문이다. 그렇지만, 이 수평의 브레이싱은 거기에 딱 맞게 되어 있어서 그 기능은 날개구조에 있는 뒤틀림으로부터 발생되는 전단을 갖게 된다. 그러한 박스가 뒤틀림에 저항할 수 있는 방법은 그림에서 다이어그램처럼 볼 수 있다. 박스의 각 면은 개별적으로 나누어져 있음을 볼 수 있게 될 것이고, 휘어진 상태로 있는 트러스 빔의 격자망과 매우 유사함을 알 수 있다. 박스의 네면 모두는 서로 나누어진 존재이고 그것들은 상호 의존적인 상태임을 인식해야 한다. 네면 중 하나가 절단되었거나 분리되어 있다면 모든 뒤틀림에 저항력이 없는 것이다.

날개가 두 개인 쌍엽기에서 이러한 전단 패널은 필수적으로 버팀대와 와이어로 제작된다. 그러나, 그 구조물이 비행할 일이 없지만, 지면에서 뒤틀림 힘에 거의 저항할 일이 없다면, 그때 와이어와 받침대의 격자구조는 연속된 금속 패널이나 합판층으로 대체되기도 한다. 순전히 구조적인 관점으로부터 볼 때 그 효과는 그것이 트러스 빔의 망에서와 마찬가지로 같은 것 같다. 다른 사례에서 보면 튜브의 벽이나 측면은 전단응력의 대상이 된다. 무게와 강도 및 경직도의 면에서 이것은 두 개의 빔의 상이한 휨

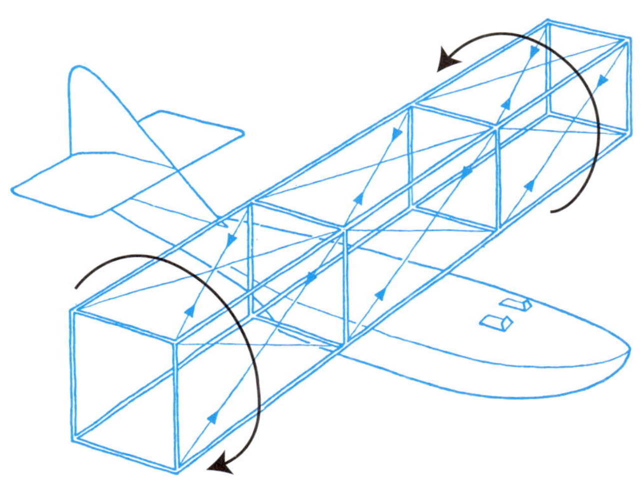

[그림 15] 한 쌍의 와이어로 브레이싱된 쌍엽기의 주요 구조물의 다이어그램은, 보조날개와 같은 뒤틀림 힘이 필요하다. 그것은 '뒤틀림 상자'라고 불리는 일체화 된 형태라고 할 수 있다.

에 따르기보다는 변형에 저항하는 방법에서 훨씬 더 효과적이라고 할 수 있다.

다양한 종류의 로드와 튜브의 뒤틀림 측면에서 강도와 경직도에 대한 방식은 [부록 3]에서 찾을 수 있다. 다른 것들 사이에서 튜브나 변형 박스의 변형 강도와 경직도는 그 가로-단면의 면적을 *구획*square함에 따라서 알려지게 될 것이다. 그래서 오래전에 유행되었던 쌍엽기와 같은 것처럼, 거대한 가로 단면을 통해 본 뒤틀림 상자는 재료를 거의 필요로 하지 않을 것이며 무게도 가벼울 것이다. 우리가 현대의 단엽기를 제작할 때, 우리가 하는 것은 날개 자체를 금속판이나 합판으로 연속해서 마감한 뒤틀림 튜브로 전환하는 것이었다. 그러나, 우리가 억지로 쌍엽기에서 실행했던 것보다 더 두꺼운 날개를 사용했다고 하더라도, 뒤틀림 튜브의 가로 단면부는 전체적으로 여전히 쌍엽기의 날개보다는 훨씬 덜 두껍다. 그래서 적정한 변형 강도와 경직도를 얻기 위해서 우리는 비교적 두껍고 무거운 표면을 의무적으로 사용해야 한다. 그래서 현대 항공기의 구조물 자체 하중의 비교적으로 높은 비율인 것은 변형에 저항하는 데에 이바지하고 있다.

변형 강도의 부족이 비행기에서처럼 자동차에서 그렇게 위험하지는 않지만, 자동차 서스펜션과 도로 지주의 특성은 그 점에 많이 좌우된다. 전쟁 전의 빈티지 자동차들은 때때로 빈티지 항공기처럼 대단한 존재이기도 했지만, 그것들은 프레임이나 차대의 구조에서 더 엔진과 트랜스미션에 더 많은 관심을 기울이게 된다는 점에 어려움을 겪었다. 사실 이러한 차대는 보통 변형의 강도에서 신뢰를 얻는데, 구형 포커 D8에서 많이 본 것처럼, 오히려 유동성이 있는 빔의 서로 다른 휨에서 그것을 얻게 된다. 그것이 이러한 자동차에게는 매우 불확실한 도로 지주의 특성이 주어지고, 그리고 그것이 운행하는 것을 너무 힘들게 하는 것이 차대의 강도상 결함이라고 할 수 있다.

바퀴를 지면과 더 많이 또는 더 적게 접촉하게 유지하도록 하는 데에는 빈티지 스포츠카의 스프링과 충격 흡수장치가 거의 고체처럼 될 때까지 단단해지는 데에 있다. 결과적으로는 물론, 그 운행이 거의 곤란한 정도로 거칠어지고 말라버릴 수 있게 된다. 소모에서 오는 소음과 같은, 이러한 종류의 것들은 여성 통행자에게는 말할 필요도 없이 좋은 인상을 주지도 못하지만, 그것이 도로에서 차를 그렇게 오래 있게 되지도 않는다. 해결책은 가장 현대화된 자동차 디자이너가 엉성한 차체를 폐기하고 압축된 금속으로 '세단형 자동차' 본체 덮개를 만들어서 뒤틀리고 구부러진 도로에 적응할 수 있게 만드는 것이다. 그러한 지붕을 가진 이 형태는 하나의 대형 변형 박스는 구형 쌍엽기와는 완전히 다르다. 디자이너의 처리로 매우 단단해진 것을 가지고 디자이너는 안전과 안락함을 모두 갖춘 과학적으로 설계된 서스펜션에 집중할 수 있게 된다.

우리가 말한 것처럼, 변형에 대한 구조물의 강도와 경직도는 가로-단면의 면적 정도에 따라 다양하다. 이는 비행기 날개와 배의 선체 그리고 세단형 자동차와 같은 볼륨이 큰 것들과는 크든 작든 모두 맞는다. 그러나 우리가 엔진과 기계부품의 지름에 따라 축을 만나게 되고, 그에 따라서 가로-단면의 면적은 보통 한계가 있으며, 그래서 규정에 따라, 그러한 부품들은 단단한 금속으로 제작되어야 한다. 그럴 때조차도, 종종 너무 덩치가 커지면, 항상 충분한 강도를 갖기 어렵다. 이것은 엔진과 기계가 보통 너무 무겁다는 것이 원인 중의 하나이다. 매우 노련한 디자이너는 구조체에서 변형에 대한 강도와 경직도를 위해 가장 중요한 요구조건은 저주와 역병에 걸릴 우려가 크다는 점이라고 말해 줄 것이다. 무게와 비용 그리고 기타 모든 것은 엔지니어에게 매우 불합리한 정도의 비율로 많은 어려움과 걱정을 준다는 것이다.

자연은 많은 시간과 고난을 얻게 되는 것을 마음에서 보여주지 않고, 돈의 가치에 대한 어떤 것에도 감정이 없다. 그렇지만 자연은 '신진대사 비용'에 대해서는 매우 예민한데, 말하자면, 음식과 에너지 측면에서 구조물의 비용과 같은 것을 말하며, 그래서 자연은 또한 일반적으로 하중을 많이 의식하게 된다. 그러므로, 자연이 독소와 같이 변형을 피하려고 하는 것은 별로 놀라운 일이 아니다. 실제로 자연은 항상 변형의 강도와 경직도를 만드는 것과 같은 어떤 심각한 필요조건에서 벗어나려고 한다. 그것들이 '자연스럽지 않은' 하중을 필요로 하지 않는 한, 대부분 동물은 변형에 대한 약점을 가지게 될 우려가 있다. 우리 중 아무도 자기 팔이 비틀리는 것을 좋아하지 않으며, 정상적인 생활에서는 우리 다리에서의 변형 하중은 적다. 그러나, 우리가 발에 스키라고 부르는 긴 레버를 부착했을 때 그리고 그때 오히려 안 좋게 스키를 장착했을 경우에 우리의 다리에 아주 커다란 변형력을 줄 것이라는 것을 아는 것은 너무나 쉬운 일이다. 왜냐하면, 이것은 스키를 타다가 다리를 부러뜨리는 가장 흔한 원인이기 때문이다. 그것이 뒤틀림에 대해 자동적으로 풀리게 하는 현대화 된 안전한 바인딩을 개발하도록 한 것이다.

우리의 다리뿐 아니라 사실상의 모든 뼈에서 뒤틀림에 매우 약하다는 점이다. 당신이 닭이나 다른 새들을 잡아야 할 경우에 목을 비트는 것이 가장 쉬운 방법이 된다. 이것은 잘 알려진 것인데, 덜 잘 알려진 것은 뒤틀림에 대해 척추뼈는 얼마나 약한 가이며, 초보자는 자기 손으로 그 대가리를 꺾는 것이 구역질 나고 당황스러움을 가질 우려가 크다. 그러나 스키나 마찬가지로 목 비틀기는 전체적으로 일종의 인위적인 가해이며 자연의 순리적 과정에서는 매우 벗어난 것이다. 엔지니어와는 다르게, 자연은 회전운동에는 별 관심이 없고(아프리카 사람과 같이) 자연은 결코 바퀴를 발명하는 것에 의해 고통받지도 않는다.

Chapter 13

압축에서 파괴되는 다양한 방식들

또는
샌드위치, 해골과 오일러Euler 박사

우리 자연의 연약함 때문에
우리는 언제나
똑바로 서 있을 수가 없다.
- 주현절Epiphany 이후 4번째 주일을 위한 모임

기대했던 것처럼, 압축 하중 하에서 구조가 실패하는 방식은 인장에서 파괴되는 방식과는 그 성격상 차이가 있다. 물론 우리가 인장에서는 고체에 응력을 가했을 때, 그 원자와 분자는 훨씬 더 각각 잡아당기게 된다. 우리가 그렇게 하는 것과 같이, 물질적으로 서로서로 연장되게 되어 원자 간 결합되지만, 그것들은 제한적인 확장 범위까지만 안전하게 확장될 수 있다. 약 20%를 초과하는 인장변형이 일어나면, 모든 화학적 결합은 더 약해지게 되고 결국에는 떨어져 나가게 된다. 인장 파괴의 실질적으로 세밀한 과정은 복잡하다. 그것은 폭넓은 진실로 말해지고 있으며, 충분한 양의 원자 상호 간 결합이 그 파괴점을 초과해서 늘어나게 될 때는 그 재료 자체가 파손된다. 같은 종류의 일이 재료가 전단에 의해 파괴되었을 때 사실로 확인되게 된다. 그러나 엄격하게 말하자면, 정상적으로는 단순히 그리고 직접적으로 압축 때문에 일어나는 원자 상호 간 결합의 실패와 같은 유사한 사례는 없다고 할 수 있다. 고체가 압축되게 될 때, 그것의 원자와 분자는 서로서로 더 밀접하게 압축을 일으키게 되고, 그래서 어떤 원칙적인 상황에서도 원자들 사이의 반발 작용은 압축응력이 증가하는 것처럼 무한정으로 증가하게 된다. 그것은 무시무시한 결과*를 낳는 원자 폭발 사이에서 생기는 압축저항력을 우주과학자들이 '난쟁이'라고 부르는 많은 별에 존재하는 무한한 중력을 받게 될 때만 그렇게 된다.

그럼에도 불구하고, 아주 초기의 지반구조 중의 많은 부분이 '압축'이라고 하는 공통된 요인에 의해 파괴되었다. 이런 종류의 실패에서 실질적으로 일어난 것은 재료 또는 구조물이 과도하게 높은 압축응력을 피하는 몇 가지 방법을 발견한 것이다. 그것은 보통 '아래에서 밖으로' 하중이 이동함으로써, 말하자면, 실제적으로 항상 사용이 가능한 탈출 경로 중의 하나를 사용해서 측면 경로의 방향으로 벗어나게 됨으로써 가능하게 된다. 에너지의 관점에서 보면, 그 구조는 압축응력 에너지의 초과를 억제하기를 '원하게' 되고, 그래서 어떤 에너지 교환설비가 환경에서 실용 가능하게 될 수 있도록 하는 것에 의해 그렇게 될 것이다.

압축구조는 그래서 오히려 변화가 많은 특성을 갖기 쉽고, 그래서 압축 파괴에 관한 연구는 밀집된 장소에서 벗어날 여러 가지 방법을 연구하는 것이다. 사람이 생각하기에 따라서는, 구조물을 자연스럽게 사용하는 방법은 그 형태와 비례에 따라 달라지기도 하고 만들어진 재료에 따라 달라진다.

우리는 이미 어떤 길이를 가진 조적조에 대해 논의했다. 건축물이 기본적으로 압축구조물이라 하더라도—그래서 조적조가 전 세대에 걸쳐서 압축 상태를 유지해야 하지만—그러나 그것이 압축 때문에 파괴된 것이라고는 전혀 말할 수 없는 것이다. 역설적으로 보면, 그것은 단지 인장과 결합되었을 때만 파괴라고 할 것이다. 이런 일이 생겼을 때 벽체는 그것을 들어 올리고 내리고 한 결과에 따라서 힌지들을 개발하게 되는 나쁜 습관을 가지고 있다. 아치 형태가 벽보다 더 안정적이고 신뢰감을 주는 구조라고 하더라도, 그것들은 스스로를 접어 올려서 자체적으로 잔해더미를 줄임으로써 변형에너지와 잠재에너지를 줄인 후에, 그것은 때때로 4개의 힌지 꼭짓점을 만들어 낼 수 있게 된다. 어떤 사례에서는, 우리가 9장에서 산정했었던 것처럼, 조적조에서 압축응력의 실제 값은 보통 매우 낮고, 재료의 공식적인 '분쇄 강도'보다 훨씬 아래에 있다.

* 그 결과는 너무 밀도가 높아서 어떤 물체에서의 탈출뿐 아니라 모든 형태의 복사열의 출발점이 되는 그 자체의 중력장이 방어할 만큼 충분히 강한 덩어리의 집중력을 갖게 한다. 그래서 어떤 영역에서는 두 갈래의 커뮤니케이션이 가능하지 않아서, 우주의 이러한 영역이 우리에게는 장벽이 된다. 이러한 장소성은 '블랙홀'로 알려져 있다. 제임스 베리 경이 쓴 '매리 로스Mary Rose'라고 하는 무시무시한 희곡에 나오는 섬처럼, 그것들은 '방문하기 좋은' 그러나 아무것도 되돌아온 적이 없는 곳을 말한다.

분쇄 응력 - 또는 압축에서 짧은 버팀대struts와 기둥의 파괴

그러나, 우리가 아주 조밀한 형태의 콘크리트 벽돌이나 블록을 선택해서 커다란 압축 하중을 가하게 된다면—시험 장치나 여타의 방식을 통해—그 재료는 결국 전통적으로 '압축 파괴'라고 칭하는 방식으로 붕괴될 것이다. 돌, 벽돌, 콘크리트 그리고 유리와 같은 부서지기 쉬운 고체들은 일반적으로 엄밀한 의미에서 압축된 상태로 파괴가 아직 다 되지 않은 파편이나 때로는 분말 상태로 작아지는 그러한 방식으로 분쇄된다. 실제 부서지는 것이나 절단은 항상 전단에 의해 발생된다. 우리가 지난번 장에서 언급한 것처럼, 인장과 압축응력 두 가지는 45°에서 필연적으로 전단이 증가하며, 이러한 사선 전단은 일반적으로 짧은 지지대에서 '압축 파괴'의 원인이 된다.

또한, 우리가 앞서 말했던 것처럼, 실제로 부서지기 쉬운 모든 고체는 크랙과 스크래치로 가득하고 하나 또는 여러 개의 구멍과 결함을 가지고 있다. 이것이 그 사례는 아니라고 하더라도 그것이 처음 제작되었을 때, 그 재료들은 실제로 모든 종류의 불가피한 원인으로부터 매우 빠르게 닳게 된다. 그것 중 꽤 많은 수는 항상 적용된 압축응력에 사선으로 된 방향에 놓이는 것이 발견된다. 말하자면, 발생된 전단응력에 다소간 평행을 이루고 있다.(그림 1)

인장 크랙처럼, 이러한 전단 크랙은 '임계상 그리피스Griffith 길이'를 가지고 있다. 다른 말로 하면, 주어진 길이의 크랙은 어떤 임계점에 달한 전단응력에 도달하게 되었다는 것을 말한다. 그러한 상황이 콘크리트와 같은 어떤 부서지기 쉬운 고체에 마주했을 때, 그 전단 크랙은 갑자기, 거칠게 그리고 아마 폭발적으로 나타나게 될 것이다. 전단 크랙이 버팀대나 여타의 압축재의 폭을 사선으로 가로질러서 지나가게 되면, 그 두 부분은 자연스럽게 서로 미끄러져 지나가게 되고, 그 버팀대는 더 이상 압축 하중을 전달할 수 없는 상태가 된다. 그 결과로 생긴 붕괴는 에너지의 커다란 손실로 나타난 것으로 보이며, 이는 유리, 돌, 콘크리트와 같은 깨지기 쉬운 재료들이 왜 파편이 되어 튀어 나가는지 그 원인이 된다. 그것은 망치로 분쇄하고 두들길 때만큼 위험하다. 실제로 변형에너지의 방출은 그 재료를 가루로 만들어 버리기 위해 '대가를 치르기'에는 매우 충분하다고 할 수 있다. 이것은 해머나 롤링-핀(국수 방망이)을 가지고 설탕 덩어리를 분쇄할 때 일어나는 현상과 같다.

두드려 펴진 단조형 금속의 파괴—또는 버터나 플라스틱으로 된 것들의 붕괴—등은 압축응력 조건에서는 유사한 원인이 있기 때문이다. 금속 '미끄러져 생긴 조각' 또는 활판(기계적인 이탈로 생긴)은 전단응력 이하에서 자체적으로 발생하는 것이다. 압축 하중에서는 45° 각도로 바닥을 따라 거칠게 이러한 것이 다시 발생된다. 그래서 짧은 금속 버팀대는 약간의 배럴 형태(그림 2)로 외곽으로 부풀게 된다. 그러한 재료는 압축 파괴가 있는 동안에 파편이 튀는 정도가 훨씬 덜한 단조형 금속의 깨짐이 일어나는 고도

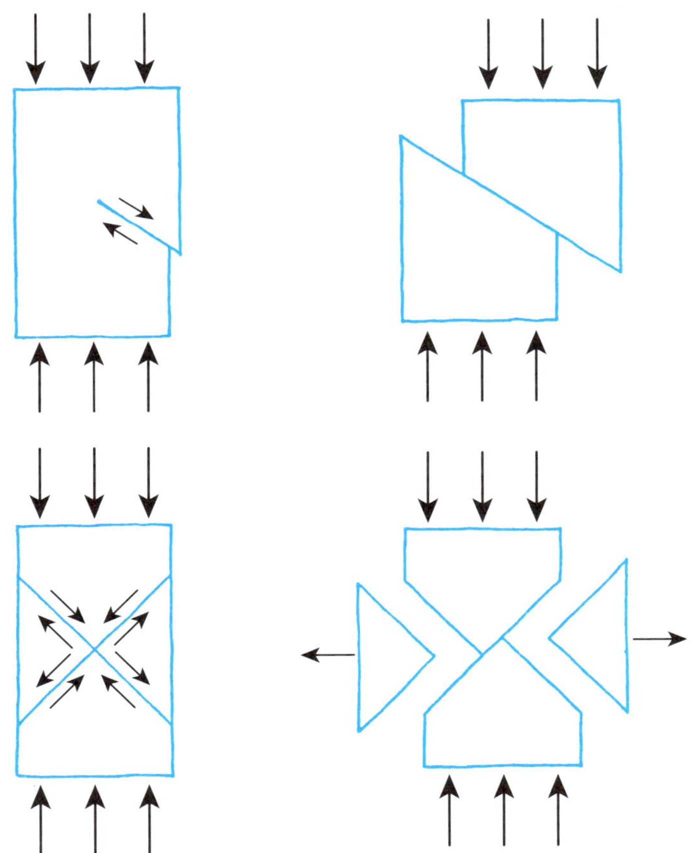

[그림 1] 시멘트와 유리 같은 부서지기 쉬운 고체에 대한 전형적인 '압축 파괴'의 모습이며, 절단은 실제로 전단이 원인이다.

의 작업 때문이며, 그 깨짐의 즉각적인 결과는 놀랄만한 정도가 덜하고 덜 위험한 좋은 선택이라고 하겠다. 그것은 압축 상태에서 부풀어 오르는 경향은 우리가 해머로 두들겨서 금속 리벳의 머리를 펴거나 유압 프레스로 그것을 누르게 되어 사용하게 하는 이러한 효과이다.

목재와 인조 섬유 복합물 즉 파이버 글라스나 탄소섬유재와 같은 재료는 일반적으로 다른 방향에서 압축 파괴가 발생한다. 그러한 사례에서는 압축 하중이 가해진 중에 강화 섬유가 '조여짐buckle'이 생기거나 서로 동시에 접히는 일이 발생된다. 그 결과로 '압축 주름'이라고 불리는 것이 재료를 가로질러 생긴다. 이러한 압축 주름은 주어진 압축응력의 방향에 따라 사선 또는 90°로 또는 그 사이(그림 3)에 때때로 다양한 각도로 작용하게 된다. 불행하게도 압축 주름은 종종 매우 낮은 응력에서 섬유화로 된 재료로 만들어지는 경향을 보인다. 그렇기 때문에 이러한 재료는 때때로 '압축에 약한' 것이 되기도 하고, 이 점은 그것을 사용할 때 고려되어야 할 필요가 있다.

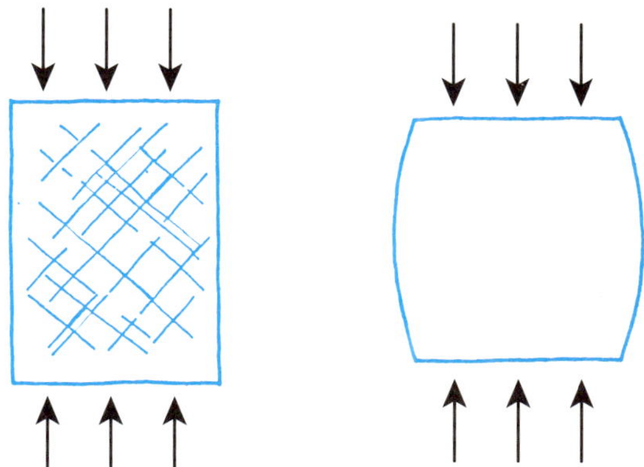

[그림 2] 압축 상태에서 금속과 같은 단조형 재료의 파괴. 단조는 전단 때문에 다시 생기지만, 이 경우의 결과는 금속이 부풀어 오르는 것이 원인이다.

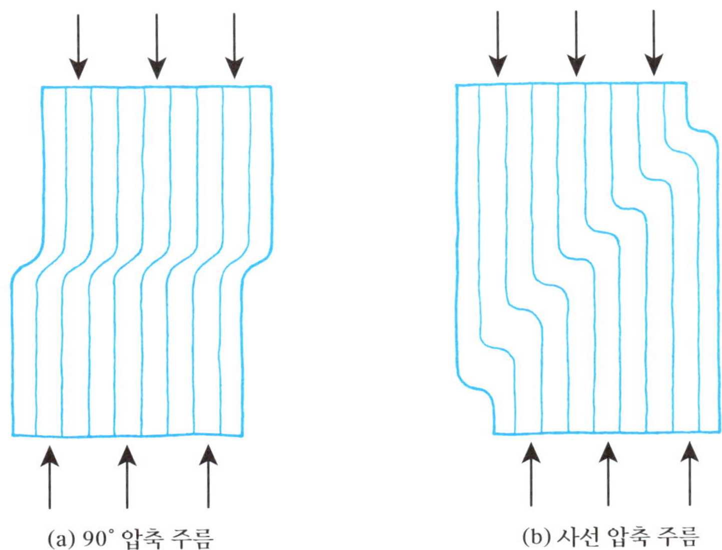

[그림 3] 압축 상태에서 목재나 파이버 글라스와 같은 섬유질 재료의 파괴.
90˚ 주름이 볼륨의 축소를 포함하고 있어서 목재와 같은 것은
재료에 빈공간을 함유하게 되는 일이 발생할 수 있다는 점을 유의한다.
'고체형' 복합체는 (b)와 같은 형태로 변형되어 파괴되고, 이는 볼륨의 변화를 일으킨다.

인장과 압축에서 재료의 파괴 응력

다양한 교과서와 참고서에서는 일반적으로 통상적인 엔지니어링 재료들을 도표화 된 '인장 강도'들의 자료들을 커다랗게 나열하도록 되어 있다. 그러나 규정에 따라서, 이러한 책들은 압축 강도에 관해서 더 언급되지 않도록 잘 처리되었다. 이것은 부분적으로는 재료의 압축 파괴 응력에 대한 실험 수치가 인장 강도를 시험한 것보다 실행되어진 실험 대상물의 형태가 더욱 다양하기 때문이다. 때때로 이 영향이 너무 커서 하나의 수치를 인용하는 것은 거의 의미가 없다고 할 수 있다. 그러나, 압축 강도에 대한 조심성 있는 태도가 몇 가지 방향에서 정의되었다고 하더라도 그것은 구조적인 존재라는 것의 사실 중에 몇몇을 그럴싸하게 해주는 효과는 있다. 이러한 사실 중의 하나는 재료의 인장과 압축 강도의 사이에 실제로 일관된

관계성은 전혀 없다.* 오히려 공통적인 재료에 대한 어떤 대략적인 수치는 [표 5]에서 보여주고 있다. 압축 강도의 수치는 3:1 또는 4:1과 같은 어떤 것의 길이 대 두께의 비율을 가지고 시험대상을 사용해서 얻어지게 되는 것이다. 이것보다 훨씬 더 두껍거나 더 얇은 표본 때문에 파괴 강도는 매우 큰 차이를 보이게 되는 것이다.

[표 5]에서 볼 수 있는 분명한 교훈 중의 하나는, 우리가 인장과 압축으로 응력을 받은 빔과 같은 것들을 디자인하려고 할 때, 우리는 발걸음에

[표 5] 인장과 압축 강도가 동일하지 않은 재료 (이 수치는 개략 산정된 것)

재 질	인장 강도		압축 강도	
	p.s.i.	MN/㎡	p.s.i.	MN/㎡
목재	15,000	100	4,000	27
주철	6,000	40	50,000	340
주조 알루미늄	6,000	40	40,000	270
아연 다이 캐스팅	5,000	35	40,000	270
베이클라이트, 폴리스틸렌 및 기타 부서지기 쉬운 플라스틱	2,000	15	8,000	55
콘크리트	600	4	6,000	40

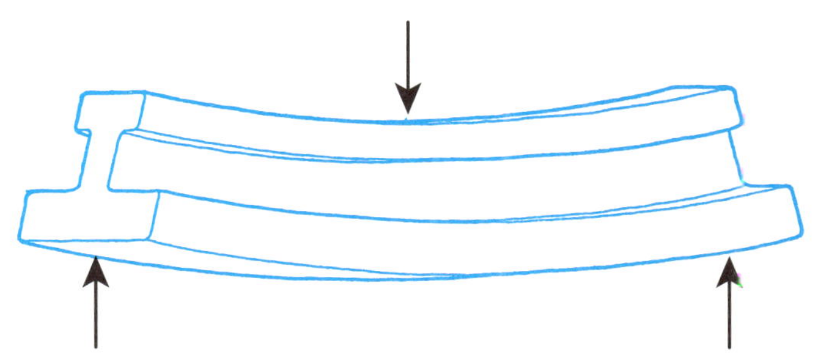

[그림 4] 주철 빔은 주철이 인장에 더 취약하므로 압축 면에서보다 인장 면을 더 두껍게 만들게 된다.

* 인장과 압축 두 가지에서 일어나는 파괴에 관한 한 그것은(단조 금속에서처럼) 전단에 의해 발생하는 경향이 있고, 그 인장과 압축 강도는 같다고 할 수 있다. 그렇지만, 이러한 규정에는 실용적으로 가치가 없게 하는 것과 같은 많은 예외가 있다.

주의를 기울일 필요가 있다는 점이다. 그것은 매우 비대칭적으로 나누어진 빔을 디자인하는 데에 필수적이다. 빅토리아풍의 주철 빔에서 인장 면은 보통 압축 면보다 훨씬 더 두껍다. 왜냐하면, 주철은 압축보다 인장에 더 약하기 때문이다.(그림 4) 이에 반해서, 수상비행기와 같이 목조로 된 비행기의 날개-빔은 항상 상부판 또는 압축 면이 훨씬 더 두껍다. 이는 목재는 인장보다 압축에 더 취약하기 때문이다.(그림 5)

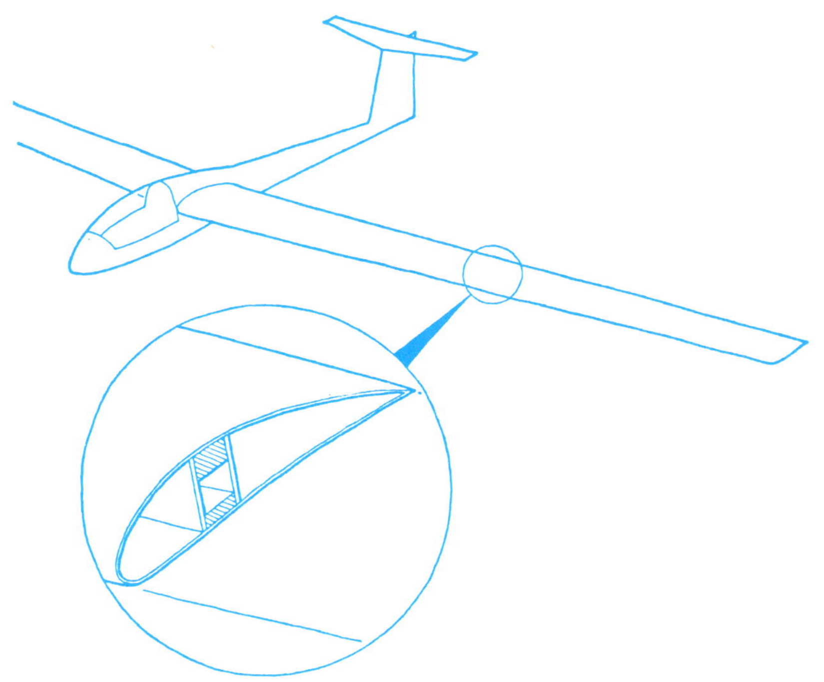

[그림 5] 목조 글라이더의 날개-빔은 보통 인장을 받는 면보다 압축 면을 더 두껍게 만드는데 이는 목재가 압축에 취약하기 때문이다.

통나무와 복합 자재의 압축 강도

그는 말하기를 50년 동안 돛대를 만들어 왔고, 그가 알고 있는 한, 그것들은 모두 양호한 날개빔이었다고 한다. 그는 내가 가장 예민한 지점에 있는 심장부를 도려냄으로써 훌륭한 돛을 폐기하도록 하는 치밀하게 계획했던 사람으로서 그가 전에 만났던 유일한 사람이라고 말했다. 그는—그래서 여기에서 나는 그의 말에 소리를 낮추고—교회에서 큰 소리로 저주하고, 그의 코를 테이블보에 문지르고, 운명의 구덩이에서 어떤 기운을 감지하고 팔을 물어뜯는 것과 같은 행동을 하는 등의 어떤 일을 할 수 있었던 어떤 사람에 대해 말했다.

...... 그리고 그것이 그렇게 되었다. 조지와 나 두 사람은 은밀하게 생각하기를 그 날개빔은 안정을 갖기 위해서 너무 탄성이 있는 좋은 방법이지만, 그 분야 전문가들의 얼굴에서 우리는 우리 안에 갇혀 있는 우리의 의견들을 유지하는 것이 현명하다는 것이라고 결정했다. 어느 것이 잘한 것인지... 전문가들은 전문가이기 때문이다. 나중에, 우리의 주 돛대 밧줄이 고약한 해안의 만에서 일어난 돌풍으로 멀리 떠나갈 때, 그 돛대의 구부러짐(그리고 또 구부러짐) 그리고 구부러짐, 그것이 글자 S처럼 보일 때까지 그렇게 되었지만, 그러나 그것이 파괴되지는 않았다.

– 웨스턴 마이티어Weston Martyr, *남쪽의 뱃사람*

실제의 삶에서, 우리가 어떤 길이를 가진 기둥을 다루려고 시작하자마자 기둥과 빔 사이에 있는 차이점이 다소간의 혼란을 준다. 동물의 다리뼈와 같은 긴 기둥은 거의 항상 어느 정도의 휨을 갖게 되고, 그 결과로 오목한 면에 있는 재료는 다른 곳에서보다 더 많은 압축을 갖게 된다. 반대로, 빔이나 트러스에서, 특히 아주 예민한 디자인 중의 하나인 '압축 붐대'는 버팀대와 같이 신중해야 한다. 여타의 사례에서, 재료 자체가 압축에 약한 경향을 보이면, 우리는 그 구조를 '빔' 아니면 '기둥' 이라고 부르게 되며, 파괴는 대체로 가장 열악한 장소에서 압축응력 전체가 위험 수준에 도달했을 때 발생된다. 또한, 휨을 유발하는 기둥의 가장 좋은 사례는 나무에서 볼 수 있으며 그래서 오랫동안 배의 돛대로 사용되었다. 나무줄기는 직하중 압력을 받는 나무의 모든 부분의 무게를 지탱해야 하지만, 실제로는, 풍압에 의해 발생된 휨 강도에 의해 세워진 그 응력들이 더 커져서 더욱 중요한 것처럼 되었다. 다시 말해서, 돛 즉 마스트는 정상적인 버팀대이고, 수직 방향 압력만을 전달하지만, 고정장치의 늘어남과 다른 요인들 때문에, 돛은 실제로 휨에서 좋은 역할을 하게 되고, 특히 고정장치에 있는 어떤 부분이 부러졌을 때는 더욱 그렇다.

H.M.S. 빅토리호와 같은 큰 배의 돛은 여러 부분에서 목재와 금속재 테두리를 결합해서 세워야 한다. 그러나 한층 정돈된 크기의 돛을 위해서는 전통적인 날개빔 제작자들은 하나로 된 소나무 또는 가문비나무를 선호하며, 가능한 한 원래의 상태에 근접하도록 한다. 이 제작 기술자들은 돛이 더욱 '효율적'인 관모양 단면을 만들기 위해서 그러한 방식으로 세우거나 속이 비도록 하여 만들어야 한다는 것과 같은 어떤 제안에도 강하게 저항하지만은 않고, 가능한 한—나무껍질 바깥으로—나무의 외부 표면을 조금만 깎아내려고 주의를 기울였다. 다시 말하면 그들은 그들이 할 수 있는 한은 원래의 상태로 나무를 사용하려고 했었던 것이다.

여러 해 동안, 빔의 이론과 중립축 그리고 지역의 이차적 동기 등에 관한 모든 것을 알고 있던 전문 기술자들은 이러한 많은 전통적인 무의미한 내용에 대해 무시하는 태도를 보였다. 사실 현대의 기술자들이 나무를 다룬 첫 번째의 일은 그것을 잘라서 작게 조각내는 일이었고, 그들은 다시 그것들을 접착하고 구멍 뚫린 단면을 가진 종류의 것들을 선호한다. 결국, 우리가 나무가 하나 또는 둘이라는 것을 알았다는 것을 깨달은 것은 최근의 일이다. 다른 미묘한 것들 사이에서, 줄기의 여러 부분에서 나무는 그러한 방식으로 자라고 그것을 '프리 스트레스'라고 한다.

오늘날 글라이더의 날개빔과 같은 빔에서는 가장 큰 휨 하중은 실질적으로 항상 한 방향으로 있으며, 그것이 가능한 것은, 그렇게 효율적이지는 못하다 하더라도 목재가 인장에서 보다 압축에 더 취약하다는 사실 때문에 인장 붐보다는 더 두꺼운 날개빔을 가진 압축 붐이 만들어지게 된 것이다. 그러나 나무와 돛과 같은 것들은 여러 방향에서 오는 휨 강도에 저항해야 하며—변덕스러운 바람에 따라서—그래서 이 해결책은 그들에게 알려지지 않았다. 어떤 비율에서는 나무가 보통 하나의 원으로 된 대칭이 되는 단면을 가져야 한다. 프리스트레스를 갖지 못한 것을 위해서 휨 하중을 받고 있는 중의 응력 배분은 [그림 6a] 처럼 선적인 모습이 될 것이다. 그러한 정돈을 위해서 압축응력이 4,000 p.s.i.(27 MN/㎡)을 가진 빔에 도달하게 되었을 때부터 파괴가 시작된다.

이것은 프레스트레스를 가하는 장소를 알게 된다. 어떻게든 또는 다른 나무가 그러한 방식으로 성장을 관리하고 그 목재 외부는 정상적인 인장의 범위(2,000 p.s.i. 또는 MN/㎡를 넘는 어떤 범위까지 확장되는)에 있게 되고, 반면에 나무의 중앙부는 보상의 방식으로 압축에 놓여지게 된다. 그래서 정상적인 조건 하에서 줄기를 가로지르는 응력의 배분은 [그림 6b] (후크의 탄성 법칙의 중요한 결과 중의 하나는 우리가 안전하고 진실되게 하나의 응력 시스템을 다른 것의 의에 둘 수 있는 것)와 같은 것이다. 그래서 우리가 [그림 6a]에 6b를 추가할 때 그림 6c와 같은 것을 얻을 수 있게 된다.

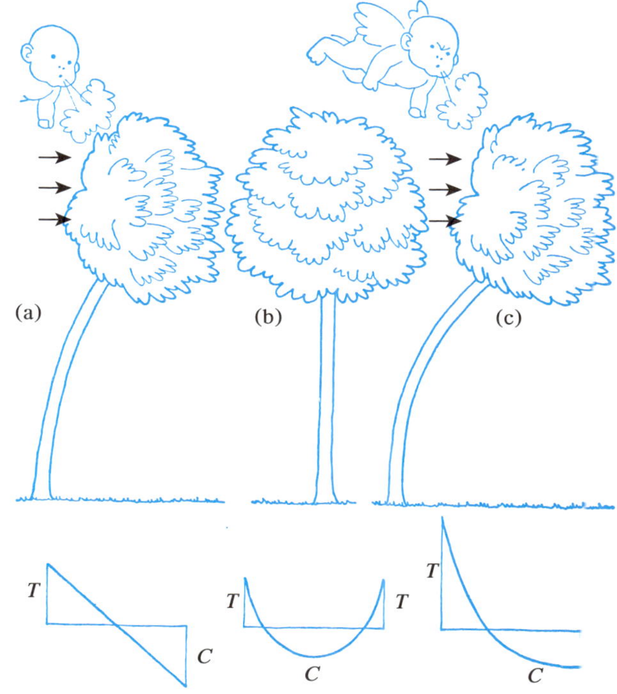

[그림 6] (a) 나무에 프리스트레스를 가하지 않고 바람에 휘어진 나무. 줄기를 가로질러 분배된 응력이 선으로 나타나고 최대의 인장과 압축응력은 동일하다.
(b) 프리스트레스가 가해진 나무는 움직이지 않는다.
줄기의 외곽 면은 빙 둘러서 인장을 가지고 있고, 내부에는 압축이 가해져 있다.
(c) 강한 바람에 대해 프리스트레스가 가해진 나무의 상태. 압축응력은 반으로 되고 이 나무는 (a)의 경우를 1이라고 하면 두 배로 휘어질 수도 있다.

이러한 방식에 따라서 나무는 대개 최대 압축응력(4,000p.s.i.--2,000p.s.i. = 2,000p.s.i.)으로 *1/2* 정도가 되며 그래서 휨 강도는 효과는 *2배*가 된다. 최대의 인장 강도가 올라가는 것은 사실이지만, 목재는 이러한 점에서 다루기 쉬운 점이 많다. 나무가 프리스트레스를 주어서 자기 스스로를 방어하는 방식을 행하는 것은 우리가 프리스트레스 콘크리트를 만들 때 하던 것과는 정확하게 반대이다. 후자의 사례에서 콘크리트는 인장에 약하고 비교적으로 압축에 강하다. 빔이 휘어졌을 때가 위험하다고 할 수 있는데, 파괴는 콘크리트의 인장을 받는 면에서 발생된다. 이를 피하고자 우리는 빔의 내부에 보강 철근을 추가하게 되며, 이것이 인장을 갖게 되고, 그래서 콘크리트가 압축을 유지하게 해준다. 빔은 표면에 가까이 있는 콘크리트에서 압축응력에 앞서서 상당한 정도로 휘어지게 되는데 이는 인장 응력에 의해 보완되고 대체되는 것이다. 그래서 빔이 강력한 인장변형에 도달하기 전에 훨씬 더 휘어지게 됨에 따라서 시멘트의 크랙 현상이 지연되게 된다.*

우리가 말한 것처럼, 통나무와 섬유복합 자재는 일반적으로 띠 또는 휨의 주름과 꺾여진 섬유 등 때문에 압축에 굴복하게 된다. 내 동료 리쳐드 채플린Dr. Richard Chaplin 박사는 이러한 압축 주름이 인장에서 발생되는 크랙과 함께 상호 간 잘 처리되게 해주는 효과가 있다고 지적했다. 특히 그것들은 종종 재료에 있는 여타의 결함들과 구멍 등에서 응력-집중을 함으로써 시작된다. 일반적으로는, 못과 나사와 같은 조임 도구들이 통나무를 그렇게 많이 약화시키지 않으며, 그것들이 제자리에 촘촘히 잘 맞추어지도록 해준다. 그러나 예전에 우리가 이사할 때, 구멍이 있던 자리에는 훨씬 더 중요한 영향을 주었고, 그래서 마찬가지로 통나무에서 매듭의 견실함은 의심할 여지가 없다. 글라이더나 요트의 돛 같은 응력이 매우 높게 요구되는 목구조에서는 그것을 뽑아내려고 애쓰지 말고 필요하지는 않지만, 못과 나사를 그대로 남겨 두는 것이 현명하다. 필요하다면, 목재의 표면에 따라 평평하게 해줄 수는 있을 것이다.

더 나아가, 채플린 박사가 말한 것처럼, 섬유로 된 재료에서 압축 주름의 형성에는 에너지를 필요로 한다. 실제 요구되는 많은 에너지는 인장

* 알기닉산으로 만들어진(약하고 부서지기 쉬운 재질) 많은 해초는 철근콘크리트와 같은 의미를 가진 프리스트레스가 있다. 철근콘크리트가 철근으로 경제적인 것이 된 것처럼, 해초들은 셀룰로오즈라는 드물고 강력한 복합체로 경제성을 갖추고 있다.

에서 재료가 골절되는 것보다 오히려 더 크다. 압축 주름의 전파는 변형에너지의 공급을 필요로 하고 그러한 행위는 그리피스 크랙의 작용과 같은 것이다. 그러나 거기에는 약간의 중요한 차이점들이 있다.

우리는 우리가 논의해왔던 종류의 재료들에서, 압축 주름이 하중의 방향에 45°와 90°에서 발생할 수 있다는 점을 말해왔다.(그것들은 또한 45°와 90° 사이의 또 다른 면의 각도에서도 발생할 수 있다.) 그 45° 주름은 전단 크랙에 효과적이며, 그러한 조건이 맞는다면, 전단에서 그리피스 크랙에서처럼 재료 전체로 퍼지게 될 것이다. 그러나 그 90° 주름은 더 짧아져서,—그러므로 에너지를 덜 소비하게 되기는 하지만—이는 재료의 표면 아래를 관통하는 깊이를 45°가 더 확보할 수 있다는 것이다.

이러한 이유로, 전체적으로 90° 주름은 발생 가능성이 더 크다. 그러나 90° 주름이 시작하기에 더 쉬워 보인다고 하더라도, 짧은 길이를 이동한 후 정지하게 되는 경우가 더 많은 것 같다. 이것은 주름이 진행됨에 따라서 그 양면이 서로서로 조여지게(혹은 '고체처럼 단단해지는') 되는 경향이 있기 때문에 많은 변형에너지를 펼쳐지는 것을 막게 된다. 그래서 완전한 파괴는 어느 비율까지는 즉각적으로 일어나지 않는 것 같다.

이러한 환경에서 일어나게 되는 것은 많은 작은 주름들이 빔의 압축면을 따라 차례로 만들어지는 것이다. 이것은 목재 활 때로는 노의 압축면에서 볼 수 있다.(그림 7) 엔지니어들이 종종 '효율적인' H단면 또는 빔을 위한 박스 단면을 옹호하지만, 이는 실수가 될 수 있다. 쉽게 표출된다는*

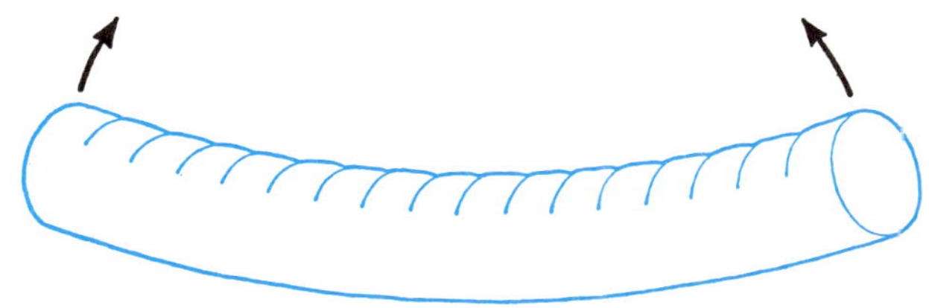

[그림 7] 나무, 돛, 활 또는 노와 같은 원통형의 둥근 통나무의 압축면에 생긴 복합 압축 주름. 이 주름은 퍼져나갈 수가 없어서 완전히 부러지는 일은 일어나지 않는다.

* 원형 단면을 가로질러 관통하는 곧은 전면(톱으로 절단한 듯한)을 가진 크랙이나 압축 주름과 마찬가지로 그것의 그 뒤에 있는 재질에서 생기는 변형에너지의 전파보다 표면 면적이 훨씬 빠르게 증가한다. 그래서 그리피스Griffith는 실망했다.

이유 때문에, 변형에너지는 조건들이 종종 빔 단면이 나무처럼 둥글게 되었을 경우에 크랙이나 압축 주름의 전파에는 덜 되게 해준다. 그리고 이것은 아마도 대부분의 목재 활의 원형 단면인 숨겨진 이론적 근거가 된다. 그런 종류의 어떤 것은 또한 동물 뼈의 둥근 단면과 관련이 있음은 의심할 여지가 없다.

압축에서 재료가 계속해서 응력을 받는 한 압축 주름의 확산에 대한 많은 방해요인이 있다. 이것은 목재가 일반적으로 안전한 재료인 이유가 되기도 한다. 그러나, 역 부하의 조건 아래에서는, 매우 위험한 시행이기도 하다. 이것은 압축 주름을 형성하는 구부러진 섬유에는 인장 강도를 조금 또는 없다는 것 때문이다. 그래서 인장 강도가 주어진 조건에서는, 그 주름이 원래 크랙이 있었던 것처럼 작용한다. 그것은 특히 위험한데, 그 이유는 인장에서, 크랙의 양면은 튀어 나가는 것이 쉽기 때문에 변형에너지의 전파를 제어하기가 곤란하기 때문이다.

비행기에 있는 목재 글라이더에서 떨어져 나온 날개를 배치하는 데에 가장 좋은 방법의 하나는 그것이 어렵게 착륙하게 만드는 것이다. 비행기를 실제 험한 굴곡이 있는 곳에 내리려고 하면, 날개는 순간적으로 지면을 향해 아래로 꺾이게 될 것이다. 이것은 주요 날개빔의 인장 부분에 있는 목재에 생기는 압축 주름이 원인이다. 이러한 일이 발생되면, 주름은 그 과정을 찾아가는 동안에 대부분 발견되지 않을 것 같다. 다음번에는 그 글라이더가 날개가 떨어져 나간 후에 그 날개빔이 이 지점에서 인장 때문에 부러져서 날아가게 된다.

레오나드 오일러Leonhard Euler와 얇은 버팀대와 패널의 좌굴 현상

우리가 지금까지 언급한 것은 상당히 짧고 두꺼운 버팀대와 압축 부재들을 적용하는 것이었다. 우리가 보아 왔던 것처럼, 이러한 것들은 보통 사선의 전단 메커니즘에 의해서 또는 때때로 섬유구조에서 부분적인 주름이 형성됨 때문에 압축이 일어나서 파괴되었다. 그러나, 하나나 혹은 다른 많은 압축구조물들은 전체적으로 다른 방식으로 파괴된 길고 가는 부재들을 포함하고 있다. 긴 철근이나 가느다란 금속판이나 이 책의 페이지 같은 얇은 부재는, 아주 간단한 경험 때문에 알 수 있듯이, 좌굴에 의해 압축 면에서 파괴가 일어난다.(종이 한 면을 잡고 길이 방향으로 압축을 가하는 것) 이러한 실패 사례는—이는 중요한 기술적이고 경제적인 결과인데—'오일러*의 좌굴'이라고 불리는데 레오나드 오일러(1707-83)가 최초로 해석한 것이기 때문이다.

오일러는 수학으로 유명한 독일-스위스계 학자 집안의 가계를 이어온 사람이다. 그리고 매우 이른 나이에 수학자로 유명해졌다.반면 여전히 너무 어렸는데, 러시아 엘리자베스 여왕의 초대를 받았다. 그는 생의 대부분을 상트페테르부르크의 전원에서 보냈고, 러시아의 정치적 상황이 너무 불안해졌을 때는 포츠담에 있는 프레데릭과 한동안 피해있기도 했다. 18세기 중반에 계몽된 독재자의 전원주택에서의 삶은 흥미롭고 다채로웠을 것이지만, 이 중 오일러의 방대한 저술 활동에 반영된 것은 거의 없었다. 내가 추적 조사해 본 바로는, 그의 삶에 대한 전기†의 어떤 곳에도 그에 관한 어떤 두드러진 인간적인 관심을 가진 기록이 되는 사건은 나타나지 않았다. 그는 단순히 오랫동안 수학에 관한 연구를 하고 학습 노트에 많은 양의 기록을 했으며, 그것의 연속으로 그가 죽은 지 40년이 되었음에도 여전히 출판되고 있다.

실제로도, 오일러는 기둥에 관해 어떤 것도 의미를 두지 않았다. 위대한 많은 수학적 발견 중에서 일어났던 일은, 그가 '변분법calculus of variations'라고 불리는 것을 발명해 냈고, 그가 그것을 밝혀내기 위한 문제를 찾았다는 것이다. 어떤 친구가 자체의 하중에 의해서 구부러질 수 있게 된 어떤 얇은 수직 기둥의 높이를 산정하기 위한 방법을 사용하는 것을 제안했다. 그것은 3장에서 언급한 것처럼, 응력과 변형의 개념은 훨씬 후에가지도 발명되지 않았던 것이기 때문에, 이러한 가상의 문제를 다루기 위해 변분법을 반드시 활용해야 하는 필요성이 있었다.

현대의 용어에서, 오일러가 해결한 것을 오늘날 우리가 '버팀재의 좌굴 하중에 대한 오일러 공식'이라고 부르며, 그것은... (그림 9 참조)

$$P = \pi^2 \frac{EI}{L^2}$$

여기서 P = **기둥과 패널이 좌굴될 경우의 하중**
E = **재료의 영계수**
I = **버팀재 또는 패널의 단면(소위 '관성 모멘트'로 불리는) 면적의 2차 모멘트 (11장)**
L = **버팀재의 길이**

* Euler는 오일러Oiler로 발음된다.
† 예외적으로, 물론 그의 말년의 삶에서 있었던 점점 앞을 못 보던 점 등이다.

당연히, 모든 이러한 양은 상호 구성단위에 따라야 하는 것이다.(그것은 흥미롭지만, 편리하기도 한 것은, 이러한 많은 중요한 구조적인 계수가 수치화되고 그래서 매우 간단해진 탓이다.*)

오일러 공식은—고체나 구멍이 뚫린 것 모두—모든 종류의 길고 가는 기둥과 버팀대에 적용되고, 아마 더욱 중요한 것은, 항공기와 선박 및 자동차에서 보여지는 가느다란 패널과 판 그리고 막과 같은 것들에도 적용된다는 것이다.

그래서, 우리가 그 길이에 대해서 버팀재 혹은 패널의 파괴하중을 구분해 본다면 우리는 [그림 8]과 같은 다이어그램을 얻을 수 있고, 이것은 파괴의 두 가지 양상을 보여준다.

짧은 버팀재에서, 파괴는 붕괴에 의해 이루어지게 된다. 길이 대 두께

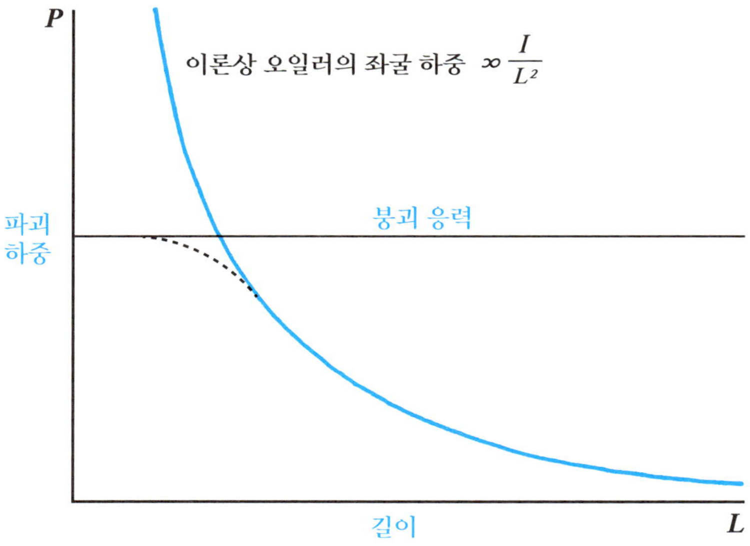

[그림 8] 길이를 가진 기둥의 압축 강도에서의 가변성

* 오일러 공식의 여러 가지 현대적인 증거자료는 교재에서 찾을 수 있다. 예를 들면, 앨런 코트렐Alan Cttrell경의 *사물의 기계적 특성들The Mechanical Properties of Matter*과 같은 것을 참고해라.

의 비율이 약 5-10 사이의 수치값으로 증가될 때, 그때의 이 선은 오일러 좌굴 파괴를 나타내는 곡선에 따라 교차될 것이다. 현재 좌굴은 더 약해진 양식으로 보이고 아주 긴 버팀재는 이 경로에서 파괴될 것이다. 실제로 붕괴 파괴에서부터 오일러 좌굴에 이르기까지의 변화는 예리하지 않고, 다이어그램에서 점선으로 보이는 것과 같은 전환영역이 될 것이다.

오일러 계수의 공식은 양 단에서 버팀재와 패널이 '핀 조인트' 또는 힌지에서 자유로운 것으로 예측되는 것과 같다.(그림 9) 보통, 버팀재나 패널을 끝부분에 있는 힌지로부터 차단하는 경향이 있는 것은 좌굴 하중이 증가하게 될 것이다. 극단적인 사례에서는, 양 단이 엄격히 제지되고, 좌굴

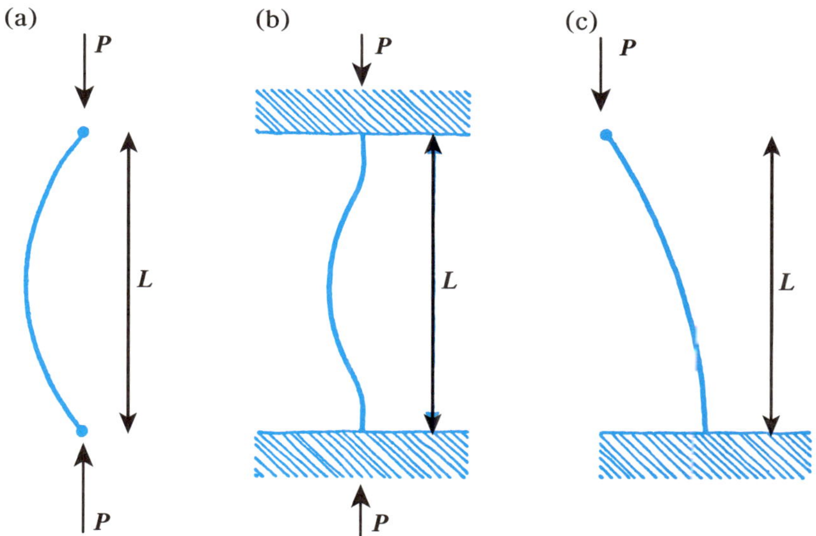

[그림 9] 다양한 오일러의 조건들
(a) 양 끝부분의 핀 조인트. $P = \pi^2 \dfrac{EI}{L^2}$
(b) 방향과 위치에서 양 끝부분이 고정된 것. $P = 4\pi^2 \dfrac{EI}{L^2}$
(C) 한쪽 끝부분은 엔카스터encastré 결합, 다른 쪽은 핀-조인트 그리고 측면 방향으로 이동이 자유로운 경우. $P = \pi^2 \dfrac{EI}{4L^2}$

하중 P는 4만큼 많이 복합화된다. 그러나 매우 빈번하게 일어나는 것은, 상당한 정도의 끝부분 제어는 추가로 무게와 복잡함과 비용이 포함되고 그래서 시행할 가치가 없다. 더 나아가 '고정된' 끝부분—연결은 그 버팀재에서 끝부분—부착의 어떤 잘못된 정렬상태로 전환되게 된다. 이런 상황이 일어나면, 버팀재는 조기에 휘어질 수가 있고, 실제로 더 약해지게 한다. 이러한 이유로 그 돛의 '고정된' 사다리—데크와 용골(배의 바닥 중심 골재)에 그것을 부착한 것—는 더는 유용한 것이라고 할 수 없다.(그림 10)

우리가 바로 기술했던 오일러 공식에서, 파괴 응력을 표현하는 용어는 없다는 것을 알게 될 것이다. 주어진 길이의 버팀재와 패널의 좌굴 하중은 부재 단면의 'I' (또는 면적의 2차 모멘트)에 따르게 되고 또 재료의 영계수 혹은 강도에 따라 달라지기도 한다.

긴 버팀대는 좌굴 되었을 때 '부러지지' 않는다. 그것은 하중의 방향을

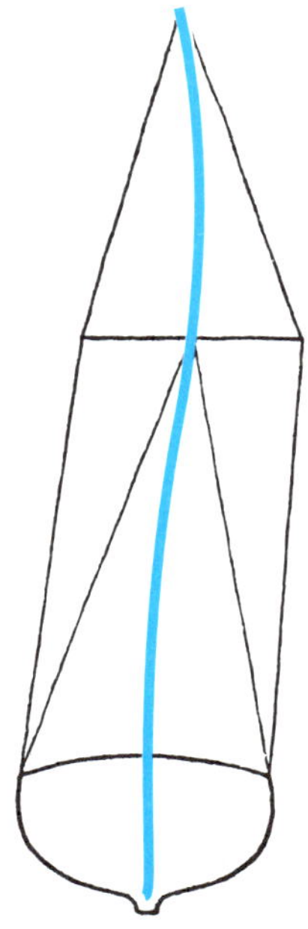

[그림 10] 기둥이 힘에 대해 그러한 방식으로 끝부분에 조여진다면 일직선에서 벗어나게 되고, 그 좌굴 하중은 줄어들게 된다. 밧줄과 같은 고정장치는 늘어날 수 있게 되기 때문에 더는 데크와 바닥 용골에 종전대로 돛을 고정시킬 수가 없다.

벗어나려는 방안으로 탄력적으로 휘어질 뿐이다. 재료의 '탄성 한계'가 좌굴이 일어나는 동안에 초과되지 않는다면, 그때, 하중이 줄어들게 되어 그 버팀재는 경험상 그다지 걱정할 필요 없이 간단하게 다시 똑바로 튀어 나가게 되어 원래의 모습으로 회복된다. 이러한 특성은 종종 이 방식으로 '부러지지 않는' 구조물을 설계할 수 있다는 점 때문에 장점이 된다. 폭을 넓혀서 말하자면, 이것은 카펫과 도어 매트 작업을 하는 방식이다. 예상대로, 자연은 이러한 원칙을 폭넓게 활용하다. 특히 불가피하게 밟혀야 하는 잔디와 같이 작은 식물에는 더욱 그렇다. 이는 어떤 저항 없이 잔디를 걸을 수 있는 이유이다. 그것은 사람과 가축 모두에게 실질적으로 파괴할 수 없고 뚫고 들어갈 수 없도록 신속히 설치된 방지책을 만들어 놓은 오일러 박사의 원리와 뾰족한 가시의 절묘한 조합이다. 다른 한편으로는, 길고 가늘게 된 찌르는 무기를 사용하도록 되어 있는 모기나 여타의 곤충은 그것들이 우리를 괴롭힐 때 이러한 버팀재를 좌굴로부터 보호하기 위해 교활하고 저급한 구조적 방안으로 사용하기도 한다.

오일러의 생애에서 그의 공식을 실제 기술적으로 활용하는 일은 매우 적었다. 실제적으로 유일하게 중요한 곳에 적용된 경우는 배의 돛과 다른 날개빔과 같은 곳의 설계에서이다. 그러나, 현대의 선박제조자들은 이미 실용적인 방식으로 조절하면서 이러한 문제를 해결했다. 스틸Steele이 저술한 *돛의 건조를 위한 요소, 배의 건조와 고정장치* 등과 같은 선박제조에 관한 위대한 18세기에 쓰인 교재는 경험을 바탕으로 해서 모든 종류의 날개빔에 대한 방대한 수치상의 자료들이 있었으며, 이러한 참고자료들이 수치적으로 산정과정을 통해 많이 발전되어왔다는 것은 의심스러운 일이다.

좌굴 현상에 대한 심각한 관심은 단지 오일러의 시대를 지나서 약 1세기를 지나서야 시작되었다. 이는 건조 작업에서 단철 플레이트의 사용이 폭넓게 늘어난 탓이기도 하였다. 이러한 플레이트는 엔지니어들에게 그동안 익숙한 대상인 조적조와 목조보다 자연스럽게 훨씬 얇게 되었다. 그 문제는 1848년경 메나이 철교의 건설 사례에서 첫 번째 심각한 장애로 대두되었다. 이 철교의 설계는 3명의 대단한 사람들인 로버트 스티븐슨(1803-59), 수학자이자 기술에 관한 수석 교수 중의 한 사람인 이튼 호킨슨(1789-1861), 단철 플레이트의 구조적인 사용을 선도한 윌리엄 페어베어런(1789-1874) 경 등이 책임을 지고 협력하여 실행하였다.

스티븐슨의 현수구조 철교는 너무 유연성이 있었던 탓에 실패하였다. 더욱이, 그 정중한 해군 제독은 배의 운항을 위해 철교 아래에 100피트(약 30m)의 확실한 공간이 있어야 한다고 주장하였다. 요구되는 그 배의 상부에 필요한 확실한 강도를 결합시킬 유일한 방법은 전에 건설된 적이 있었던 것보다 훨씬 더 긴 빔을 가진 철교를 설계해야 했다. 여러 가지 이유로 그 빔을 만드는 것이 최선인 것처럼 보이고, 그 각각은 그 튜브들 내부를 달리게 되는 기차와 같이, 단철 플레이트로 건조된 튜브의 형태는 460피트(약 140m) 길이가 되어야 한다.

그것은 아주 빠르게도, 가장 중요한 디자인의 문제 중 하나가 빔의 상부 또는 압축면을 형성하는 철제 플레이트의 좌굴에 달려 있다는 증거가 된다. 오일러의 공식이 단순한 패널이나 버팀재에는 충분히 정확한 결과를 얻게 해준다고 하더라도, 철교 튜브의 형태는 당연히 복잡할 것이고, 그래서 그때마다 정확한 수학적 이론이 존재하기 어렵다. 앞서 3명의 디자이

[그림 11] 브리타니아 철교 : 튜브 형태의 박스 빔 구조

너는 모형으로 실험해 보는 것 이외에 다른 선택의 여지가 없었다. 기대했던 것처럼, 이러한 것이 혼잡하고 신뢰하기 어려운 것임을 증명하고 있다. - 그래서 세 명은 서로 다투기도 하고 튜브에 대한 시각에서 실제로 안전한 설계가 아닐 수 있다는 점이 있어서 동시에 파트너십이 깨진 것처럼 보이기도 했다. 그러나 결국은 세포형 박스 빔으로 결정되었다.(그림 11) 모든 사람의 무한한 신뢰를 위해서 이것은 안전성을 증명해 보였고, 그래서 이 시기에 만들어지게 되었다.

스티븐슨의 시대 이래로, 얇은 쉘 형상의 좌굴에 대해서 매우 많은 수학적 결과를 얻은 연구가 시행됐다. 그러나 그러한 구조물의 디자인은 여전히 불확실성의 일상적인 정도 보다 훨씬 더 많은 정도가 활용되어 오고 있다. 그래서 이러한 종류의 명확한 구조의 개발은 비용이 많이 들 것처럼 보인다. 왜냐하면, 디자인이 완료되기 전에 전체 크기의 강도 시험이 필요하기 때문이다.

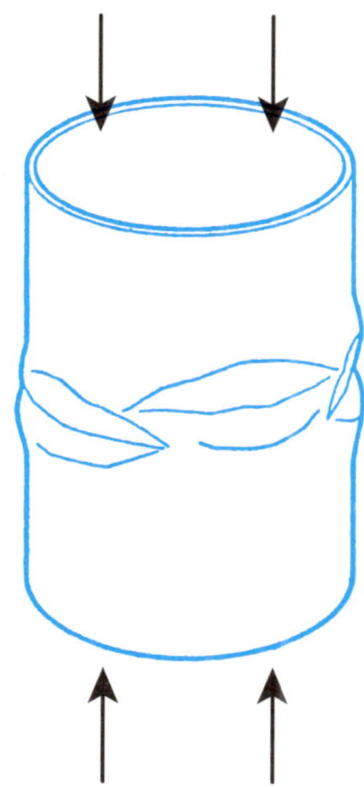

[그림 12] 축 압력을 받는 얇은 벽을 가진 튜브형의 '화로' 또는 국부 좌굴

튜브, 선박과 대나무 - 그리고 화로의 좌굴에 관한 것

오일러에 따르면, 버팀재의 좌굴 하중은 다양하기 때문에, 긴 기둥의 압축 강도는 실제로 매우 낮을 가능성이 있다. 이러한 것에 대해 우리가 할 수 있는 유일한 것은—만약 가능하다면 L^2에 비례해서—EI 를 증가시키는 것이다. 대부분 재료의 E에 대해서, 탄성력의 영계수는 매우 잘 지속되고 있는데, 그래서 실제 우리가 해야 하는 것은, 부재 단면 면적의 2차 모멘트 I 를 올리는 것이다. 이것은 우리가 기둥을 좀 더 평평하게 해야 함을 의미한다. 물론, 그것은 예를 들어 도리아식 사원의 우람한 기둥에서처럼, 조적조로 하는 것과 정확히 일치한다. 그러나 그 결과는 지나치게 무겁고, 우리가 가벼운 구조로 만들고 싶다면 그때 우리는 다른 종류의 확장된 단면을 디자인해야 할 것이다. 이것은 때때로 어떤 'H' 또는 별 모양, 또는 사각 박스 등의 형태를 선택하게 된다. 그러나 전체적으로 볼 때, 둥근 튜브형이 보통 더 좋고 더 효율성이 있다.

튜브형의 사용은 엔지니어와 자연 등과 함께 아주 잘 알려져 있고, 그래서 튜브형 버팀재는 모든 종류의 목적에 폭넓게 사용된다. 그러나, 압축을 받는 튜브는 *두 가지* 형식의 좌굴 중의 하나를 선택하게 된다. 그것은 우리가 묘사해 온 방식으로 보이는 좌굴인데, 말하자면, 그 전체 길이를 넘어선, 긴 파동의 모양으로 된 것으로, 오일러 패션이라고 할 수 있다. 상대적으로는, 짧은 파동 형식의 좌굴이 있는데, 그것은 국부적인 것으로, 일종의 주름 또는 구겨진 종류의 것들을 튜브형으로 함으로 인해서 되는 것을 말한다. 튜브의 반경이 커지면, 그리고 벽이 얇아지면, 그때 그 버팀재는 오일러 또는 긴 파동, 좌굴 등에 대해 안전하게 될 수도 있다. 그러나 피복의 국부적 구겨짐에 의해 손상될 수 있다. 이것은 얇은 벽으로 된 종이 튜브로 쉽게 알 수 있다. 이러한 국부 좌굴 또는 구겨짐에 의한 형태를 '화로형 좌굴'이라고 불린다.(그림 12) 이것은 압축에 있어서 단순 튜브형과 얇은 벽으로 된 실린더형의 사용에는 한계가 나타나는 효과를 보여준다.*

* 얇은 벽을 가진 원형 튜브에서 국부 좌굴은 일반적으로 표면에서의 응력이 다음 식의 수치값에 동등하게 도달했을 때 발생된다. $\frac{1}{4}E\frac{t}{r}$ 여기서 t = 벽 두께, r = 튜브의 반경, E = 영계수

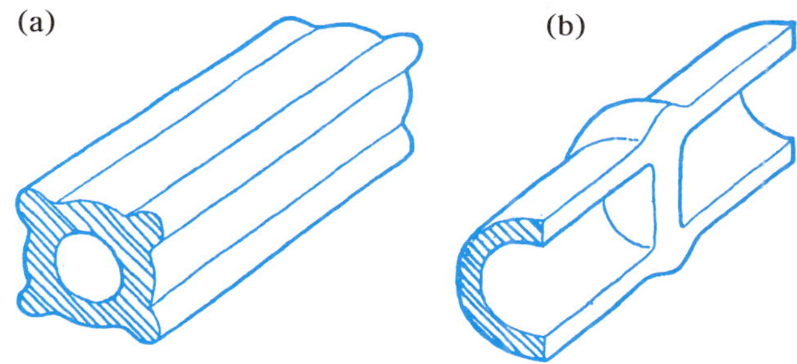

[그림 13] 국부 좌굴에 대비한 중공 식물 줄기형 보강의 두 가지 방식
(a) 종단 세로 보 형 방식
(b) 결절부 또는 칸막이형 - 식물과 대나무에서의 공통 방스

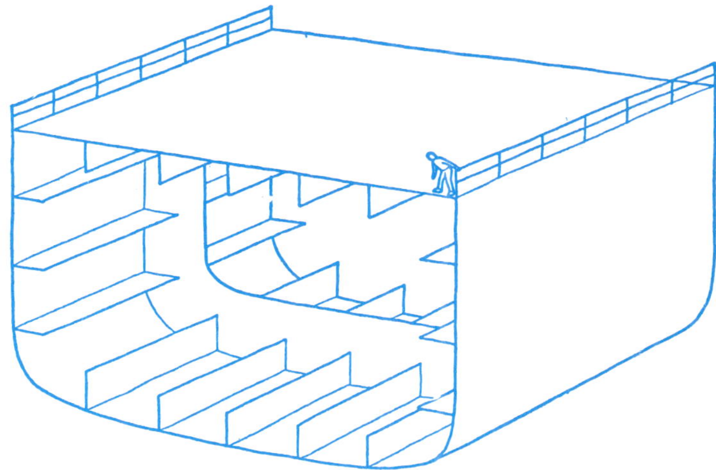

[그림 14] 선박과 항공기 같은 엔지니어링 쉘 구조물은 일반적으로 세로 보와 리브 두 가지를 사용하거나 또는 칸막이 방식을 사용한다. 이것은 유조선 탱크에 종종 사용되는 이셔우드 시공의 다이어그램이다.

화로형 좌굴에 대해서 지킬 수 있는 가장 공통적인 방법은, 거기에 가로 보인 리브 또는 세로 보와 같은 부재를 추가로 부착하여 얇은 벽을 가진 구조의 표면을 강화하는 것이다. 원주를 따라 있는 스티프너 즉 보강재는 일반적으로 가로 보 즉 '리브ribs'라고 부르며, 길이 방향으로 있는 보강재를 세로 보 즉 '스트린저stringers'라고 칭한다.(식물학자들은 이것도 '리브'라고 부르므로 이는 예외로 한다.) 선박의 쉘 도금은 전통적으로 리브와 칸막이bulkhead로 강화되고, 최근에는 대형 유조선은 '이셔우드Isherwood'식으로 건조되는데, 이것은 대형 세로 보stingers로 구성된다. 항공기 본체와 같이 정밀한 쉘 구조는 보통 가로 보인 리브와 세로 보로 강화된다. 구부러졌을 때 평평하게 되는 경향이 있는 작은 식물과 대나무의 중공 시스템 구조는 중심을 따라 연결접속 되는 공간이 되는 '교차점nodes' 또는 공간구획, 칸막이 등에 의해서 매우 우아하게 강화되도록 되어 있다.(그림 13 및 14)

나뭇잎, 샌드위치 및 벌집형

얇은 플레이트와 패널 및 쉘은 자연과 인공기술 양측에서 지속적으로 얻어지는 것이고, 이 구조가 더 커지고 더 얇아질수록 휨과 압축 하중이 가해지는 경우에는 더 많이 왜곡되고 구부러지게 된다. 원칙적으로는, 휨에서 어떤 기둥이나 패널을 강화하는 것은 좌굴에 대한 저항도 증가하게 되고 그래서 압축에 더 강해지기도 한다. 이렇게 하는 하나의 방안은 로프나 와이어로 버팀재와 패널이 움직이지 않게 하는 것이다. 즉, 이것은 식물에서는 결코 사용되지 않는 해결책이다. 상대적으로 볼 때, 그리고 아마도 예상되기를, 리브 또는 세로 보로 골 주름을 잡거나 세포와 같은 성긴 구조를 만들어서 부재를 강화할 수 있다.

목재는 세포형 재료여서, 대부분 식물이 섬유가 있고, 식물과 대나무의 줄기 표면에 두드러지게 보인다. 더구나, 생존에 대한 경쟁적인 투쟁에 있어서는, 많은 식물이 잎들의 구조적 효용성에 명확하게 의존하고 있음을 알 수 있다. 왜냐하면, 그것들은 신진대사에의 대가를 최소화하는 데에 광합성을 위해, 가능하면 최대한 면적을 태양에 노출해야 하기 때문이다. 그러므로 잎은 중요한 패널구조물이고, 휨에 대해 그들의 강도를 증가시키기 위해서 잘 알려진 구조적 장치들을 대부분 활용하도록 하는 것이다. 거의 모든 나뭇잎은 정교한 리브 즉 가로 보의 구조로 되어 있다.* 즉, 각

리브 사이의 막은 세포형 구조물의 존재에 의해 강화되고 있으며, 몇몇 사례에서는 골 주름을 잡음으로써 훨씬 더 강화시키기도 한다. 이런 모든 것에 덧붙여서, 전체적인 잎은 수액의 삼투압에 의해 수압적 작용으로 강화된다.

기술적 엔지니어링 구조물에서, 패널과 쉘은 바닥 플레이트에 접착, 또는 리벳 조임 또는 용접된 리브 또는 세로 보에 의해서 아주 빈번하게 강화된다. 이것이 이런 과정을 수행하는 데에 항상 무게가 가장 안 나가거나 가장 저렴한 것은 아니다. 그 문제를 해결하는 또 다른 방법은 두 가지 분리된 층에 쉘-플레이팅을 하는 것이다. 그 층은 연속해서 지지하는 몇 가지 종류에 접착되어서 나누어진 공간으로서 보통 가능한 한 가볍게 만들어져 있다. 이러한 종류의 배열을 '샌드위치 구조'라고 칭한다.

현대에 있어서 샌드위치 패널은 드 하빌랜드의 유명한 수석 디자이너인 에드워드 비숍에 의해 중요한 구조적 목적에 우선 사용되었다. 이는 지금은 잊혀졌지만 1930년대에 만들어진 코멧 항공기의 본체를 위해 만들어졌다.† 그것은 아마 이 항공기인 전시의 모스키토를 계승하는 것으로 활용을 위해 가장 잘 알려졌을 것이다. 이러한 두 개의 항공기에서 샌드위치형 코어는 경량 발사-목재로 만들어졌고, 양면이 자작나무 합판으로 접착되어 더 무겁고 더 강한 외피를 갖게 되었다.

모스키토기가 가장 성공한 비행기라고 하더라도, 발사목재는 물을 빨아들이고 썩기 쉬웠다. 더구나 이런 연하고 깨지기 쉬운 열대 목재의 공급은 양적으로 제한적이고 질적으로 차이가 심했다. 사물이 변화하는 것처럼, 샌드위치 쉘과 패널에 사용되는 주요 재료에 대한 연구는 동시에 또 다른 요인에 의해 이러한 시기에 많은 자극을 주었다. 이것은 공중레이더의 등장이었다. 이러한 장비를 장착한 이동식 레이더 반사 장치 또는 '스캐너'는 대형 유선형 돔 또는 페어링(소음, 공기저항을 위해 단차, 틈을 없앤 것 : 역자 주) 내부에 장착함으로써 저장되고 보호되도록 해야 한다. 그것은 바로 '라돔 radome'으로 알려지게 되었다. 자연스럽게 이러한 페어링은 고주파용 전파를 위해 투명하게 만들어졌고, 이는 실제 플라스틱의 일종으로 통상 파이

* 빅토리아 레지아 백합의 잎에 있는 리브는 1851년에 수정궁을 디자인 한 조셉 팩스톤 경에게 영감을 갖게 한 것으로 오랫동안 알려져 왔다.
† 후에 같은 이름을 가진 제트 항공기와는 직접적인 연관성이 없다.

버 글라스 또는 페르스팩스Perspex로 만들어졌다. 레이더에서 라돔 쉘의 투명도는—적어도 이론상으로는—매우 향상되었으며, 이는 그 두께가 전도되어진 방사능의 파장에 세심하게 연계되도록 된 샌드위치 구조로 제작되어서 가능해졌다.—현대의 카메라 렌즈에 코팅 또는 '환하게 펼쳐진 blooming'의 두께와 같은 정확하게 같은 방법이 가시광의 파장과 관련을 맺고 있다.

여타의 젖은 목재와 마찬가지로 습기 찬 발사는 레이더에 거의 불투명이며, 그래서 전시상황에서의 발사는 실제로 늘 젖어 있게 된다. 라돔을 위한 사용은 배제되어서, 방수 경량 재료의 개발이 필수적으로 요구되었다. 이것은 다양한 종류의 '기포가 있는' 인조레진에 의해 가능해졌다. 그 결과 메랭게(달걀흰자와 설탕을 섞어 구운 과자 : 역자 주)와 '에어로(속이 빈)' 초콜릿 같은 것이 가능해졌다.(그림 15) 이러한 종류의 거품 형태 레진 제품 즉 레진폼이 개발되었다. 이는 많은 좋은 성과가 되었고, 라돔 샌드위치의 코어 충진 뿐 아니라 모든 종류의 샌드위치 패널구조에도 동일하게 사용되었다. 그들 중 몇몇은 오늘날에도 여전히 사용된다. 예를 들면, 그것들의 세포구조와 중공 구조로 된 벽이 물을 투과하지 않기 때문에 보트건조에 사용되고 있다. 그러나, 고도의 구조 효율을 가진 샌드위치 패널의 중심 코어를 위해서는 레진폼이 사람들이 원하는 것보다 오히려 더 무겁고 강도는 덜하다. 다시 말해서, 경량 코어 자재를 위한 시장은 다소간 개방이 되어 있다.

1943년 말을 향해가던 어느 날, 조지 메이라는 서커스단 주인은 나를

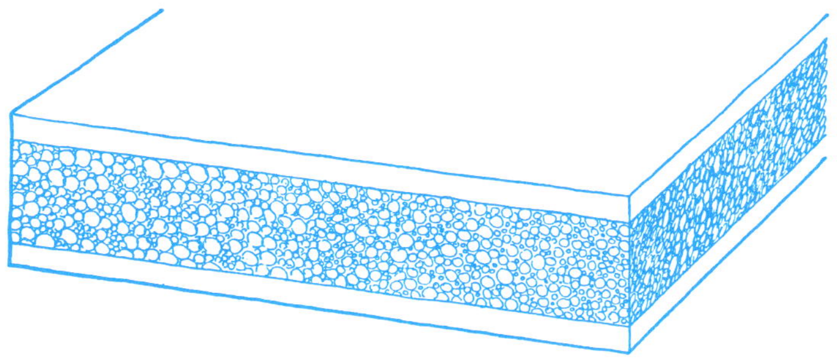

[그림 15] 기포화 된 레진은 종종 샌드위치 구조에서 경량 충진 재질로 사용되었다.

판보로우에서 나를 보자고 전화했다. 그는 나에게 순회 서커스를 하는 동안에 원숭이를 지켜야 하는 어려움에 관한 여러 가지의 제럴드 듀렐 형식의 이야기를 말했다. 그는 책과 아코디언 사이를 가로지르는 것처럼 보이는 어떤 것을 만들어냈다. 그가 이 발명품의 끝부분을 잡아당겼을 때, 그

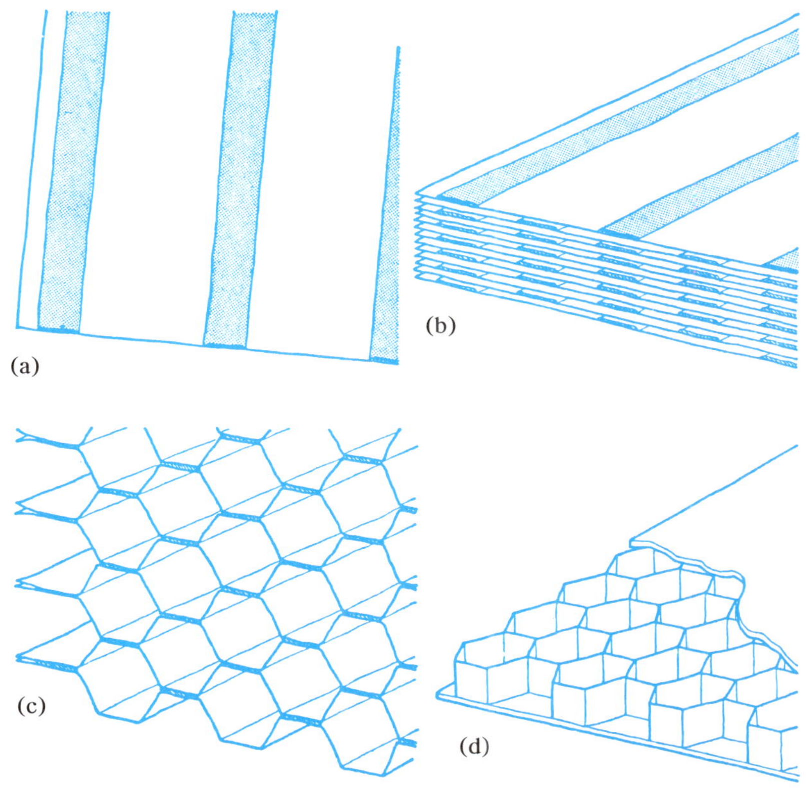

[그림 16] **종이 벌집 구조의 제작과 활용**
(a) 합성수지로 된 종이는 수평 띠로 된 접착제로 프린트되었다.
(b) 여러 겹의 종이는 접착 띠가 서로 엇갈리게 해서 두꺼운 블록 형태로 접착한다.
(c) 접착제를 붙이면 재료 덩어리가 벌집 모양으로 확장된다. 이 후 레진이 경화된다.
(d) 벌집 슬래브는 플라이, 플라스틱 또는 금속 시트 사이에 접착되어 구조적인 샌드위치를 형성한다.

전체적인 것이 사람들이 크리스마스 장식으로 사용하는 색종이로 만든 꽃줄장식 중의 하나와 같은 것이 튀어 나왔다. 그것은 실제 매우 가벼운 벌집(하니컴)모양 종이 장식의 일종이지만 놀랄 만큼의 강도와 단단함을 가지고 있다. 나는 이러한 것을 항공기에 어떻게 사용할 수 있을까 하고 생각했다. 조지 메이가 겸손하게 인정했던 그 걸림돌이 된 것은, 그것이 갈색 종이와 보통의 고무풀로만 만들어졌기 때문이었다. 그것은 습기에 저항력이 전혀 없어서 젖었을 때 조각이 떨어져 나간 것이다.

이것은 항공기 엔지니어 집단이 서커스단장의 목에 그들의 팔들을 두르고 그에게 키스하는 등 열렬히 대할 때는, 역사상 비교할 수 없을 만큼의 상황 중 하나가 된 것이다. 그러나, 우리는 그 열광에 자제하고, 메이 단장에게 합성수지(레진)가 있으므로 종이 벌집 장식의 방수에는 별문제가 없을 것이라고 말해주었다.

이것은 우리가 했었던 일로 확신이 있었다.(그림 16) 그 벌집 모양이 만들어졌던 종이는 경화되지 않은 페놀수지의 해결책을 가지고 사용되기 전에 생겨난 것이었다. 벌집 모양이 만들어지고 확산된 후에, 그 수지는 오븐에서 가열됨으로써 경화되고 단단해졌다. 결과적으로 그 종이는 방수형으로 만들어졌을 뿐 아니라 강화되고 단단해지게 되었다. 이 재료는 매우 성공적으로서 모든 종류의 군사적 목적을 위해 샌드위치 구조의 코어가 활용되었다. 그것이 오늘날 항공기에서 그다지 많이 사용되지는 않는다고 하더라도, 세계에 있는 주택 문짝의 반 정도는 종이로 된 벌집 구조의 한 면에 합판 또는 플라스틱의 얇은 쉬트를 붙여서 만들어진 것이다. 그것은 영국보다는 특히 미국에서 훨씬 폭넓게 사용되며, 이 종이 벌집 구조의 세계적 생산량은 매우 많은 것으로 알려져 있다.

샌드위치 구조의 사용에도 불구하고, 폼수지 코어와 벌집 구조는 엔지니어링 상으로 비교적 새로운 것이어서, 생물학에서 매우 오랜 기간 사용되어 왔다. '해면 모양을 가진' 뼈(그림 17)로 불리는 것은 이 원리를 이용한 것이다. 우리 각자는 우리 해골의 뼈에서 매우 좋은 예를 실행에 옮기고 있는 것이고, 여기에서는 물론, 휨과 좌굴 하중도 포함되어 있다.

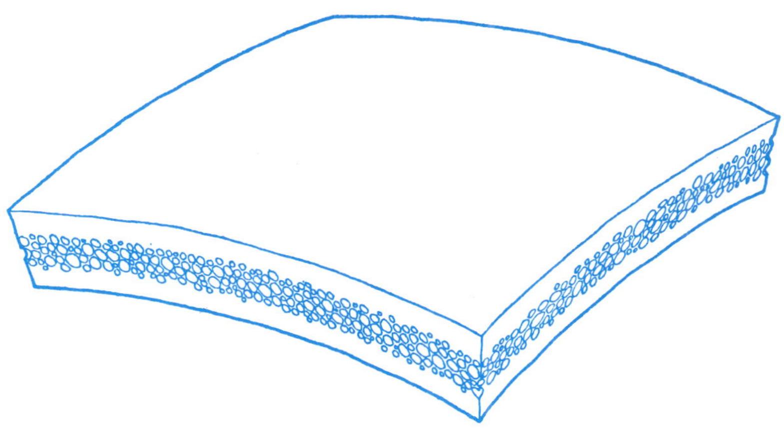

[그림 17] 해면 모양의 뼈

ELIZABETH II AD

PART 4
그리고 그 결론은 ...
AND THE CONSEQUENCE WAS ...

Chapter 14

디자인의 철학

또는
형상, 무게 그리고 비용

철학은 분별, 재량에 다름 아니다..
- 존 쉘던(1584-1654)

우리가 보아왔던 것처럼, 구조 이론 중 가장 흔한 일상의 실용적인 활용은 어떤 특수한 구조의 움직임을 분석하는 일이다. 여기에는 그것이 건설을 위해 제안된 것과 실제 존재하고 있지만, 그것의 안전성은 의문인 경우의 것, 그렇지 않다면 이미 붕괴되어 혼란스러운 상태에 있는 것 등이 있다. 다른 말로 해서, 우리가 주어진 구조의 치수와 규모 그리고 만들어지게 된 재료의 특성을 안다면, 우리는 적어도 그것이 존재할 수 있도록 하려면 얼마나 강해야 하는지 그리고 그것을 얼마나 반영하게 되는지를 예측해보고자 하는 것이다. 그렇지만, 이러한 종류의 계산은 특수한 사례에서는 확실히 매우 유용하다고 할 수 있을지 몰라도, 우리가 왜 사물들은 그들이 가진 형상들이 그런지를 이해하고자 할 때, 또는 특별한 장치에 대해 최상의 것이 되고자 해서—여러 가지 구조의 상이한 단계를 벗어나서—선택하려고 할 때, 이러한 식의 접근방식은 우리에게 제한적인 도움만 될 뿐이다. 예를 들면, 항공기나 교량을 제작하는 데에 있어서, 그것이 지속해서 플레이트나 패널, 그렇지 않으면 그 외에 로드 또는 튜브와 브레이스 등이 와이어로 결합되어 만들어진 십자형 격자 장치 쉘 구조를 사용하는 것이 더 좋은 것인가? 다시 말해, 왜 우리는 그렇게 많은 근육과 힘줄 그리고 상대적으로 적은 수의 뼈를 가지고 있는가? 더 나아가, 엔지니어는 전에 일반적으로 사용할 수 있는 많은 다양한 재료들로부터 어떻게 얼마나 선택해왔는가? 그는 철과 알루미늄으로, 플라스틱이나 목재로 자신의 구조물을 만들었는가?

식물과 동물 그리고 전통적인 인공물들의 '디자인'이 바로 나타나지는 않는다. 규정에 따르면 경쟁적인 세상에서 오랜 시간에 걸쳐 진화해 온 어떤 구조물의 형상과 재료는 운반하고 재정적으로나 그 감가상각 비용이 고려된 결과물에 대해 최적화되어 나타난다. 우리는 현대의 기술력에서 이러한 종류의 최적화 된 상태를 성취하도록 해야 한다. 그렇지만 우리는 그것에 대해 항상 너무 좋아해서는 안 된다.

때때로 '디자인 철학'으로 불리는 이러한 주제를 과학적인 방식으로 연구해서 폭넓게 알아내기는 힘들다. 이는 애석한 일이다. 왜냐하면, 생물학이나 엔지니어링 즉 공학에서 다 그 결과가 중요하기 때문이다. 많은 고려가 되지는 않았다 하더라도, 디자인의 철학에 관한 연구는 사실상 아주 오랫동안 진행되어 왔다. 그 주제에 대한 첫 번째로 신중한 기술적 접근은 1900년경 A.G.M. 미첼에 의해 이루어졌다.* 생물학자들이 실제 갈릴레오에 의해 제안된 이래 '정육면체 법칙'(9장 참조)에 관해 언급해 왔다고 하더라도, 다아시 톰슨 경이 그의 훌륭한 저서인 *성장과 형성에 관하여*(아직 출간되고 있는)를 출판한 1917년까지는 거론되지 않았다. 그것은 동물과 식물의 모습에 대해 구조적 필요조건의 영향에 관한 첫 번째의 총괄적 평가 보고서였다. 모든 그러한 많은 장점 때문에, 그 책은 그저 숫자상의 한 권이 아니고, 드러난 공학적 관점들이 항상 좋지는 않았다. 위대하고, 정의롭고, 추앙받는다고 해도, *성장과 형성*이란 책이 생물학적 사고라는 면에서 그 자체의 시간이나 그 후 오랫동안에 실제적으로 큰 영향을 갖지 못했다. 생물학과 공학적 사고 사이의 상호작용을 위한 시간이 준비되어 있지 않았기 때문이라는 것은 의심할 여지가 없으므로 엔지니어에게 그렇게 많은 영향을 주지는 못했을 것으로 보인다.

최근 수년 동안에 구조의 철학에 관한 수학적 연구의 주요한 대표주자는 콕스H.L.Cox였다. 눈에 띄는 탄성 학자라는 존재 이외에도, 콕스씨는 베아트릭스 포터란 전문가를 추가적인 장점요소로 갖게 되었다. 나는 그가 위대한 토마스 영Thomas Young과 몇 가지 면에서 조금 닮았을 뿐이라고 말한 것에 대해 용서해 주기를 희망한다. 그는 영의 천재성 중 어떤 면뿐 아니라 영이 한 표현의 모호함에 대해 잘 해석하고 나누었다. 나는 콕스의

* 예를 들면, A.G.M. Michell, '프레임 구조물에서 재질의 경제성 확보의 한계', Phil. Mag. Series6,8,589(1904).

표현이 복음 전도사나 해설자의 도움 없이는 쫓아가기 어렵다는 점을 종종 알게 되는 것이 점점 덜 치명적인 것이 되는 게 두렵다. 이것은 그의 작업이 그 가치 보다 덜 관심을 받게 되는 사실을 설명해주는 것이다. 추종하는 많은 것은 직접적이건 간접적이건 콕스에 기반을 두고 있다. 인장구조에 대한 그의 분석으로 시작해보자.

인장구조의 설계

하중이 적용될 수 있다는 점을 통해서 몇몇 종류의 마감 장치를
최초로 고안한 것이 아닌 어떤 인장 부재를 전파하는 것은
불가능하다는 점이 엔지니어링 설계의 매력적인 점이다.
예를 들면, 재질이 단철이나 넝쿨 줄기, 와이어 로프나 끈이라면,
그 마감처리에서의 응력 시스템은 단순한 인장력에 관한 것보다
훨씬 복잡한 커다란 과제이다.
여기에는 인장 마감처리에 관한 디자인에는 많은
이론적인 배경이 있다. 그러나 또한 매우 많은 경험치가 있다.
그리고 경쟁적으로 한편으로는 고대 피그미족의 노끈을 매듭으로
만드는 공예품에서 유래했다거나, 브루넬이 개발한 아주 유용한
아이바(eye bar : 양단에 구멍이 뚫린 강철봉)에서 비롯되었다고
하기도 하는데, 이러한 것에 따른 경험은 종종 디자인(설계)으로
이어지게 된다.
여태까지도 그 이론가들은 나중의 말에 비중을 두는 것 같다.
– H.L. Cox, *최소한의 하중을 가진 구조물의 설계* (Pergamon, 1965)

우리가 마감 공사의 효과를 고려하지 않아도 된다면 인장 구조물의 개념은 대단히 단순한 과제가 될 것이다. 인장 구조물의 하중이라는 한 가지 사실에 대해, 그것이 어떤 주어진 하중을 이동시키기에 적합하도록 하는 것은 그 길이에 비례하게 된다. 말하자면, 100m가 넘는 길이를 1톤의 하중을 이동시킬 수 있는 로프는, 1m 정도 되는 거리에 같은 무게를 이동시킬 수 있는 안전로프에 비해 정확히 100배의 무게를 감당할 수 있다는 것이다. 더 나아가서, 하중이 공평하게 나누어지도록 배분해서, 고정하중이 하나의 싱글로프이거나 타이바로 되어 있거나 단면의 각각 반을 두 개의 로프 또는 바bar로 해서 지지되도록 함으로써 차이가 나지 않고 평형을 이루도록 한다.

이러한 단순한 장면은 마감처리 장치에 대한 필요성에 의해 반전되는데, 말하자면, 부재의 한쪽 끝에서 진입해서 다른 쪽으로 빠져나가는 하중을 처리하기 위한 필요성에 의해서 나타난다. 최초에 설치하는 로프도 각 끝부분에 매듭과 겹쳐잇기를 해야 할 것이다. 매듭과 겹쳐잇기는 비교적 무겁고 비용도 늘어난다. 우리가 아주 정확하게 계산해낸다고 하더라도 이 무게와 비용은 기반이 되는 인장 부재 자체의 비용에 추가되어야 할 것이다. 마감처리 장치의 무게와 비용은 로프의 길이가 길거나 짧은 데에 관계없이 주어진 고정하중에 거의 동일하게 된다. 그래서, 다른 것들도 평형을 이루게 되면, 단위 길이 당 인장 부재의 무게와 가격은 짧은 부재에서보다 긴 부재에서 줄어들게 될 것이다. 다른 말로 하면 무게는 길이와 직접적으로 비례하지 않는다는 것이다.

다시 한번 보면, 그러한 시스템을 수학적, 기하학적인 측면으로부터 보게 된다. 평형을 유지하고 있다고 할 때, 두 개의 인장 바에 있는 끝부분 장치물들의 전체 무게는 동등한 종단부의 단일 로프나 바의 끝부분 장치 무게보다는 덜하다.* 일반적으로, 무게는 하나의 부재에 있는 하중을 이동시키기보다는 두 개 또는 더 많은 부재 사이에 있는 하나의 인장 하중을 세분화함으로써 줄어들게 된다는 것이다.

Cox의 지적에 따르면, 끝부분 장치에서의 응력 배분은 항상 복합적이며 더 많거나 혹은 더 작게 많은 응력 집중성이 있어서 그런 점이 나타나게 되면 크랙이 발전될 수 있음을 감안해야 한다고 했다. 그래서 그 장치의 무게와 가격은 설계자의 기술력과 강도에 따르게 되며, 말하자면, 그 자재의 절골작업 여부에 달린 것이다. 절곡작업부가 더 높아짐에 따라서 끝부분은 더 가벼워지고 가격은 더 저렴하게 될 것이다. 그러나, 5장에서 확인된 것처럼, 강도는 인장강도가 증가함에 따라 감소하는 경향이 있다. 철제와 같은 통상의 금속기술 사례에서 보면, 절골작업은 인장강도의 증가에 따라 극단적으로 낮아진다.

그래서 인장 부재의 자재를 선택함에 있어서 우리는 통상적으로 호환되지 않는 조건들에 직면하게 된다. 타이-바의 중앙부나 평형 부분의 중량을 줄이기 위해서 우리는 인장강도가 높은 자재의 사용을 그려해야 한

* 왜냐하면, 인장 바의 종단부는 하중에 비례하고, 그래서 끝부분 장치의 크기가 그 하중의 3/2 즉 1.5배만큼 증가하게 되기 때문이다.

다. 끝부분 장치에 대해서는 일반적으로 단단한 재료를 선택하려고 하고, 단지 인장강도가 낮은 것을 수용하고자 하는 것을 너무 선호하는 것은 좋지 않다. 많은 난관이 있지만, 이러한 것들은 타협 때문에 해결할 수 있고, 이러한 경우는 주로 자재의 길이에 따라 달라진다. 케이블의 고정부에 있는 끝부분 장치와 연결함에 있어서 중량이 추가되고 복잡성이 부가된다고 해도, 최근에 건립된 현수교의 철제케이블과 같이 아주 길이가 긴 자재는 일반적으로 높은 인장력을 가진 철제를 선택하게 된다. 결과적으로, 그 교량의 각 끝부분에 한 개씩 이들 중 2개만 있게 된다. 반면에 그사이는 대개 1마일 정도가 된다. 중앙부에서 과도하게 된 중량을 줄이는 것이 끝부분에서 어느 정도 손실된 것에 대해 보충하는 것보다 더 많을 것이다.

그러나 그것을 짧게 연결되어 있는 체인과 같은 것으로 하게 되면, 상황이 달라진다. 각각의 짧은 연결부에서 끝부분의 중량은 중앙부보다 더 클 것이어서 매우 신중하게 고려해야 할 것이다. 이는 오래된 현수교를 지지하는 체인에 관한 사례이다. 그러한 것들은 일반적으로 매우 낮은 인장강도를 가진 단단하고 단조제작 되어 만들어진 철제로 만들어졌다. 10장에서 언급한 바와 같이, Telford에 있는 Menam 다리의 체인과 연결된 플레이트의 인장강도는 최신의 현대적 현수교의 와이어에 비해 1/10도 안 된다는 확실한 근거가 있다. 대단히 유사한 논의가 배와 탱크, 보일러, 보와 같이 금속이나 철제로 만들어져서 비교적 작은 플레이트 판으로 제작된 쉘 구조물에서도 이루어진다. 이것은 또한 상용 항공기와 같은 리벳조립형 알루미늄 구조체에도 적용된다. 이러한 모든 것들은 소형의 연결부로 된 2차원의 체인과 같은 것들이 더 많게 또는 더 적게 고려될 수 있다. 그러한 경우에는 더 약한 것이지만 더욱 많은 단조과정을 거친 자재를 사용하도록 하며, 그렇지 않으면 연결부의 중량을 허용하지 못하게 된다.(5장의 그림 13 참조, 105쪽)

배와 복엽비행기 그리고 텐트에 있는 로프나 와이어의 복합결합은 대체로 중량을 증가시키기보다는 오히려 절약하는 결과를 얻는다.* 자연스럽게, 모든 이러한 끈놀이와 같은 사업은 강한 바람의 저항력과 높은 유지비 그리고 복잡성과 같은 어려움을 해소해준다. 이것은 우리가 낮은 구조 중량에 대해 지불해야 할 대가이다. 이와 유사한 원칙은 동물에서 볼 수 있는데, 거기에서 자연은 근육과 힘줄과 같은 복합적인 인장 부재들을 거침없이 사용하고 있다. 실제로 끝부분 접합 장치의 무게를 줄이려고 했던 엘리자베스 여왕 시대 선원들처럼 그 장치에 적용했다. 많은 힘줄의 끝부분은 프랜시스 드레이크 경이 '까마귀'라고 불렀던 부채형태의 장치물로 펼쳐 붙이도록 했다. 각 힘줄의 줄기들은 골격에 분리되어 연결되어 있다. 그래서 그 중량이(그리고 아마도 신진대사 비용까지) 최소화되도록 했다.

인장과 압축 구조물의 상대 중량값

지난 장에서 본 것처럼, 주어진 고정물에 대한 인장과 압축에 대한 파괴응력은 종종 상이하지만, 강철과 같은 여러 가지 익숙한 자재들은, 그 차이가 그렇게 크지는 않고 그래서 인장과 압축 부재가 ***짧은 것***의 무게는 대체로 비슷하다. 사실, 압축 부재는 끝부분 장치가 무거울 필요가 없으므로—인장 부재에 반해서—짧은 압축 버팀대는 인장 바에 비해서는 상대적인 조건 때문에 더 경량으로 할 수 있을 것이다.

그러나, 버팀대strut가 더 길어짐에 따라서, 오일러Euler 박사는 스스로 감이 오도록 하기 시작했다. 긴 기둥의 좌굴하중은 $1/L^2$(여기에서 L은 길이)만큼 다양하게 나타나고 이것이 연속된 종단면을 가진 지지대를 포함한다는 것을 잊어서는 안 되며 이때 압축강도는 길이의 증가에 따라 매우 급격하게 떨어진다는 점도 기억되어야 한다. 그래서, 어떤 주어진 하중을 보완하기 위해서는, 긴 버팀대를 더욱 두껍게 제작되어야 하고, 그럼으로써 짧은 버팀대보다 더 무거워지게 된다. 지난 문단에서 언급한 것처럼, 동일한 관

---

* 수학적으로 생각해보면, 하중 P를 길이 L만큼 이동시키는 문제에서, 다음의 공식으로 평형의 인장바 n을 구하게 된다.

$$Z = \rho \frac{P}{s}\left(1 + \frac{k}{WL\sqrt{n}} \cdot \sqrt{\frac{P}{s}}\right)$$

여기서,
Z = 모든 인장 부재의 전 중량, 단위 길이 당
P = 이동된 전체 하중
s = 안전한 작업 응력
k = 설계자가 조작한 연결계수
W = 재료의 절곡 작용
n = 작용하고 있는 인장 부재 수
ρ = 자재의 밀도

이러한 것의 증거는 Cox의 저서 <*The Design of Structures of Least Weight*>에서 발견할 수 있다. 여기서는 Cox의 공식을 약간 응용한 것이다.

점이 인장 부재에는 적용되지 않는다는 것이다.

1톤(100kg 또는 10,000 Newtons)의 무게를 우선 10m(33ft) 거리를 이동시키는 문제는 인장과 압축 측면에서 연구함으로써 밝혀졌다.

- **인장의 측면 :** 하나의 철제 지지대rod나 케이블에 대해 우리는 인장 측면에서 330 MN/㎡ 또는 50,000 p.s.i의 응력을 허용하고 있다. 끝부분 장치에 관해 설명하자면, 전체 무게는 대략 3.5kg이나 8lb 정도가 된다.

- **압축의 측면 :** 어떤 압축에 따른 하중을 하나의 단단한 철제 지지대에 의해서 어떤 거리를 너머서 이동시키려고 시도하는 것은 어리석은 것이다. 왜냐하면, 단단한 지지대가 좌굴을 피하기에 충분한 두께를 가지고 있으려면 실제로 매우 무거워야 할 필요가 있기 때문이다. 실제로 우리는 철제 튜브를 잘 사용하고 있고, 그것은 두께가 5mm이며 직경은 16cm(6인치) 정도가 된다. 그러한 튜브는 200kg 또는 450lb 정도이다. 다시 말하면 인장 지지철물보다 50에서 60배 무겁다. 가격도 같은 비율로 높다. 더 나아가면, 하나의 압축 구조물을 세분화하고자 한다면 그 상황이 더 호전되기보다는 훨씬 더 악화될 가능성이 크다. 우리가 1톤의 하중을 지탱하고자 하면, 1개의 버팀대로는 안되고 각각 10m 길이를 가진 4개의 버팀대를 테이블처럼 배열하도록 하고, 그 버팀대들의 전체 중량은 400kg나 900lb로서 그 크기만큼의 두 배가 될 것이다. 그 무게는 구조체가 더 많이 나누어질수록 계속 증가하며, 실제 $\sqrt{n}$의 경우, 여기에서 n은 기둥 개수를 말한다.(부록4 참조)

다른 한편으로, 동일한 길이를 가지고 있으면서 하중이 증가하면, 압축 구조물의 무게는 상대적으로 증가한다. 예를 들면, 하중이 1톤에서 100톤으로 100배 증가하면, 그때, 인장 부재의 무게가 적어도 3.5kg에서 350kg의 비례로 올라간다고 하더라도, 이 하중을 10m 이상 운반하기 위한 버팀대 한 개의 무게는 약 200kg에서 2,000kg로 단지 10배만 증가한다.

그래서, 압축의 측면에서는, 경량인 것보다 무거운 하중을 지지하기 위한 것이 비례상 경제적으로 더욱 불리하다.(그림 1) 모든 이러한 고려조건은 간단한 버팀대와 수직 지지대 그리고 기둥의 경우와 마찬가지로 패널과 쉘구조, 플레이트와 부재 등에 대해 동일한 종류의 방안으로 작동된다.(부록 4)

이러한 종류의 고려조건은 텐트와 배의 돛과 같은 것들의 이론적인 해석이 가능함을 알려준다. 그러한 장치들을 가지고, 압축 하중을 가능한 짧게 고안되어 만들어진 몇 개 안 되는 마스트나 포스트로 집중시키는 것이 가능하게 된 것이다. 동시에 우리가 언급했던 인장 하중은 예상한 것처럼 많은 강선과 부재들에 아주 잘 분산되었다. 그래서 싱글 폴과 여러 개의 로프로 이루어진 종형 텐트는 가장 가벼운 '빌딩'이라고 할 수 있으며 그 전체 크기에 비례해서 제작된다. 그러나, 대부분의 텐트는 일반적으로 통나무나 조적조로 만들어진 고정 구조물보다 훨씬 더 가볍고 저렴하다. 같은 방식으로, 단일 수직 구조물인 마스트로 된 커터(연안 쾌속선)와 범선(슬로프) 등은 마스트가 2~3개인 케치선이나 스쿠너선 또는 여러 개의 마스트가 복합적으로 배열된 배보다 더 가볍고 효율적이다. 이것은 또한 A형 또는 삼각 뿔형 마스트가 고대 이집트인들과 빅토리아 철갑선을 디자인한 사람들에 의해 사용되었는데, 이것들은 무겁고 비효율적이다.

다시 말해, 인간과 같은 전형적인 척추동물은 전반적으로 종형 텐트 또는 항해 중인 배와 잘 맞는다. 거기에는 중앙 부분에 더 많이 있거나 더 적은 수의 뼈와 같은 작은 압축 부재들이 있으며, 근육과 인대, 기타 구성 요소들이 탄탄하게 둘러싸고 있다. 이는—모든 것이 장착된 배의 로프나

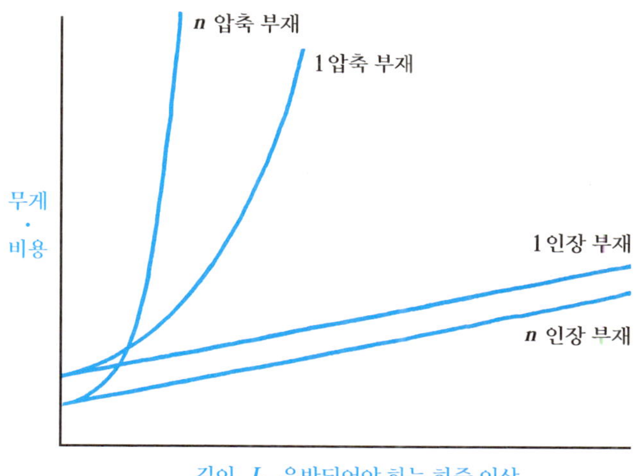

[그림 1] 위 다이어그램은 주어진 하중을 거리 L만큼 이동시키기 위한 무게-비용의 비례변화를 나타내고 있다.

향해 관련 장비들보다 한층 더 복잡하며—인장력을 전달하게 된다. 더 나아가서, 구조적인 관점에서는 두 개의 다리가 다리 넷보다 더 낫고, 지네는 다리가 매우 짧다는 조건 때문에 아마도 전체적으로는 부적절성에서 벗어날 수 있었던 것 같다.

스케일 효과 – 또는 '정육면체 법칙'에 대한 두 번째 생각

오래전에, 구조물의 무게는 육면체의 규격에 따라 증가한다고 하는 갈릴레오에 의해 비롯되었음을 기억되어야 할 것이다. 즉 하중을 전달하는 부재들의 단면 부분은 그 면적에 따라 증가하며, 그래서 구조물과 기하학적으로 유사한 재료가 가진 응력은 그 크기에 직접적으로 비례해서 증가한다. 그래서 직접적이든 간접적이든, 인장파괴 유도작용 때문에, 자체 무게에 의해 붕괴되기 쉬운 구조물은 규모가 더 커질수록 더욱 두껍고, 더 짧으나 단단하게 비율을 구성해서 만들어져야 한다. 사실상, 그 부재는 간단한 규정에서 표기된 것보다 비례에 의존하지 않고 더 두껍고 더 무겁게 만들어지도록 해야 한다. 왜냐하면, 거기에는 일종의 '복합된 이점'의 효과를 가지고 있기 때문이다. 따라서 모든 구조물의 크기는 매우 엄격한 제한조건이 되도록 하여야 한다.

정육면체 법칙은 오랜 시간 동안 생물학자와 엔지니어들에 의해 논의되어 왔다. 허버트 스펜서, 후에 드아시 톰슨은 그것이 코끼리 같은 동물의 크기를 한정 지었다고 말했고, 엔지니어들은 이미 존재하고 있는 것보다 상당히 더 큰 선박이나 항공기를 건조하는 것이 실행 불가능하다는 것을 설명하곤 한다. 이럼에도 불구하고, 선박과 항공기는 점점 더 대형화를 가속화 하고 있다.

사실대로 말하면 정육면체 법칙은 그리스 신전(약하고 무거운 돌로 만들어진)의 상인방과 빙산과 빙원(약하고 무거운 얼음으로 만들어진) 그리고 젤리와 블랑망주(젤리의 일종 : 역자 주)과 같은 것들에게는 전체 강도만을 가지고 적용한다.

우리가 보아왔던 것처럼, 많은 정밀한 구조물들에서는 압축 부재의 무게가 인장 부재의 무게보다 몇 배나 더 크다. 압축 부재가 좌굴에 의해 파괴될 우려가 있으므로 그 부재는 지탱하기 위한 능력이라고 말할 수 있는 하중이 더 커질수록 만들어지는 구조물이 더 커지게 되는 효과가 한층 높아지게 될 것이다. 이러한 이유로, 규모의 증가에 따라서 하중의 증가가 비례하지 않는다고 하더라도, 그 불리해진 점penalty은 정육면체 법칙에 따라 행해지는 것보다 훨씬 미미하다. 실제적으로 이 불리해진 점이라는 것이 여러 가지의 '규모의 경제성'에 의해 파생되는 것보다 더 많다고 할 수 있다. 예를 들면, 선박이나 물고기, 항공기나 새 등에서는, 움직임에 대한 저항이 표면적 비율에 거의 근접하는데, 이 표면적은 크기가 증가함에 따라서 무게에 비례해서 감소되게 될 것이다. 이에 대한 브루넬의 인식은 그를 *거대한 동쪽*을 디자인하도록 해주었고, 그의 그 대형 선박은 실패했지만, 브루넬의 인식은 옳았다고 할 수 있다. 그래서 이것이 오늘날 대형 유조선과 같은 어마어마한 선박을 만들게 된 것이다. 더 나아가, 5장에서 보았던 것처럼, 거대한 동물의 크기는 정육면체 법칙에 의한 것 보다 그들의 뼈에서 '명확한 미소결함Griffith crack의 길이'에 관련된 것들을 참조하여 예측한 것이 훨씬 근접해 보인다는 것이다.

공간-구성(剛構造) 대 응력 외피구조(張殼構造)

매우 자주, 엔지니어는 '스페이스 프레임'으로 불리는 것으로 분리형 버팀대struts와 인장 받침대rods로 만들어진 Meccano-fashion(조립식 구조: 역자 주) 방식으로 세워지는 래티스 구조와, '모노코케monocoque'로 불리는 것으로 하중을 연속되는 패널로 이동시키게 되어 있는 쉘구조 사이에서 선택에 직면하게 된다. 때때로 두 가지 구조형식 사이의 차이점은 스페이스 프레임이 실제로는 하중을 그리 많이 이동하지는 않으면서 몇 가지의 연속된 피복으로 덮여 있다는 사실에 따라 불분명하게 보이기도 한다. 이 점은 전통적인 통나무 움막집과 현대적인 철골조의 창고와 헛간(골철판으로 덮인), 그리고 단단한 껍질이나 비늘로 덮인 동물 등의 사례와 같다고 할 것이다.

때로는 사용하기 위해 제작된 것에 관한 결정이 구조적으로 강력하지 않은 조건들에 따라 규정되기도 한다. 그래서 전기 철탑은 개방형 격자trellis 또는 겹침 격자형lattice 탑의 형태로 했을 때 바람에의 저항력이 최소화되고 페인트 할 철골 면적이 최소화되는 것이다. 그것은 예를 들면, 보통 방수 기밀 백이나 막膜을 지탱하는 격자 형태trellis보다 두꺼운 철판으로 된 쉘구조로 물탱크를 제작하는 것이 훨씬 쉬우며, 그 격자 형태lattice가 더 가볍다 하더라도 사실상, 그 해결책은 보통 위장과 방광을 위해 돼 있는 자연적인 원리를 적용하게 된다.

두 가지 구조형태 사이에 무게와 가격의 차이는 때로는 별로 없고 사용되는 데에도 큰 문제가 없다. 다른 사례에서는 그 차이점이 매우 크게 나타난다. 우리가 보아온 것처럼, 텐트는 연속된 패널이나 콘크리트 또는 조적조로 그에 상당하는 어떠한 건물보다 항상 더 가볍고 저렴하다. 마차형 건물에서 구식인 '웨이만Weymann' 살롱 차량은 1930년경 만들어졌다. 그것은 패드형 막으로 덮인 목재 스페이스 프레임으로 구성되어 있으며, 전에 사용되고 있었던 다른 압축 금속 쉘 구조체보다 훨씬 더 가볍다. 요즘의 고가 휘발유 시대에 그 웨이만 구조체가 부활될 가능성이 있다.

그러나 일체형 쉘구조는 스페이스 프레임 구조보다 좀 더 '현대적'이고 보다 진보된 것이며, 때로는 원초적이고 오히려 히스 로빈슨의 일러스트에 나오는 것으로 생각되기까지 하는 하나의 아이디어라고 하겠다. 더 잘 알아야 하는 훌륭한 많은 엔지니어가 이 장면을 묘사한다고 할지라도, 거기에는 사실 그것에 대한 구조적인 정의를 내릴 이유는 없다고 하겠다. 주가 되는 압축 하중을 이동하게 되는 경우에는, 그 스페이스 프레임이 일체형 구조인 모노코크 보다 언제나 가볍고 대개는 경제적이다. 그러나 일체형 구조를 사용하기 위한 무게상의 불리함은 그 하중이 규격과 관련해서 높을 때는 덜 중요하고, 이것이 다른 고려조건과 관련해서는 몇몇 사례에서 쉘의 사용을 정당화하게 되었다. 그렇지만, '고정된' 항공기와 같은 크고 가벼운 하중의 구조물에 대해서, 스페이스 프레임이나 격자형 구조는 단지 실용 가능성이 있는 것일 뿐이다. 공기보다 가벼운 것들을 운반하려는 방안으로 제시되는 것으로는, 엔지니어가 꿈꾸는 표면이 매끈한 알루미늄판으로 된 어떤 거대한 일체형 구조의 비행선이 아니고 압축된 백 모양의 것이나 '소형 비행선'과 같은 것이다.

초기 비행기의 지지 막대기와 현 그리고 천막구조로부터 현대의 일체형 구조물까지의 변형은 어떤 유행의 급작스러운 파동에 의해 만들어진 것이 아니고 어떤 확실한 하중과 속도에 도달했던 항공기 디자인에서의 매우 논리적인 진보라고 할 수 있다. 우리가 말했던 것처럼, 압축과 휨을 수행하는 수단으로 간주되었던 구조 부분은 항상 스페이스 프레임 구조보다 더 무거웠다. 그렇지만 그 초과된 무게는 구조물에서 하중이 증가함에 따라서 비례적으로 더 줄어들 필요가 있다. 다른 한편으로, 전단과 비틀림에 저항하는 수단으로 간주되는 경우에, 그 일체형 구조는 스페이스 프레임 구조 보다 더 효율성이 높았다.* 항공기의 속도가 높아짐에 따라, 비틀림 강도와 단단함에 대한 요구가 나타나게 되었다. 그러므로, 구조물의 무게라는 점에서 보면, 스페이스 프레임에서 일체형 구조까지 항공기의 골조를 변화하게 되는 시기인 1930년대에 전환점이 도래했던 것이다. 이는 특히 단발기(날개가 한 쌍인 비행기 : 역자 주)에서 더욱 두드러졌다. 그래서 현대의 항공기는 보통 연속된 쉘구조, 알루미늄 쉬트를 사용해서 만들고, 표면 마감은 합판이나 파이버 글라스로 한다. 실제로 매우 가벼운 현대의 행글라이더에는 스페이스 프레임 구조로 동등하게 논리적인 복귀를 한다는 것을 볼 수 있다.

커다란 비틀림 하중에 저항하는 데에 필요한 것은 선박이나 항공기와 같은 인공구조물로 거의 한정된다. 12장에서 언급한 바와 같이, 자연은 늘 비틀림을 피하려고 하고, 그렇기 때문에, 거대한 동물들은 가능한 한 최소한으로 멀리 떨어지는 것을 고려하고, 일체형 구조물이나 골격이 노출되는 경우는 매우 드물다. 대부분의 거대 동물들은 척추동물이어서 매우 정교하고 잘 짜여진 스페이스 프레임으로 되어 있으며, 복엽비행기와 항해하는 선박과는 구조적인 철학상에서 크게 다르지 않다. 심각한 비틀림 관련 조건들에서 회피하는 것은 새와 박쥐와 익룡 등에서 아주 잘 볼 수 있다. 이것은 그 동물들이 창공으로 이륙했을 때 그들의 경량화 된 스페이스 프레임 구조로써 지탱할 수 있게 되는 것이다. 항공기 디자이너들은 잘 알아두시길...

* 비틀림 상자의 종단면 부분의 면적에 대해서...

부풀려진 구조물 Blown-up structures

때때로 역사의 기술적인 '경우'와 '꽁초ifs & buts'에 관해 추측해 보는 것이 흥미롭기도 하다. 이삼바드 킹덤 부르넬I.K.Brunel(19세기 초 영국의 토목/조선 기술자 : 역자 주)이 일을 실행하기 몇 년 일찍 철길의 장면을 확인하였다면, 모든 세계 철로가 그의 맞수인 죠지 스티븐슨이 로마 시대의 이륜전차에서 참고하여 만든 4ft 8.5inch(약 141.6cm)의 폭을 가진 '석탄 무개화차의 규격'을 사용하지 않고 7ft(210cm)의 규격을 표준화하도록 하였을 것이다. 그 스티븐슨의 규격은 브루넬이 예측한 것처럼 문제점을 노출하게 되었다. 오늘날 그 규격이 더 넓어졌다면, 그 철로는 현재보다 기술적으로나 경제적으로 더 강해진 입지에 놓이게 되었을 것이다. 그렇게 되었다면, 세상은 조금은 달라졌을 것이다.

다른 한편으로, 효율성 높은 공기충전 타이어는 1830년부터 상용화되었으며, 전체 철도 노선을 통과하지 않고도 기계적으로 도로 교통에 직접 연결되는 것이 가능해졌다. 그 경우에 당시의 세계는 더 많은 차이를 만들어 내게 되었다. 사실 그 공기충전 타이어는 약 15년 후에 너무 늦게 발명되었다. 그것은 R.W.톰슨이라는 23살 청년이 1845년에 특허를 받았다. 톰슨이 발명한 타이어는 놀랄 만큼의 성공적인 기술력을 보였으나, 그때까지 철로는 잘 설치되어 운용 중이었고, 그 철도에 관한 편중된 생각은 터무니없고 규제가 심한 법 규정을 촉진시키면서 말에 관한 관심과도 결합하였다. 이것은 그 세기 즉 19세기가 끝날 때까지 자동차의 발전을 지연시키는 결과를 낳았다.

자전거는 기차나 말에 심각한 위협을 조장할 일이 절대 없기 때문에 자전거의 개발은 빅토리아 시대에는 법적으로 허용되었다. 공기충전 타이어는 1888년에 J.B.던롭에 의해서 자전거에 사용되어 상당한 성공을 거두게 되었다. 던롭은 그것으로 행운을 만들었고, 그 시기에 톰슨이 사망하고 특허가 만료되었다. 단단한 타이어를 장착한 트럭은 15마력 정도로 한계가 있었고 승용차는 더 빨리 달릴 수가 없었다. 톰슨의 발명품은 단지 속도를 더 내고 값싼 도로운송을 가능하게 한 것만은 아니었다. 항공기가 마른 땅에서도 운용될 수 있도록 한 것이다. 공기충진형 타이어가 아니었다면 우리는 아마 수상비행기 형태를 가져야 했어야 했을 것이다.

물론, 타이어는 자동차 바퀴 아래의 도로로 퍼지고 쿠션을 주는 역할을 했고, 이것은 매우 극단적인 성공이라고 할 것이다. 그러나, 타이어는 실제 공기를 불어 넣는 구조의 많은 것 중 한 가지 예에 불과했다. 어떤 쿠션 효과를 가진 것과는 아주 다르게, 공기주입형 구조는 하중과 비용 측면에서 심각한 불리함을 극복할 수 있는 매우 효과적인 방법들을 제공했다. 그 점은 긴 길이의 휨과 압축에서 가벼운 하중을 이동시키고자 할 때 발생되는 요소들이다. 그러한 구조물이 하는 것은 압축력을 전달하기 위한 것이고, 좌굴이 쉬운 단단한 패널이나 기둥이 아니고 공기나 물과 같은 유동체의 압축에 의한 것이다. 그래서 단단한 부분은 단지 인장력을 지속하기 위한 것일 뿐이고, 우리가 보아 온 것처럼, 압축보다는 하중과 비용이 매우 적게 포함된다는 것이다.

기술력 면에서 지식적인 방식에서 공기주입형 구조를 사용하는 것에 대한 아이디어가 새로운 것은 아니다. B.C.1000년경에, 티그리스와 유프라테스강의 뱃사람들은 동물 피부에 공기를 충진해서 보트와 뗏목을 만들었다. 이 보트들은 하류로 흐르는 운반선으로 운항했고, 평지인 도시들에 판매하기 위한 생산품뿐 아니라 노새와 당나귀 등도 싣고 날랐다. 목적지에 도달하면, 그것의 바람을 빼고 운반 동물들 등에 짐을 싣고 출발장소로 복귀하였다. 현대에는 공기 충진 보트는 대중화되었고 공기 충진 텐트와 가구도 마찬가지이다. 그것들은 보통 패킹해서 자동차로 운반하게 된다.

공기 지지형 지붕은 1910년 위대한 엔지니어인 F.W. 랜체스터가 발명하였다. 그것은 공기가 주입된 막으로 되었고 각 모서리가 지면에 지지된 단순한 구성으로 되어 있다. 매우 낮은 압력 상태인 공기에 의해서 지지되어 간단하게 배열된 팬에 의해 공기가 공급되도록 했다. 그것이 공기 잠금 장치에 의해 유입과 배출이 된다고 해도, 이것은 다른 유익한 점을 고려하면 보통 그다지 심각하게 문제가 될 점은 없다고 하겠다. 랜체스터가 발명한 지붕구조는 매우 용이하고 적은 비용으로 넓은 면적을 덮을 수 있지만, 그것을 사용하는 것은 현재 온실과 같은 것으로 한정되어 있고 테니스 코트를 덮는 정도이다. 이것은 고루한 건축규정에 따라 공장이나 주택 같은 곳에는 사용이 제한적이다.

물론, 공기를 사용하지 않아도 되기도 한다. 샌드백은 유사한 역할을 하는 것으로의 또 다른 방식이며, 그래서 'Dracone(액체수송용 대형 용기: 역자 주)'용 선박은 오일이나 물로 채워진 단순하게 생긴 크고 긴 물 위에 뜨는 자루형 모양이다. 아마존 상류에서 석유운반용으로 사용되고 있으며, 바람을 뺀 채로 되돌아오는데, 유프라테스강의 동물 가죽으로 된 보트와 매우 같은 방식으로 되어있다. 그것들은 또한 관광객들의 목욕에서 사용할 깨끗한 물을 그리스 섬에서 호텔로 가져오는 데 사용되기도 한다.

공기주입형 구조물은 아마 그것들이 그동안 기술적인 사용을 위해서 있는 것보다는 훨씬 더 개발될 가치를 가지고 있다. 그러나, 이러한 구조형태의 위대한 성과는 식물과 동물들에 있다. 식물과 동물은 비즈니스상으로는 화학 공장으로서, 성과라는 면에서는 복합적이고 규모가 큰 유기체로 볼 수 있다. 예를 들면, 벌레 모양의 내부를 오징어로 꽉 채워져서 길어진 백의 형태로 벌레를 만드는 것에 비해 더는 '자연적'이고 경제성을 가진 것은 없다고 할 수 있다.

확실히, 이것은 매우 잘 된 것이고, 사실 그것은 매우 자연적이고 아주 경제적인 것으로 보인다. 사람들이 왜 동물들은 단단하고 무거운 뼈로 만들어진 골격을 얻기 위해 괴롭히기까지 하는지 의문이다. 예를 들어, 사람들이 문어나 오징어 또는 코끼리의 몸통처럼 만들어졌다면 훨씬 편리해졌을까? 심키스 교수가 나에 제기했던 한 가지 의문점은 동물들은 절대로 실제 전부가 골격을 가지고 있지는 않지 않느냐는 것이다. 즉 무슨 일이 발생한다는 것은, 아주 오래된 뼈들이 몸에 원치 않는 금속 원자들에 대해 간단하고 안전한 폐기장이 돼 준다는 것이다. 옛날의 동물들은 몸 안에 고형의 미네랄 덩어리 생산하고, 그것들은 근육과 접착하여 잘 활용된다는 것이다.

와이어 휠 Wire wheels

그것이 어떤 스타일리쉬한 결혼이 될 것 같지는 않은데,
나는 마차를 마련할 능력이 없지만,
그렇지만 당신은 그 자리를 따뜻한 눈으로 볼 것이고
두 사람을 위해 자전거를 만들고...
– 해리 대커Harry Dacre, *데이지 벨Daisy Bell*

전통적인 목재 마차 바퀴에서는 차의 무게가 축에 의해 차례로 압축력을 얻게 된다. 마차는 그래서 오히려 여러 개의 긴 다리를 가진 지네와 같으며, 그러한 것은 무겁고 비효율적이다. 이러한 사실은 저명하고 별난 사람으로 불리는 죠지 카일리 경(1773–1857)에게 먼저 눈에 띄었다. 카일리는 비행기 개척자 중에 가장 선구적이고 가장 뛰어났던 사람이었고 그는 그가 만든 비행기의 랜딩 바퀴를 더 좋고 가볍게 하는 데에 관심이 많았다. 1808년 초에 바퀴를 디자인하기에 따라 그 연결축이 압축보다 인장에 있도록 하면 무게를 현저히 줄일 수 있음을 깨닫게 되었다. 이러한 생각은 결국 현대적인 자전거 바퀴의 개발에서 얻어진 것을 와이어 축이 인장력에 있으며, 반면에 압축력은 림에 따라 발생된다는 점을 이끌어 냈다. 그것이 좌굴에 대해 상당히 안정적이기 때문에 그것을 매우 가볍고 가늘게 할 수 있게 된 것이다.

공기충전 타이어와 결합해서, 철사 스포크 바퀴는 보통의 사람들을 위한 실용적인 자전거를 만들었고, 이것은 두 사람이 타는 자전거 즉 Daisy Bell을 비롯해서 상당한 사회적 성과를 얻게 되었다. 그렇지만, 중량을 줄이는 것은 대부분 자전거 바퀴처럼 크고 가벼운 바퀴로 한정되었다. 바퀴는 더 작아지고 하중이 더 커지게 되면 인장력을 가진 바큇살을 사용해서 얻어질 수 있는 이점이 그리 크지는 않다. 현대의 스포츠카의 압출금속 바퀴는 일반 바퀴보다 매우 더 무겁게 되어있고, 그것은 보통 성가심이나 경비에 대한 점은 고려하지 않는다.

더 좋은 재료를 선정함에 있어 - 그리고 어쨌든 '더 좋은' 재료가 무엇인지?

자연은 생물학적인 조직의 측면에서 다양한 가능성들 사이에서 여자가 선택했을 때는 여자의 역할에 대해 알기 위해 고려되곤 한다. 그러나 대단히 영향력 있는 몇몇 소수의 남자는 재료에 관해 가장 이상하고 낯선 아이디어를 가지고 있는 것처럼 보인다. 호머에 따르면, 아폴로 신의 활은 은으로 만들어졌다고 한다.* 시인들은 항상 재료에 대해 매우 희망적이지만 그 외의 우리 대부분은 그다지 좋아하지는 않는다. 사실 아주 소수의 사람이 이 주제에 대해 온전히 이성적인 눈으로 본다고 할 수 있다.

유행과 특권의 단점은 그 문제에 대해 커다란 부분으로 과장되게 취급하려고 하는 데에 있다. 실제로 금은 시계에 매우 좋은 재질이 아니며 오

* 이 은銀은 변형 에너지를 저장할 필요가 없는 금속이다, 오히려 나중 시대에 우리는 하늘의 바닥이 금으로 아니면 유리의 일종으로 만들어졌다고 들었다. 둘 다 적절한 재질은 아니지만...

피스의 가구로 철제도 적절한 것은 아니다. 빅토리아 시대 사람들은 모든 종류의 있을 법하지 않은 대상들을 만들고 있다고 주장한다. 그 예로 단조 공법으로 만든 우산대 같은 것을 말하며, 거기에는 그의 궁전을 그와 같은 재료로 만들었던 아프리카의 지도자에 대한 이야기도 있다.

재료의 선정이 때때로 비이성적이고 편파적이라고 하더라도, 종종 그것은 매우 전통적이며 보수적인 특징이 있다. 물론 거기에는 전통적인 재료의 선정이라는 숨겨진 좋은 시도라는 선한 이유가 있지만, 그것은 두 개로 분리하기 어려운 것을 무리하게 섞어 놓은 것이라고 할 수 있다.
루이스 캐럴에서부터 달리에 이르기까지 예술가들은 어떤 친근한 물건이 고무나 빵, 버터 같은 대단히 부적절한 재료로 만들어진 것을 실행에 옮김으로써 상당한 심리적인 충격을 줄 수 있는 가능성을 찾아내 왔다. 엔지니어들은 이러한 영향에 매우 민감할 수 있다. 즉, 그들은 대형 목조 선박을 만드는 데에 대한 아이디어에서 현대에 일어날 좋은 의미의 커다란 충격을 받을 수 있다. 우리 조상들은 철에 대한 아이디어에서 훨씬 큰 충격을 받았다.

다양한 재료들의 수용 가능성은 시간의 흐름과 함께 호기심과 흥미를 갖게 하는 방향으로 변화해 왔다. 초가지붕이 딱 맞는 사례이다. 초가지붕은 옛날에 가장 값싸고 작은 지붕 재료로 알려져 있다. 그러나 좀 더 가난한 지역에서는 종종 교회의 지붕으로까지도 충족해야 했었다. 18세기 동안에, 이 교구들이 부유해졌을 때, 초가지붕이 슬레이트와 타일로 대체됨에 따라 기부금이 증가하게 되었다. 때때로 그 헌금은 전체 일을 해내기에는 부족했고, 이러한 경우에 초가지붕은 교회 지붕의 한자리에서 억지로 떨어져 나가게 되었고, 그래서 지나다니는 사람들의 눈에 띄지 않게 되었다. 즉 주 도로에서 보이는 면은 타일로 마감되었다. 현대에 와서 그러한 면의 균형은 바뀌게 되었고, 그래서 고향 동네에서의 초가지붕이 사업단체가 번성하고 있다는 자부심과 즐거움의 상징이 되었다.

재료, 연료와 에너지

20세기는 '철과 콘크리트의 시대'로서 후세에 알려지게 될 것이다. 또한 '추한 시대'의 이미지로도 알려질 것이며 아마도 '쓰레기의 시대'와 같은 좋지 않은 명칭을 가지게 될 것 같다. 그것이 철과 콘크리트에 매몰된 엔지니어(그리고 겉으로 보기에 대단히 차이점이 없는)뿐 만이 아니고, 정치인과 거리에 다니는 사람들도 같은 병적인 증세가 있는 것처럼 보인다. 질병은 200년 전에 산업혁명과 값싼 석탄 등을 동반해서 등장하였다. 그로 인해 저렴한 금속이 가능해지고 이것은 또 철제 증기엔진이 석탄을 값싼 기계 에너지로 전환되도록 하였다. 그리고 에너지 주도의 순환체계가 지속적이고 폭넓게 이루어졌다. 그래서 거대한 석탄과 석유 저장고가 아주 작은 덩어리로 뭉쳐지게 되었다. 엔진은 이러한 커다란 에너지를 매우 빠르게 작은 공간 속에서 작동하게 되었다. 엔진은 그때 전기적이고 기계적인 에너지를 집약된 형틀에서 작동하도록 분배하였다. 이러한 에너지의 집중에서 우리 전체의 현대기술력이 담겨있다. 이 기술의 재료가 되는 금속, 알루미늄과 콘크리트 등은 그것들을 가동하고 제작하는 데에 많은 에너지를 필요로 한다. 얼마나 많은 에너지인지는 아래 [표 6]에서 보여주고 있다. 그것들을 만

[표 6] 아래의 에너지 추정치는 다양한 재료들을 생산하는 데 필요한 양을 보여준다.

재료별	η =제조생산을 위한 에너지 Joules x 10^9 /톤 당	석유를 톤으로 환산
금속 (연철)	60	1.5
티타늄	800	20
알루미늄	250	6
유리	24	0.6
벽돌	6	0.15
콘크리트	4.0	0.1
탄소섬유 복합물	4,000	100
목재(가문비나무)	1.0	0.025
폴리에틸렌	45	1.1

[참조] 여기의 모든 수치는 매우 개략적이고 의심의 여지가 없는 것이다.
그러나 비교적 정확한 범주에 있다. 탄소섬유 복합물에 대한 수치는 추정 허용치라고 할 수 있지만, 그 추정치는 개발되고 있는 유사한 섬유에서 얻은 수년간의 경험치를 기반으로 한 것이다.

드는 데에 많은 에너지를 필요로 하기 때문에, 이러한 재료들은 에너지를 강조하는 경제를 통해 이익을 위한 대상이 될 뿐이었다. 우리는 기술적인 장비에서 금융자본을 얻기만 하지는 않는다. 에너지 자산도 발굴하며, 이 두 가지에는 투자에 대한 공평한 보상을 확보할 필요성이 있다.

에너지에 관한 높은 가격과 희소성의 증가에도 불구하고 에너지를 중요시하는 추세가 감소하지 않고 오히려 증가하고 있다. 가스 터빈과 같은 진보된 엔진은 점점 더 많은 에너지를 만들고, 더욱더 가속화되었으며, 소요 공간은 점점 더 적어졌다. 진보된 장치들은 고온합금과 탄소섬유 플라스틱과 같은 발전된 재료와 새롭게 개발된 재료들이 필요하고, 생산제조에 더 많은 에너지를 소모하게 되었다.

아마도 대부분 이러한 종류의 것이 아주 오랫동안 진행될 수는 없을 것이다. 그것은 전체 시스템이 석유와 같은 저렴하고 집중된 에너지원에 대부분 의존해야 하기 때문이다. 살아있는 자연은 집중되는 것에 의한 것이 아니라 분배하는 자원에서 비롯된 것으로서, 그리고 그때 최대한도의 경제력을 가지고 에너지를 사용하면서 에너지를 추출하기 위한 하나의 거대한 시스템이라고 간주할 수 있을 것이다. 수많은 시도가 태양, 바람, 바다와 같은 널리 퍼진 자원으로부터 에너지를 모으기 위해 이루어졌다. 이러한 많은 일은 장래 요구되는 에너지의 투자가 철이나 콘크리트로 된 기존의 집합형 구조물의 건설에 사용한 것이 경제적인 측면의 이익을 창출할 수 없을 것이기 때문에 실패할 것 같았다. '효율성'이라는 총괄 개념에 대한 매우 상이한 접근방식이 요구된다. 자연은 이러한 문제점들이 '신진대사 같은 투자'에 의한 것으로 볼 수 있을 것이며, 그래서 우리는 같은 종류의 어떤 것을 해야 할 것이다.

철과 콘크리트는 생산과 제조를 위해 많은 에너지가 필요할 뿐 아니라(표 6), 보통은 낮은 에너지 강도를 가진 시스템을 위해 필요로 하는 분산되거나 가벼운 하중을 가진 구조물에 대해서, 우리가 훨씬 감각 능력이 있고 보다 진보된 재료를 사용했더라면 실제로 철과 콘크리트로 제작된 장비의 무게는 그것보다 훨씬 몇 배는 더 높은 것이 될 것으로 보인다.

단순하게 볼 때, 통나무는 단단한 구조적인 특성을 가진 모든 재료 중에서 가장 '효율성 있는' 것이라고 할 수 있다. 큰 규모에 비해 하중은 좀 낮은 목구조는 철과 콘크리트로 만들어진 것보다 몇 배는 가볍다. 과거에 목재의 어려운 점 중 하나는, 나무가 성장하는 데에 시간이 오래 걸린다는 것이고 건조하는 데에 비용이 든다는 것이다.

아마도 지난 수년간 재료 측면에서 가장 중요한 발전은 식물유전학에 따라 만들어진 것이고, 이는 상업적으로 유리한 목재의 속성 재배에 대한 다양한 방식을 갖게 된 것이다. 그래서 *pinus radiata*(Weymouth pine : 캘리포니아 해안지역의 토종 소나무 일종 : 역자 주)의 여러 종이 지금 아주 바람직한 상태로 재배되고 있고, 6년이 지나서 성숙한 통나무로 되면 벌목에 적합한 상태가 되며, 매년 직경이 12cm씩 자란 결과이다. 그래서 성장주기가 짧은 아주 유망한 목재가 된다. 성장하게 하는 데에 필요한 모든 에너지는 태양이 공짜로 제공하는 것이다. 예측하건대, 통나무 구조의 수명이 마감하게 되면, 성장하는 동안 축적했던 에너지 대부분을 생산하기 위해 연료로 쓴다. 물론 이것은 철과 콘크리트에서는 불가능한 것이다.

다시 말해, 통나무는 가마를 가열하는 데에 길고 비싼 재료로 사용되긴 하는데, 거기에서도 그것은 훌륭한 에너지원으로 사용된다.
최근 연구 결과에 따르면, 그것은 24시간 동안 아주 저렴한 가격으로 규격에 맞춘 연성의 각목을 생산하는 것이 가능하게 되었다. 이는 구조적인 측면과 세계적인 에너지 환경에 비추어서도 대단히 중요한 발전이라고 할 수 있으며, 이것이 그것을 선택할 수밖에 없도록 한다.

다양한 목적과 하중, 상이한 재료들의 측면에서 구조적 효율성에 대한 수치상의 분석자료는 [부록 4]에서 볼 수 있다. 항공기와 같이 수많은 고도의 기술력이 설계된 것은 기준평가자료를 나타내는 ***E/ρ*** : 에 의해 폭넓게 조절된다. 말하자면, 전반적인 편향오류의 하중-비용을 좌우하는 '특정 영계수'에 의해서이다. 전통적인 구조재료인 몰리브덴, 철, 티타늄, 알루미늄, 마그네슘과 목재 등 대부분은 영계수 값이 눈에 띄게 일정하다. 그것은 15~20년 이상 정부가 붕소, 카본, 실리콘 카바이드와 같은 외래의 섬유로 만들어진 새로운 재료를 개발하는 데에 많은 비용을 투자해왔기 때문이다.

이러한 종류의 섬유들은 항공우주 공간에서 효과적일 수도 아닐 수도 있지만 확실하다고 보이는 것은 그것들이 고가이기는 하지만 그것을 만드는 데에 많은 에너지를 필요하기도 하다. 이러한 이유로 장래 전망이 제한적이기는 하고, 내 의견으로는, 앞으로 가까운 미래에는 '대중화된 재료'가 되기는 쉽지 않을 것 같다.

전반적인 쏠림에 대한 강력하고도 비용이 많이 드는 통제를 위한 요구조건은 대단히 제한된 것이지만, 우리가 볼 때, 그 하중-비용에 관한 그리고 이동하는 압축 하중의 비용은 통상 매우 높다. 기둥에서 압축 하중이 이동하는 하중-비용은 E/ρ 에 의해서가 아니라, $\frac{\sqrt{E}}{\rho}$ 에 의해서 적용된다. 패널의 하중-비용에 관한 것은 $\frac{\sqrt[3]{E}}{\rho}$ 에 의해 정해진다.(부록 4 참조) 이러한 조건들은 [표 7] 에 요약정리 되어있다. 밀도가 낮은 것에는 커다란 보상이 있음을 알게 될 것이다. 즉, 철은 오히려 안 좋고, 벽돌과 콘크리트는 동등하게 비교될 수 있다. 더구나, 비행선이나 인조 사지 등과 같은 많은 경량-하중을 적용한 것들은, 더 저렴한 것들을 제외하고는, 목재가 탄소섬유 소재보다 더 좋다.

[표 7] 상이한 목적을 가진 여러 재료의 효율성

재료별	영계수 E MN/㎡	특정 중력 ρ grams/c.c.	E/ρ	$\frac{\sqrt{E}}{\rho}$	$\frac{\sqrt[3]{E}}{\rho}$
철	210,000	7.8	25,000	190	7.5
티타늄	120,000	4.5	25,000	240	11.0
알루미늄	73,000	2.8	25,000	310	15.0
마그네슘	42,000	1.7	24,000	380	20.5
유리	73,000	2.4	25,000	360	17.5
벽돌	21,000	3.0	7,000	150	9.0
콘크리트	15,000	2.5	6,000	160	10.0
탄소섬유복합	200,000	7.8	100,000	700	29.0
목재(가문비)	14,000	0.5	25,000	750	48.0

[표 8] 에서는 이러한 점들을 에너지-비용의 관점에서 보여주고 있다.

[표 8] 에너지 측면에서 다양한 재료의 구조적 효율성은 그것들을 만드는 데에 필요하다.

재료별	전체적으로 구조에서 주어진 강성을 확보하기 위해 요구되는 에너지	주어진 압축강도를 가진 패널을 생산하기 위해 요구되는 에너지
철	1	1
티타늄	13	9
알루미늄	4	2
벽돌	0.4	0.1
콘크리트	0.3	0.05
목재	0.02	0.002
탄소섬유 복합물	17	17.0

이 자료는 단일체로서 연철을 기반으로 한 것이다. 그것은 대단히 개략적인 결과일 뿐이다. 여기에서 전통적인 재료인 목재, 벽돌, 콘크리트와 같은 것이 가진 유용한 점은 아주 많다. 이 표는 독특하고 생소한 섬유로 만들어진 재료들을 추구하는 것이 실제로 옳다고 할 수 있는지에 대한 의문을 갖게 한다. 생활의 공통적인 목적을 위해 실제로 지불해야 하는 것은 탄소섬유가 아니라 나무에 구멍 파기라는 것이다. 나무가 발명되었을 때 자연은 오래전에 이것들을 넘어뜨렸고, 그래서 빈 포도주병들에서 벗어나 교회를 짓기 시작했을 때 로마인들은 그렇게 했다. 나무에 구멍 파기는 비용과 에너지의 두 가지 면에서 어떤 고강도 재료를 가지고 있는 형태보다도 훨씬 저렴하다. 그것은 아마도 세포 또는 다공질의 재료를 개발하는 데에 시간과 돈이 더 많이 들고 붕소나 탄소섬유는 덜 들기 때문에 더 좋을 수도 있다는 것이다.

Chapter 15

사고의 장

죄, 오류 그리고 금속 피로에 대한 연구

멋진 한 칸짜리 역마차에 대해 들은 적이 있는가
그것은 나름의 논리적 방식으로 만들어졌다네
그것은 어떤 하루를 위해 100년을 달렸네
그리고 그때, 어떤 놀라운 일이, 그것을 ...
– 올리버 웬델 홈즈, *한 마리의 말이 끄는 역마차*

전체적인 물리적 세계는 가장 적절하게 하나의 커다란 에너지 시스템으로 간주된다. 즉 하나의 에너지 덩어리인 어마어마한 상점가는 규칙과 가치가 만들어짐에 따라서 또 다른 형태로 전환된다. 활력이 넘치도록 이익이 생기는 일이 조만간에 생겨난다. 한 가지 관점에서 구조물은 활력이 넘치게 좋은 일이 이루어지고 있는 어떤 이벤트의 상황을 좀 더 늦추기 위해 존재하는 하나의 장치라고 할 수 있다. 예를 들어, 하나의 무게가 땅에 떨어지는 것, 변형 에너지가 전파되는 것 등등 활력이 넘치게 유익한 상황이 전개되고 있는 것을 말한다. 조만간 그 무게는 땅으로 떨어질 것이고 그래서 그 변형 에너지는 펼쳐져 나가게 될 것이다. 그러나 그것은 하나의 구조물이 어떤 계절 동안에, 일생 동안에 또는 수천 년 동안 그 이벤트를 지연시키는 하나의 비즈니스라고 할 수 있다. 모든 구조물은 종말에는 깨지게 되거나 파괴될 것이고 그것은 모든 인간이 결국 죽게 되는 것과 같은 것이다. 그것이 적당한 간격 동안 이러한 발생 상황을 지연시키는 것이 약과 기술의 목적이라고 할 것이다.

의문은, 무엇을 '적당한 간격decent interval'로 간주하는 것인가? 이다. 모든 구조물은 하나의 적절한 업무의 삶이 알맞게 고려되도록 하는 것을 위해 '안전'하게 시공되도록 해야 한다. 로켓의 경우를 예로 보면 이것은 몇분 정도가 될 것이고, 자동차나 항공기에는 10년이나 20년이 될 것이며, 성당의 경우는 아마 수천 년이 될 것이다. 올리버 웬델 홈즈가 쓴 '한 칸짜리 역마차'는 100년 동안 지속되기 위해 제작된 것이었고,—더도 덜도 아닌—목사가 그의 설교를 작성하는 데에 '지나침'에 도달했을 것과 같은 분위기인 '1855년 11월 1일에 계획에 따라 정확하게 분해되었다. 그러나, 물론 이것은 난센스다. 다시 말해, 네빌 슈트의 고속도로는 없어No Highway에서 사악하지만, 영웅적인 호니Mr. Honey는 하루도 더하거나 빼지 않고 정확하게 1,440 비행시간 후에는 '금속 피로' 때문에 레인디어 비행기의 꼬리 부분이 파괴될 것을 예상했다. 이것 역시도 노련한 항공 디자이너인 네빌 슈트가 이니 알고 있었던 것처럼 난센스였다.

실제로, 정확하게 그렇게 많은 시간 또는 여러 해의 '안전한' 삶을 위해 계획하는 것은 불가능한 일이다. 우리는 단지 통계의 결과로 그리고 정확한 데이터와 경험의 지침에 따라 그 문제를 고려할 뿐이다. 그때 우리는 안전의 경계가 적당한 것으로 보이는 것은 무엇이건 만들게 된다. 시간 내내 우리는 개연성과 예측을 기반으로 해서 일을 한다. 우리가 구조를 너무 약하게 만들면 우리는 하중과 비용을 절약할 수 있지만, 그때는 그것이 파괴될 기회가 너무 일찍 와서 받아들이기 곤란한 상황이 된다. 이에 반해서, 우리가 인간적인 측면을 보고 강력한 구조물을 만들게 되면—공공이 선호하는 것으로서—그것이 '영원히' 지속될 수도 있는데, 그 경우에는 아마 너무 하중이 나가거나 가격이 높아질 우려도 있다. 우리가 예상할 수 있는 것처럼, 강도의 증가와 맞추어서 그것을 피하는 것보다 더 많은 위험성이 생겨난 곳은 추가된 하중에 의해 발생된 많은 사례가 있다. 우리는 통계자료를 기반으로 해서 필요한 작업을 하기 때문에, 우리의 실제적 삶을 위해 실용적인 구조물을 디자인할 때 우리는 거기에는 항상 한정된 위험이 있고, 작지만 파괴가 도사리고 있음을 인정해야 한다.

알프레도 퍽슬리 경이 그의 저서 *구조의 안전성에 대하여The Safety of Structure**에서 지적했던 것처럼, 그것은 우리가 그 문제에 대해 강하게 논리적인 접근하는 것을 포기해야 하는 흥미 위주의 무대에나 적합한 것이다. 퍽슬리 경이 말하기를, 인간 감성은 구조적 파괴의 공포에 대해 매우 예외적으로 예민하고, 일반인은 그가 가진 어떤 구조 또는 도구가 개인적으로

* 아놀드Arnold, 1966

'파괴되지 않을 수 있다는' 점과 연계된 생각에 강한 끈기를 가지고 집착한다. 이것은 연계된 모든 종류의 것들을 절단하게 되고, 때때로 그것이 피해가 안될 수도 있고, 때로는 그 영향이 생산적이지 못하게 되기도 한다. 지난번 전쟁 동안 항공기 디자이너들은 비행기에 있는 다른 질적인 면에 반대로 구조적 안전성이 선택되고 연장되게 하는 선택을 했다. 현재 상대인 적의 행동에 의해 전폭기의 손실이 매우 높아져서, 공격할 때마다 20대 중의 하나가 그렇게 되었다.* 이에 대항해서, 구조적인 파괴 때문에 생기는 손실은 매우 적었고, 1만 대당 1대의 비율보다 더 적었다. 항공기의 구조체는 실제 전체 무게의 1/3 정도여서, 폭격기의 구조적인 부분을 다른 이점이 있는 요소로 전환할 수 있도록 줄여주는 것이 합리적이긴 하다.

이것이 이루어진다면 구조적인 사고율 증가가 적어질 수 있을 것이지만, 절약되는 무게가 좀 더 방어적인 무기에 투자되거나 방어막을 더 두껍게 할 수도 있을 것이다. 그 경우에 통신망 또는 전반적인 사망자율을 획기적으로 줄이는 것이 가능함은 의심할 여지가 없다. 그러나 조종사는 그러한 종류의 내용을 들을 수가 없다. 그들은 적에 의해 추락하는 커다란 위험보다는 구조적인 이유로 공중에서 비행기가 파괴되는 좀 더 적은 위험을 겪는 것을 더 원한다.

퍽슬리는 그것이 어떤 구조를 위해 몇 가지 터무니없는 방안이 파괴를 일으킬 수 있다는 것과 같은 감정은 그들이 살았던 나무가 그들 밑에서 부러지는 것을—부러져서 작은 나무와 요람 등이 될 때—그 모든 것의 위에서 보고 놀랐던 수목의 선조로부터 물려받은 것일지도 모른다는 점을 제안했다. 그리고 그 외에, 그 조상들과 그들의 자손들은 지상에서 이빨빠진 호랑이나 그런 등등의 그들의 적들에게 먹히는 결과를 낳기도 했다. 이것이 진짜 이유이건 아니건 간에, 추가되는 하중이 발생되어 자체의 위험이 더해진다고 하더라도, 엔지니어들은 이러한 종류의 감정을 이해해야 한다.

* 13대의 돌격 또는 작전 항공기로 구성된 폭격대대에서 조종사를 위한 각각의 '출격 의무'. 그러므로 그러한 작전참여는 매우 위험했다. 폭격대대에서 생명의 상실은 독일의 U-보트 선원들의 사망자 수에 비교해 보면 끔찍하게 높았다.

강도 산정의 정확도

엔지니어가, 그것이 새로운 것일 때 제안된 구조의 강도 등은 그것이 얼마나 오랫동안 지속될지 의심이 가더라도, 충분한 정확도를 확보해서 예측해야 하는 강도와 안전성의 문제에 이성적으로 접근하는 것은 절대적인 것이다. 이것이 로프와 체인, 직선으로 뻗은 빔 그리고 기둥 등과 같은 단순 구조물을 위한 대충의 경우에 있는 경우는, 4장에서 언급된 것처럼, 더 많은 정교하고 확실한 인조물인 항공기와 선박 같은 것에 대해서는 전혀 사실이 아니다.

다양한 종류의 구조물로 축적된 경험의 사용 가능한 거대한 몸체이기 때문에, 그 주제에 대한 방대하고 고도의 수학적 해결책 또한 존재하기 때문에, 그리고 그들의 프라이드를 가진 학문적 탄력성과 구조이론에 관한 많은 강좌 때문에, 그 설명은 사람의 목을 내놓는 것으로 간주된다. 그렇지만 그것이 사실이다.

예를 들어, 항공기의 강도에 관한 통계치를 고려한다. 하중의 절약이 중요하기 때문에 그리고 파괴라는 결과가 너무 끔찍하므로, 많은 관심과 심사숙고는 자연히 항공기의 구조 디자인에 부여되고, 모든 상세한 사항은 꼼꼼하게 체크된다. 도면과 통계자료는 상당히 숙련된 디자이너와 구조기술자 및 도면작성자들은 매우 과학적인 방식을 활용해서 작성되었다. 이 전문가들이 그들의 통계를 마무리했을 때, 아주 독자적으로, 각기 다른 분야의 전문가들에 의해서 강도 계산 결과가 검토되었다. 그래서 최종적으로 정확하고 전력을 다한 노력의 결과로 마무리된 그 강도의 예측치는 인간적으로 가능한 것이 되었다. 마침내, 그리고 아주 명확하게, 실제 크기의 비행기 틀이 파괴 실험을 하게 되었다.

실제로 현대화된 결과를 주는 것은 불가능하다. 왜냐하면, 몇몇 상이한 방식의 항공기는 그 형태가 통계상 중요하지 않은 것으로서 최근 수년 내에 발주된 것이기 때문이다. 그러나, 항공기가 더 단순해지고 더 저렴해지면서, 상대적으로 많은 종류의 디자인이 최소한의 프로토타입 대상으로 등장하게 되었다. 1935년부터 1955년 사이에 수백 종류의 다양한 항공기 부품들이 이 지역에서 제작되고 파괴에 대한 시험이 이루어졌다. 그래서 이 기간의 성과는 통계자료를 기반으로 해서 매우 신뢰할 수 있는 지침서를 만든 것이다.

자연히, 이러한 여러 가지 항공기에서 요구되는 강도의 실제적인 모양은, 크기와 항공기 유형에 따라, 너무 많은 다양성을 보였다. 그렇지만, 각 디자인 팀은 '120%의 하중으로 꽉 채워 강화된 것'*과 같은 항공기 교역의 전문용어로 알려진 강도를 목표로 한다고 얘기가 되었다. 구조적인 디자인이 정확한 전문적인 어떤 것이라면 다양한 테스트의 결과를 기대하게 될 것이며, 120%만큼 충분히 채워서 강화된 하중을 위해 그 수치에 근접하게 결합한, 곡선이나 '히스토그램'으로 구성할 때가 되면 주고받는 정도가 아주 작게 된다. 다른 말로 하면 그 결과치는 [그림 1] 처럼 좁은 '정상치' 또는 종 모양의 분포곡선이 만들어져야 한다는 것이다.

아주 잘 알려진 것과 같이, 별일이 생기는 일은 없다. 그 결과가 히스토그램을 [그림 2]처럼 보이도록 구성되었다. 실험 강도는 요구조건이거나 완충 강화 하중의 50%에서 150% 사이에는 불규칙한 분포를 보이는 경향이 있다. 말하자면, 가장 뛰어난 디자이너라고 하더라도 3:1의 범주 내에서 항공기의 강도를 예측에 의존할 수는 없는 것이다. 이러한 항공기 일부는 그들이 가지고 있어야 할 강도의 1/2보다도 덜 갖고 있다. 다른 것들은 훨

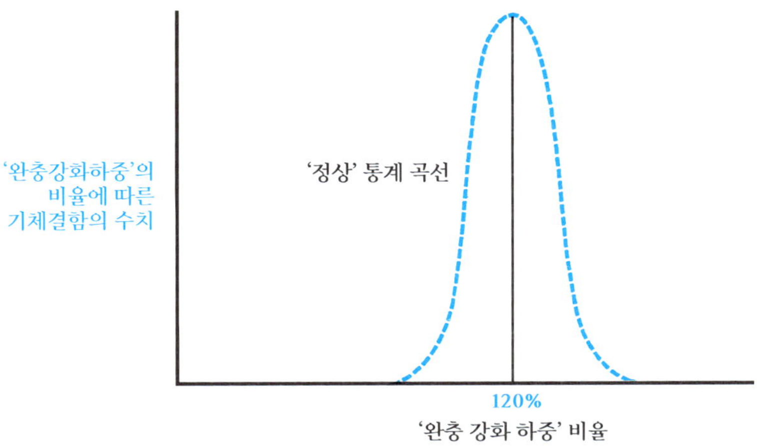

[그림 1] 항공기 강도의 실험에 따른 예상 통계 분포 (개략 다이어그램)

* 초과분 20%는 재료에서 그리고 조립과정에서 다양한 상황에 대비하기 위해서 감항성(운항 중 신뢰성 여부에 대한 검토 : 역자 주) 당국에 의해 요구되었다.

씬 더 강해서 필요로 하는 것보다 상당히 더 무겁다.

배로 가보면, 판단할 수 있는 기반이 되는 데이터가 없다. 그 이유는 배는 실험실 조건으로는 도저히 파괴시험을 할 수 없기 때문이다. 그러므로 해양건축가가 직업상 좋다 나쁘다를 언급하는 것이 불가능하다. 적어도 강도 예측이 고려되는 한에서는 더욱 그렇다. 그러나, 우리가 5장에서 언급한 것과 같이, 선박에서 일어나는 구조적 사고의 수치가 상당하고, 그래서 톤-마일 당 사고의 수치가 현재 증가하고 있다.

교량에 대해 보면, 강도 산정의 문제는 선박이나 항공기보다는 다소 쉬울 것으로 예상하는데, 그것은 하중 조건이 덜 복잡하기 때문이다. 그런데도, 현대의 교량에서 붕괴의 수치는 매우 심각하다.

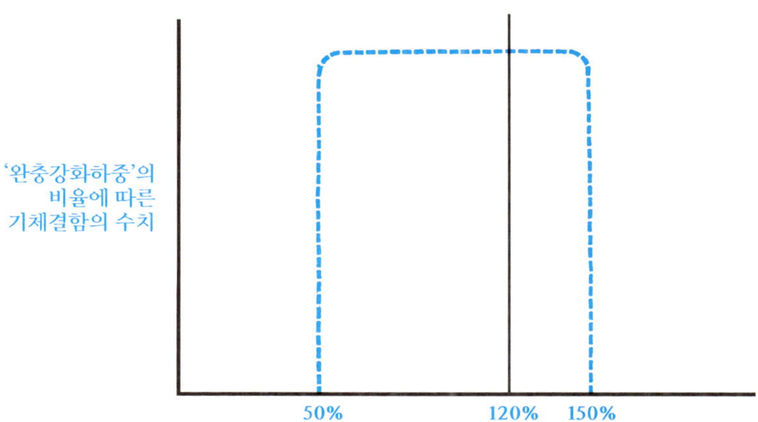

[그림 2] 1935-55, 시험 장치에서 파괴된 항공기의 실제 강도 분포
(아주 개략 산정된 다이어그램)

실험에 따른 디자인 작업

지금, 마차를 만드는 중에, 당신에게 말해 줄 것은,
항상 가장 약한 지점이 어디엔가 있다는 것-
바퀴 통에는, 타이어, 바퀴 테두리, 또는 스프링 혹은 끌채,
패널에는, 또는 수직 기둥 또는 바닥, 아니면 수평보,
스크류우에는, 볼트, 잠금쇠걸이, - 숨겨져 있는 증류기,
네가 해내야 하고 해야 할 것이 어디 있는지 찾아라
- 올리버 웬델 홈즈, *한 마리 말이 끄는 역마차*

물론, 이론적인 디자인 프로세스의 오류 가능성에는 모든 항공기의 실험적 강도시험에서 주장하게 된 이유가 있다. 그러나, 실험적 접근이 가지는 이점들을 여전히 더 늘일 수 있다는 것이다. 우리는 구조의 붕괴에 대해서 디자이너가 해야 할 목표가 되어야 한다고 예측해오면서, 그 첫 번째 시간이 주어진 하중에 대한 정확한 테스트이다. 그렇지만 가장 과학적으로 디자인된 구조물조차—그 전설적인 역마차들처럼—그 모든 부품을 전반적으로 다 강도를 유지하도록 하는 것이 가능할 것 같지는 않아 보인다.

...... 바퀴는 끌채만큼 아주 강한 것 같고,
바닥은 문지방만큼 아주 튼튼해 보이며,
각각의 패널은 바닥만큼 아주 강한 것 같다.

그래서 많은 구성요소와 많은 시의 구절들도 그렇게 보인다.

테스트-프레임에서 구조물의 가장 약한 부분이 파괴된다. 그러므로 구조물의 나머지 모든 부분은 더 강해지게 된다. 항공기-프레임이 요구된 조건인 120%에서 주도적으로 붕괴되면 그것은 구조물의 훨씬 더 많은 부분이 그 목적에는 너무 강해지게 된다. 그래서 이 여분의 강도는 완벽하게 낭비되는 것이다. 그렇지만 우리는 구조를 어디에서 어떻게 경량화할지를 알 방법이 없다. 대형 구조물에서 테스트가 반복되면 비용과 시간 낭비가 되지만, 시간과 돈이 허용되는 곳에는, 초기 실패를 막기 위해 가능하다면 공식적으로 120% 아래로 안정적으로 하중을 발생시키게 하는 것이 좋다. 그렇게 나타난 약한 부분은 보강하고 전체 구조물을 다시 테스트하는 것을 계속한다.

전쟁 중에 모스키토 폭격기는 역사상 가장 성공적인 항공기 중 하나였다. 후면 날개빔에서 강화 하중의 88%는 초기에 파괴되었다. 그 항공기는 그때 118%의 모습으로 획기적으로 강화되었다. 그것은 부분적으로, 이 항공기의 완성도가 뛰어나고 예외적으로 가볍고 강한 항공기 구조체를 가졌기 때문이었다.

이것은, 거칠게 말하면, 다윈적 방식이었는데, 자연은 매우 문명화된 인공 기술보다 삶의 가치에 대해 성급함에도 미흡하고 유의하는 것도 미흡한 것처럼 보이지만, 자체적인 구조의 개발에 의존하는 것으로 보인다. 그것은 또한, 눈에 띄게 확장시키기 위해서, 자동차와 기타 별 볼 일 없는 것들을 대량생산하는 것에 대해 이 방식이 제작자들에게 채용되었다. 이 사람들은 그들의 목적을 위해 생산물을 지나치게 약하게 만드는 경향이 있고, 중요한 실수를 감지하는 것에는 고객들의 불만에 의존하는 경향도 있다.

그래서 디자인의 강화예측 요소에 대한 커다란 대책은 우리가 하중-내력 시스템에 가장 약하게 연결되는 부분을 탐지하는 일종의 게임을 활성화하게 하는 것이다. 구조물이 복잡해질수록, 이러한 것은 더 어렵고 신뢰도가 더 떨어지게 된다. 다행히도, 가구와 건설부터 항공기에 이르기까지, 위대한 많은 구조물의 디자인은 강도 조건이 강화 조건보다 더 정확하다는 사실에 의해서 완전히 터무니없는 과정을 통해 이루어지는 것에서 구제되었다. 그래서, 그 구조가 목적에 맞게 매우 단단하게 제작된다면, 그것은 그때 아주 충분한 강도를 갖게 될 것이다. 구조에서 굴절은 '가장 취약한 연결부'의 존재에서 더 오히려 일반적인 특성에 따라 이루어지기 때문에, 강도 예측은 강화 예측치보다 더 만들기 쉽고 더 신뢰도가 높다. 이는 우리 실제로 의미하는 것이고 우리가 '안목으로' 사물을 디자인하는 것에 대해 말하는 시기인 것이다.

얼마나 오래 갈까?

이것은 또한 포킬리데스 식의 지혜를 요구하는 말이다.
작은 바위로 만들어진 성벽은
그것이 주문이 잘 된 것이라면, 훨씬 세밀하게 잘 될 것이다.
모든 너의 광적이고 성급한 니네베시의 경우보다도.
– 포킬리데스(Phocylides, 모리스 보우라의 해석 : 역자 주)

조적조 성벽의 강함과 안정성에 관한 논의에서 자크 에이먼 교수는 '구조물이 5분을 견딜 수 있다면, 그것은 500년도 지탱할 수 있을 것이다.'라고 하는 원칙을 따랐다. 조적식 구조는 이처럼 바위로 제작되기 때문에, 폭넓게 사실로 말해진다. 그러나, 많은 성벽과 여타의 건물들은 연약한 지반 위에 건조된다. 이러한 연약한 토양이 변형이 일어나면(7장 참조)—그것이 매우 자주 일어나면—피사의 사탑이 기울어진 것 같은 흥미로운 일이 생기게 된다. 그러한 움직임이 시간을 지나서 종종 예측될 수도 있다. 그러나 그것을 안정시키는 데에는 많은 비용이 들고, 고대나 현대에서나, 많은 건물이 무너지거나 혹은 이러한 이유로 붕괴되었다.

구조 종류의 대부분은, 부패되고 녹슬게 되는 것이 파괴의 가장 중요한 요인이다. 부분적으로 영국에서는 엔지니어와 건축가들은 목재에 대한 부패의 공포가 있다. 그러나, 매년 150만 채의 목재 주택을 짓고 사는 미국, 캐나다, 스칸디나비아 및 스위스에 있는 가난하고 우매한 이주자들은 같은 정도의 부식과 부패에 대한 어려움이 있어 보이지는 않는다.
그리고 그들이 이러한 일들을 어떻게 극복하는지를 보는 것에서 좋은 아이디어를 얻기도 한다. 목재의 사용은 이러한 나라들에서 매우 빠르게 확장되고 있다.

통나무 즉 목재는 자연 붕괴에 자연적으로 대응하는 다양하고 큰 대책으로, 로이드 선급협회船級協會는, 선박건조에 사용될 상이한 통나무 각각에 대해 고정수명을 할당하였다. 그러나, 현대의 지식과 처리 방식을 가지고, 어떤 나무에게나 실제로 무기한의 수명을 가질 수 있도록 하게 되었다.

대부분 금속은 부식된다. 현대의 연철은 빅토리아풍의 단조 아이언이나 주철 보다 훨씬 더 많이 녹이 슬어서 그 부식이 현대에 와서도 문제이다. 노동자 인건비가 높아지기 때문에, 철 작업의 도장과 유지관리의 비용도 올라간다. 이는 철근콘크리트를 사용하는 데에는 좋은 이유가 된다. 왜냐하면, 콘크리트에 장착된 철근은 녹슬지 않기 때문이다. 실상 유조선과 같은 최신 대형 선박은 15년 정도의 수명을 가지고 건조된다. 전체적으로 그것은 페인트칠하는 것보다 폐기물로 하는 것이 더 저렴하다. 같은 이유로 자동차의 수명은 더 짧다. 어떤 구조물에서는 스테인리스 스틸을 사용하기도 하지만 그것이 항상 부식을 방지할 수 있는 것은 결코 아니며 스테인리스 스틸은 비싸고 구조적으로 다루기도 힘들다는 것 등은 사실이다. 이것을 제외하고, 그 스테인리스 스틸의 '약화되는 특징'도 대개는 좋지 않다.

이러한 것이 알루미늄 합금을 선택하려고 하는 몇 가지 이유가 된다. 그러나 초과 비용과는 별도로, 알루미늄의 강도가 부적절함이 증명된 몇 가지 사례가 있다. 알루미늄 용접의 어려움 또한 핸디캡이다. 몇몇 공산국은 알루미늄의 미래가 밝을 것이라고 보고 알루미늄 공장에 많이 투자했다. 런던 주식시장은 튜브 투자-영국 알루미늄사가 1961년에 인수된 것에 크게 요동쳤다. 그러나, 알루미늄 시장은 비즈니스맨들이 이러한 거래에 관심을 갖고 기대한 확장에 대한 기대치만큼 확대되지 않았다. 어떤 경우에는 철 제작보다 알루미늄 제작에 다 많은 에너지가 필요하기도 했다.

구조물의 재질이 떨어지지 않았다고 하더라도, 그 수명은 때때로 산정될 수 있는 통계적인 효과에 도달했다. 가끔 아닌 경우도 있지만. 많은 구조물은 예외적인 환경에서만 파괴될 수 있을 것 같았고, 이러한 환경이 발생되기 전까지는 오랜 시간이 있었다. 종잡을 수 없는 높은 파도는, 선박의 경우에는, 항공기에서 목격되는 예외적으로 심한 상승 돌풍을 동반한다. 몇몇 구조물은 불규칙한 상황의 복합에 의해서만 파괴된다. 교량에는 이러한 예외적인 교통 하중과 매우 높은 바람세기에 의해 동시 발생된다. 그러한 우발적 사건이 발생되었다고 하더라도, 실제로 사고가 일어나기 전에는 수년 동안이 필요하다. 그래서 원천적으로 불안한 구조물이 오랜 시간 버틸 수 있게 되는 것은, 단순히 그것이 결코 충분히 시도되지 않아서가 아니다.

책임감 있는 엔지니어는 물론 이러한 종류의 문제를 예측하고자 노력하며, 문제를 위해 구조적 해결책을 만들고자 한다. 그러나 많은 사례에서 그러한 최상의 하중은 보험사에서 '신의 활동'*이라고 부르는 것으로 사라지게 된다. 배가 커다란 다리를 지나가면, 근래 타즈매니아에서 일어난

* 신의 활동은 A.P.Herbert에 의해 '합리적인 사람이 기대할 수 없는 것'으로 정의되었다.

사고처럼, 다리와 배 둘 다 파괴되고, 해양건축가와 교량 디자이너 중 하나가 구조적 관점에서 그것에 대해 할 일이 기대하게 되는 것이라고 보는 것은 매우 어렵다. 그 문제는 구조 엔지니어를 위한 것이 아니고 그 지역의 도선협회를 위한 것이다. 다시 말해서, 비행기는 산으로 날아가기 위해 디자인된 것이라고 할 수 없다. 우리는 통행인을 치지 않고 벽돌 벽을 따라 운전하게 되는 차를 디자인하는 것까지 확장하고자 하지만, 그때 우리는 그 차가 나중에 사용되기를 기대하지는 않는다.

금속 피로 약화, 호니 씨Mr. Honey와 모든 것들

어떤 구조물에서 강도의 상실에 대한 가장 잠재적인 원인 중 하나는 '피로 약화'라고 할 수 있다. 말하자면, 하중의 변동 때문에 누적효과가 나타나는 것이다. 금속에서 피로 약화의 극적 가능성은 *Grotkau*의 프로펠러가 꼬리축*에서 피로 크랙이 원인이 되어 비스케이 만의 어느 곳에 추락하는 사고가 일어났던 키플링의 서술에서 1895년에 대중문학에서 첫 번째로 발굴된 이야기이다. 키플링은 유행에 무관했으나, 피로 약화에 대한 공동의 관심은 1948년 네빌 슈트의 ***No Highway***에서 재현되었다. 책이나 영화에서처럼, 이 스토리의 성공은, 부분적으로는 전형적인 과학자인 미스터 호니의 개성 때문에 의심할 여지가 없게 되었으나, 아마도 그때까지 그리 오래된 후에 일어난 것이 아닌 3번의 코멧 재난에서 더 많은 이유가 있었던 것 같다. 휘슬러가 얼마 전에 언급한 것처럼, 자연은 예술에서 상승하게 된다. 코멧 사고의 환경은 ***No Highway***에서 이미지화한 것과 크게 다르지 않은데, 그 외의 많은 생명체가 사라졌고 많은 피해가 영국 항공산업에 발생했다.

사실대로 말하자면, 금속에서 피로 약화에 대해 엔지니어가 알게 된 것은 오히려 100년 이상으로 되돌려 봐야 할 것이다. 실제로 기계의 작동부분이 때때로 고정부품이 완벽하게 안정될 것으로 생각되는 하중과 응력에서 문제가 생기는 것을 알기 시작한 것은 산업혁명 이후 오래되지 않았다. 이것은 철도 열차에서는 특히 위험한데, 그 차축이 일정 시간 동안 운행을 한 후에 종종 분명한 원인도 없이 갑자기 부러진다. 그 영향은 곧 '피

* *Bread upon the Waters*(*The Day's Work*에서 출판)

로 약화'라고 하는 것으로 오게 되고. 이 문제에 대한 고전 방식의 연구는 뵐러(Wöhler 1819–1914)라고 하는 독일 철도의 관리에 의해 19세기 중반 수년 동안 진행되었다. 그가 찍은 사진에서 Herr Wöhler인 독일의 19세기 철도 관리가 좋게 본 것처럼 그들이 기대하는 것이 무엇인지를 정확하게 보았겠지만, 그는 매우 유용한 일을 하게 된 것이다.

우리가 5장에서 언급했던 것처럼, 잘린 자국과 크랙의 끝에 높은 국부 응력이 있다고 하더라도,—'분명한 Griffith 길이' 보다 더 짧게 하는 한—그 크랙이 확장되지는 않을 것이다. 왜냐하면, 그것을 넓게 늘이는 것은 재료의 '파괴 작용'에 대해서 해야 할 작업을 필요로 하기 때문이다. 그러나, 재료에 있는 응력이 유동성을 가진 것일 때, 금속의 단단한 구조 내부에서 서서히 변화가 일어나게 되고, 그래서 이것이 응력이 집중되는 영역을 발생시키게 된다. 이러한 변화는 크랙이 매우 서서히 늘어날 수 있고, 그것이 '확실한 길이' 보다 훨씬 짧아지게 된다고 하더라도, 그러한 방식에서 금속의 파괴 작용을 줄이는 효과를 갖게 된다.

이러한 방식에서 작고 눈에 잘 띄지 않는 크랙은 어떤 구멍이나 틈 또는 응력을 받은 금속의 불규칙한 상태 등에서 시작되며 재료 전반으로 확장된다. 전체적으로 어떤 분명한 방식으로는 변화되지 않는다. 조만간 '피로 약화 크랙'과 같은 것은 원래 공통적이거나 또는 정원의 크랙과 같은 것에 대한 확실한 길이를 알게 될 것이다. 이러한 것이 발생되었을 때, 크랙은 즉각 가속화될 것이고 재료 전반으로 진행되게 되어 종종 심각한 결과를 내기도 한다. 그것은 특징을 가진 줄이나 띠로 나타나 보이기 때문에 파괴가 일어난 후에 피로 크랙을 진단하기는 매우 쉽다. 그러나 파열되기 전에, 초기의 피로 파괴는 찾아내기가 실질적으로 불가능하다.

자연적으로 야금 전문가와 기타 사람들은 그들이 가진 재료들에 대한 실험적인 피로 테스트를 적극적으로 하며, 그래서 크고 많은 다양한 모양의 테스트 기계가 이러한 목적에 유용하게 활용된다. 역응력(±*s*)—그것은 말하자면, 자동차의 축과 같이 회전하는 캔틸레버에서 생기는 응력의 일종—에 의해서 금속의 피로 속성을 고려하는 것은 일반적이다.(이러한 결과를 다른 변동 응력의 조건으로 전환하는 방법이다.) 이 역 응력(±*s*)은 보통 응력이 파괴의 원인이 되는 하나의 표본에 적용되어야 하는 횟수의 숫자(*n*)를 대수로 나타내는 것에 반하는 것으로 그래프에 표시된다. 이것은 때때로 '*s*–*n* 다이어그램'으로 불린다.

통상의 철에 대한 ***s-n*** 다이어그램은 [그림 3]처럼 보인다. 그것은 그 '곡선'이 약 100만 번의 반전이 있고 난 뒤에 평평하게 된 개다리 모양의 형태가 된 것으로 보일 것이다. 그것은 자동차와 기차의 축이 운행한 또는 원래의 차 엔진이 약 10시간 동안 운행한, 물론 바퀴보다 훨씬 더 빠르게 달린, 약 300마일 지점에서 동등하게 될 것이다. 철과 금속과 같은 재료에 대한 이 특성을 가진 한정된 수의 '피로 한계'의 존재는 엔지니어에게 아주 편안함을 갖게 해준다. 엔진과 자동차는—단지 몇 시간밖에 안 되었는데—10^6 또는 10^7의 혁명을 일으킨다면, 그때 거기에는 그 존재를 무한정으로 안전하게 해주는 어떤 희망이 있다는 것이다. 그렇지만 피로란 항상 고려되어야 할 필요성을 가진 위험한 존재이다.

알루미늄 합금은 한정된 피로의 한계를 가지고 있지 않고 [그림 4] 의 성향이 지난 후의 어떤 것과 같이 포기하는 경향이 있다. 이것은 기계와 그 외의 구조물에서 사용하는 데에 있어서 철이 주는 혜택에 있는 매우 구시대적 편견을 사용하고 평가하는 것이 그것을 더욱 위험하게 한다.

1953년에서 1954년에 발생했던 코멧 사고는, 당연하게 놀람의 경고와 잘 정돈된 알람의 필요성을 갖는 계기가 되었다. 아놀드 홀 경과 대규모 전문가 그룹에 의한 이러한 사고의 조사결과는 최고의 공적이었다. 그것은 기술적 탐색뿐 아니라 심해 해난구조까지 시도하였다. 지중해에 추락해서

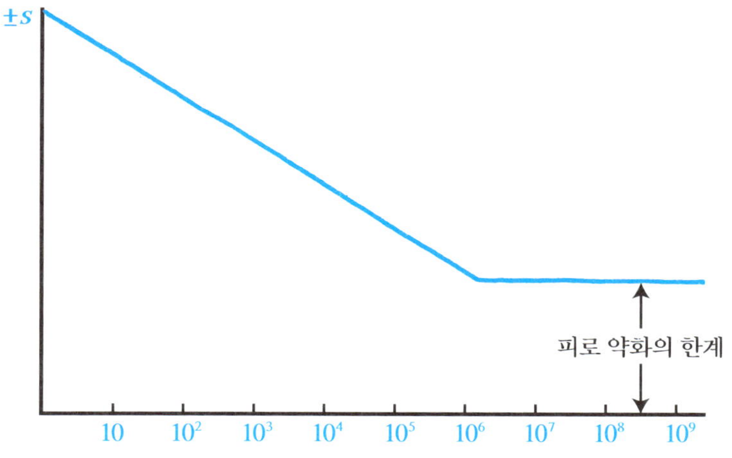

[그림 3] 철과 금속의 전형적인 피로 약화 곡선

빠진 항공기의 파괴된 잔해는 수심 300ft 또는 50패텀(약 300ft) 이상의 깊이에서 인양해야 했다. 해난구조 인들은 판스보로우에 있는 항공기 본체와 대형 격납고의 바닥을 덮고 있는 수많은 잔해 전체를 실제 모습으로 회복시키고자 하였다. 내가 기억하는 한, 2 내지 3ft 직경보다 더 많은 곳에도 잔해가 없었다.

코멧은 압축 제작된 동체를 가진 가장 초기의 항공기 중 하나이다. 이 항공기의 주요 목적은, 물론, 고도의 변화에 따라 환경조건 상 압력 변화의 불안정과 위험성으로부터 승객을 구해주는 일이다. 예전에는, 로키산맥을 비행할 때, 산소마스크를 쓴 채로 식사를 해야 했던 적이 있다. 이것이 지금은 없어진 기능이 되어 버렸다. 가압 제작된 항공기에서 동체는, 효율을 위해, 하나의 원통형 압축 용기로서, 매우 얇은 벽 두께를 가진 보일러와 크게 다르지 않으며, 비행기가 상승하고 하강할 때마다 압축과 이완을 하게 된다.

코멧 항공기의 디자인에서 치명적인 실수라고 할 수 있는 것은 이러한 환경에서 동체의 금속에서 응력 집중이 발생하는 '피로 약화'의 위험성을 충분히 인식하지 못한 데에 있다. 코멧은 알루미늄 합금으로 제작되었으며, 드 하빌랜드의 이전 경험의 대부분은, 의기양양하게 성공적이었던 모스키토와 같은, 목재 항공기에서 얻어진 것이다. 나는 드 하빌랜드의 매

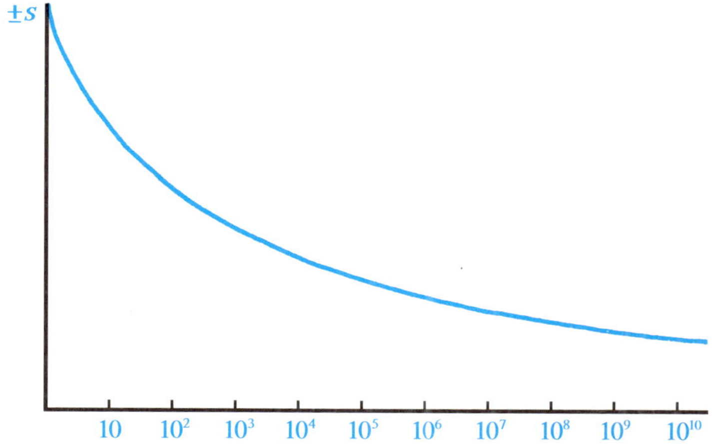

[그림 4] 동과 알루미늄 같은 비철 합금은 어떤 명확한 피로 한계선이 잘 나타나지 않는다.

우 유능한 디자인 스텝이 피로에 관해 많은 것을 알지 못했던 그 시점에 대해 제안하지 않았다. 그러나 알루미늄 합금에 있는 피로 약화의 위험이 그들의 복합된 인식 속에서 매우 깊게 자체로 충분히 발화되지 않을 수 있던 것은 있을 수 있는 일이다. 목재는 금속보다 이러한 위험을 훨씬 덜 느끼게 해주는 아주 큰 장점이 있는 재료이다.

이러한 각각의 사고에서 크랙은 동체에 있는 같은 작은 구멍에서 시작되고 퍼지는데, 서서히 그리고 감지되지 않은 채로, '치명적인 Griffith 길이'에 도달할 때까지 진행된다. 그래서 그 외피가 참혹하게 찢어지고 동체는 풍선이 터지듯 폭발하게 된다. 판보로우에 있는 대형 물탱크에 있는 코멧의 동체는 반복적으로 압축제작 된 것으로서, 아놀드 홀 경은 그것이 느린 동작으로 진행된 것처럼 볼 수 있도록 하여 그 효과를 재생산할 수 있었다.

코멧 사고에 관한 문제의 부분은 분명히 존재되어 있었던 피로 크랙이 감시자의 눈으로는 결코 발견되지 않는다는 것이고, 이는 그가 발견하기를 기대하는 것이 아니기 때문이기도 하고, 그렇지만 그보다는 그것들이 너무 짧아서 쉽게 눈에 띄지 않는다는 점 때문이다. 현대의 항공기 동체는 약 2ft 길이까지는 크랙이 발생해도 안전성을 갖도록 설계되었고, 그래서 사람들은 그 정도 긴 크랙은 거의 파괴되지 않는 별일 없는 일이라고 생각하게 되었다. 그러나 런던 공항에서는 두 사람의 청소부에 관한 이야기가 있다. 이 숙녀들은 전날 밤에 비어 있는 항공기의 기체를 청소하는 일을 끝냈다. 그들은 문을 닫고 활주로로 계단을 내려갔다.

'메리씨, 화장실 조명 스위치 내리는 것을 잊었나 보네'
'어떻게 알았어요?'
'동체의 크랙 틈으로 나오는 불빛이 안 보여?'

목재 선박의 사고

철도 시대 이전에는 거의 모든 대형 교통물류가 수로에서 이루어졌다. 심해 무역과 대륙 간 무역 그리고 강과 해협을 통한 국내 지역 교역 이외에, 더 대규모의 해안 교역이 있었다. W.W.제이콥스에 의해 풍자된 수천 척의 작은 범선과 큰 범선은, 연안 수로나 항구뿐 아니라 거의 모든 가능하거나 불가능하거나 한 해안에도, 어떤 모든 것들도 실어 날랐다. 조류가 가라앉았을 때, 배가 높은 물결에서 해변에 있는 육지에 정박해서, 나란히 대기하고 있던 이동 카트에 석탄, 벽돌, 석회 또는 가정용 가구 등을 하역하였다. 조류가 다시 상승하면, 바다로 다시 밀려 나가서 다른 지역으로 다시 가서 같은 일을 반복했다.

당연히 이러한 일은 위험한 사업이지만, 18세기 동안 대부분의 소형 선박들은 물길이 최악의 경우인 동안에, 빠져나와서 수리나 정비를 하였다. 그때 선원들은 가족들을 만나거나 선술집을 가곤 했다. 이러한 목가풍의 그리고 예외 없이 위험한 일을 하는 경우들은 19세기에 더 많은 경쟁 상황이 벌어지면서 역전되었다. 상업적인 압박 하에서 선박들은 수로를 통해 교역해야 했고, 규정에 따라 날씨를 기다리고 할 여유가 없었다. 실제로 이러한 소형의 항해 선박들의 정규 규칙은 현대의 많은 수단들에게 부끄러움을 갖게 한다.

그러나 물론, 대가는 지불되어야 했다. 1830년대 중반 동안 평균 567척의 선박파괴 사고가 매년 이 나라의 해안에서 발생되었다. 그 결과로 매년 평균 894명의 선원을 잃었다. 이러한 통계가 더 좋아졌거나 더 악화되었거나 간에 내가 알고 있는 현대의 화물차보다 매번 마일 당 1톤의 물자가 배달되었다. 어떤 비율에서는 공공의 양심이 동시에 방해를 받게 되어서, 의회에서는 '선박 침몰의 원인'을 조사하기 위한 위원들을 선정하기로 결정했다. 여러 많은 증거를 청취한 후에, 그 위원회에서는 미미한 원인과는 별개로, 이 나라의 선박파괴가 배에서의 다음과 같은 상황에 대한 원칙적인 입장을 발표하였다.

1. 건조에서의 결함
2. 장비의 부적절성
3. 보수의 불완전성

그들은 말하기를 '선박의 불안전한 건조는 분류시스템(바꿔 말하면, 보험에 가입된 선박의 건조와 보수를 관장하는 규정들)에 의해 상당히 진전된 것으로 나타났다. 이 규정은 1798년부터 1834년 사이에 로이드에 의해 만들어졌다.

그 위원회에서는 정부가 측정했던 총 톤수를 선박 동체가 전체적으로 감당할 만한 힘이 없는 것에 대해 독려하고 지원하기 위해 추가하게 되었다. 당국은 그 세기를 통틀어서 매우 커다란 변화가 보이지 않는다는 생각을 갖고 있었다.

공정하게 하기 위해, 선박의 단단함과 안전성에 대한, 또는 기타 여러 구조물에 대한, 규정을 만드는 문제는 또 하나의 근본적인 어려움이 되었다. 상당한 규모의 진보가 1830년 대 이래로 그 과제를 통해서 만들어져 왔다는 것은 의심할 여지가 없다. 동시에, 그리고 어떤 다른 시각에서 보면, 엄청난 기술적 진보는—특히 여러 다양한 건설 규정에 의해서—방해가 되었다고 할 수 있다. 퍽슬 리가 ***구조 안정성****The Safety of Structures* 에서 지적했던 것처럼, 그것은 방지책 또는 최상의 결점 보완책, 개발과 혁신이 없이 바보와 건달들에 대항을 뚫으려고 한 것처럼 구조의 강도에 관한 규정을 만드는 것은 본래부터 불가능한 일이었다. 구조 안전성에 관한 규정이 필요하다는 것은 예상되지만, 그것 중 일부는 별 효력이 없는 것은 아닌 것 같고, 실제 사고의 원인이 될 수도 있다.

목재 선박으로 되돌아보면, 쾌속 범선뿐 아니라 소형 범선과 쌍돛대 범선 그리고 대형 범선과 바지선 등—매우 멋지고 만족을 주는 것들—은 모두 사라졌고, 그것들을 건조하던 장소들은 지금 요트장으로 변모했다. 목재 요트의 구조적인 문제는 더 대형의 선박 보다 다소간 심각하다. 요트의 동체는 석재나 석탄을 운반하는 동안에 한쪽 해변에서는 충돌하지 않지만, 그것들의 얇은 외피가 저항력을 잘 발휘하지 못하게 되면 국부적인 영향을 고려해서 더욱 어려운 문제가 있을 수 있다.

지금 소형 요트로 장거리를 항해하는 것은 이러한 동체에 미치는 강도 영향의 문제가 중요하게 된다고 하는 추세가 되었다. 깊은 수로에서의 요트 항해가 범고래 등에 의해 공격받아서 침몰하게 되는 경우가 반복되고 있다. 이러한 동물은 약 6톤의 무게와 30노트 정도의 속도를 가지고 있다. 그들은 작은 요트에 대해 특별한 혐오감이 있는 것 같아서, 물밑에서 충돌해서 구멍을 낸다. 이는 현재도 자주 발생하고 있고, 그 발생 가능성도 어떤 '신의 움직임(포세이돈의 저주가 아닌가 하는)'과 같은 정도가 더 이상 아니고 거기에 대항해서 지켜야 하는 심각한 재난이다.

그것은 아마도 그러한 공격에 저항할 수 있도록 작은 요트의 옆벽을 두껍고 강하게 해야 하는데 이는 실용성이 좀 떨어진다. 최상의 방안은 배에 구멍이 생길 때에도, 요트가 떠 있는 상황을 유지하기 위해—그리고 항해할 수 있는데에 더 유리하게—일종의 바람이 충진된 해상 기어의 공급이 되어야 할 것 같다. 여태까지, 이러한 공격에서 생존한 사람들은 사고가 나면 뒤에 딸린 작은 배로 옮겨서 피신했고, 당연히 많은 날이나 여러 주가 지난 후에 증기선에 의해 구조되기 전에는 매우 불안한 시간을 그 안에서 버텨야 했다.

보일러와 압축 선박에 관한 더 많은 것들 - 그리고 그 안에 있는 보일러 오일에서의 일들...

철도 시스템이 완성되기 전 상당한 해가 지나는 동안 많은 승객과 특급 화물 교통은 증기선으로 운반되었다. 19세기의 전반 동안에, 오늘날의 사례보다 더 많은 대륙 간 항구에 매우 많은 증기선들이 운항했을 뿐 아니라 영국의 여러 도시 간에도 수많은 교류가 있었다. 상당히 매우 저렴한 비용으로—그리고 종종 더 빠르고 더 쾌적한—증기선들이 런던을 기점으로 뉴캐슬, 에든버러, 애버딘 등으로 다녔다.

사고는 범선보다 증기선에서 훨씬 적어졌고 따라서 증기선이 더 많아졌다. 그럼에도 불구하고, 1817년과 1839년 사이에 영국의 수로에서 92번의 커다란 증기선 사고가 일어났다. 이것 중에, 23번은 보일러 폭발이 원인이었다. 이는 수년 후에 미국의 강을 운행하는 증기선의 사고 기록만큼 그렇게 나쁜 것은 아니었다. 그렇지만 매우 좋지 않은 일임에는 틀림이 없었다.

초기 보일러 중 일부는 주철과 같은 적절치 못한 재료로 제작되었다. 적어도 하나의 주철 보일러는 S.S. *Norwich* 의 제품이었는데, 폭발해서 여러 사람이 희생되기도 했다. 단조 아이언으로 다소간 적절하게 제작되었다고 하는 보일러조차도, 그것이 발화할 때까지 녹이 스는 것에 대해 상당한 사람들에게 공통으로 부정되고 허용되었다. 이는 1838년에 판 아일랜드에 있는 *포파쇼어 Forfarshire*의 사고에서 그 원인을 찾을 수 있다. 거기서 다섯 명의 사람들이 그레이스 다아링의 바닷사람의 정신으로* 엄청난 재주를 발휘하여 구조되었다.

의회 위원회에서 다시 결정하기를, 1839년의 보고된 것과 보다 확대되고 사실에 입각한 것으로 그리고 거의 믿을 수 없을 것 같은 문서 등 전반을 만들었다. 증기엔진이 붐을 이루어 확장된 수년 동안, 절도 있고, 혼자 유능하게 일 처리하고, 책임감 있거나 아는 것이 많은 엔진룸의 직원들은 높은 임금에도 불구하고 거의 구하기가 어렵다. 이러한 사람들은 거의 신뢰를 벗어난 무시와 부주의의 수준을 지닌 채 엔진과 보일러를 다루고 있다. 예를 들자면 ...

아일랜드에서 스코틀랜드로 이주해 온 한 증기 기술자는 야간 동안 그의 상관으로부터, 바다는 잔잔하고, 수면을 따라 원래의 속도 보다 매우 빠르게 가고 있음을 알게 되었다. 엔지니어는 자기 자리에 없었고, 선장은 어떻게 그 엔지니어가 그리 빨리 가고 있었는지를 소방담당자에게 물었다. 그는 '그는 아주 증기가 적었고 그럼에도 불구하고 불이 나기가 어려울 것이라고 봤기 때문에 말하지 않았다.'라고 보고했다. 선장은 그에 관해 알아보기로 했고, 노출 안전밸브가 고정되어 있는 굴뚝으로 가는데, 갑판에서 안전밸브를 누르면서 치즈 모양으로 본인의 무게를 얹혀 놓은 상태로 깊이 잠들어 있는 승객을 발견했다. 이 사람은 따뜻하게 하려고 그의 잠자리를 만들기 위해 짐을 몇 개 가지고 자려고 한 것이다. 일으켜 세워서 몸을 돌려보니, 밸브가 열렸고, 증기가 매우 압력이 상승된 상태를 나타내면서 강렬하게 뿜어져 나오고 있었다.

그가 바람을 빼내는 역할을 해야 하는 지점에 있을 수 있게 아주 가까운 곳에 언제나처럼 지키고 있던 소방관에게는 증기 압력을 알려 줄 *수은 온도계*가 없어서, 배출되는 것을 들을 수 없었고, 그는 낮추기 위해서 증기를 '가열'하는 것으로 믿고 있었다. 그래서 그는 그 사실에 대해 너무 모르고 있었기에 확인할 수도 없었다. 엔진의 속도가 증가되어 그에게 알려줄 수 있었다 하더라도 어떤 예측치 못한 일이 일어났을 것이다.

그것은 엔진 담당자, 소방 담당과 여타 전문가들조차, 수시로 안전밸브에 *앉아서 또는 서서* 있고, 또는 작동이 시작되는 순간에 증기 압력을 증가시키기 위한 레버에 무언가를 매달아 놓거나 그들의 몸을 쉬는 곳으로 삼는 등의 행동이 여러 동료에 의해 언급되었다.

그 보고서는 안전밸브의 꼭대기에 쓰고 남은 *벙커 석탄*도 실었던 사실 또한 언급하고 있다. 증기선 허큘레스 호는 이런 원인으로 폭발해 버렸다. 이와 함께, 보고되는 그 시점에서 영국의 증기선에서 보일러 폭발로 단지 37명 만이 생명을 잃은 것은 놀랄만한 일이다.

* 그녀는 27살에 죽었다. 그녀가 실제로 한 일은 잘 알려진 이야기와 사진에서 알려주는 것 보다 훨씬 더 똑똑했고 훨씬 더 뱃사람다운 면을 가지고 있었다.

철도의 기록은 증기선과 많은 같은 원인으로 발생되는 것만큼 많은 불행한 사례가 있다. 70 또는 80년 기간을 넘는 동안 매우 심각한 사고가 연속됐다. 이러한 마지막 예는 1909년에 일어났다. 기관차의 보일러는 압력 게이지가 0 압력치를 보이게 되면 폭발한다. 작업자가 안전밸브를 잘못된 방향으로 돌려서 조립하고, 그래서 전혀 불을 끌 수 없게 되는 것으로 바뀌게 될 수 있다. 그 게이지는 바늘이 오른쪽으로 완전히 한 바퀴 돌아서 정지 핀의 잘못된 측면에 반대로 압력을 가하는 등의 단순한 원인 때문에 압력이 없어진 것으로 보이게 될 수 있었던 것이다. 3명이 사망했고 3명은 심각한 부상을 입었다.

이 이후의 기간에 보일러 폭발 건수는 현저하게 줄었다. 이는 부분적으로 스팀 보일러의 제조와 유지관리에서 현재는 법규와 보험회사에서 엄격하게 관리하고 있기 때문이기도 하다. 그러나 아마 공급면에서 많은 스팀엔진이 현재 너무 소규모이고 그래서 전력회사와 같은 거의 모든 대형 공장들이 철수하고 있고 대개 자격을 갖춘 사람들에 의해 운영되고 있기 때문일 것이다.

그렇지만—언제는 보일러이고 아닌 적이 있었나?—이는 대단히 흥미 있는 법적인 문제이다. 다양한 제조 과정에서 사용되는 한 가지 또는 다른 종류의 많은 대형 압력 선박은 산업에서 철수했다. 이러한 많은 선박은 전통적인 보일러식 보다 더 복잡하고 전통적인 디자인을 덜 사용하게 되었고 그래서 위험도가 눈에 띄게 줄어들었다. 일반적으로 제조와 사용의 통제는 원래의 보일러 보다 덜 엄격해졌다. 그러나, 이러한 많은 선박은 압력을 가하는 증기적인 과정이나 가열된 오일에 의해 가열되고, 그래서 파손의 결과는 거의 좋지 않게 나타났다. 연철구조에서 용접금속에 대한 피로 약화의 한계는 습기 찬 증기에 노출되어 ±2,000p.s.i. 만큼 낮게 되었다.

내가 고려했었던 하나의 사례에서 보면, 플라스틱 코팅된 종이를 만드는데 사용되는 두 개의 대형 순환형 드럼은 낮은 압력의 오일 가열에서 스팀 가열에까지—더 높은 압력에서 스팀의 과정을 활용해서—전환되고 개조되어 왔다. 확실하게 하려고, 보험회사의 조사관이 그 드럼은 대형 3각 가세트 또는 브래킷, 연철 플레이트를 절단해서 용접한 많은 것들을 가지고 원통형 표면에 평평한 마감 플레이트를 연결함으로써 내부적으로 '강화된' 것이라고 주장했다.

두 개의 드럼은 증기 가열로 짧은 시간에 사용된 후에 작동에서 채워지게 된다. 도면에서 보고, 나는 두 개의 드럼에 파괴가 일어날 것이 확실한 48개의 공간을 계산해냈다. 사실 이것은 비관적인 추정치이고, 파괴는 실제로 47개 장소에서만 발생되었을 뿐이다. 신의 축복 때문에, 아무도 죽거나 심각하게 다치지도 않았다. 그러나 그것은 부지런하고 정직한 사람일 것이라고 기대했던 보험회사 조사관의 음모였다.

또 다른 사례는 더 비극적이다. 화학 엔지니어링 청부회사는 어느 곳에서건 그들이 고객을 위해 건조한 공장 일부분처럼 설치해 놓은 복합선박을 사들였다. 이러한 복합선박은 압축이 가해진 오일에 의해 가열되는 경향을 띠기 때문에, 그 압축되어진 가열 금속 외피는 냉수를 가지고 '방수시험'을 하게 된다. 그것이 설치되기 전에는 확실한 손상과 피해 없이 65p.s.i.의 압력을 견뎌낸다. 그러나, 그 공장이 취역되고 그 금속 피복 주머니가 약 23p.s.i. 밖에 안되는 뜨거운 오일로 채워졌을 때, 그 피복은 몇 시간 작동된 후에 터지고 만다. 280°C의 오일로 사람에게 뿌리면 그것의 영향으로 그 후 며칠 있다가 사망한다.

공식적인 조사관의 보고에 따르면, 그 사고는 화학 엔지니어인 나의 클라이언트에 의해서 단지 전체적으로 잘못된 유지관리에 의한 결과로서 일어날 수 있다. 결과적으로 이러한 사람들은 고등법원에서 매우 세밀하고 비용이 많이 드는 소송에 포함된다.

사실 사고에 대한 공식적인 보고서는 부서진 잔재에 대해 전체적으로 잘못된 조사에 기반이 되었다는 점과 그리고 매우 잘못된 지침에 대한 것도 언급했다. 선박이 나의 클라이언트에 의해 잘 못 다루어진 것 때문에 폭발된 것이 아니고, 불충분한 디자인과 건조 때문에 이루어졌다. 사고의 기술적 원인이 실제로 매우 예민한 특성 때문이라고 할지라도, 클라이언트와 실제로 배를 제작한 사람들 역시 그러한 것들이 하찮은 문제라고 가정해왔다. 사실상 그 선박은 실제로 어떤 전반적인 소피스트적 감각에서 모든 것이 '디자인된' 것이 아니라 단순히 뒷골목의 용접 가게에서 '눈으로 보고' 함께 만든 것이다.

'시험 적재'가 이루어지는 동안에 무슨 일이 일어났냐 하면, 아무도 그 당시에는 알지 못했지만- 압축된 가열 주머니를 붙인 용접이 상당히 뒤틀려져 있었다. 실제에서 이 용접부는 손상된 부분에 너무 인접해 있어서 약간의 응력 역전현상이 일어났다. 이는 그 주머니 내부가 훨씬 압력이 낮은 결과로, 피로 손상과 골절의 원인으로 인해, 끔찍한 결과를 가지고 온 것이다. 이러한 가능성은 유능하고 숙련된 엔지니어에 의해서 알아볼 수 있다. 공평할 것으로 믿는, 법에서는, 주요한 비난이 선박을 제조하는 사람들에게 주어지는데, 그렇지만 나는 그 위험성이 화학 *엔지니어*의 유능한 확신으로 예측되어야 한다는 생각으로 도움을 줄 수가 없다. 내가 이 사람들을 만나러 갔을 때 그 관리 책임자는 점심 식사하러 나를 데리고 갔다. 대화를 나누는 중에 내가 '당신이 운영하는 조직에서 얼마나 많은 전문가가 수료했습니까?'라고 말했더니, '아무도 없소, 하느님 덕이지요!'

적절하게 구멍 깎아내기

일반적으로 기존 구조물에서 구멍을 깎아내는 일이 분별없는 일일지는 모르지만, 몇몇 사람들은 그렇게 하는 그 열정을 저지할 수는 없을 것이라고 본다. 마스터 항공기에서 하나의 상황이 발생되었다. 이 항공기는 전쟁 직전에 R.A.F.에 관한 최고의 훈련기로 제작되었다. 그 성과의 일부는, 그리고 운영 능력의 많은 부분은 허리케인과 스핏파이어 등에 있었다. 1940년의 비상상황에서 최고 전문가 중 몇몇이 날개에 6개의 자동소총을 장착한 자동화 된 전투기로 개조하였다. 원래 훈련기 버전이었던 그 기계는 와이어로 표면에서 작동하는 것이었는데, 그것이 완벽하게 만족스러웠다고 하지만, 실제 전투기의 작동 보다 아주 '소프트한' 반응을 보였다. 그러므로 몇 기의 본체를 마스터의 전투기 버전에서 조절 연결 장치를 와이어에서 로드로 변경하기로 했다. 방향타와 엘리베이터를 작동시키는 로드를 위한 공간을 만들기 위해서, 적절한 구멍을 동체의 후면 차단 격벽에 뚫었다.

오래전에 우리는 3번의 일련의 심각한 사고에 직면했었다. 각 사례에서는 꼬리가 비행기에서 떨어져 나갔다. 우리가 시험체에 항공기 동체를 놓았을 때 우리는 그 강도가 완전히 채워진 하중의 45% 만 감소되었음을 발견하였다. 내가 생각하는 윤리란 혼자 잘 떠나기 위한 것이다.

이러한 종류의 매우 잘 알려진 사고에서, 많은 사람이 희생되었고, 그것은 군함 *버킨헤드Birkenhead* 선에서 일어났다. 이 증기 철선은 연속된 방수 화물선으로 잘 운행되고 적절한 강도도 갖추고 1846년에 군함으로 출항하였다. 그러나 그것이 전함으로 개조되었을 때, 군 장교들은 더 많은 빛과 공기가 들어와서 군인들에게 적절한 공간을 확보해주기 위해서 매우 커다란 개구부가 가로로 방수 화물칸*에 만들어져야 한다고 주장하였다.

1852년에 버킨헤드 선은 20명의 여성과 어린이를 포함 648명을 배에 태우고 희망봉을 거쳐서 인도로 파견되었다. 수로안내도의 오류로 인해 그 배는 남아프리카공화국의 해안에서 4마일 떨어진 곳에 있는 암초에 충돌했다. 그 선박은 앞쪽에 심각한 구멍이 생겼는데, 차단 격벽이 제거되었기 때문에 배의 전면부에 있는 모든 갑판 부분에 빠르게 물이 넘쳐서 해먹에서 누워있던 많은 군인이 빠져버렸다.(새벽 2시경)

쏟아져 들어오는 물의 무게 때문에 배의 전면부에는 물이 차서 부서져 나가고 순식간에 침몰하게 되었으며, 생존자들은 뒤편으로 기어가서 서서히 가라앉았다. 어두운 바다에서는 상어가 많았고 구명보트도 제대로 없었다. 위대한 용기와 군기로 무장한 군인들은 후면 갑판에서 장렬히 빠지게 되었고 반면 여성과 어린이들은 거기에 있던 보트에 실려 해안으로 보내졌다. 여성과 어린이들은 모두 생존했으나 남자는 173명만 살아남았다. 나머지는 모두 상어 밥이 된 것이다.

차단벽에 구멍을 뚫은 아주 분명하고 확실한 결과가 생긴 것이다. 물론 배에 있는 여러 가지 구획구간에 빠르게 물이 들어왔고 이는 배가 침몰당한 첫 번째 원인이었음은 의심할 여지가 없다. 그러나 그 배가 둘로 부서지지 않았다면, 그래서 배가 적어도 일부만이라도 떠 있었더라면, 좀 더 인명피해가 적었을 것이다. 강도를 지탱하고 있던 차단벽을 잘라냄으로써 전체적으로 배가 약해진 것이다.

버킨헤드 호의 침몰은 즉각 원칙과 영웅주의의 사례로 널리 알려지게 되고 그 대가를 치르게 되었다. 그 소식이 베를린에 알려졌을 때 프러시아의 왕은 그 이야기를 전군에 널리 알리도록 명령하고 특별히 알릴 수 있는 퍼레이드도 하도록 했다. 그러나 그가 자기의 진중 사무실에서, 병사들이 항상 이해할 수는 없는 일이라고 할 수 있는, 선박의 구조문제를 가지고 방해하지 않는다고 지시를 했다면, 그것은 아마 여전히 더 좋아지게 되었을 것 같다.

뛰어난 해양건축가인 K.C. 바나비 씨에 따르면, 군함에서 안전보다 개방된 오픈스페이스가 더 중요하다는 생각을 수년 동안 지속했다. 그는 1882년경까지도 선주들은 그들이 충성심의 강요 때문에 추가로 차단벽을 설치해야 했을 때 불만이 많았고, 군 당국은 차단벽 사이의 공간이 너무 작

* 물론 엔진룸의 차단벽은 제외

은 배의 출항을 허락지 않았다.*

초과 중량의 존재

거의 모든 구조물은 디자이너가 의도한 것보다 더 무겁게 바꾸는 경향이 있다. 이것은 중량 계측 사무실에서 과도한 적정치를 제시하는 데에 일부 책임이 있다. 그러나 그것은 또한 거의 모든 사람이 실제 필요한 것보다 훨씬 더 두껍고 더 무겁게 각 부재를 만듦으로써 '안전한 놀이'의 부분으로 하는 하나의 경향 때문이기도 하다. 많은 사람의 눈에는 이것이—정직과 고귀함의 표현인—하나의 미덕이기도 하고, 우리가 칭찬의 단어로서 '육중하게 건조한' 것에 대해 말한다. 반면에 '가볍게 제작된'이란 것은 '부실하고', '조잡한' 것과 같은 의미로 받아들인다.

때때로 이것은 별문제가 안 되지만, 실제로는 많은 문제를 가지고 있는 사례도 있다. 항공기를 가지고 보면 그 하중은 도면을 작성한 것으로부터 매번 증가하는 경향을 보인다. 하중의 초과는 자연히 연료의 용량 또는 항공기의 유료하중을 제한하기도 하지만, 반면에 이러한 전체 하중의 증가는, 항공기의 중력 중심이 항상 너무 멀리 떨어진 후미 방향에서 작용하도록 관리되고 있다. 다른 말로 하면, 선미의 무게는 기체의 나머지 부분에 비례해서 증가하는 경향이 있다. 이것은 심각한 문제가 될 수 있다. C.G.가 너무 멀리 떨어져 있으면, 항공기는 위험한 비행이라는 특징을 얻을 수 있다. 그것은 회복할 수 있지 않은 것으로부터 빠져나와 회전되도록 하는 경향을 가지고 있다. 이러한 이유로 놀랄만한 수의 항공기—몇몇 유명한 것들을 포함해서—는 고정적으로 항공기 전면 상부에 걸쳐져 있는 대규모의 중심하중을 운반하면서 모든 그들의 수명을 순회하며 지킨다. 이러한 것은 내력을 가진 안전한 입지에서 C.G.를 지키기 위해서는 필수적이다. 이것이 좋지 않은 것이라는 것은 말할 필요가 없다.

초과 중량의 영향은 좋지 않은 것 같고, 배에는 어쩌면 더 나쁜 것이기도 하다. 모든 배의 선체는 절대적으로 중량초과가 되는 경우가 있을 뿐 아니라 C.G.는 이 경우에 뒤를 향해서가 아니라 전면을 향해서—불가피한

* K.C. Barnaby, *선박 재난과 그 원인Some Ship Disasters and their Causes*(Hutchinson, 1968).

경우에는 위를 향해서—서서히 가는 경향이 있다. 지금 배의 안정성이란 위아래로 움직이거나 측면에 있는 것 대신에 '경심傾心의 높이'라고 부르는 것에 따라서 우측면이 위로 뜨는 추세이다. 이는 '경심(부력의 경사 중심)'이라고도 부르고 중력의 중심인 곳의 신비하나 중요한 지점 사이의 수직 거리이다. 두드러진 이유로 대형 선박의 경심 높이가 매우 적은 거리라고 보이는 것이며 실제로는 1~2피트의 영역에 있는데, 아마 더 적을 것이다. 그래서 C.G.의 위치는 배의 안정성에 위협이 될지도 모르는 매우 중요한 비율까지 경심 높이를 줄이기 위해 몇 인치 정도의 범위로 올라갈 뿐이다. 여러 종류의 선박들은 이러한 이유로 출항이 뒤바뀌어졌고, 현장 수병들은 말할 것도 없고, 초과 최고 중량에 대해 책임지는 사람은 누구든 그들이 비난에서 벗어날 수 없다고 생각한다.

우리는 11장에서 H.M.S. *Captain*호의 희생에 대해 언급했었다. 이 배의 전체 이야기는 그때에는 매우 정치적이고 논쟁의 여지가 있었다. 나는 몇 가지의 사고가 역사적인 결과에 그렇게 도달할 수 있다고 생각한다. 캡틴호는 증기 군함의 혁명적인 면에 그리고 아마 세계적인 힘의 현대적인 개념에 하나의 전환점임을 보여주었다. 해군들은 종종 항해에서부터 증기 동력에 이르기까지 서서히 변화하면서 배에 관해 매우 조금 밖에 모르는 역사학자들에 의해 비판을 받았다. 이러한 것은 때로는 '제국주의자의 영토 확장' 등등과 같은 가장 비판받을 만한 역사학자들이 있다.

그것은 마음속에서 생기는 것으로, 비교적 최근까지, 신뢰감이 없는 엔진, 석탄 소비의 증가 그리고 증기 전함의 짧은 수명 등은 그들이 자국의 바다를 넘어 모험을 떠나자마자 기지와 석탄 창고 및 '식민지' 등에 의존하도록 하였다. 증기선을 가진 해군의 국제적 힘의 시험은 18세기 해군 전단의 전략과 논리에서 비롯된 것과는 매우 달랐다. 그것은 그러한 이유의 기반에 있는 영국인 해군들은, 엔진이 추가되고, 그들의 전투력 대부분이 생존의 기억 속에 있다는 점에서 충만한 해군력의 유지에 따른 것이라고 주장한다.

증기에 의한 추진력을 가지고 결합된 해군의 기술적인 어려움은 19세기에 총과 무기에서 일어났던 개발에서보다 엔진과 항해술의 특징에서 덜했다. 투렛 총은 너무 무거운 것은 둘째 치고 넓은 범위의 발사각이 필요했다. 꼭 필요했던 그 방어 무기는 한층 더 무거웠다. 필요로 하는 발사 면과 결합하기 위해, 그래서 또한 적절한 안정성을 갖게 되고, 충분한 항해의 추진력을 가지고 해양건축에서 아주의 어려운 문제를 해결하였다. 1860년대에는 해군 제독은 이해할 수 있는 정도의 조심스러운 진행이 이루어졌다. 그들이 그렇게 계속하도록 허용되었다면, 모든 것은 잘 진행될 것이고 역사는 상당히 달라졌을 것이다

이 사과 손수레 같은 배는 어떤 카우퍼 콜스 선장에 의해 뒤집혔다. 콜스는 논쟁과 대중성에 대한 놀랄만한 재능을 가진 영리한 사람 중의 하나이다. 투렛 총이라는 새로운 종류의 무기가 발명된 후, 그는 완전한 항해 장비를 장착하고 무제한의 범위까지의 전투력을 갖추기 위한 충성심 추구하는 점까지 갖고 있었다. 콜스는 충성심뿐 아니라 의회와 로열패밀리, *더 타임즈The Times*의 편집에 이르기까지 포함해서 관장하였고 그래서 가장 위대한 대중적 영향력을 가진 그러한 종류의 것을 시행하도록 하는 것의 설립 전반을 실질적으로 관리하게 되었다.

급기야는 신문의 반 정도 그리고 국가 정치인의 반 이상에 의해서까지 '반동적인'이란 존재로 지겨운 상황이 되면서, 해군 제독의 지위도 사라져 버렸다. 그들은 결코 전에 했던 것을 안 하는 것으로 했고 분명히 다시 반복하지 않았다. 즉 그들은 그 자신의 사적인 투쟁심을 계획하고 공공 경비로 자기가 건조하는 등의 해양건축가의 자격을 배제하고 해군 장교로 복무하는 것만을 허락했다.

그 배는 콜스에게 책임을 물어 버킨헤드에서 레이어드에 의해 건조되었고 디자인할 때 아무것도 검토할 기회를 얻지 못했다. 더구나, 그 배는 매우 심한 비난과 질책의 와중에 건조되었다. 그 많은 시간 동안 콜스 자신은 병들었고 그래서 그 조선소에 참여하려고 해도 위트 섬에 있는 자택을 떠날 수가 없었다. 모든 이러한 혼란된 상황의 결과로서, 그 배는 15%가 초과된 중량으로 마무리되었다. 이것이 그러한 상황에 처해지지 않았다면, 최소한 배가 성공적인 그리고 비교적 안전한 것으로 되는 것이 가능했을 것이다.

그렇게 된 것 때문에, 그 캡틴 호 너무 깊은 물에 있었고 그 배의 C.G.는 너무 높이 상승했다. 결과를 산정해 본 것으로는 만약 21°의 각도를 넘어서 기울어지는 것을 허용했다면 배는 뒤집혔을지 모른다. 그러나 그 배는 많은 인기를 가지고 1869년에 명명되었다. 그녀는 *더 타임즈*와 해군의 최고위 제독에게 큰 만족감을 줌으로써 2척의 심해 크루즈선을 만들었다. 그 해군 제독은 자신의 해군사관 생도인 아들을 그녀에게 배속시켰다.

그것은 마치 세계의 기반에 있는 방해물과 잠재적 혼란 등이 계속해서 해결하려고 하지 않는 세계적인 강대국의 문제처럼 보였다.

세 번째 항해에서, 채널함대의 나머지와 함께 1870년에 지브롤터에서 부대에 복귀하면서, H.M.S. 캡틴호는 비스케이 만에서 오히려 그리 심하지 않은 돌풍에 갑자기 전복되었다. 472 명이 사망했는데 이는 트라팔가르 해전에서 죽은 영국군보다 더 많은 수였다. 커우퍼 콜스 자신과 제독의 아들도 죽었고, 17명의 수병과 장교들만 생존했다.

물론, 한 가지 요인만은 아니라 해도, 캡틴 호의 침몰은 범선에서 증기선으로의 변화를 가속시키는 데에 강력한 영향을 미쳤다. 또는 큰 전투에서는 완전 범선 장비를 폐기해야겠다는 결과를 갖게 하였다. 기술적인 결과가 무엇이 되었건 간에, 정치적인 영향은 확대되었다. 캡틴 호가 출항하기 직전에 개방된 수에즈 운하는 원래 프랑스에 영향권에 있었음을 기억해야 할 것이다. 디스레일리는 1874년에 영국 정부를 위해 수에즈 운하의 할당 부분을 구입하고, 석탄 수송의 세계적 연결망을 획득하여 자신의 정치적 필수조건을 획득했다. 캡틴 호 재난의 전체적인 스토리는 복잡하지만, 그 직접적인 기술적 원인은 의심할 여지 없이, 무게와 상관없이 그 배의 돛과 선체가 실제로 적정한 강도를 가졌는지를 확실히 하기 위한 결정에 있었다고 하겠다. 그것은 많은 구조적 사고 중의 하나로서 아무것도 실제로는 부러지지 않았지만, 그 원인을 보면 그것이 가지고 있었던 그 자체의 '구조적인 것'과 같다는 점이다.

공력 탄성 Aeroelasticity (空力彈性- 항공운행 중 공기의 힘에 의해 생기는 구조의 변형과 진동) - 또는 바람에 흔들리는 갈대

공기 또는 물처럼 유동체(유체)일 때는, 나무나 로프와 같은 장애물을 통과해서 흐르며, 유체의 소용돌이는 그 뒤에서 일어난다. 아주 종종, 매우 서서히 흐르는 강에서 자라는 갈대나 억새를 관찰하면, 흐르는 물의 소용돌이가 처음에는 한쪽 측면에서 일어나고 그때 반대쪽에서 다시 일어나는 것을 보게 된다. 그 결과는 장애물의 한쪽 측면에서부터 다른 쪽으로 유체 압력의 리듬을 탄 가변성이라고 할 수 있다. 소용돌이의 연속성 또는 '가로'를 '카르만 스트라쎄'라고 부르는데, 공기역학자 폰 카르만이 처음으로 그렇게 불렀다. 공기 중의 소용돌이는 볼 수가 없지만, 종종 잔잔한 수면에

있는 소용돌이를 보기는 매우 쉽다. 그것들이 연기나 낙엽 또는 그와 같은 눈에 띄는 것들이 없다면 알 수가 없는 것이다. 그러나 실제로는, 소용돌이 중 카르만 스트라쎄와 아주 같은 것은 공기가 깃발이나 나무 또는 와이어 등을 통과할 때 발생한다. 이러한 여러 가지 소용돌이의 결과, 한쪽 면에서 일어나면 그때 다른 쪽에서도 일어나서 깃발이 휘날리게 되고 나무가 흔들이며 통신용 와이어가 노래하는 것처럼 윙윙 바람 소리를 낸다. 그래서 돛이 키를 돌리자마자 범선이 흔들리고 스스로 바람이 갈라져서 사람을 다치게도 한다. 나는 에너지가 크게 생겨서 돛이 출렁거리는 것 때문에 사람이 나가떨어지는 것을 본 기억이 있다. 큰 배가 바람을 맞으면, 총을 쏘는 것 같은 큰 소리를 내게 되어 인상에 깊이 남게 된다.

공기역학의 자극에 의한 진동은 장애물의 자연스러운 떨림의 주기 중 하나와 동시에 발생된 소용돌이에 의해 만들어진다. 그 움직임의 확장은 어떤 것이 파괴될 때까지 증가할 수 있다. 그것은 잔잔한 공기 압력보다 오히려 이러한 종류의 것이라고 할 수 있으며, 그것은 보통 나무 같은 것을 부러뜨려 넘어지게 하는 원인이 된다. 약간은 더욱 예민한 방식에서 보면 이것은 또한 오히려 너무 익숙해서 항공기나 현수교에서는 일어나지 않기도 한다. 그것은 적절하게 구조의 강도를 만들어 줌으로써 방어가 된다. 특히 비틀림에서 그렇다. 우리가 이미 언급한 것처럼, 그것은 일반적으로 현대의 항공기에서 디자인과 구조물 하중을 좌우하는 비틀림 강도의 필수조건이다.

텔포드의 메나이 현수교가 완공된 지 얼마 되지 않아서 바람에 의한 진동 때문에 심각한 손상을 입었다고 하더라도, 교량설계자와 적정하게 기록한 것에 대해 이러한 위험성의 실상을 확인하는 데에 1세기가 소요되었다. 고전형의 재난은 1940년 미국에서 발생한 타코마 협곡 교량에서였다. 2,800피트, 약 840m에 이르는 길이의 이 다리는 적절한 비틀림 강도를 확보하지 않고 건설되었다. 그 결과로 완만한 바람에도 흔들리고 그렇게 확장되어서 그 지역을 '달리는 게르티Gertie'라고 이름을 지을 정도였다.

다리가 완성되고 얼마 되지 않아서 바로 42 m.p.h. 정도의 바람에 흔들리고 요동을 치다가 끔찍하게 붕괴되고 말았다. 다행인 것은 어떤 사람이 영상카메라로 필름으로 남긴 것이 있다는 것이다. 그 카메라가 작동하고 필름 가격은 훌륭한 투자로 바뀌게 된 것이다. 이는 그 필름을 그때 이래로 전 세계의 엔지니어링 교육과정에서 실무용으로 반복적으로 상영한

결과였다.(참고 20 참조)

결과적으로 현대의 현수교는 적정한 강도, 특히 비틀림 강도를 갖추도록 하게 되었다. 항공기에서처럼, 견고함의 조건은 교량 하중의 좋은 비례감을 말한다. 예를 들어, 세버언 교(참고 12)의 사례에서 보면, 갑판은 연철 플레이트로 제작되어 세워진 평평한 6면의 단면을 가진 매우 대형의 스틸 튜브로 제작되었다. 건설되는 동안에 이 튜브는 단면에서 수직으로 떠올랐는데, 그것은 설치 장소에 끌어 올려져서 연속되는 구조물로 용접되었다.

이론적인 적용에 따른 엔지니어링 디자인

근래의 모든 사고에서 우리는 인과관계의 두 가지 차이가 나는 수준을 구분할 필요가 있다. 첫 번째는 사고에 대한 직접적인 기술적 또는 기계적 원인이고, 두 번째는 실행한 사람에 대한 원인이다. 디자인이 아주 정확한 비즈니스가 아닌 것, 예상치 않은 일이 발생하는 것, 순수한 실수로 만들어진 것 등등은 사실이다. 그러나 사고에 대한 훨씬 더 자주 '사실'로 나타나는 원인은 방지할 수 있었던 사람에 의한 실수이다.

실수가 결국 '최선을 다해 일한' 사람을 비난하는 것이 실제로 공정하지 않다거나 또는 그들에 대한 교육과 환경에 의한 희생 탓이라던가 또는 사회 시스템의 문제라든가 등등의 여러 원인 중 하나라는 것을 예상하는 것은 현재 오히려 잘 알려져 있다. 그러나 현대에 와서 실수를 '죄'라고 칭하는 것이 매우 익숙하지 않다는 것으로 가려져 보이지 않고 있다. 오랜 전문적인 생활의 과정을 잘 보냈건 잘못 보냈건, 재료와 구조의 강도에 관한 연구에서 나는 많은 사고, 그중 상당수가 치명적이었던, 을 조사하는 것에서 원인을 얻어왔다. 나는 매우 적은 수의 사고들이 도덕적으로 중립적인 방향에서 '일어난' 것이라는 결론을 강조하게 되었다. 사고의 십 중 팔 구는 많건 적건 난해한 기술적인 영향에 의한 것이 아니고, 종종 평범한 악행의 경계에 서 있기도 한, 오래된 일상적인 인간의 범죄에 의한 것이 원인이다.

물론 나는 용의주도한 살인자, 대형 사기꾼 혹은 섹스와 같은 한층 화려하고 수지맞는 범죄를 의미하는 것은 아니다. 그것은 부주의하고, 게으르고, 배우려 하지 않고 바라고자 하는 필요성도 없고 직업에 대해 어떤 것도 말할 수 없는, 자만하고, 질투하고 욕심내고 사람을 죽이기까지 하는 더러운 범죄일 뿐이다. 몇몇 엔지니어링 회사는 방대한 디자인 팀을 가지고 있지만, 이 나라에 있는 훨씬 더 많은 회사는 기술적으로 부족한 점이 많고 가끔 범죄 영역을 침범하기도 한다. 이러한 많은 사람은 상점 바닥에서부터 일어나서, 자존심과 수치심이 뒤섞인 것에서 벗어나서, 적절한 충고도 찾고 자격 있는 직원도 영입하고 해야 한다는 어떤 제안에 매우 분개하게 된다.

신문에 실리는 것보다 훨씬 많은 사고가 일어난다는 것이 내 경험상 의견이다. 일반적으로는 그 사건들은 적절한 관리와 전문적인 능력을 갖추지 못해서 생긴다. 나는 구제책이 더 많은 규정의 제정이 안 되어서라는 점에 상당한 의문을 갖는다. 요구되는 것은 더 많은 공공적 인식의 창조이며 도덕적으로 비난받을 만한 것을 '실수'로 간주하는 의견의 정도를 정하는 것이라고 보인다. 목재 항공기의 날개빔의 엉뚱한 자리에 구멍을 뚫어 놓고, 구멍을 메운 후에, 말을 하지 않은 사람은 죄가 없어 보인다. 도덕적인 비난은 별 소용이 없다는 점을 판사는 짐작하고 생각하게 된다.

바라는 것은 더 많은 공공성 의식이다. 즉 어려움은 불명예 법에 있는 것이다. 대부분의 경우에, 어떤 사고의 실제 원인을 공개적으로 하게 되면, 누군가는 얼굴이 빨개지고, 그의 비즈니스 또는 직업상의 명예가 손상을 입을 것이다. 대부분의 실제 업무에 종사하는 엔지니어는 이 점을 정확히 알고 있고 침묵을 유지하거나 심한 손해 위험을 감수해야 한다. 내 의견으로는 사고와 큰 실수는 공개가 되는 것이 공공의 관심을 받게 되기 때문에 이러한 것에는 몇 가지 방법이 있어야 한다.

구조적인 사고의 거의 대부분이 우리가 거의 듣지 못했던 더러운 뒷골목에 있다고 하더라도, 거기에는 물론 얼마간 신문 헤드라인을 독점하게 될 아주 극적인 사고가 많이 있다. 그러한 종류 중에는, 1870년의 테이교 붕괴, 1870년의 캡틴 호 전복사고, 1930년의 R101 대형사고 등이 있다. 거기에는 종종 맹렬한 인간에 관한 것과 강한 정치적 문제들이 있고, 이것들은 근본적으로 야망과 자만심에 그 원인이 있다. 캡틴 호의 침몰이 이러한 특징을 보여주며, 가장 무거운 도덕적 책임감을 갖게 하는 두 사람은, 한 사람은 그 자신의 삶을 걸고, 다른 사람은 그의 아들을 희생시키면서 그들의 잘못에 대한 대가를 무겁게 지불하였다. 불행하게도 훌륭한 많은 다른 생명도 역시 희생되었다.

비행선 R191의 난파는, 땅에 떨어져서 1930년에 부바이스에서 연소되어버린 것과 기본적으로 유사하다. 네빌 슈트는 그의 책 *기울어진 규정*

*Slide Rule*에서 광범위하게 설명했다. 그 사고의 직접적인 기술적 원인은 외부 피복의 섬유가 찢어진 것이다. 즉 이 섬유는 부적절한 합금 처리로 인해서 확실히 단단하게 되었다. 그러나 그 재난의 실제적인 원인은 자만심과 정치적 야망 때문이었다. 노동부의 항공장관 톰슨 경은 무한한 책임감의 소유자로서, 그의 시종과 50명의 가까운 선원들을 따라서 그 사고에서 불에 타 숨졌다.

사고로 이끌었던 그 행사에 대한 네빌 슈트의 설명은 상대적인 환경에 처해 있던 나 자신의 경험을 가지고 보면 특징 면에서 매우 일치한다. 사람은 전체적인 과정에 관한 가다라인의 불가피성에 대한 어떤 환경을 즉시 인식한다. 자만심과 질투심 그리고 야망과 정치적 라이벌 의식 등의 압박을 받는 중에, 관심을 매일매일 자세한 점까지 집중한다. 폭넓은 판결, 엔지니어링의 포용심은 불가능이란 존재 때문에 끝이 난다. 전체적인 일은 사람들의 시야 앞에서 재난에 대해 멈출 수도 없고 밀려나게 된다. 그래서 제우스 신의 목적은 달성되었다. 사람들은 전통적이거나 이론적으로 인간의 나약함으로부터 면역되지 않는다. 왜냐하면, 그들은 기술적인 조건에 따라 작동하고, 이러한 여러 가지 재난은 그리스 비극의 드라마와 불가피성의 많은 부분을 차지하고 있기 때문이다. 우리의 교과서 중 몇몇은 아이스킬로스나 소포틀레스와 같은 사람들에 의해 쓰인 것이어야 한다. 이러한 작가들은 휴머니스트가 아니다.

Chapter 16

효율성과 미학

또는
우리가 살아가야 할 세계

'왜 각하의 내각에 스미스 씨가 없습니까? 대통령 각하?'
'나는 그의 얼굴이 맘에 안 들어요'
'그렇지만 그 불쌍한 사람은 그 얼굴을 어찌할 수 없는데요'
'40이 넘은 사람이라면 자기 얼굴을 어찌할 수 있어야지요.'
– 링컨 대통령의 어록

옛날에 나는 폭발물 연구소에서 근무한 적이 있었다. 자연히 예방이란 것이 전반적으로 권한이 주어지지 않은 사람들의 출입을 제한하고 권한을 가진 사람들에 의해 부여되었다. 제한된 사람들은 많은 소득을 올리는 절도한 폭발물을 판매할 뿐 아니라 전체 장소를 일시에 태워버릴 수 있는 사람들이다. 그래서 이것을 설립 기관은 갈고리가 있는 와이어와 알람 벨로 둘러싸고 경비원과 경찰견으로 무장하고 안전요원의 절묘한 기술로 생각해 낸 거의 모든 장비를 갖추고 있다.

현재 많은 실전용 폭발물은 나이트로글리세린으로 만들어지며, 이는 그 자체로 저장하고 다루는 데에 대단히 위험한 액체이다. 병을 흔드는 것과 같은 최소한의 불필요한 친숙함을 표현해도, 최악의 소름 끼치는 결과로 폭발하는 원인이 된다. 다이너마이트와 같은 원래 안전한 폭발물은 아벨이나 노벨과 같은 용감한 과학자들의 연속된 연구를 통해 수년에 걸쳐 개발되어 온 여러 가지 물질들을 첨가함으로써 다루기에 안전하게 설계되었을 뿐인 것에 많은 양의 나이트로글리세린이 함유되어 있다. 직접 나이트로글리세린을 가지고 실험해야 했던 그 사람들은 매우 환상적인 예방책을 취할 필요가 있고, 그 위험성은 신경쇠약으로 고통받는 일이 드물지 않을 만큼의 위험성을 가지고 있었다. 나이트로글리세린 실험실은 물리적으로 흙으로 쌓은 제방과 넓은 오픈스페이스로 다른 건물과 이격되어 있을 뿐 아니라 그 팀은 특별한 복장을 하고 있었다. 그것은 부드럽게 걷고 전기적인 충전을 축적하지 않으며 스파크 불꽃과 같은 위험한 어느 것도 그대로 두지 않도록 고안된 특수한 종류의 장화 등을 포함하고 있다.

어느 주말에 지역 어린이들 몇몇이 보안 철책 아래를 교묘히 빠져나가서 경찰관과 경찰견을 피해서 가보려고 하였다. 아주 외로운 장소에서 스스로를 발견하는 것은, 나이트로글리세린 실험실 중의 하나로 뚫고 들어가는 일이라고 하겠다. 그러나 그들에게 흥미를 줄 만한 것이 아무것도 없고, 그래서 바닥에 있는 여러 가지의 병과 비커를 뒤집고, 특수 장화를 훔쳐서 그들이 왔던 길을 통해 탈출하였고 그때부터 지금까지 발견되지 않았다.

이는 진짜 이야기이다. 그렇지만 나는 오히려 그것이 엔지니어와 계획자 그리고 행정담당자들과 함께 사회운동가와 아방가르드 기업 등이, 그것이 커다란 폭발력의 원인이 될 수도 있다는 것을 날려버려서 잘 인식하지 못하는 존재인, 나이트로글리세린의 큰 우산 속에서 놀고 있는 어린이와 같은 일종의 우화 같다고 생각한다. 그것은 '효율성'이란 것에 매우 잘 집중하고 있고, 물론 해야 할 것들을 만들기도 하고 있으며, 실제로 우리의 재료에 대한 필요성이 우리가 생각하고 싶어 하는 것보다 더 폭넓게 융통성이 있다고 하더라도, 재료에 대한 필요성을 갖는 것은 필수적이라고 하겠다. 그러나, 사람들은 그들이 피해를 입고 무시를 당하게 되면 사회적인 폭발력을 끌어내는 것에 대한 한층 더 중요하다는 것과 더 많은 호응도가 있는 많은 주관적인 필요성을 갖게 된다.

그래서, 내가 엔지니어링 집단의 의견들을 들었을 때, 나는 때때로 내 신발을 흔들어 본다. 그것들이 매우 작은 중요성을 가진 것 때문에 그들 작품에 대해 미적인 성과를 고려할 뿐 아니라 근본적으로 하찮은 것으로 여기기도 한다. 그러나 사람들이 미적 만족을 발견하지 못한다면, 나는 우리가 재료의 장점을 증가시키면 시킬수록 오래가는 것이 더 중요해지는 것이 궁극적으로 재앙이 되리라 생각한다.

내가 엔지니어링을 배우는 학생일 때 나는 숨을 헐떡거리면서 지역의 미술관으로 몰래 기어서 도망치곤 했다. 내가 낙제했던 많은 수학 강좌들을 뒤로하고 글래스고우 아트갤러리에 있는 그림들을 보면서 지냈다. 그 미술관에 있던 그림들이 도움이 되었던 것은 말할 것도 없지만, 그러한 것들이 정서적 필요성, 절망의 피난처의 길이었다. 다시 말해, 분석적 강의의 무미건조함에서 벗어날 뿐 아니라 더욱 중요한 것은 글래스고우와 같은 도시의 추악함이 온통 넘치는 것과 같은 곳에서 벗어나기 위함이었다.

물론 그것은 미술관과 극장이라고 불리는 고립된 상자 안에서 '예술'이란 것을 지키고자 하는 단정하나 교양 없고 관리적인 생각을 가진 사람에게는 잘 어울렸다. 그리고 적극적인 1984년의 새로운 정권은 갤러리에서의 그림뿐 아니라 음악과 발레 등에도 관심을 가졌다. 그러나 '순수 예술'의 그러한 모습은 보통사람들의 삶에서는 아주 가끔 일어날 뿐이었다.
그들은 어떤 탈출을 제공해 줬지만, 그들은 실제로 자체로 만족하고 연속해서 나타나는 환경에 대한 대용품은 아니었다. 우리의 대부분은 시골 지방에서 일종의 활력을 되찾는 효과를 얻지만, 우리는 도시와 공장 그리고 복잡한 철도역과 공항과 우리의 일상을 소비해야 하는 대부분 장소에서의 따분하고 우울함에 매우 잘 포기하게 된다. 더러운 물에서 영원히 살아야 하는 끈질긴 물고기는 다소간 있을 수 있으나, 이러한 방식에서 인간이 처하게 되면 폭동이 일어나게 된다.

우리는 '죄가 되는 혼합물은 우리가 비난할 마음을 갖지 않으면 지속되는 경향이 있다.' 그리고 멕네일 딕슨 교수가 전에 말했었던 것처럼...

... 중간 세기에 대조적으로, 우리 유럽 연보에 있는 르네상스에 뒤이은 여러 세기의 독특한 시기가 있었다. 세계를 보는 그들의 경외로운 관점은 얼마나 다른가, 그들의 신념체계는 어떻게 대립하는가! 그러나 각각의 우주적 관점은 논쟁의 여지가 없는 것처럼 불가피하게 느껴지게 된다. 각 시대는 자체적으로 진리를 가지고, 그리고 시대 감각이 있는 사람에게서나 가능한 시각만을 생각하게 된다.*

그래서, 중요한 문제에 관해서는, 각 시대가 전체적으로 마음을 닫아놓고 있었다. 오늘날, 물질주의자란 존재는, 우리의 조상들이 물질적인 가난을 견디고 신체적 고통을 주는 것에 대비하도록 했었던 것에 대해 우리가 얼마간의 두려움을 갖게 한다. 그러나 매일같이 런던과 뉴욕의 험악한 정글을 경험하게 되는 수백만의 사람들이 받는 고통과 마찬가지로 앞서의 이

* W.M.Dixon, *The Human Situation*(Penguin, 1958).

들과 같은 조상들도 같은 두려움이 있었다. 그리고 우리의 다크 새터닉 정미소에서 일한 사람들은 그리 많이 필요치 않았던 소음과 불결함을 견뎌내야 했다. 현대 병원의 '의료상의' 장치와 환경조차 그들에게는 죽음에 대한 새로운 공포로 보였다. 그러므로 우리 중 많은 사람이 신념의 어떤 부분 또는 '자연'에서의 위안 그리고 우리가 할 수 있을 때, 우리가 도시와 도로 그리고 공장들보다 더 친숙한 것이 시골 지방이라는 것을 발견했기 때문에 시골로 탈출한다. 많은 사람이 실제로 자연은 어떤 면에서 물려받은 아름다운 것이라고 믿는데, 아마도 계승되어지는 '좋은 것'의 어떤 방식이라고 생각하는 것 같다. 극단으로 치닫게 되면서 그러한 관점은 메레디스의 *웨스터메인의 숲*Woods of Westermain에서 나온 범신론과 매우 닮은 어떤 것을 끌어냈다. 그러나 나에게는 우리가 우리의 낭만적인 편견에서 벗어날 수 있다면 그래서 우리가 그러한 관점을 강조하는 그 문제의 모든 면을 정말로 본다면, 자연은 윤리적으로 중립이었던 것처럼 미학적으로도 중립을 취하는 그런 것 같았다. 산과 호수와 석양은 아름답지만, 바다는 종종 위협적이고 험하며, 그래서 내가 그들을 보고 예상되는 것은, 태고의 숲이 상당한 공포의 장소였을 것이라는 것이다. 유럽형 조경의 대부분은 전혀 실제의 '자연'의 모습이 아니다. 식재가 허용된 크고 작은 나무들은 조심스럽게 선정되고 관리되며, 그래서 많은 종이, 양육된 동물들처럼, 현재의 형상으로 인공 조림이 되었다. 나무가 자라는 패턴과 마당과 숲 그리고 울타리와 마을 등에 대한 전체적인 계획은—수로와 토양 개량 등에 대한 것은 언급하지 않고—인간적인 선택과 영향의 결과이다.

18세기 이전에, 조경이 가장 폭넓게 확산되었을 때, 지식인들은 '자연'에 대한 공포를 느끼고 있었고, 이에는 물리적 불안정성뿐 아니라 원시림에서의 모든 것도 포함되어 있었다. 이러한 사람들에게 그것은 거주할 수 있고 흥미를 끌 수 있는 마을이었지만, 국가적으로는 호의적이지 않고 추악한 지역이었다. 오늘날, 아름다운 영국의 조경들을 경외할 때, 우리는 실제로는 문명화되고 지적인 18세기 영국의 영주들에 의해 정교하게 만들어진 것을 찬양하고 있는 것이다.

국가가 미적인 세상에서 발전하려고 한다면, 그 마을들은 확실히 작아진다. 오늘날 우리가 영구의 도시와 공장들을 보고 한탄할 때 우리는 실리만 추구하는 개혁가와 엔지니어 및 건축가와 비즈니스맨 그리고 지방의회 사무실에 앉아 있는 약간의 회색분자들과 국회에 자리를 차지하고 있는 더 커다란 회색분자들이 생기는 것에 한탄하기도 한다. 이러한 사람들이 짓는 죄 중에,—플라톤이 잘 알고 있었던 것처럼—우리는 자연에 원래 있었던 것을 하기 때문에, 그들이 무엇을 했는지 모르겠다고 말하는 것은 충분히 납득되지 않는다. 시골 지방이 도시보다 더 매력적이라는 것은 논란의 여지가 별로 없다. 그것은 시골이 더 '자연적'이어서가 아니라 도시와 시골이 큰 범위에서 매우 다른 종류의 사람들에 의해 만들어졌기 때문이다. 그러나 첫 번째 일은 사물의 자연적 질서의 일부로서 받아들여지는 것이라기보다 오히려 거기에 있는 추악함을 보는 것이다.

우리는 우리 안에 타고난 것을 가지고 행동한다. 그 이유로 합당치 않은 경외감을 가진 세상에서는 우리는 인간의 마음이 빙산과 같다는 사실을 잊기 쉽다. 우리의 마음 중 우리가 인식하는 이성적인 부분은 매우 적다. 그것은 빙산의 눈에 보이는 만큼밖에 안 된다. 그것은 더욱 많이 차지하고 있는 무의식적 마음에 의해서 저변에서 지지되고 있는 것이다.

이 점에서 나는 우리가 예술비평의 천사들이 짓밟혀질 공포를 느끼게 하는 어떤 영역들에서 실수할 수도 있는 불행한 자격을 가진 예술가와 철학자 및 심리학자의 분야에 관한 논쟁에서 어떤 단계에 도달했음을 너무 정확하게 깨달았다. 나는 필요성이란 법을 아는 것이 아니고, 현대의 인간이 만든 이 세상은 추악한 것이며, 완전한 절망감이 나를 이끌고—미완의 해양건축가로서—그와 같은 것에 내 목을 내밀어 간청할 수 있을 뿐이다. 나는 부적절한 관점이 있을 수 있지만, 기술과 엔지니어링 및 구조에 대한 일종의 미학적 관점이 엔지니어와 기술자들에게 그들 자신 중 한 사람에 의해 앞으로 나아가게 해야 하는 것이 실제로 중요하다고 생각한다. 내가 아테나와 아폴로에게 나 자신을 의탁하여 따르는 것 때문에—그들의 고상함이 나 자신보다 더 유능한 어떤 사람이 있다는 것 때문에 그 일을 더 잘할 수 있도록 부추기게 된다.

미학에 있어서, 왜 우리가 어떤 무생물의 대상을 대하는 것처럼 반응하는지 이유를 가지고, 인간적인 접근 과정을 보는 것으로부터 시작합시다. 잠재의식의 마음속에는 잠재적인 반응과 '잊혀진' 기억들의 무한한 저장고가 있다. 이러한 재료는 부분적으로 먼 과거(철학자 융이 말하는 '집합적 무의식')로부터 유전적으로 얻어진 것이고, 또 부분적으로 자기 삶의 과정 동안에 각 개인 스스로에 의해 얻어진 것이다. 이는—때로 불유쾌한 것들도 있지만—주로 확실하게 잊혀진 경험으로부터 온다. 현재 우리의 물리적 감각들—시각, 청각, 미각, 촉각들—은 우리의 의식이 받아들이거나 깨닫게 되는 것보다 우리 주변에 관한 훨씬 많은 정보가 우리의 뇌를 연속해서 지나가고 있는 것이다. 그러나 잠재의식은 이러한 모든 것을 모니터링해서 모든 모양과 모든 선, 모든 색, 온갖 냄새, 감촉, 소리에 의해 영향받기 쉬운 연결로를 만든다. 우리는 전체적으로 이런 것에 무의식적이지만, 그것은 동시에 일어나며 우리 안에—좋거나 나쁜 영향을 갖는—주관적인 감성 체험을 축적하게 된다.

이러한 종류의 과정은 무생물의 대상과 특히 가공물로 현재와 관계를 맺고 있는 것들에 의해, 주관적으로 영향을 받는 방식에 대한 몇몇 통계치로 설명이 된다. 인공가공품은 어떤 단계에서 사람에 의해 만들어지는 것으로 모양과 디자인은 일종의 선택이라고 할 수 있다. 그 과정에서 어떤 일련의 설명도 없이 어떤 대상을 형성하는 것은 불가능하다. 직선은 '봐라, 나 구부러져 있지 않고 똑바르지'라고 말하고 있다. 아주 단순한 가공품조차도 사람에 의해 만들어진 그러한 설명서 꾸러미가 포함되어 있다.

전체적으로 객관적인 경험과 같은 그런 것은 없다는 것이 맞는 말일 수 있다. 그래서 전부가 객관적인 설명으로 된 것은 있을 수가 없는 것이다. – 어떤 종류의 감성적으로 함축된 것이 없다. 그 설명이 글로 되었건 음악, 색깔, 모양 또는 선, 촉감 또는 엔지니어가 디자인이라고 칭하는 것이 되었건 간에 이것은 진실이다.

이것은 우리에게 '미학적 수용과정' 또는 '미학적 전달 과정'이라고 부르는 것을 통해서 다가왔다. 다시 말해서, 어떻게 사물을 그 존재로서 디자인될 수 있겠는가? 제작자나 디자이너가 그것이 작동하는 미학적 효과를 갖도록 하는 것이 원인이 되어 어떤 인공물에 빠지게 된 것은 무엇인가? 짧게 답하면, '자신의 캐릭터와 스스로의 가치'를 넓게 펴는 것이다.

그래서 우리 만드는 것마다, 그리고 우리가 하는 것마다 우리는 거의 항상 그러한 물건과 행동을 남기게 되고 우리 인간성의 모습은, 보통 잠재의식 수준을 읽는 것 정도만 가능한 코드로 기록된다. 예를 들어, 우리의 목소리, 우리의 손 글씨체, 우리의 걷는 모습 등은 아주 개성적이어서 속이거나 따라 하기가 대개 어렵다. 그러나 이러한 익숙한 사례보다 이러한 종류의 것들은 훨씬 더 오래간다. 어느 어두운 저녁에 나는 멀리 떨어진 스코틀랜드 호수에 있는 요트의 닻에 있었다. 그 대지의 코너를 돌면 3~4마일 떨어져서, 내가 전에 보지 못했고 알지도 못했던 또 하나의 요트가 있었다.

그 요트의 이름이나 승객을 안다는 것이 불가능 것이었다고 하더라도 나는 부인에게 '저 보트는 톰 교수가 운행하게 될 거야'라고 말했다. 그리고 그 배는—한 남자가 바람의 방향에 따라 운항하는 방향은 그의 목소리나 그의 글솜씨 등에 따라 매우 개성이 있으므로, 한번 본 것은 거의 잊힐 수 있을 것이다. 같은 방식으로 사람은 자기의 친구가 개성의 표현으로, 비행쇼를 하기 위해 실수 없이 경비행기를 날린다는 것을 종종 말할 수 있다. 그림과 도면의 분야에서, 아주 아마추어 작가의 작품조차도 그 주제에 관한 것보다 작품 자체에 관해 더 많이 말하곤 한다. 다시 말해, 실제로 어떤 특정 예술가의 작품을 그럴싸하게 모방하는 것에도 특별한 기술이 필요하다. 당연히 그림과 도면작업, 기술 디자인 등의 사이에는 명확한 경계선이 없다. 그리고 제작된 거의 모든 작품은 제작자의 개성의 *어떤 면*을 가지고 실행된 것이다.

개인의 진실이라는 것은 또한 사회, 문화, 시대의 진실이 되기 쉬운 것이다. 고고학자들은 보통 골동 토기와 같은, 인간에 의한 가공품과 '양식적인 면'에 기반을 두고 아주 작은 기간 내에 마주하게 된다. 여러분이 폼페이와 헤르쿨라네움 주변을 돌아보면, 거기에 거주하고 있었던 사람들의 매우 놀랄만한 강력한 감각에 뒤로 물러나게 된다. 이것은 배관설비와 같은 것들에 관한 기술을 가지고 하는 것이 거의 없거나 전혀 없기도 하다. 그리고 그것은 실제 역사에서 옮길 수 있는 것이 없는 어떤 것이기도 하다. 여태까지 이러한 종류의 패턴 인식에서는 컴퓨터를 회피해왔다. 즉 오랫동안 그렇게 하기를 계속해왔다.

최근 들어서, 나는 매우 존경받는 동료와 캔맥주를 마시고 있다. 나는 —내가 생각하기에, 현명하지도 않고 아는 체하는— '이 맥주 캔과 같은 것이 내게는 오늘날의 기술력으로는 문제가 있는 모든 우울함과 상업주의적인 것을 정리해주는 것 같다.'라고 말한다.

나의 존경하는 동료는 1톤의 벽돌 무게처럼 나에게 내려온다. '나는 네가 피처로 또는 목재 배럴 통으로 또는 와인 통 또는 기타 등등으로 맥주를 팔고 싶어 한다고 생각한다. 어떤 다른 방법으로 네가 맥주를 이날 안에 캔을 제외하고 팔 수 있을까? 얼마나 바보 같고 비실용적이며 역행하는 짓을 네가 할 수 있는가?

그러나, 존경심을 가지고, 내가 매우 존경하는 동료가 전체적인 중심을 잃었다. 그것은 네가 무엇을 하는지 어떻게 그 문제를 하는지가 아니다.

맥주 저장고는 그것을 만든 재질 때문에 또는 대량생산이란 점 때문에 아름답지도 그렇다고 보기 흉하지도 않다. 그것이 무엇으로 만들어졌건 간에, 불가피하게 운반하게 될 것이고, 사람들이 가치라고 하는 것은 그것들에 대한 책임을 진다는 것이다. 우리는 눈길을 끄는 맥주 캔을 만들 수 없는 사회가 되도록 하고 있다. 실제로 우리는, 내가 두려워하는 점은, 전래의 우아하고 매력적인 점이 눈에 띄게 부족한 시대에 있다는 것이다.

그리스 항아리는 아름답지만, 그것이 와인을 담고 흙으로 만들어서가 아니라 그리스인들이 만든 것이기 때문에 그런 것이다. 그 시대에 그것은, 단지 아주 싸구려 와인 저장 통이었을 뿐이다. 그리스인들은 주석 맥주 캔을 만들어왔다. 아마 우리는 지금 예술가들이 우러러보는 박물관의 고전 맥주 캔을 수집해야 한다.

나는 매우 소량의 인공가공품이 단지 그 기능* 때문에 본질적으로는 추하거나 아름다운 것으로 믿고 있다. 즉 그것들은 오히려 가치를 가지려고 연륜을 반영하는 것이라는 것이다. 동일한 조건들이 고대 그리스에서처럼 18세기 동안에 얻어졌는데, 부분적으로는 의심할 바가 없는 것이 왜냐하면 그것이 고대 세계에서 그 자체를 의식적으로 제작했던 시기가 고대 때였기 때문이다. 18세기의 공예가가 손을 댄 거의 모든 것은 우아하다. 이는 귀중품 무역의 문제라고는 할 수 없고 사회 전반에 걸쳐 확산되었다.

물론 이것은 미학에서 '완전한' 기준의 전반적인 의문을 가지게 된 것이다. '나의 것'은 '당신의 것' 만큼 좋은 가치가 있는 것은 아니다. 한탄스럽고 배울 기회를 얻지 못했더라도 어쨌든 당신은 나의 취향을 고려할 수 있는 건지? 자, 한 가지를 위한 나는 시대에 따라 서서히 변화해 가는 미학에는 완전한 기준이 *있을* 것이라고 강하게 느낀다. '미학적 민주화'에 대한 현대의 유행은 정도를 벗어난 그리고 허무주의적이며, 그 성과물을 부수고 싶은 열망에 바탕을 둔 것처럼 보였다. 나는 미학에는 윤리학에서와 마찬가지로 가치에 대한 지속적인 전통이 있다고 하는 관점을 갖고 있었다. 그 과정은 반복되는 것이며, 시대를 거치면서, 유행을 거듭하면서, 과거의 경험에서 과학처럼 건축물도 서서히 고난을 겪으면서 진보하고 있다. 그

* 참조하라 *Vide*, 최근에는 침실용 변기(요강?)의 수집이 유행이다. 아리스토파네스는 그리스의 기름병을 원래는 우스꽝스러운 하찮은 것으로 취급했지만 그는 결코 그것을 더러운 것이라고 하지는 않았다. 실제로 박물관에 있는 그것은 매우 귀하게 여겨지고 있다.

렇지 않다면, 문명화의 가치가 정립될 수 있었겠는가?

또 하나의 통계적인 점은 '그리스의 항아리와 같은 것은 대중적인 물건인 덕분에 어떤 전체적인 감각면에서는 아름다운 것이고, 그리스인들은 그것이 아름다운 것임을 실감했을까?' 하는 것이다. 나는 더 타임즈의 논설에서 '훌륭한 인쇄는 맑은 유리와 같이 되어야 하며 사람은 정신을 흩트리지 말고 그것을 통해 볼 수 있어야 한다. 그렇지만 이러한 일이 일어난다면 그때 그 인쇄는 그 자체에 관점을 기울이지 않고 그려진 일종의 사려 깊은 우아함과 아름다움의 가져야 한다는 것이다.' 나는 이것이 우리가 공통으로 매일 사용하고 난 후에 남아 있는 많은 일상의 인공물에 감사해야 하는 이유라고 생각한다. 이것이 완전하고 영원한 아름다움을 갖는 것은 아니라는 의미이다.

그리고 18세기는 산업혁명을 일으킨 시기이다. 나는 그것에서 산업혁명의 많은 조상이 교양 없는 필리스티아인이 아니고 상당한 감성을 가진 사람들이라는 점을 지적해 내는 것이 중요하다고 생각한다. 그러한 부류의 사람은 매튜 볼튼(1728-1809)와 조시아 웨그우드(1730-95) 등이 있다. 그들은 많은 돈을 벌었고, 그들이 만든 것은 아름다웠으며. 적어도 이 두 작가는 일하는 사람의 모델이었다. 인기가 없는 존재들임은 의심할 바 없으나 산업혁명의 죄악은 18세기 문화와 고전주의의 윤리기준에서는 거짓이 아니고 오히려 이러한 윤리도덕과는 동떨어진 새로운 상스러움과 탐욕을 불러일으키게 되었다.

대량생산의 기계화 그 자체와 그 생산물들은 둘 다 본질적으로는 보기 흉하지는 않았다. 아주 초기의 대량생산 기계화는, 잘 생기고 능력 있는 마크 부르넬 경에 의해 포츠머스의 부두에서 1800년경에 설치된 블록 제작 설비였음은 잘 알려진 사실이다. 이러한 기계는 멋진 모습뿐 아니라 효율성도 가지고 있었고, 그것이 나폴레옹 시대와 그 이후에 오랫동안 해군들에 의해 요구되었던 수백만 장의 압출용 블록을 자동으로 전환시켰다. 블록이 비싼 자재였고 하나의 군함에는 그것 중 1,500개가 필요로 했기 때문에, 그들은 그렇게 함으로써 많은 돈을 절약할 수 있었다. 이러한 기계 일부는 오늘날 과학박물관(참고 21 참조)에서 볼 수 있지만, 그것의 많은 부분은 180년이 지나서도 현대의 해군에게 블록의 필요성이 줄어들고 있음에도 여전히 공급하면서 포츠머스에서 여전히 사용되고 있다. 기계화뿐 아니라 생산에서도 블록 자체는 단단하고 멋지게 생겼으며, 여러분이 블록이 아름답다고 부르건 말건 그것은 의견의 문제이나 보기에는 확실히 훌륭한 모습이다.

마크 경은 위대한 이삼바드 왕국의 부루넬의 부친이기도 한데 프랑스 왕족의 망명자이기도 하고, 그가 의회 의장임에 모두가 동의하였다. 우리는 그것에 대해 다음과 같이 말했다.

그 존경하는 어른은 그러한 학교에 다니는 것보다는 더 많은 온기를 지닌 사람으로, 그가 시대에 뒤지기는 했지만, 매우 옷을 잘 입는 사람이기 때문에, 방위와 주소 그리고 절대왕정 시대의 프랑스 멋쟁이로서의 매너를 가지고 있었다. 나는 첫 번째 만남에서 그에게 완전히 매력을 느끼게 되었다. 내가 오래된 부루넬에서 사랑했던 것은 그가 이해하지 않았거나 배우려는 시간을 갖지도 않았던 점에 대한 그의 폭넓은 취향과 그의 애정 또는 열정적인 공감과 동참이었다. 모든 것 중에 내가 가장 경외를 갖는 것은 단순성과 때 묻지 않은 성격이며, 그의 단지 이익만을 추구하는 것에 대한 무관심과 천재적이면서 결핍에 대한 무심함에 있다. 확실히 그는 세상에 사기꾼이 없다고 여기듯이 살아왔다.

현대의 앞서가는 기업에서 어떤 직업을 얻는 데에서 어려움을 아는 사람의 특성을 가지기에는 매우 비현실적인 부류의 사람임은 의심할 여지가 없다. 그러나 그의 기계는 여전히 블록을 생산하고 있고, 그가 만든지 거의 200년이 되었는데 여전히 아름답다.

그들 사이에서 1880년 전과 직후에 일했던 위대한 기술자들은, 그들은 영국의 산업 자산일 뿐 아니라 현대의 기술세계에서 그 기반을 만들어 주었다. 이 사람 중 상당수가 맛 들인 사람들이었다. 그러나 그때까지 빅토리아 여왕은 옥좌에 있었고 공공의 선호도는 의심할 여지 없이 추락했다. 1851년에는 역사상 가장 낮은 지지율을 보였다. 그러나 플레이페어(1818–98) 경과 마찬가지로 슈로드드의 옵서버들은 대규모 전시회를 여는 시기에 아주 빨리 이미 주목하고 있었는데, 영국의 산업은 그 반등하는 힘과 창조력을 잃고 있었다. 그것을 광범위하고 대중적으로 믿도록 했음에도 불구하고—실제로는 자명한 것처럼 여기면서—그 추악함은 대량생산의 피할 수 없는 결과로서 산업화주의와 함께 닥쳤다. 나는 이러한 관점이 적절한 역사적인 검토를 위해 세워진 것인지 의심스러웠다. 나는 그 우아함과 비즈니스

산업이 연속해서 그리고 어떤 부정적인 것의 결과로 다소간 부진했었고 개혁의 시대 동안에 영국적인 특성에서 유발된 것에 만족해하는 것 등을 상상하기에 더욱 적절한 것이라고 생각했다.

모든 것이 실패한 것이 아주 추한 것이라는 것에 반발해서 1870년대와 1880년대에 일어난 미학운동에 대한 열정적인 저항은 아주 영향이 컸다. 나는 이것이 그 운동이 어떤 현실 도피적이어서 잘못된 목표를 공격했기 때문인 것보다 *페이션스Patience*와 *펀치Punch*의 문장 구절에서 길버트와 설리번에 의해 놀림을 받은 사람들 때문이라는 점이 덜 영향을 주었다고 할 것이다. 매리의 아들들은 그 뿌리가 그들이 기계 자체에서가 아니라 마음의 태도에 대해서 그렇게 많이 증오했던 모든 뻔뻔스러운 공포에서 야기된 데에 있다는 것을 알지 못했다. 많은 미학적 개혁에서와 마찬가지로, 그들은 기술과 협력하는 것 대신에 거부했다. 아마도 그들이 기술과 엔지니어링을 배우려는 준비를 해왔다면 그들은 그 시스템 안에서 벗어나서 활동할 수 있었을 것이다. 그러한 이것은 너무 많은 예술가가 그것들 아래에 있는 하찮은 문제로 거부하는 어려운 훈련이다. 물론 윌리엄 모리스와 그의 동조자들은 여러 가지 작은 스케일의 기술적인 숙련과정을 연구하고 수련했다. 그러나 요구되는 것은 실제 대량생산 기계들에 대해서 그리고 높은 생산성을 가진 사회의 경제적인 문제에 대해서 합의하는 것이었다.

효율성과 기능주의에 관하여

그러나 그의 원칙들을 보고, '제안된 것이 이런 쓰레기들인가?
이 약이 그렇게 많이 팔리고 가난한 사람들에게 주었다는 것인가?'
라고 말하면서 그들이 분노하였다.
– 마태복음 26.8-9

우리가 속물주의자들인 현대의 엔지니어들을 정의롭게 고발한다고 하더라도, 그들의 거의 모두는 자유 방임시대에 유행을 무시하고 대중성을 포기한 어떤 매우 중요한 가치에 집착하고 있다. 엔지니어는 사람과 그들의 버릇들 유약함 들에 관한 것뿐 아니라 논의에 의하지 않고 물리적 행동을 가지고 거래해야 한다. 사람은 때때로 다른 사람들과 논쟁할 수가 있고, 그래서 그 사람들을 기만하는 일은 어렵지 않지만, 물리적 행동에 대해 논쟁에 활용하지는 않는다. 사람들은 괴롭히거나 뇌물을 주거나 그런 것에 대해 법에 의존하거나 그 진실이 어떤 것과 다른 것인 체하거나 전혀 아무 일도 일어나지 않은 것으로 하거나 할 수는 없다. 비전문가와 정치인들은 그들이 선택한 환상들을 만들어낸다. 하지만 엔지니어들은 '기어가 맞물리는 것을 다루어야 하고, 교차로 물리는 것을 관리해야 한다.' 근본적으로, 이러한 사람들의 특성은 일하고, 안전하고 경제성을 확보하면서 계속 일을 지속해야 한다. 그것이 황제가 옷을 입지 않았다는 점을 지적해 내는 일이 엔지니어의 일이다. 그러나 이런 것이 당황스러운 것은, 우리가 확실히 이러한 종류의 사실주의가 다소간 필요하다는 점을 안다는 것이다.

그들의 객관적인 직업관을 추구하는 데에 있어서, 엔지니어는 사실주의에 도움이 되는 것들에 대한 많은 개념을 개발해냈다. 이러한 것 중의 하나가 '효율성'이다. 그래서 그것은 유용한 동력을 획득하게 해 주는 연료로서 엔진에 주입되는 값비싼 에너지의 비율이 무엇인지 아는 데에 매우 도움이 되었다. 이것은 간단한 비율이나 %로 나타낼 수 있고, 엔진을 작동하는 모습에 관한 가장 중요한 것을 우리에게 알려준다. 다시 말해서, 그것은 무게와 가격과 다양한 종류의 구조물을 이동시키는 능력들을 비교할 수 있는 매우 가치 있는 일이다. 우리가 14장에서 본 것과 같이, 이러한 것을 하는 데에는 다양하고 많은 방법이 있다.

그러나 효율성의 개념은 매우 유용하고, 그래서 때때로 경제적으로도 위력을 발휘하는데 그것에서 나타나는 위험성도 있다. 우리가 효율성의 개념을 어떤 상황에 *전체성totality*에 적용하려고 하면, 그때 우리는 보통, 대부분 수명이 있는 사람에게는 있을 것 같지 않은, 그 사실 *모두all* 에 대한 지식을 갖춘 현명함을 보통 예측한다. 우리는 연료 소비와 동력 생산에 대해서 엔진의 효율성에 대해 언급하게 된다. 우리가 '엔진의 효율성'에 대해 언급한다면—더 말할 것도 없이—우리는 오만하다고 할 것이다. 예를 들면, 우리는 엔진이 만들어내는 소음이나 냄새에 대해 별로 상관하지 않는다. 또는 출발해야 하는 사람이 심부전증 걸린 사람 같이 되는 것과 같다. 그렇지 않다면 그 출현 때문에 얻어지는 어떤 사람의 즐거움이 얼마나 많을 것인지의 여부가 그렇게 고려되지 않는 것을 말한다.

우리가 어떤 기술적인 상황에 관한 모든 관련성을 알게 된다고 하더라도, 그것이 불가능하면, 그것들의 많은 부분이 비교할 수 없는 것이기 때문에 우리는 그것들에 비중을 주거나 양적인 면을 부여해 줄 수는 없다. 그리 오래되지 않아서 에섹스 해변에 거대한 공항을 건립하는 제안에 관한 크게 요란법석을 떤 적이 있다. 이것은 매우 큰 콘크리트 매스이고 격납고와 기계장치가 테임즈 만의 습하고 골진 모래에 설치되는 프로젝트이다. 거기에는 갈매기가 걸어 다니고 둘레를 돌면서 꽥꽥 소리를 낸다. 정치인들과 행정관료들, 경제전문가와 엔지니어들은 또 하나의 공항 필요성에 대한 풍부한 자료와 청사진이 있었다. 그러나 그것은 그 만의 개발 정당성에 대해 그리고 습지 모래의 아름다움에 대해 계획가와 경제전문가가 요구하는 것에 따른 어떤 수많은 기존 규범 때문에 불가능하다. 나를 위해서, 나는 갈매기의 편에 열정적으로 기울어져 있으며, 수 마일에 걸쳐 있는 습지와 진흙 등에 관한 생각은 무한한 기쁨을 내게 준다. 내가 말하기 좋아하는 것들은 매우 쓸모가 없으며 비생산적인 것들이다. 여태까지 갈매기와 모래가 승자가 될 것 같았다.

나는 예산과 운영비 등과 관련한 것들을 다룰 수 있을지에 관한 것들과 관련해서 얼마나 많은 항공기와 승객이 있을 것인가에 의해서 공항의 '유용성'을 측정하는 것이 가능할 것으로 생각했다. 그리고 이러한 계획들은 그것이 갈매기와 습지와 이 세계의 관련성을 갖지 않는다고 해도 어떤 실질적인 가치를 가지기도 할 것이다. 그렇지만 많은 요인 때문에 효율성의 개념은 간단히 관련성이 없는 것이 된다. 가구나 교회의 한 가지를 가지고 '효율성'에 대해 말하는 것은 별 의미가 없다. 마찬가지로, 엔지니어들은 실용적인 모든 것에 대한 '효율성'을 측정하기 위한 몇 가지 방안이 가능하게 '될 수 있도록' 하는 아이디어에 집착한다. 그러나 이는 난센스일 뿐이다.

'아주 좋아'라고 엔지니어가 말하지만, '그러나 하는 일은 기능적이어야 하고, 이는 기술의 아름다움이 기능주의에 있다는 것이다.' 이것에 따라 일은 되도록 해야 하고 그들이 하는 업무도 적절하게 이루어져야 한다는 것을 의미하는 것이라면, 그때 그는 거의 그것을 분명한 것으로 말하기 어려울 것이다. 그러나 우리가 미학적 규범으로서 기능주의를 적용하고자 할 때 우리는 어떤 깊은 물에 빠지기가 쉽다. 구조물의 기능은 단순하고 명확하며 그러한 것은 형상이 그 자체로 나타내지는 교량과 같은 구조물이 있다. 이러한 많은 것들은 아름답지만, 그들 중 몇몇은 그렇지 못하다. 거기에는 콩코드 여객기나 롤스로이스와 같이 보기에 훌륭한 매우 예산이 많이 든 인공 구조물들이 다수 있다. 그렇지만 우리가 가격에 대해서는 거의 고려하지 않고 구입하고, 완전무결한 작업 정신에 대해 존중하지 않는다는 것을 확신하는가? 기능주의에 대한 평가에 있어서 가격을 고려하지 않을 수 있는가?

현재 포드 자동차는 전 세계에서 어디에서 지급하든 간에 롤스로이스의 1/10 가격으로 구매할 수 있다. 많은 사람은 포드를 롤스보다 훨씬 '기능적'이라고 여긴다. 그러나 포드의 외관에서는 그 기술적인 작업에 대한 상관관계를 거의 보여주지 못한다. 우리가 본 것은 차제 제작자와 스타일리스트에 의해서 그 기계장치를 둘러싸고 있는 금속상자일 뿐이다. 말하자면, 기계적이고, 기능적인, 현대의 대량 생산형 차들의 부분적인 모습은 별로 매력적이지 않고, 그 철사 뭉치들과 구부러진 금속판들로 만들어진 존재에 대해서 우리는 그것이 가진 유용성은 가지고 있지만 존중하는 마음을 갖기는 어렵다.

같은 종류의 방식에서, 무선설비와 같은 대부분의 전기장비는 그 노출된 철사의 상태에서는 조심스럽고 겁나게 마련이다. 그래서 우리는 그것들을 검거나 회색의 또는 호두나무로 된 박스 안에 숨겨두게 된다. 전체적으로 현대의 기술력은 점점 더 기능적으로 되어 간다고 말하기 쉬울지 모른다. 우리는 그것을 볼 기회가 점점 더 적어질 것이다.

그러나 우리는 자연에서 훌륭한 선례를 가지고 있는가? 인간이나 동물의 외부는 아름답지만, 내부는 일반적으로 보기 흉하다. 자연에 대한 우리의 존중심은 매우 선택적이다. 우리는 성장의 단계에 경외를 갖는다.(태아가 아닌 어린 양처럼) 우리는 일반적으로 부패된 것과 모든 벌레에 대해 두려움을 갖고 있다. 그러나 부패는 성장하는 것으로서의 필수조건이고 기능적인 것이라고 할 수 있다.

기능주의적이고 '효율성'을 가진 이러한 문제들에 관해서 자연은 유머 감각이나 비례감을 가진 것처럼 보인다. 예를 들면, 자연은 신진대사적 경제성에 대한 점을 극단적으로 고려해서 식물의 줄기를 만드는 것이다. 그러한 일은 구조적 효율성의 기적이라고 할 것이다. 이러한 일이 일어나는 결과로, 자연이 줄기 끝에 아주 큰 꽃을 피우게 되고—농담으로 말하면 사람들이 볼 수만 있게 아주 멀리—생겨나게 한다는 것이다. 같은 방식으로, 그리 강력하게 기능적이 되도록 고려되지 않은 것으로 공작새는 꼬리를 갖고 소녀는 머리칼을 가지고 있는 예가 있다. 그것이 어떤 따분한 사람에 의해 강요된 것이라면 이러한 것들은 재생산을 촉구하게 될 것이고, 이것은 하나의 표식에 따라서 논의될 뿐이다. 이러한 장식이 매력적이고 섹시하거나 등등이 되어야 하는 이유는 무엇인가?

그것이 실질적으로 기능적 '효율성'과 외관 사이에 밀접한 연관성이 있다고 믿기 위해서 많은 엔지니어를 가지고 있는 종교의 기사가 있다고 하더라도, 나 스스로는 회의적이다. 물론 매우 헛된 의지는 눈을 버리게 되지만, 나는 그 기술적 성취에 공들인 것이 실질적으로 외관을 그렇게 많이 향상시키게 될 것인지는 의심스럽다. 아주 빈번하게 그것은 다른 방식으로 바뀌는데, 우리가 현대의 요트에서 볼 수 있는 것 같이, 성취한 것의 마지막 한 방울까지 추구하는 것은 지루한 외관의 결과로 나타난다. 나 자신의 힘으로, 나는 사람이 인조가공품에서 미학적으로 얻는 것은 그의 나이에 대해 수용하는 가치를 가지고 제작자의 개성과 결합시킨 것이라는 것에 대한 믿음을 굳게 가지고 있다. 여러분이 눈과 마음을 열고 거리를 걸어 내려가면 그 두 개에 대한 스스로의 판단력을 가질 수 있게 된다.

'과학'은 르네상스 이래로 거의 모든 지각할 수 있는 분야에서 공격을 받아왔다. 이 공격들의 대부분은 하찮은 것이었다. 그러나 과학에 저항하는 실질적 논쟁으로 보이는 것들이, 적어도 직접적으로 형성된 것에서는, 거의 일어나지 않았다는 것이 늘 나에게는 낯선 일이었다. 이는 과학이 과도하게 기능적인 분야를 판단하는 데에 있어서 교육 때문에 우리의 가치 체계를 교묘하게 왜곡시켜온 것이다. 현대인들이 묻기를 '이 사람 직업이 무엇이고 이것은 무엇인가'를 묻기보다는 '이 사람과 이 일들은 무엇 때문에 있는가?'라고 한다. 이러한 이유로, 의심할 여지 없이, 여기에 우리의 현대적 병폐의 원인이 있다고 보는 것이다. 그렇지만 부적절하게도, 미학적 판정은 더 광범위하고 더 많은 중요한 문제들에서 답을 찾고 있다. 아주 자주 현대에는 우리의 객관적인 판단이 우리의 과학적(또는 실용적인) 판단에 의해 묵살된다. 그러나 우리는 위기상황에서 카펫 아래에 미학적 판단을 쓸어 넣어 버린다.

자연히 거기에는 효율성을 가진 존재라는 것에서 아름다운 대상을 방어해 줄 것이 아무것도 없게 되는 것이다. 내가 얻은 핵심적인 것은 두 개의 특질은 수학자가 '독립변수'라고 부르는 것이라는 점이다. 나는 아일랜드인 요트맨이 '못생긴 배는 그 배가 아무리 빠르게 가는 것이라도 못생긴 여자보다 더 매력적이진 않다.' 표현한 것을 상기해 본다.

형식주의와 응력에 관해서

현대의 예술과 건축은, 왜 그들이 그렇게 적게 성취할 수밖에 없었는지—전통적인 형태와 관습으로부터 그들의 자유에 관한 위대한 발걸음을 만들어 주었다. 그러나 디자인 또는 방식에 있어서 형식성은 장해가 되지 않았다. 그러한 관습은 약점을 보호하고 강점을 보태주었다. 모든 사랑스러운 배들은 멋진 전통을 바탕으로 디자인된 것이다. 그리고 나는 그 디자이너들이 그것 때문에 압박을 받았다고 생각되지는 않는다. 그리스의 극작가들은 엄격한 규칙 안에서 글을 썼지만, 제인 오스틴은 그녀가 험한 언어와 섹스에 대해 공공연하게 표현할 수 있는 자유를 느낄 수 있었다면 더 훌륭한 대작을 만들어낼 수 있을 것이라는 상상을 할 수 있었던 데 대해서 안티고네는 드라마틱한 통일성에 의해 한정된 것이라는 생각하는 것이 불합리한 것처럼 될 수도 있을 것이다. 물론 형식적인 것의 성취에 대해 충분한 이해를 하는 데에 있어서 그 규칙에 대한 지식을 가지는 것은 필요하다. 이것은 크리켓을 보고 있는 것과 같이 성당과 교량 및 배 등에 대한 올바른 인식과 같은 것이 많이 적용되고 있다. 이것은 예술과 건축의 역사와 마찬가지로 엔지니어링의 원리에 관한 어떤 것을 알아야 하는 하나의 좋은 이유를 제공하고 있다.

B.C. 446년에 익티노스가 파르테논을 설계했을 때 그는 완성도 높은 도리아식 기둥을 가지고 작업했다. 메이든의 사원인 파르테논은 세상에서 가장 아름다운, 모든 인공 구조물 중 가장 위대한 것일 수도 있는, 건축물

중 하나임은 말할 것도 없다. 그것이 아테나 신에게 헌정된 것이라고 하더라도 나에게는 휴머니즘의 최상 표상이라고 할 수 있다. 과학자인 험프리 다비가 '총명하지만 현혹시키는 꿈들은 무한한 인간의 발전에 관심을 가지게 한다.'라고 말했다. 더 나아가, 그것은 아테네 사람들의 힘과 번영이 최고조에 있을 때 건립되어서 메이든의 도시(최초의 도시)로 불려졌다.

부자이고 유명하고 제비꽃-왕관이 씌여진,
아테네는 여러 국가의 질시 대상이다.

물론 네메시스(복수의 여신)가 코너를 빙 둘러서 놓여졌는데, 1914년에 죽어버린 것처럼 되었다. 그것이 백색의 대리석과 붉고 푸른 페인트, 브론즈 도금으로 새롭게 되었을 때, 파르테논은 키플링의 제품처럼 약간 대중적이고 상스럽게 되었다. 그러나 위대한 예술품이란 것이 항상 약간은 상스러운 것만은 아니지 않은가? 파르테논이 휴머니즘의 상징물이라면, 파이스툼(이탈리아 서해안 고대식민도시)에 있는 것들과 같은, 초기 도리아식 사원의 몇몇은 나에게 종교적 감성을 일으키는 표현인 것처럼 보였다. 이에 반해서, 아테네에 있는 헤파이토스 사원은 내가 생각하기에는, 버밍햄의 시청처럼 어렴풋한 상업주의의 바람을 제외하고는 아주 조금만 전해지고 있다. 그러나 모든 이러한 모든 상이한 영향들은 하나의 고정 언어만을 가지고 작업하고 있는 건축가들에 의해 만들어지게 된다.

모든 위대한 예술에서처럼 파르테논에는 많은 방향에서 해석이 되고 있다. 논쟁을 뛰어넘는 것은 성취물의 중요성에 관한 것이다. 그러나 익티노스가 그 공고한 양식적인 전통의 범위 내에서 그가 해냈던 것과 같은 방식으로 작업해서 그것을 어떻게 해냈을까? 자연히, 그에 관한 책을 썼고 현재는 없는 익티노스 그 자신 한 사람만이 그 답을 알고 있다. 그러나 우리는 개략적으로 분석한 관찰보고서를 만들 수는 있다.

전통적으로, 정통적인 증기 요트의, 우아하고 당당함은 돛대와 굴뚝 그리고 상부 구조물이 *정확하고* 멋지게 자리 잡은, 동체의 곡선과 깎아지른 듯한 수직면에서 극단적인 정교함과 예민함 그리고 조화로 만들어진 것이다(표 22 참조). 법률 준용조항을 작성할 때, 문장 작성에서 단어를 정확하고 적절하게 적용하는 것과 같은 것이라고 할 수 있다. 선박설계는 번호가 붙여진 내용에 관한 것만 시의 창조와 차이가 있다. 그래서 도리아식 건축에서 다시, 디테일에 관심을 갖는 것을 즐기는 것이 중요하다. 그것이 직사각형 모양으로 보이지만, 파르테논에서는 거의 직선이고, 아주 소수의 선들만 평행을 이루고 있다. 72개의 기둥은 그러한 한 가지 방향으로 서로를 향해 기울어져 있다. 그렇게 만들어지면, 하늘로 약 5마일(9km) 위에 있는 한 점에서 모두 만나게 되어있다. 단순한 박스형 구조물이라고 생각했던 시선은 미묘함이 거듭되면서 받아들여지고 현혹되게 된다. 우리가 그것이 어떻게 이루어졌는지 또는 전체적으로 무슨 일이 일어났는지를 거의 알아채지 못하는 데임에도 불구하고, 지혜로운 여인처럼, 파르테논은 우리에게 깊은 영향을 주고 우리를 매혹시킨다.(참고 23 참조)

그러나 이러한 모든 것을 갖는 것은 스트레스를 동반해서 이루어진다. 어떤 한 가지 점에서 커다란 성과 있으면 다른 점에서는 매우 적은 결과가 있게 마련이다. 17세기 정도의 아주 오래전에, 페네롱(Fenelon, 프랑스 신학자)은 고전주의 건축이 실제로 그런 것보다 더 무거워 보인다는 사실에서 그 효과를 얻는다는 점, 고딕은 실제 그 사례에서보다 더 가볍게 보인다는 사실을 확인하고 그것들을 주의 깊게 관찰했다. 이러한 관점에서 정직한 기능주의로부터, 그리고 여러분의 실제만큼의 무게를 가진 것으로 보이는 것으로부터는 미학적 결과를 찾아볼 수 없는 것으로 보인다.

고전건축 기둥 중 특히 도리아식 기둥은 그 자체 하중의 부담으로 인해 거의 흔들리는 것처럼 보인다. 사실 기둥의 대부분에는 실제로 매우 미미한 하중만 있지만, 그들에게 있는 것은 팽창되었거나 '엔타시스 : 배흘림 경사를 가진'와 같은 것은 압축응력을 받아서 부풀려진 것으로 우리에게 확신을 주기 위한 일종의 포아송비 효과를 보여주고 있다. 이 부풀림 효과는 팽창된, 기둥머리 같은 쿠션, 상인방에서 기둥 상부로 압축 하중이 전달되는 '성게 모양(가시돌기)' 등에 의해서 여전히 멀리 전달된다. 하중의 영향은 제곱의 충분히 초과된 깊이에 따라 지속적으로 훨씬 강화되게 된다.

고전주의 건축이, 최소한 부분적으로는 응력에 대한 주관적인 감각인, 감성에 따라 만들어진 것이라고 하더라도, 1축으로 된 역마차의 감각으로는, 구조적 효율성에 대한 현대적인 생각하고 있을 경우에 그것의 아름다움은 아주 적거나 없다고 봐야 한다. 사실 모든 이러한 건물들은 전체적으로 비효율적이다. 압축응력은 불합리할 정도로 낮고, 반면에 상인방에 있는 인장 응력은 지나치게 높고 종종 위험할 정도이다.(9장 참조) 우리가 보아왔던, 고전 양식의 건물 지붕은 구조적인 혼합체로 묘사된다. 그러나 이러한 건물들이 대부분 미적으로 볼 때 나쁜 것은 아무것도 없다.

우리가 고딕건축에 대해 고려해볼 때, 조적조에서의 압축응력은, 규칙에 따르자면, 고전주의 건물에서보다 더 좋은 해결책이 되고, 그래서 전체로서의 구조는 바람의 요정이 출현함에도 불구하고, 일반적으로 더욱 안정적이다. 그러나, 조명의 효과는 첨두아치의 사용 때문에 부분적으로 성취되었지만, 그것은 '비효율적'이다. 이러한 고딕 구조물들은 현대의 기능적 사고에 따르면, 지나칠 정도로 복잡하다. 고딕 성당의 진정한 영웅은 조각품이라고 보이는데, 그 무게는 정상부와 플라잉버트레스에 얹히게 되어서 붕괴 한계선을 안정적으로 유지하게 한다.(9장 참조)

고대의 건물에서 볼 수 있는 것과 같이 구조적으로 '비효율적'인 경우에, 구조물을 보고 거기에서 만족감을 찾을 수 있다면, 그 안목은 응력에 대한 어떤 주관적 감각을 필요로 하는 것으로 보일 수 있다. 현대의 많은 건물에서 하중-내력 구조는, 그것은 종종 철근콘크리트인데, 건물 내부에 숨겨져 있다. 외부의 관람자들이 볼 수 있는 모든 것은 커튼월 마감이나 얇은 벽돌이나 유리로 '마감된' 것이고 그것은 하중 전체를 전달하는 데에 상당히 부적절한 것이라고 할 수 있다. 나는 내가 이러한 건물들을 보기에도 불만족스럽고 종종 아주 보기 흉하다고 하는 것이 혼자만 발견하는 것으로 생각하지는 않는다.

그렇지만 우리가 지지의 방식들이 명백하게 눈에 보이는 어떤 종류의 구조물이 있다고 생각해보면, 그것은 우리가 그것을 보기를 기대하는 현대적인 방식에서는 매우 '효율적'일 수 있지 않을까? 확실히 이것은 우리가 오랫동안 논의해야 할 과제라고 할 수 있다. 그러나, 우리가 달에 도착하기 위해 제작했던 구조물로부터 판단할 수 있다면, 그 하중은 비용을 고려하지 않을 만큼 절약될 것이고, 1축 형 마차형이 최상의 것이 될 경우, 그 답은 '끔찍하게 흉한' 것이 될 것으로 보인다.

스키아모프 및 속임수와 장식에 대해

그리스에서 가장 초기의 것으로 남아 있는 중요한 건물들은 미케네 문명 유적이며 아마 B.C. 1,500년 이전부터 있었던 것들이다. 이러한 건물들은 돌로 만들어졌고 재료의 특성에 적합하게 적용된 구조물로서 정교하고 지적인 요소가 가미되어 디자인된 것으로 보인다. 예를 들어, 미케네 문명은 잘 알려져 있고, 석재 인방에서 인장 응력의 초과 위험성을 가지고 있기도 하며, 미케네의 사자 문(Lion Gate ; 참고 24.)에서 볼 수 있듯이 석조 보에 가해지는 휨 하중을 지지하기 위해서 적정한 응력을 가하도록 만들어졌다. 적어도 이렇게 확장하게 되는, 미케네 건축은 '구조적으로 기능적인' 것으로 표현할 수 있다.

약 B.C. 1,400년 경에 미케네 문명이 붕괴되었을 때, 그리스는 중요한 건축 유산이 남아 있지 않은 어둡고 문맹의 암담한 시대가 돌아올 것으로 생각했다. 사람들은 여기저기에 목재로 지은 움막에서 살았고 예배하였다. 정형적인 건축이 초기 고대 시기에 부활하기 시작했을 때, 아마 B.C. 800년쯤 되었을 때, 그 시기의 사원들은 뉴잉글랜드의 교회들처럼 목조로 지어졌다.

당연하게도, 초기의 목조 사원들은 모두 남아 있지 않다. 그러나, 목재에서 석재로의 구조재 전환은 통나무가 귀해지고, 부패된 목조 부재는 석재로 대체되는 과정이 서서히 이루어지게 되었다. 그리스 여행작가 파우사니아스는 올림피아에 아직 남아 있는 A.D. 2세기의 사원들에 대해서, 목조 기둥의 일부는 여전히 남아 있고 최근에는 석재로 보수되어 섞여 있는 것이 더 많이 있다고 말한다.

도리아식 건축은 그래서 목구조를 기반으로 한 '상인방식' 또는 빔 구조식 건축이며, 그리고 사원이 *새롭게* 건립되게 되었을 때는 전체적으로 석재를 사용했지만, 건축가는 여전히 통나무에 적합하게 되어있는 형태와 비례에 따라 건설하고 있었다. 세련된 15세기의 고전주의 건축가들은 목조 인방이 자리한 곳에 연한 석재 빔을 사용하였을 뿐 아니라, 과거에 목조건물에서 사용했던 목재 못의 끝단부와 같이 온갖 종류의 디테일에 대리석을 부적절하게 시공해서 문제를 일으키기도 하였다.

그 결과 '꼭 해야 하는 것'은 좀 우스꽝스럽게 되었지만, 장엄하고 당당하게 성공적인 모습을 보이기도 했고 2천 년 동안이나 영화와 쇠퇴를 겪으면서, 문명화된 세계를 보여주는 모델로서의 역할을 하였다. 이러한 종류의 부활을 '스키아모프:skiamorphs(숨겨진 형상 : *대상을 원래 그대로의 모습으로 사실적으로 표현하는 디자인 기법으로 3차원적이고 사실주의적이다.: 역자 주*)'라고 하며 여러 가지의 형태에서도 기술적인 면에서는 상당한 공통점을 갖고 있다. 현대의 사례에서는 플라스틱 몰딩이나 가구의 표면에 나뭇결 모양으로 처리하여 통나무의 느낌을 재현하는 것이 있다.

엔지니어링에 대한 기능주의자를 양성하는 학교의 전체적인 윤리의식에는 반대되는 미학적 사고라고 할 수 있는, 스키아모프는 그것이 꼭 조잡하거나 저속한 것만은 아니다. 물론, 오늘날에 그런 것들이 빈번하지만 확실하게 말할 수 있는 것은, 이것이 아이디어를 가지고 어떤 본래의 잘못된 것이 있었던 것 때문이 아니고 우리 자신의 잘못된 실행 때문에 생겨난 것이다.

왓슨 증기 요트의 개발은 성공적인 스키아모프의 훌륭한 예라고 할 수 있다. 대형 증기 요트의 고전적 형상은 요트디자이너 중 가장 위대하다고 알려진 왓슨(G.L. Watson : 그의 비문에 '선에 대해서는 정의롭고 추에 대해서는 공평하라.' 라고 씌어 있다.)이 후기 빅토리아 시대의 모습을 전개한 것이다. 충분한 추진력을 가진 배를 만들기 위해서 왓슨은 범선의 우아한 '쾌속 범선' 활모양 곡선뿐만 아니라 기능적인 돌출곡선도 유지보존 하였다. 그 결과는 이 전에 개발해왔던 가장 아름다운 선박의 전통형태 중의 하나로 탄생되었다.(참고 22 참조)

이러한 것이 모두 그렇게 된다면, 우리가 디자인에서 '정직함'이란 무엇인가? 에 대해 생각하게 되었다. 정직이란 말은 나에게 '많지 않게'라고 말하도록 했다. 스키아모프가 그리스 사원과 증기 요트에서 허용될 수 있다면, 우리가 전체적으로 '속임수'라고 생각하는 것은 무엇인가? 우리가 중세의 성과 같은 현수교, 합승 마차같이 보이는 자동차, 또는 공작새처럼 보이는 주목 등으로 분장시켜야 하는 이유가 있는가?

개인적으로 나는 오히려 그 점에 대해 호의적이다. 결국, 그 결과는 현대적 기능주의의 결과보다 더 나쁘거나 더 우울하게 보이는 경우는 거의 없는 결과를 가져오게 되며, 더 기분이 좋은 일이 된다. 18세기의 '고딕' 건축물은 안 좋은 건가? 그들 중 최고는 엄청나게 좋고 완전히 사랑스러운 모습이다. 호레이스 월폴은 바보가 아니어서 그가 디자인 한 브라이튼의 파빌리온은 하나의 환희라고 할 수 있다.

'무의미한 장식'에 대해 신음하는 사람들이 있다. 그렇지만 장식이 '무의미한 것'이 될 수 있다고 할 수 없으므로—그것이 어떤 매우 놀랄만한 것이라고 하더라도—그 문구는 확실히 모순이다. 그 비평이 '그 본질에 적합하지도 않고 관계도 없는 장식'이라는 것을 내포하기를 원하는 것이라면, 그것은 충분히 공평하다고 할 수 있지만, *모든* 장식은 어떤 효과를 가져야 한다. 우리가 원하는 것은 덜하지 말고 더욱 많이 장식하는 것이라고 내게는 보여진다. 그 진실은 우리가 장식으로 우리 자신을 표현하는 것을 두려워하는 것으로 보인다는 점이다. 우리는 그것을 어떻게 다루어야 할지 모른다. 그래서 우리가 품고 있는 약간의 영혼에 대한 민낯을 노출하는 것을 두려워하는 것이다. 중세의 석공들은 금기들을 갖고 있지 않았고, 그래서 그들은 아마 결론적으로 보면 심리적으로 더 건강했을 것이다.

작업한 가공품을 제공할 뿐 아니라 아름다움까지 공급할 것을, 공용의 가로에서조차 그리고 그 외 모든 것을 가지고 *만족감*을 주도록 기술자들에게 요구하는 것은 공평하지 않은 것 아닌가? 다른 면에서 기술은 권태감의 죽음이 될 것이다. 우리에게 많은 장식을 갖게 하자. 배의 전면에 그림을, 교량의 난간에 금박 장식을, 건물에 조각품을, 여성에게 멋진 스카프를, 그리고 온갖 곳에 많은 깃발을 갖게 하자. 우리는 새로운 인공제품, 자동차, 냉장고, 무선기기들을 전체적으로 꽉 채운 전시장을 창조해온 이래로, 영주는 우리에게 앉아서 무엇이 즐거운지 생각해서 그들을 위해 새로운 종류의 장식을 고안해 낼 수 있다는 것을 알고 있다.

APPENDIX

부록

TENSION STRUCTURES

APPENDIX

부록 1

핸드북(참고서적) 및 공식

지난 150년 이상 이론적으로의 탄성은 모든 종류의 하중과 조건들에 따랐을 때 거의 모든 인지 가능한 형태의 구조물에서 응력과 굴절로 해석되어 왔다. 이것은 보통 그 결과로서, 모두 매우 잘 된 것이지만, 이러한 사람들에 의해 출판된 것과 같은 원래 본 형태는 어떤 상당히 단순한 것을 디자인하려고 서두르는 원초적인 인간 존재가 매우 직접 사용되기에는 너무 수학적이고 너무 복잡했다.

다행히도 이러한 상당히 큰 정보는, 매우 간단한 공식의 형태로 표현될 수 있는 정답인, 한 세트의 표준의 상황 또는 예에 따라 감소되어 왔다. 이러한 종류의 공식은, 대부분 어떤 가능한 구조적 우연성을 해결하는 것으로, 잘 알려진 R. J. Roark의 *응력과 변형의 공식 Formulae for Stress and Strain*(McGraw-Hill)이라는 참고서적에서 찾아볼 수 있다. 이러한 공식은 상식보다 약간 더 많은 것, 즉 기초적인 대수학과 3장의 내용에 있는 지식을 가지고 있는 당신과 나와 같은 사람들에 의해 사용될 수 있다. 이러한 공식의 몇몇은 다음의 [부록 2] 와 [부록 3] 에 있다.

주의를 집중해보면, 그러한 공식은 실제로 매우 유용하며, 실제 그것은 대부분의 엔지니어링 디자이너나 도면작성자들의 전문적인 주식거래를 형성하게 된다. 사소한 것은 그것들을 사용하기에 필요하지 않다. 실제 우리 모두가 그렇게 한다. 그러나 그것들은 *반드시* 조심스럽게 활용되어야 한다.

1. 공식이 무엇에 관한 것인지를 실제로 이해하는지 확실히 해라.
2. 그것이 당신의 특수한 상황에 실제 적용하는 것인지 확인해라.
3. 이러한 공식이 응력 집중이나 다른 특별한 국부적 조건을 고려하지 않는지를 기억하고, 기억하고, 기억하라.

이렇게 한 후에, 단위는 일정하고 아무것도 정확한 것은 없다는 것을 확실하게 하면서, 공식 안에 적정한 하중과 수치를 넣는다. 그때 약간의 기초적인 산수를 하고 나면 응력과 굴절을 나타내는 수치가 나오게 될 것이다.

지금 불쾌하고 의심스러운 눈으로 이 숫자를 보고 그것이 옳은지 보고 느낄지를 생각한다. 어떤 경우에는 당신이 산정한 것을 더 잘 확인한다. 두 개가 틀리지 않았다는 것을 확신하는가?

자연스럽게 수학이나 참고자료 공식 둘 다 우리에게 구조물을 '디자인'해주지 못할 것이다. 우리는 그러한 경험과 지혜 및 우리가 가지고 있는 직관을 바탕으로 디자인을 스스로 해야 한다. 우리가 이것을 했을 때 그 산정치는 우리를 위해 디자인을 분석하고 우리에게 기대되는 응력과 굴절이 어떤지를 최소한 개략 수치라도 알려 준다.

그러므로 실제로 디자인 과정은 종종 이처럼 진행된다. 첫 번째, 사람은 그 구조물이 주어졌을 때 최대의 하중을 결정하고 허용되는 굴절 정도를 정하게 된다. 이 두 가지는 때때로 기존의 규칙과 규정에 따라 얻어진다. 그러나 이것은 그러한 경우와는 다르고 결정하기에 특별히 쉽지는 않다. 이러한 종류의 것은 판단이 요구되며, 의문이 있는 경우에는 보존적인 측면에서 실수하는 것이 확실히 더 낫다. 우리가 보았던 것처럼, 그것은 너무 멀리 동떨어지게 될 가능성이 있고, 좋지 않은 장소에 너무 많은 하중을 가해서 위험을 초래하기도 한다. 하중 조건이 결정되었을 때 우리는 스케일에 맞추어 대강의 디자인을 스케치로 해낼 수 있고—디자이너가 종종 초안 디자인을 위해 사각의 종이 묶음을 사용해서—응력과 굴절이 문제없이 좋게 보이는 것이 무엇인지를 보고 적절한 공식을 적용할 수 있다. 첫 번째 화면에서 아마 너무 높거나 낮거나 할 수 있고, 그래서 우리는 그것이 적합하다고 여겨질 때까지 스케치 표현을 계속하게 된다.

이러한 모든 것이 완성되었을 때 그 도면이 제작될 수 있도륵 '적절한' 도면작업이 이루어져야 한다. 규정에 맞춘 실시도면 작업은 원활한 제조 과정에 의해서 만들어지게 되는 부재와 요소들이 있을 경우에 필수적인 과정이 되지만, 그것은 힘든 작업이며 단순 작업이나 아마추어적인 일의 경우에는 요구되지 않는다. 그러나, 어떤 상업적이고 잠재적인 위험이 예상되는 특성을 가진 것을 위해서는, 어느 회사가 법정에서 두드러지게 멍청하게 볼 수도 있다는 것이 나의 경험에서 알고 있다. 그것이 단순한 '도면 그리기'라면 그들이 만들어 내는 것은 봉투 뒷면에 스케치 하나 그리는 것뿐이다.

당신이 만들기를 제안한 구조물이 중요한 것이라면, 당신이 실시설계에 한해서 작업을 할 때, 해야 할 다음 것은, 아주 정확하고 적절한, 놋쇠 장식을 하는 것 같은 것에 관해 우려하는 것이다. 내가 플라스틱 부품으로 비행기에 적용할 것을 고려할 때 나는 그것에 관해 며칠 밤을 깨어있는 채로 누워 있곤 한다. 그래서 나는 이런 구성부품 중 아무것도 거의 전부에 문제를 일으키지 않은 것은 심사숙고의 유익한 효과에 있다는 사실 덕이라고 생각한다. 그것이 그러한 사고를 막아주는 원인과 걱정 탓이라고 나는 확신한다. 그래서 한두 번으로 그치지 말고 반복, 반복, 반복을 거듭해서 해주어야만 한다는 것이다.

APPENDIX

부록 2

빔의 이론

빔의 중심축에서 거리 만큼 떨어진 지점의 응력 에 대한 기초공식

$$\frac{s}{y} = \frac{M}{I} = \frac{E}{r}$$

그래서, $s = \frac{My}{I}$

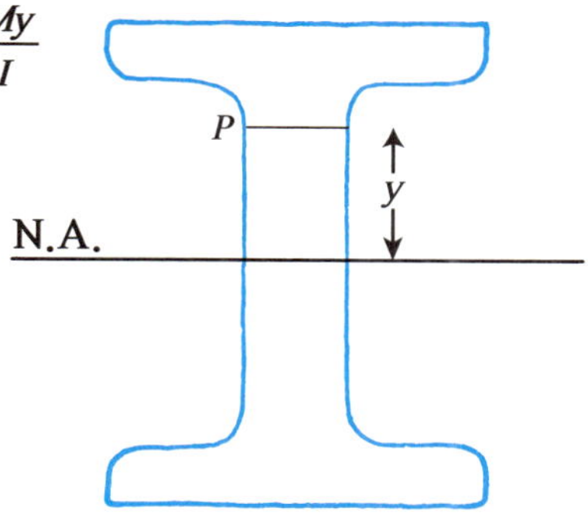

[그림 1] 여기서, s = 인장 또는 압축 응력(p.s.i., N/㎡ 등)
y = 중심축에서의 거리(인치 또는 미터)
I = 중심축에 관한 단면면적의 2차 모멘트 (인치의 4제곱 또는 미터의 4제곱)
E = 영계수(p.s.i., N/㎡ 등)
r = 휨모멘트 M에 의해 만들어지는 탄성 굴절을 고려한 단면에서 빔의 곡률반경 (인치-파운드, 뉴턴-미터 등에서의 M)

중립축의 위치

'중립축' (N.A.)은 항상 단면의 도심('중력의 중심')을 통과하게 된다. 사각형, 튜브, 'I' 형 단면과 같이 대칭 단면에서, 도심은 대칭의 '중앙' 또는 중심에 있게 된다. 다른 단면에서는, 수학적인 방식으로 계산될 수 있다. 어떤 간단한 불균형 단면에서는 도심을 한 지점에서 보드지로 단면 모형을 만들어 균형을 맞춰보는 것으로 충분히 정확하게 결정할 수 있다.
선박의 동체와 같이 보다 정교한 구조에서는, 중립축의 위치가 실제로 현호舷弧계산으로 산정될 수 있을 것이다.

'*I*', 단면면적의 2차 모멘트

이것은 종종(불확실하기도 하지만) '관성 모멘트'로 불린다.
그래서, 하나의 요소, 지점 *P*, 중립축에서의 거리 *y*, 단면면적 *a*,이라면 그때 중립축에 관한 이 요소의 면적에서의 2차 모멘트는 ay^2 가 된다.

그래서 단면에서 전체 *I* 또는 면적의 2차 모멘트는 모든 그러한 요소들의 합이다. i.e.

$$I = \sum_{\text{bottom}}^{\text{top}} ay^2$$

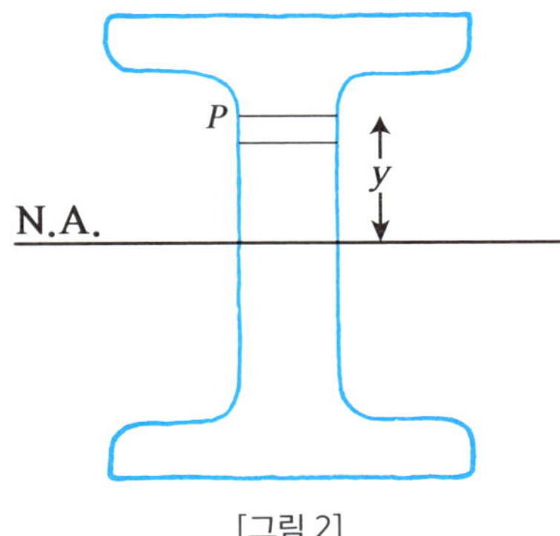

[그림 2]

불규칙한 단면에 대해 이것은 수학적인 계산이 가능하며, 또는 답을 줄 수 있는 '심슨의 법칙'이라는 하나의 의견도 있다.

단순한 대칭 단면에 대해서 :

직사각형에서의 중립축에 관해서,

$$I = \frac{bd^3}{12}$$

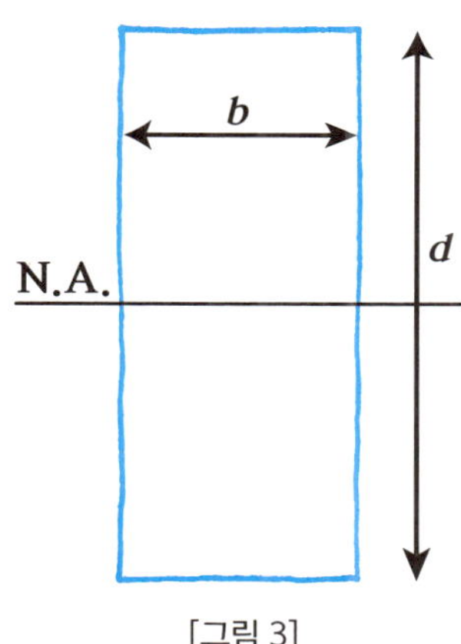

[그림 3]

원에서의 중립축에 관해서,

$$I = \frac{\pi r^4}{4}$$

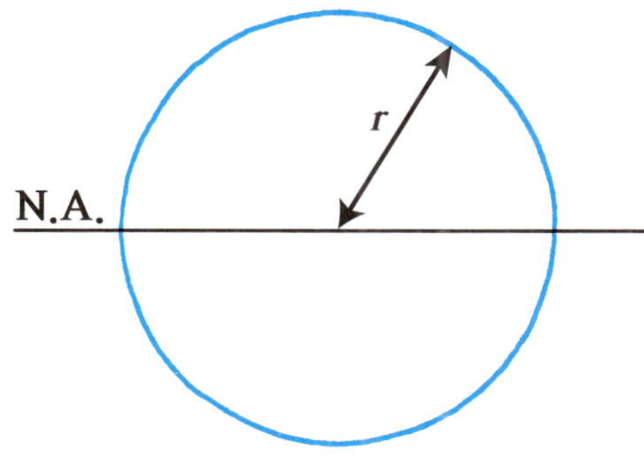

[그림 4]

그래서 속이 빈 튜브와 같은 단순 상자와 H 단면은 뺄셈으로 산정된다. 그러나, 벽 두께가 t인 얇은 벽을 가진 튜브는,

$$I = \pi r^3 t$$

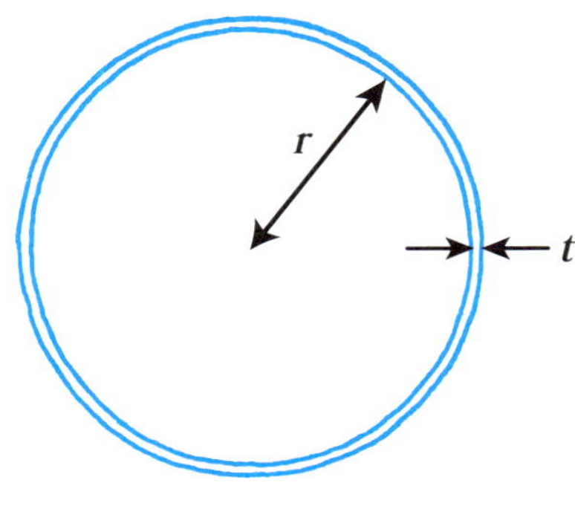

[그림 5]

훌륭한 많은 표준 단면 중 I 는 참고서에서 볼 수 있다.

'나선형의 반경', k

몇 가지 목적을 위해서, 빔 단면의 '나선형의 단면'으로 불리는 것의 값을 아는 것은 유용하다. 말하자면, 단면면적이 작동할 만큼 고려된 것에서 중립축으로부터의 거리다.

i.e.

거기에는

$$I = Ak^2$$

A = 단면의 전체면적

k = '나선형의 반경'

장방형에 대해 (상부 참조)	$k = 0.289d$
원에 대해 (상부 참조)	$k = 0.5r$
얇은 벽의 고리 모양에 대해	$k = 0.707r$

몇몇 통나무 빔의 조건

- 캔틸레버

1. 끝부분의 집중 하중
 빔의 끝부분으로부터 거리 x의 조건 :
 $M = Wx$ Max $M = WL$, B 에서

$$x \text{는 } y \text{ 에서 굴절} = \frac{1}{6}\frac{W}{EI}(x^3 - 3L^2x + 2L^3)$$

$$\text{Max 굴절 } y_{max} = \frac{1}{3}\frac{WL^3}{EI} \text{ 은 } A \text{ 지점에서}$$

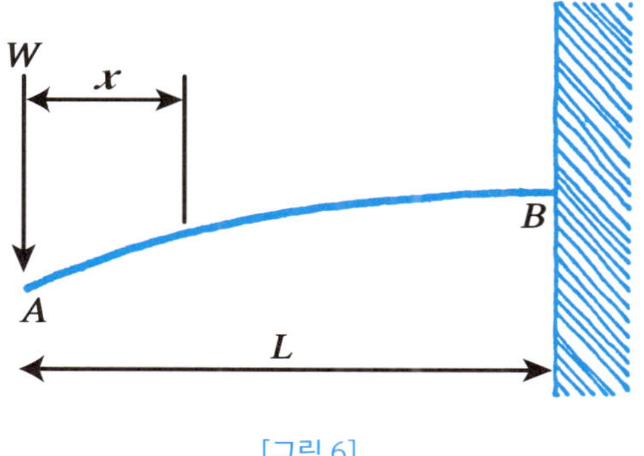

[그림 6]

2. 균등하게 분배된 하중 $W = wL$

$$M = \frac{1}{2}\frac{W}{L}x^2 \text{은 } x\text{구간}$$

$$M_{max} = \frac{1}{2}WL\text{은 } B\text{지점에서}$$

$$x\text{에서의 굴절은 } y = \frac{1}{24}\frac{W}{EIL}(x^4 - 4L^3x + 3L^4)$$

끝부분에서 최대 굴절은

$$y_{max} = \frac{1}{8}\frac{WL^3}{EI}$$

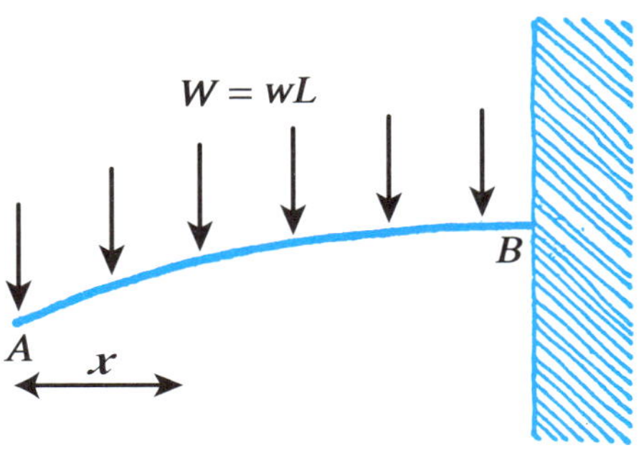

[그림 7]

-단순 지지형 빔

3. 중앙에 하중이 가해진 단순 지지 빔
x 지점에서 휨모멘트 M

$$(\text{A에서 B}) \quad M = \frac{1}{2}Wx$$

$$(\text{B에서 C}) \quad M = \frac{1}{2}W(L - x)$$

$$M_{max} = \frac{WL}{4} \text{ 은 } B\text{지점에서}$$

x 에서의 굴절 y

(A에서 B) $$y = \frac{1}{48}\frac{W}{EI}(3L^2x + 4x^3)$$

$$y_{max} = \frac{1}{48}\frac{WL^3}{EI} \text{ 은 } B\text{지점에서}$$

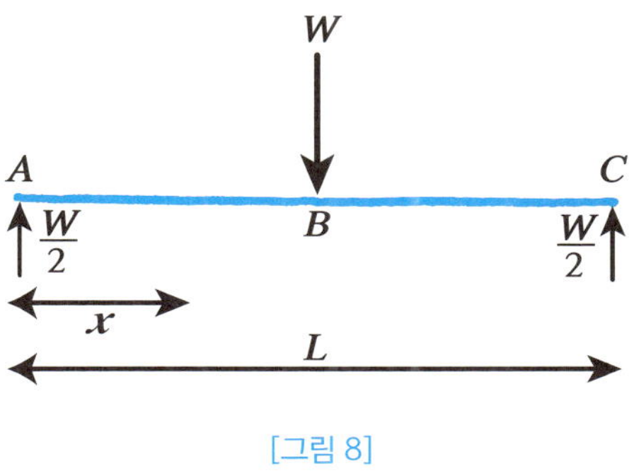

[그림 8]

4. 중앙에 있지 않은 곳에 집중 하중을 가진 단순 지지 빔

x 지점에 가해진 휨모멘트 M

(A에서 B) $$M = W\frac{b}{L}x$$

(B에서 C) $$M = W\frac{a}{L}(L - x)$$

$$M_{max} = W\frac{ab}{L} \text{ 은 } B\text{지점에서}$$

$$\text{최대 굴절 } y = \frac{Wab}{27EIL}(a+2b)\sqrt{3a(a+2b)}$$

$$x = \sqrt{\frac{1}{3}a(a+2b)} \text{ 이 경우는 } a > b \text{ 일 때}$$

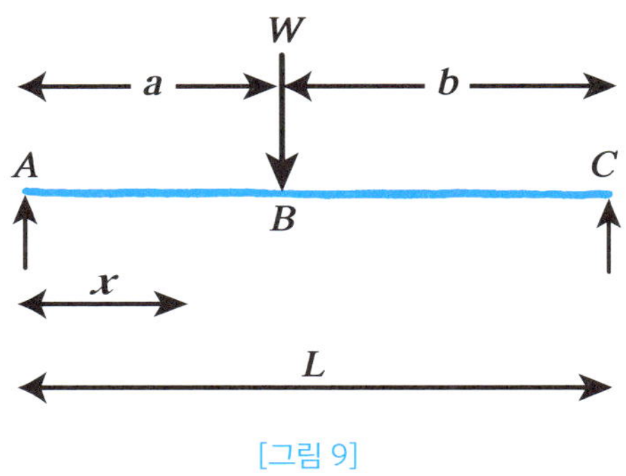

[그림 9]

5. 동일한 하중이 가해진 단순 지지 빔

$$\text{최대 굴절 } y = \frac{Wab}{27EIL}(a+2b)\sqrt{3a(a+2b)}$$

$$x = \sqrt{\frac{1}{3}a(a+2b)} \text{ 이 경우는 } a > b \text{ 일 때}$$

$$W = wL$$

$$M = \frac{1}{2}W\left(x - \frac{x^2}{L}\right)$$

$$M_{max} = \frac{WL}{8} \text{ 은 중앙지점에서}$$

$$\text{굴절 최대 } y_{max} = \frac{5}{384}\frac{WL^3}{EI} \text{ 는 중심에서}$$

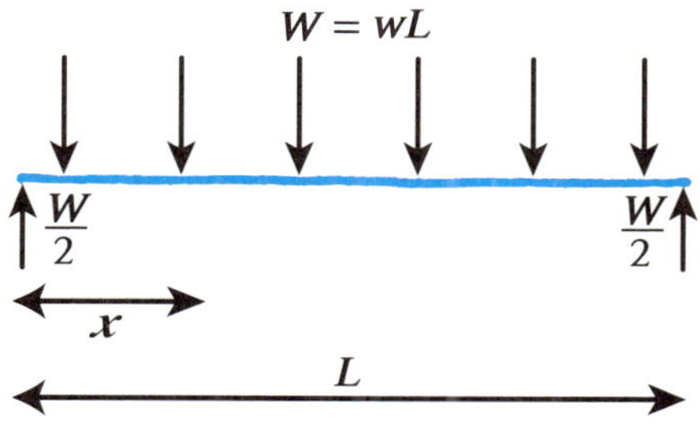

[그림 10] 더 많은 정보는 Roark, R.J.의 *응력과 변형의 공식 Formulas for Stress and Strain*(McGraw-Hill, 최근 판)을 참조하도록 한다.

APPENDIX

부록 3

비틀림

비틀림을 받고 있는 평행-바나 프리즘 또는 튜브에 대해 트위스트 되었거나 각이 진 굴절
θ (래디안에서)는 다음의 식으로 구해진다.

여기서, $\theta = \dfrac{TL}{KG}$

θ = 래디안에서 트위스트 된 각도
T = 인치-파운드 혹은 뉴턴-미터에서의 회전력
L = 비틀림이 일어난 부재의 길이 (인치 또는 미터)
G = 전단 계수(12장), N/㎡ 또는 p.s.i.

여기에서 K는 다음 표에서 확인되는 계수이다.

분 류	K	최대 전단응력 N
고체 실린더 반경 r	$\frac{1}{2}\pi r^4$	$N = \dfrac{2T}{\pi r^3}$ (표면에서)
가운데가 뚫린 튜브 반경 r_1과 r_2	$\frac{1}{2}\pi\ (r\frac{4}{1} - r\frac{4}{2})$	$N = \dfrac{2Tr_1}{\pi\ (r\frac{4}{1} - r\frac{4}{2})}$ (외부표면에서)
가운데가 뚫린 튜브 장변방향으로 틈이 있는 (i.e. 'C' 단면) 벽 두께 t 중간의 반경r	$\frac{2}{3}\pi r t^3$	$\dfrac{T(6\pi r - \ell \cdot 8t)}{4\pi^2 r^2 t^2}$
벽 두께 t , 둘레길이 U, 둘레 면적 A인 연속된 얇은 벽 두께를 가진 튜브	$\dfrac{4A^2t}{U}$	$\dfrac{T}{2tA}$

* 다시 말하지만, 좀 더 상세한 정보는 Roark를 참조

APPENDIX

부록 4

[압축 하중을 받는 기둥과 벽 패널의 효율성]

기둥에 대하여

기둥은 탄성 좌굴(13장)에 의해서 붕괴되기 쉬운 비례를 가진 것으로 예측되며, 그때 임계의 또는 오일러 하중 P는 다음의 공식으로 얻어진다.

$$P = \pi^2 \frac{EI}{L^2}$$

여기서, E = 영계수
I = 단면적의 2차 모멘트
L = 길이

현재 확장되거나 축소될 수 있는 단면을 가지고 있는 기둥을 생각한 것이다. 그 크기는 치수 t로 특징지어져서 기하학적으로 유사하게 유지되고 있다.

그때 $I = Ak^2 =$ 상수. t^4

여기에서 A = 단면적
k = 나선형 반경(부록2 참조)

기둥이 n개가 있다면, 전체 하중은 지속해서 유지된다.

$$P = \frac{n\pi^2 EI}{L^2}$$

그래서 $$I = \frac{PL^2}{\pi^2 nE}$$

그래서 $$t^2 = \text{상수}\sqrt{\frac{PL^2}{\pi^2 nE}}$$

그렇지만 n개 기둥의 무게는 = 상수. $nt^2L\rho = W$이고,
여기에서 ρ는 재료의 밀도이다.

$$\text{그래서, } W = \text{상수. } nL\rho = \sqrt{\frac{PL^2}{\pi^2 nE}}$$

$$= \text{상수. } \sqrt{n}.L^2.\rho.\sqrt{\frac{P}{E}}$$

그래서 구조의 효율성은

$$= \frac{\text{하중이동}}{\text{구조의 무게}} = \frac{P}{W} = \text{상수. } \frac{1}{\sqrt{n}}\left(\frac{\sqrt{E}}{\rho}\right)\left(\frac{\sqrt{P}}{L^2}\right)$$

매개변수 $(\frac{\sqrt{P}}{L^2})$는 '구조 하중 계수'로 알려져 있다.
그리고 주로 구조물의 치수 즉 규격과 하중에 따라 달라진다.
매개변수 $(\frac{\sqrt{E}}{\rho})$는 '재료의 효율성 기준규범'으로 불리며 주로 재료의 물리적 특성에 따라 달라지게 된다.

평 패널에 대하여

상기의 논의 내용은 그 두께가 2차원에서 다양하게 될 수 있는 기둥에 적용된다. 평 패널의 두께는 단지 1차원에서만 다양성을 가진다.

패널의 단위 폭의 면적에서 2차 모멘트를 생각해 보면,
$I=$ 상수. t^3 이다.

$$= \frac{PL^2}{\pi^2 nE}$$ 은 패널 수가 n 일 경우이다.

그래서, $t^3 = \frac{PL^2}{\pi^2 nE}$

단위 폭 당 패널 n 의 무게는 = W.

$$W = nt\rho L \text{ 상수.}$$

$$= n\rho L.\sqrt{\frac{PL^2}{\pi^2 nE}} \text{ .상수}$$

$$= \text{상수}.\, n^{\frac{2}{3}}\left(\frac{\rho}{\sqrt[3]{E}}\right).L^{\frac{5}{3}}.\sqrt[3]{\rho}$$

그래서 효율성 $= \frac{P}{W} =$ 상수. $\frac{1}{n^{\frac{2}{3}}}.\left(\frac{\sqrt[3]{E}}{\rho}\right)\left(\frac{P^{\frac{2}{3}}}{L^{\frac{3}{5}}}\right)$

다시, $\left(\frac{P^{\frac{2}{3}}}{L^{\frac{3}{5}}}\right)$ 은 '구조 하중 계수'

그리고 $\left(\frac{\sqrt[3]{E}}{\rho}\right)$ 은 '재료 효율성 기준'

더 많은 연구를 위한 제안

그날이 저물 때까지, 구조에 대해 배우는 제일 나은 방법은 주의 깊게 관찰하고 실질적인 경험을 통해 얻는 것이다. 즉, 눈을 집중해서 뜨고 구조물을 봄으로써 그리고 그것들을 만들었다 파괴했다 하는 과정을 통해서 배워지는 것이다. 물론 미숙한 기술자가 실제 비행기나 교량을 만드는 기회를 얻는 일은 매우 드물 수밖에 없지만, 숙련기술자와 함께 하는 것이나 혹은 유행이 지난 건물 블록을 작업하는 일을 수줍어하지 않아야 한다. 우연히도, 이러한 것들은 여러 가지의 정교한 방식으로 조립되어진 현대의 플라스틱 인형보다 훨씬 배울 점이 많다. 당신이 교량을 건설하게 될 때, 실제로 그곳에 하중을 증가시키면 어떻게 붕괴되는지를 보게 된다. 이때 당신은 놀라고 혼란스럽게 느껴질 것이다. 당신이 이것을 완성했을 때는 구조에 관한 실행 참고서가 매우 적절한 자료로 확인할 수 있을 것이다.

숙련되지 못한 교량 건설자를 위한 많은 기회가 없다고 하더라도, 나에게는 그 현장이 생체역학적으로 폭넓게 개방된 것으로 보인다. 이것은 아주 조금 알고 있을 뿐인, 엔지니어와 생물학자들에게 있어서는 새로운 과제이다. 진취적인 아직은 미숙련 기술자가 자신의 능력으로 만들어 낼 기회가 여기에 있다는 것이 대단한 가능성을 보여주는 것이다.

그렇지만 생체역학 분야에 좋은 참고자료들이 많지 않다고 하더라도, 거기에는 재료와 탄성력에 관한 어떤 자료들이 있게 마련이다. 작지만 확실하게 여러 가지를 선택할 수 있게 하는 것들이 아래의 참고자료에 있다.

재료에 관한 책 *Books about materials*

The Mechanical Properties off Matter, Sir Alan Cottrell. John Wiley (current edition).

Metals in the Service of Man by W. Alexander and A. Street. Penguin Books (current edition).

Engineering Metals and their Alloys, by C. H. Samans. Macmillan, New York, 1953.

Materials in Industry by W. J. Patton. Prentice-Hall, 1968.

The Structure and Properties of Materials Vol. 3 'Mechanical Behavior', by H. W. Hayden, W. G. Moffatt, and J. Wulff. John Wiley, 1965.

Fibre-Reinforced Materials Technology, by N. J. Parratt. Van Nostrand, 1972.

Materials Science, by J. C. Anderson and K. D. Leaver. Nelson, 1969.

탄성 및 구조물 이론 *Elasticity and the theory of structures*

Elements of the Mechanics of Materials (2nd edition), by G. A. Olsen, Prentice-Hall, 1966.

The Strength of Materials, by Peter Black. Pergamon Press, 1966.

History of the Strength of Materials, by S. P. Timoshenko. McGraw-Hill, 1953.

Philosophy of Structures, by E. Torroja (translated from the Spanish). University of California Press, 1962.

Structure, by H. Werner Rosenthal. Macmillan, 1972.

The Safety of Structures, by Sir Alfred Pugsley. Edward Arnold, 1966.

The Analysis of Engineering Structures, by A. J. S. Pippard and Sir John Baker. Edward Arnold (current edition).

Structural Concrete, by R. P. Johnson. McGraw-Hill, 1967.

Beams and Framed Structures, by Jacques Heyman. Pergamon Press, 1964.

Principles of Soil Mechanics, by R. F. Scott. Addison-Wesley, 1965.

The Steel Skeleton (2 vols.) by Sir John Baker, M. R. Horne, and J. Heyman. Cambridge University Press, 1960-65.

생체 역학 *Biomechanics*

On Growth and Form, by Sir D'Arcy Thompson (abridged edition). Cambridge University Press, 1961.

Biomechanics, by R. McNeil Alexander. Chapman and Hall, 1975.

Mechanical Design of Organisms, by S. A. Wainwright, W. D. Biggs, J. D. Currey and J. M. Gosline. Edward Arnold, 1976.

양궁 *Archery*

Longbow, by Robert Hardy. Patrick Stephens, 1976.

건축 자재 *Building materials*

Brickwork, by S. Smith. Macmillan, 1972.
A History of Building Materials, by Norman Davey. Phoenix House, 1961.
Materials of Construction, by R. C. Smith. McGraw-Hill, 1966.
Stone for Building, by H. O'Neill. Heinemann,1965.
Commercial Timbers (3rd edition), by F. H. Titmuss. Technical Press, 1965.

건축 *Architecture*

건축에 관한 많은 책이 있지만, 그 중 두 권을 선정했다.

An Outline of European Architecture, by Nikolaus Pevsner. Penguin Books (current edition).
The Appearance of Bridges (Ministry of Transport). H.M.S.O. 1964.

Structures
or Why things Don't Fall Down

구조
구조물은 왜 무너지지 않는가

2022년 9월 1일 1쇄 발행

지은이 J. E. Gordon
옮긴이 반상철
발행인 김기현
발행처 시공문화사 Spacetime Pub.
디자인 새담아키스토리

등록 1993년 3월 12일
주소 서울시 서대문구 독립문공원길 13 극동프라자 5층

전화 02) 3147-1212
팩스 02) 3147-2626

http//www.spacetime.co.kr
spacetime@korea.com

ISBN 978-89-5592-459-6
정가 19,500원